电子信息科学与技术丛书

PLC结构化文本编程

（第2版）

傅磊 编著

清华大学出版社
北京

内 容 简 介

本书从电气从业人员熟悉的梯形图入手,详细介绍了基于 IEC 61131-3 标准的可编程控制器(PLC)如何从使用梯形图编程过渡到使用结构化文本(ST)语言编程。

本书讲解由浅入深,以施耐德电气基于 CODESYS 的编程软件 SoMachine V4.3 为主要工具,介绍如何通过 ST 语言实现梯形图最基本的功能,以及 ST 语言的基本运算、基本语句、函数与功能块的调用,并结合大量实例,详细阐述 PLC 基于 ST 语言的编程技术以及结构化编程思想。同时,本书以西门子博途和三菱 GX Works3 为辅助工具,重点介绍 ST 语言跨平台移植时的注意事项,以及不同 PLC 之间 ST 语言的细微差别。PLC 编程是一项系统工程,仅仅介绍编程语言是不够的,因此本书还会穿插介绍一些与 ST 语言编程有关的 PLC 系统知识。ST 语言具有与平台无关的天然属性。因此,只要符合 IEC 61131-3 标准,无论什么品牌的 PLC,本书都适用,例如西门子、施耐德、倍福、三菱、欧姆龙、基恩士、汇川、和利时、伦茨以及 ABB 和 KEBA 等,不同品牌的 PLC 之间仅有细微的差别。

本书适合没有计算机基础,特别是没有计算机高级语言基础的电气从业人员,帮助他们从熟悉的梯形图开始入门并进阶到 ST 语言编程。

图书在版编目(CIP)数据

PLC 结构化文本编程/傅磊编著. —2 版. —北京: 清华大学出版社,2024.1(2024.6重印)
(电子信息科学与技术丛书)
ISBN 978-7-302-64481-1

Ⅰ. ①P… Ⅱ. ①傅… Ⅲ. ①PLC 技术—程序设计—教材 Ⅳ. ①TM571.6

中国国家版本馆 CIP 数据核字(2023)第 155481 号

策划编辑: 盛东亮
责任编辑: 钟志芳
封面设计: 李召霞
责任校对: 时翠兰
责任印制: 沈 露

出版发行: 清华大学出版社
  网 址: https://www.tup.com.cn,https://www.wqxuetang.com
  地 址: 北京清华大学学研大厦 A 座   邮 编: 100084
  社 总 机: 010-83470000   邮 购: 010-62786544
  投稿与读者服务: 010-62776969,c-service@tup.tsinghua.edu.cn
  质量反馈: 010-62772015,zhiliang@tup.tsinghua.edu.cn
  课件下载: https://www.tup.com.cn,010-83470236
印 装 者: 三河市龙大印装有限公司
经 销: 全国新华书店
开 本: 186mm×240mm 印 张: 24.75   字 数: 555 千字
版 次: 2021 年 2 月第 1 版 2024 年 1 月第 2 版 印 次: 2024 年 6 月第 3 次印刷
印 数: 2501～4000
定 价: 79.00 元

产品编号: 102603-01

第2版前言

PREFACE

本书第 1 版自出版以来,笔者收到了很多热心读者的来信和反馈,对书的内容提出了很多合理化和可行性建议,再加上 PLC 技术也在不断迭代更新,笔者便针对性地对第 1 版的内容进行了增加和修改,并更正了部分错误。

随着工业 4.0 时代的到来和智能制造的发展,ST 语言的应用也越来越广泛。很多读者想快速学会 ST 语言以解决实际问题,但困难重重,总有条无法逾越的鸿沟横亘在面前。就笔者的个人经验以及读者的反馈来看,困难无非集中在以下几点:第一,PLC 基础不过关;第二,对 PLC 的应用目的不清楚;第三,对 ST 语言仍然有误解;第四,不肯动手练习;第五,不结合机械设备理解程序。针对以上问题,第 2 版增加了常见 PLC 如何新建 ST 语言开发环境的内容。由于 PLC 品牌众多,但读者对 ST 语言与 PLC 品牌无关的概念有点模糊,希望读者能明确一个理念:学习 ST 语言,是学习它的语法和语句,以及它的编程理念,结合 PLC 的各种功能,比如任务和功能块、总线控制、寄存器寻址等功能,应用于工程实践,而不是纠结不同 PLC 品牌的差异、纠结各种指令的用法。PLC 是工业控制器,面向的是工业应用,但很多学习 ST 语言的实例,跟工业控制应用相差甚远,特别是循环语句部分,第 2版着重增加了一些工业现场的实例,并增加了对 PLC 基础的讲解和程序的实现方法讲解。

编程语言只是工具,就好比厨师手中的刀,如果厨师对烹饪技术一窍不通,再好的刀也做不出可口的佳肴。正所谓"君子生非异也,善假于物也"。如果厨师烹饪技术一流,没有称手的刀,做出的菜肴想必达不到色、香、味俱佳的层次,正所谓"巧妇难为无米之炊"。有了称手的工具,还要有扎实的基础才能使用好工具。所以要想学好 ST 语言,光学习 ST 语言的语法和语句是不行的,还需要扎实地掌握 PLC 基础知识。

最后希望读者能明白,本书的实例虽然脱胎于工业现场,但目的并不仅仅是让读者学会这些实例,最重要的是希望读者能够通过反复练习,结合书中的实例,加深对 ST 语言的理解,并能融会贯通、举一反三,掌握 ST 语言的本质,正所谓"熟读唐诗三百首,不会吟诗也会吟",最终达到"目无全牛""游刃有余"的境界。

由于笔者水平有限,书中疏漏之处在所难免,敬请读者批评指正。

傅 磊

2023 年 12 月

第1版前言
PREFACE

随着生产力的发展和科学技术的进步,机器设备控制技术越来越复杂。非标准设备层出不穷,逻辑控制与运动控制的融合越来越密切,工艺计算也越来越复杂。从事设计调试的一线工程技术人员都有这样的感受,使用传统的梯形图(Ladder Diagram,LD)编程感觉越来越力不从心,特别是面对复杂任务的时候。结构化文本(Structured Text,ST)语言的出现,大大简化了程序的编写难度,提高了工作效率,使工程技术人员能够轻松面对各种复杂的控制任务。过去,ST 语言更像是奢侈品,支持 ST 语言的可编程控制器(Programmable Logic Controller,PLC)非常少,而且这些 PLC 一般是中、高档系列的,价格较贵。近几年,支持 ST 语言的 PLC 越来越多,很多品牌的高、中、低档 PLC 都支持 ST 语言,例如三菱最基础的 FX1S 系列 PLC,也可以使用 ST 语言编程。

市面上的多数 PLC 教材,都以介绍梯形图为主,各大院校也仍在沿用这类教材,书中即使有涉及 ST 语言的内容,也是一带而过,让初学者更加糊涂。各大 PLC 厂商的帮助文档和编程手册中有对 ST 语言的讲解,但是不系统,只有简单的讲解,没有详细的用法说明,其中的例子也与工业控制的关系不大,很难让初学者理解和掌握,甚至难以入门。很多电气从业人员不了解 ST 语言,甚至将其与西门子 PLC 的语句表(Statement List,STL)以及指令表(Instruction List,IL)混为一谈。在很多场合,ST 语言仅仅被用于配合梯形图进行数学运算,这违背了设计 ST 语言的初衷。人们对 ST 语言的各种误解,再加上使用 ST 语言的电气从业人员比较少,严重影响了 ST 语言的推广和使用,使初学者更加畏惧 ST 语言。

因此,从工程技术实践出发,编写一本适合电气从业人员学习 ST 语言的教程,非常必要。

本书是笔者根据多年工作经验及学习 ST 语言的具体体会编写而成的。大多数电气从业人员都是以梯形图为基础接触 PLC 编程的,并且除了理工科专业的毕业生之外,电气从业人员几乎没有接触计算机高级语言的经历。因此,本书将以最基本的梯形图为切入点,介绍如何用 ST 语言代替梯形图,逐步深入,带领读者进入 ST 语言的世界,即使不会计算机高级语言的电气从业人员也能轻松入门。

笔者水平有限,书中难免有不符合逻辑的地方,欢迎读者批评指正。

傅　磊

目 录
CONTENTS

第 1 章　ST 语言基本介绍 ·· 1

1.1　ST 语言简介 ··· 1
 1.1.1　ST 语言的诞生背景 ······································ 1
 1.1.2　ST 语言的基本特点 ······································ 2
1.2　ST 语言与 SCL 以及 STL 的关系 ······························ 3
1.3　ST 语言的特点 ·· 4
 1.3.1　良好的跨平台移植性 ······································ 4
 1.3.2　方便的数学计算 ··· 6
 1.3.3　轻松实现复杂算法 ······································· 6
 1.3.4　轻松进阶计算机高级语言 ··································· 7
 1.3.5　方便的注释 ·· 7
1.4　初学者对 ST 语言的误解 ·· 8
 1.4.1　与英语相关 ·· 8
 1.4.2　ST 语言不易理解 ·· 9
 1.4.3　需要很深的 PLC 基础 ····································· 10
 1.4.4　工具和操作的继承 ······································· 10
 1.4.5　ST 语言维护麻烦 ·· 11
1.5　书中使用的 ST 语言开发环境 ····································· 11
 1.5.1　施耐德 SoMachine ······································· 13
 1.5.2　三菱 GX Works2 与 GX Works3 ······························ 23
 1.5.3　西门子 TIA Portal ·· 27
1.6　其他 PLC 的 ST 语言开发环境 ···································· 33
 1.6.1　台达 ··· 33
 1.6.2　汇川 ··· 35
 1.6.3　英威腾 ··· 42
 1.6.4　禾川 ··· 48
 1.6.5　步科 ··· 56

      1.6.6　松下 ·· 61

      1.6.7　欧姆龙 ·· 65

      1.6.8　基恩士 ·· 74

      1.6.9　施耐德 ·· 78

      1.6.10　罗克韦尔 ·· 82

第 2 章　ST 语言基础知识 ·· 93

  2.1　IEC 61131 标准与 PLCopen 组织 ··· 93

      2.1.1　标准的诞生背景 ··· 93

      2.1.2　标准的组成 ··· 94

      2.1.3　PLCopen 组织 ··· 95

  2.2　进制 ·· 96

      2.2.1　二进制 ··· 96

      2.2.2　八进制 ··· 97

      2.2.3　十进制 ··· 97

      2.2.4　十六进制 ·· 97

  2.3　变量 ·· 99

      2.3.1　变量的意义 ··· 99

      2.3.2　变量属性 ··· 102

  2.4　数据类型 ·· 103

      2.4.1　数据类型的意义 ·· 103

      2.4.2　标准数据类型 ··· 103

      2.4.3　扩展数据类型 ··· 111

      2.4.4　自定义数据类型 ·· 113

  2.5　数据类型转换 ··· 118

      2.5.1　数据类型转换的意义 ·· 118

      2.5.2　隐式转换 ··· 119

      2.5.3　显式转换 ··· 119

  2.6　程序组织单元 ··· 120

      2.6.1　软件模型 ··· 120

      2.6.2　初步认识功能和功能块 ·· 123

      2.6.3　SoMachine 中常用的功能块和函数 ·· 125

第 3 章　ST 语言基本语法 ··· 130

  3.1　ST 语言的基本规则 ·· 130

      3.1.1　不区分大小写 ··· 130

3.1.2 变量必须先定义再使用 ································· 130
3.1.3 使用英文输入法 ································· 130
3.2 ST 语言的基本组成 ································· 131
3.2.1 行号 ································· 132
3.2.2 注释 ································· 132
3.2.3 空语句 ································· 133
3.2.4 语句部分 ································· 133
3.3 赋值语句 ································· 134
3.3.1 语句组成 ································· 134
3.3.2 注意事项 ································· 135
3.4 赋值与相等 ································· 136
3.5 编写技巧和方法 ································· 136
3.5.1 缩进与对齐 ································· 137
3.5.2 快捷键 ································· 138
3.5.3 注释 ································· 139
3.5.4 空语句和注释符号 ································· 139
3.5.5 变量命名 ································· 140

第 4 章 逻辑运算与 IF 语句 ································· 144

4.1 BOOL 型逻辑运算 ································· 144
4.1.1 AND ································· 145
4.1.2 OR ································· 145
4.1.3 NOT ································· 146
4.1.4 XOR ································· 147
4.2 无符号数的逻辑运算 ································· 148
4.2.1 运算方法 ································· 148
4.2.2 BOOL 型与 WORD 型的逻辑运算 ································· 149
4.3 IF···END_IF 语句 ································· 152
4.3.1 执行流程 ································· 152
4.3.2 IF···END_IF 语句的应用 ································· 154
4.4 IF···ELSE···END_IF 语句 ································· 154
4.5 综合应用 ································· 155
4.5.1 "启保停"的 ST 语言实现 ································· 156
4.5.2 IF 语句与逻辑运算语句 ································· 157
4.5.3 置位与复位 ································· 157
4.5.4 复杂梯形图 ································· 158

4.5.5 基本电机控制 ………………………………………………… 159

4.5.6 互锁控制 ……………………………………………………… 162

4.5.7 变频器多段速控制 …………………………………………… 163

4.5.8 多轴状态判断 ………………………………………………… 171

4.6 西门子博途中的逻辑运算 ……………………………………………… 172

4.7 使用 IF 语句的注意事项 ……………………………………………… 173

第 5 章 边沿触发 ……………………………………………………………… 175

5.1 基本概念 ………………………………………………………………… 175

5.1.1 上升沿 …………………………………………………………… 175

5.1.2 下降沿 …………………………………………………………… 179

5.1.3 西门子博途中的边沿触发 …………………………………… 179

5.2 边沿触发与逻辑运算的综合应用 …………………………………… 184

5.2.1 启动保持停止 ………………………………………………… 184

5.2.2 单按钮启停 …………………………………………………… 185

5.2.3 逻辑运算实现边沿触发 ……………………………………… 186

5.3 注意事项 ……………………………………………………………… 187

第 6 章 比较运算 ……………………………………………………………… 189

6.1 比较运算符 …………………………………………………………… 189

6.1.1 梯形图中的比较运算 ………………………………………… 189

6.1.2 比较运算的注意事项 ………………………………………… 190

6.2 各数据类型的比较运算 ……………………………………………… 192

6.2.1 BOOL 型 ……………………………………………………… 192

6.2.2 数值型 ………………………………………………………… 193

6.2.3 时间型 ………………………………………………………… 194

6.2.4 字符串型 ……………………………………………………… 194

6.3 连续比较运算 ………………………………………………………… 195

6.4 比较运算与边沿触发的综合应用 …………………………………… 197

6.4.1 监控变量值的变化 …………………………………………… 197

6.4.2 密码锁 ………………………………………………………… 198

第 7 章 数学运算 ……………………………………………………………… 200

7.1 加、减、乘、除运算 ………………………………………………… 200

7.1.1 加法运算 ……………………………………………………… 200

7.1.2 减法运算 ……………………………………………………… 201

　　　7.1.3　乘法运算 ·· 202
　　　7.1.4　除法运算 ·· 202
　　　7.1.5　取余运算 ·· 205
　7.2　加、减、乘、除运算的应用 ······························· 206
　　　7.2.1　计算设备的持续运行时间 ························ 206
　　　7.2.2　伺服计算 ·· 207
　　　7.2.3　生成随机数 ·· 208
　　　7.2.4　模拟量计算 ·· 209
　　　7.2.5　设备车速计算 ······································ 212
　　　7.2.6　码垛与拆垛 ·· 214
　　　7.2.7　配方计算 ·· 220
　　　7.2.8　高低字节交换 ······································ 223
　　　7.2.9　字节组合成字 ······································ 224
　7.3　函数运算 ··· 225
　　　7.3.1　乘方 ·· 225
　　　7.3.2　绝对值 ··· 227
　　　7.3.3　三角函数 ·· 227
　　　7.3.4　对数 ·· 228
　　　7.3.5　平方根 ··· 228
　7.4　如何调用函数 ··· 229

第 8 章　运算优先级 ··· 232-

　8.1　优先级的意义 ··· 232
　8.2　优先级的应用 ··· 233
　　　8.2.1　不能进行连续比较运算 ·························· 233
　　　8.2.2　启保停程序中的括号 ···························· 234

第 9 章　IF 语句的嵌套 ··· 236

　9.1　嵌套的执行流程 ·· 236
　9.2　嵌套的应用 ·· 238
　　　9.2.1　伺服电机的控制 ···································· 238
　　　9.2.2　密码锁 ··· 239
　9.3　嵌套的注意事项 ·· 240
　9.4　IF…ELSIF…END_IF 语句 ································· 240
　　　9.4.1　执行流程 ·· 240
　　　9.4.2　IF…ELSIF…END_IF 语句的应用 ··············· 242

第 10 章　定时器与计数器 ·· 245

10.1　定时器 ··· 245

　　10.1.1　定时器的调用 ·· 245

　　10.1.2　应用定时器的注意事项 ··· 247

10.2　计数器 ··· 249

10.3　定时器和计数器的应用 ·· 249

　　10.3.1　累积定时器 ··· 249

　　10.3.2　星形-三角形启动 ·· 251

　　10.3.3　第三方设备写入定时器定时时间 ··· 252

10.4　如何调用功能块 ·· 253

10.5　西门子博途中的定时器调用 ··· 254

　　10.5.1　调用方法 ·· 254

　　10.5.2　如何减少背景数据块 ··· 255

10.6　三菱 GX Works3 中的函数和功能块调用 ··· 259

　　10.6.1　函数调用 ·· 259

　　10.6.2　功能块调用 ··· 262

第 11 章　功能块和函数 ·· 265

11.1　功能块和函数的意义 ·· 265

11.2　功能块与函数中的变量 ·· 266

　　11.2.1　形参和实参 ··· 266

　　11.2.2　变量属性 ·· 266

　　11.2.3　如何区分功能块和函数 ··· 268

11.3　函数的实质 ·· 269

　　11.3.1　静态变量与临时变量 ··· 269

　　11.3.2　自定义函数的使用 ·· 272

11.4　CODESYS 中常用系统函数介绍 ·· 274

　　11.4.1　字符串处理函数 ··· 274

　　11.4.2　数据类型转换函数 ·· 277

11.5　功能块的实质 ·· 279

　　11.5.1　实例名的意义 ·· 279

　　11.5.2　功能块的特征 ·· 280

　　11.5.3　如何减少功能块的调用 ··· 282

11.6　功能块和函数在编程中的应用 ·· 284

第 12 章　循环语句 ……………………………………………………………… 285

　12.1　循环的实质 ………………………………………………………………… 285

　12.2　FOR 循环语句 ……………………………………………………………… 286

　　12.2.1　FOR 循环执行流程 ……………………………………………… 286

　　12.2.2　使用 FOR 循环的注意事项 …………………………………… 288

　12.3　FOR 循环的应用 …………………………………………………………… 290

　　12.3.1　FOR 循环实现多个电机的启停控制 ………………………… 290

　　12.3.2　PLC 的 I/O 点放入数组 ………………………………………… 292

　　12.3.3　位组合成字 ………………………………………………………… 295

　　12.3.4　伺服一键使能 ……………………………………………………… 298

　　12.3.5　冒泡排序 …………………………………………………………… 301

　　12.3.6　指针与数组 ………………………………………………………… 303

　　12.3.7　指针实现冒泡排序 ………………………………………………… 305

　　12.3.8　批量传送数据 ……………………………………………………… 306

　　12.3.9　三菱 PLC 变址寻址 ……………………………………………… 308

　　12.3.10　配方处理 ………………………………………………………… 310

　　12.3.11　模拟量滤波 ……………………………………………………… 311

　12.4　WHILE 循环语句 …………………………………………………………… 313

　　12.4.1　WHILE 循环执行流程 …………………………………………… 313

　　12.4.2　使用 WHILE 循环的注意事项 ………………………………… 315

　12.5　REPEAT 循环语句 ………………………………………………………… 316

　　12.5.1　REPEAT 循环执行流程 ………………………………………… 316

　　12.5.2　使用 REPEAT 循环的注意事项 ……………………………… 317

　12.6　循环语句的控制 …………………………………………………………… 318

　　12.6.1　EXIT …………………………………………………………………… 318

　　12.6.2　CONTINUE ………………………………………………………… 320

　12.7　循环语句的注意事项 ……………………………………………………… 321

第 13 章　CASE 语句 ……………………………………………………………… 323

　13.1　CASE 语句的执行流程 …………………………………………………… 323

　13.2　CASE 语句的意义 ………………………………………………………… 327

　13.3　CASE 语句的应用 ………………………………………………………… 328

　　13.3.1　周期脉冲输出 ……………………………………………………… 328

　　13.3.2　星形-三角形启动 ………………………………………………… 329

　　13.3.3　红绿灯控制 ………………………………………………………… 330

　　13.3.4　桁架机械手 ·· 333

　　13.3.5　工艺的暂停处理 ·· 336

　　13.3.6　简化复杂的 IF 语句 ··· 338

　　13.3.7　状态机编程法 ·· 339

　　13.3.8　伺服回零 ··· 341

　　13.3.9　步进抱闸控制 ·· 344

　　13.3.10　MODBUS 轮询 ·· 346

　　13.3.11　立库 ·· 348

　13.4　CASE 语句与定时器 ··· 353

参考文献 ··· 358

附录 A　PLC 程序设计方法 ·· 359

附录 B　浅谈非标设备的 PLC 程序设计 ·· 363

附录 C　关于 PLC 编程框架和标准化 ··· 367

附录 D　PLC 程序移植 ··· 372

附录 E　浅谈 ST 语言的学习方法 ··· 375

第 1 章

ST 语言基本介绍

结构化文本(Structured Text,ST)语言与梯形图一样,是 IEC 61131-3 标准制定的 PLC 编程语言之一。由于梯形图自身的特点,它已经成为事实上的 PLC 编程语言霸主,甚至很多读者都把梯形图和 PLC 画等号。本章对 ST 语言进行基本介绍。

1.1 ST 语言简介

1.1.1 ST 语言的诞生背景

PLC 是可编程控制器(Programmable Logic Controller)的英文单词首字母缩写,是专门为工业控制而设计的计算机系统。由于 PLC 是根据继电器逻辑控制发展而来的,因此 PLC 采用与继电器逻辑控制电路图非常接近的梯形图(Ladder Diagram,LD)作为编程语言。梯形图易学易用,不需要很深的基础就能轻松掌握,因此,梯形图受到了一线工程技术人员的欢迎。也正是如此,PLC 获得了迅速的发展,在工业控制中有着非常广泛的应用。它与 Robot(机器人)和计算机辅助设计/计算机辅助制造(Computer Aided Design/Computer Aided Manufacturing,CAD/CAM)并称现代工业控制的三大支柱技术。

目前,PLC 已经广泛应用于机械制造、钢铁、汽车、交通运输、石油化工、物流、建筑、环保、文化娱乐等各行各业,甚至渗透到日常生活的各个领域,例如各种绚丽的喷泉、美轮美奂的舞台,都有 PLC 的身影。经过半个多世纪的发展,现在的 PLC 也与早期的 PLC 不同。它已经从最初的开关量逻辑控制器,发展成具备模拟量控制、运动控制、过程控制、数据处理及通信组网功能于一体的综合性工业控制器。随着科技的进步和工业 4.0 时代的到来,以及非标准自动化的飞速发展,传统的以梯形图为主的 PLC 线性化编程方式越来越无法满足应用需求,特别是对在一线从事 PLC 编程的工程技术人员,这种感觉更加强烈。

以梯形图为主的线性化编程模式,具有以下缺陷。

(1) 规范不一致,各品牌之间差异巨大,导致可移植性较差。

(2) 需要记忆大量的指令,因为各品牌之间的指令差别较大。

(3) 不支持复杂的数据结构,或支持起来非常烦琐。

(4) 无法提供简洁高效的算术运算和字符串处理。

（5）难以实现各种复杂的算法和程序结构，例如分支、循环等。

梯形图的优势是能够提供高效、直观的逻辑控制。而随着科技的发展和工业的进步，工业控制的核心已经不仅仅是逻辑控制，还有运动控制、数据处理、工艺计算等。如果还用梯形图进行处理，显然力不从心、捉襟见肘。PLC 的实质，是专门用于工业控制的计算机，因此 PLC 编程完全可以借鉴计算机软件的开发方式。基于工业控制的特点，结构化编程开始应用于 PLC 编程，而梯形图显然无法很好地实现结构化编程，ST 语言就是在这种背景下应运而生的。

ST 语言是以 Pascal 语言为基础，并借鉴计算机软件开发的理念，结合工业生产的特点，专门为工业自动控制而开发的编程语言，也是 IEC 61131-3 标准指定的 PLC 编程语言。

1.1.2 ST 语言的基本特点

不同的计算机编程语言，是针对不同的使用环境而设计的，各有风格，也各有优点和缺点。工业控制最基本也是最核心的要求是稳定可靠，因此适合 PLC 的高级编程语言也必须稳定可靠。

1. 类 Pascal 语言

Pascal 语言的语法非常严谨，并且可读性强、层次分明、数据类型完备、执行效率高，同时它也是第一个结构化编程语言。这些特点都非常适合工业控制，因此 ST 语言借鉴了 Pascal 语言。有些观点认为 ST 语言是类 C 语言，但是 C 语言严格区分大小写，甚至关键字都有大小写的严格要求。在 C 语言中，"Aa"和"aa"是完全不同的，而在 Pascal 语言和 ST 语言中，"Aa"和"aa"是完全相同的，因为 ST 语言和 Pascal 语言不区分大小写。所以，笔者认为 ST 语言应该是类 Pascal 语言而不是类 C 语言。

不区分大小写，针对的是 PLC 编译器，程序代码中的"Aa"和"aa"，在 PLC 编译器看来是完全相同的。但是，PLC 编译器不会把"Aa"变成"aa"，也不会把"aa"变成"Aa"。用户在 PLC 编程软件中输入的所有代码都有大小写之分。所谓不区分大小写，是指编译器在编译时，会把大写字母和小写字母当作相同的字母，但在输入代码和阅读代码时，可以用大小写来表示不同性质的变量，提高程序的可读性。这一点非常重要，也是 ST 语言的特色，后续章节会专门讲解。

2. 运算符的唯一性

在 ST 语言中，每个运算符都具有唯一的意义，不存在类似汉语的一字多义，需要依靠上下文来解释的现象；也不存在计算机高级语言中，依据使用方式来区分运算符意义的情况。例如，在 C♯语言中，"+"既可以表示数学运算中的加法运算也可以是连接符，主要依靠参与运算变量的数据类型来判断是加法运算还是连接符，参考下面两段简单的 C♯语言代码：

```
int a = 1;
int b = 2;
Console.WriteLine(a + b);
/ *************************************** /
```

```
int c = 1;
string d = "2";
Console.WriteLine(c + d);
```

这两段代码运行结果完全不同,前者为数学运算,输出结果为"3";而后者为连接符运算,输出结果为"12"。参与运算的数据类型不同,导致了运算符"+"的意义不同,这在 ST 语言中是不存在的。当然,在 ST 语言中,字符串和数字相加已经属于语法错误了。读者不了解 C♯ 语言也没有关系,此例的意义在于说明 ST 语言运算符的唯一性。工业控制非常重视稳定性和可靠性,这种类似汉语一字多义的情况,就像定时炸弹,会对稳定性和可靠性造成干扰和挑战,这在工业控制中是不允许的。

3. GOTO 语句

ST 语言原则上不支持 GOTO 语句,因为 GOTO 语句存在很大的争议。有的程序员认为 GOTO 语句是很好的工具,灵活的跳转对提高程序效率有很大的帮助;而有的程序员认为,GOTO 语句的跳转破坏了程序的结构,使程序的可读性变差,甚至主张废除 GOTO 语句。在 ST 语言中,可以使用 JMP 语句实现程序跳转,但有的 PLC 可能不支持 JMP 语句;有的 PLC 为了兼容自家的产品,把梯形图里的一些程序跳转指令移植到自家 PLC 的 ST 语言中,不同的 PLC 品牌之间差异较大。ST 语言中使用 IF 和 CASE 语句,就可以实现程序跳转。所以,一般认为 ST 语言不支持 GOTO 语句。

1.2　ST 语言与 SCL 以及 STL 的关系

由于西门子 PLC 进入中国市场非常早,因此它的市场占有率非常高。在使用西门子PLC 时,有两个编程语言最容易混淆,即 SCL(Structured Control Language,结构化控制语言)和 STL(Statement List,语句表)。

熟悉西门子 PLC 的读者,肯定对西门子的 FBD(Function Block Diagram,功能块图)不陌生。西门子 PLC 以强悍的 FBD 著称,使用梯形图配合 FBD,可以完成大部分控制功能。其实,西门子经典的 S7-300 和 S7-400 系列 PLC 也支持 ST 语言。但在西门子的编程软件STEP7 中,并没有 ST 语言选项,需要安装一个插件包才能实现对 ST 语言的支持,安装插件包之后的 ST 语言编程环境,更像一个单独的模块嫁接在 STEP7 上,存在诸多不便,并且功能有限。在西门子的博途平台中标准配置了 ST 语言,并且无缝集成,可以和梯形图在同一个程序段中并存,非常方便。但是,无论是在 STEP7 中还是在博途中,都称为 SCL 而不是 ST 语言。

SCL 也是按照 IEC 61131-3 标准所制定的编程语言,所以,西门子博途的 SCL 就是本书所说的 ST 语言。西门子 PLC 还有一种 STL 编程语言,它是一种类似计算机汇编语言的中低级语言,该语言适合经验丰富的用户使用,可以实现某些梯形图不能实现的功能,例如指针操作。与 ST 语言相同的是,它也是一种基于文本的语言,不妨看一段西门子 STL 语言的程序代码。

```
A "HEATING"              //扫描是否已开始计时
 = #START_HEATING        //开始加热
BEC                      //如果 RLO = 1,中止块处理
                         //这样可防止在按下按钮时,重新启动 HEATING 定时器
L "DURATION"             //将加热时间加载到累加器 1 中
AW W#16#0FFF             //将输入位 I0.4～I0.7 复位为 0
OW W#16#4000             //将累加器 1 中位 I1.2 和 I1.3 的时间基准设置为 s
A #START                 //扫描启动开关是否为 1
SE "HEATING"             //当启动开关出现一个信号上升沿时,将加热过程作为扩展脉冲启动
```

通过上面这段代码可以看出,STL 语言其实是一种汇编语言,与 ST 语言是完全不同的。STL 语言不是 ST Language 的缩写,它们之间没有任何关系,只是名字相似,千万不能混为一谈。而在西门子博途中,之所以将它命名为 SCL,也是为了防止混淆 ST 语言和 STL 语言。STL 语言与 ST 语言的关系,类似计算机里汇编语言和高级语言的关系。

注意：西门子博途中的 SCL 就是本书介绍的 ST 语言,二者是完全一样的 PLC 编程语言,只是名称不同而已,且不可被名称所迷惑。就像鲁迅和周树人,其实是对同一个人的不同称呼。博途中的 SCL,同样符合 IEC 61131-3 标准制定的 ST 语言语法规范,只是结合了西门子 PLC 自身的产品特色。在后续章节讲解具体语句时,会有详细介绍。

1.3　ST 语言的特点

ST 语言作为 PLC 的编程语言,其实很早就出现了。早在 20 世纪 90 年代,国际电工委员会(IEC)就制定完善并推荐了 5 种 PLC 编程语言,分别是 LD(Ladder Diagram,梯形图)、IL(Instruction List,指令表)、SFC(Sequential Function Chart,顺序功能图)、FBD(Function Block Diagram,功能块图)以及 ST(Structured Text,结构化文本)。虽然 ST 语言诞生时间很早,但是一直没有被大规模推广,主要原因是大部分用户习惯使用梯形图,因其直观易懂。而且,早期的 PLC 控制比较简单,对机械设备的控制,远没有现在复杂,主要以逻辑控制为主,没有复杂的工艺计算,通信组网也比较少,不太需要复杂的算法结构,梯形图足以应付,使用 ST 语言反而显得累赘。随着控制要求越来越高,相对于梯形图而言,ST 语言的优势越来越明显。当然,"金无足赤,人无完人",世界上没有十分完美的编程语言,ST 语言也有不足之处。下面,就来看看它的特点,当然,这些特点都是相对梯形图而言的。

1.3.1　良好的跨平台移植性

由于 ST 语言遵循统一标准,所以很方便实现跨平台的移植。例如,可以把西门子 PLC 中用 ST 语言编写的代码复制到倍福 PLC 中,可以把倍福 PLC 中用 ST 语言编写的代码复制到三菱 PLC 中,也可以把三菱 PLC 中用 ST 语言编写的代码复制到施耐德 PLC 中。以上 PLC 都遵循 IEC 61131-3 标准,复制后,只需要简单地修改即可使用。这对梯形图来说,

是不可能实现的,不同品牌的 PLC 之间,梯形图没有直接复制使用的可能;甚至同一品牌的 PLC,不同产品系列之间的梯形图都无法直接复制。下面通过具体的例子,说明 ST 语言跨平台移植的优越性。图 1-1 中,是施耐德 PLC 编程软件 SoMachine 中使用 ST 语言编写的程序。

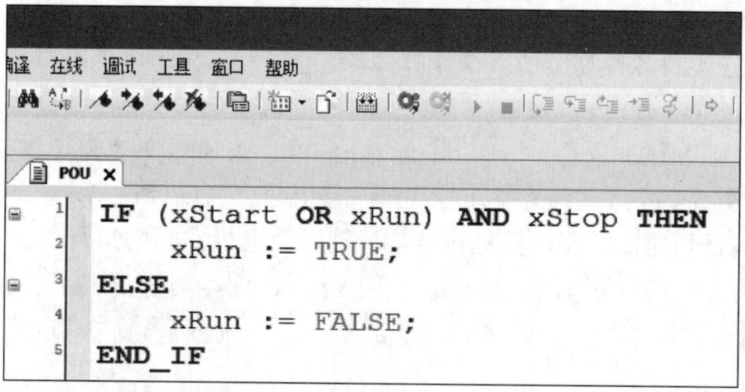

图 1-1　施耐德 SoMachine 中的 ST 语言代码

复制后就可以把它粘贴到三菱 PLC 的编程软件 GX Works3 中,如图 1-2 所示。

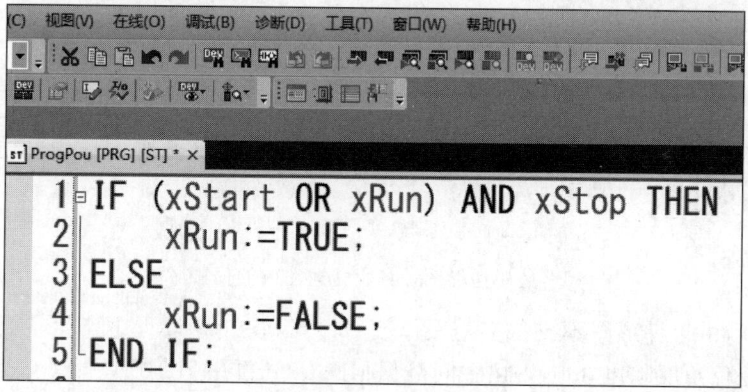

图 1-2　三菱 GX Works3 中的 ST 语言代码

从图 1-2 中可以看到,施耐德 PLC 中的 ST 语言代码,已经粘贴到三菱 PLC 中,在不同品牌的 PLC 之间,实现了 ST 语言的跨平台移植。如果使用梯形图,这是不可能完成的。使用 ST 语言编写的代码可以方便地在不同品牌的 PLC 之间进行复制。当某项目因为各种原因更换 PLC 品牌时,代码移植效率将会大大提高,缩短程序的开发时间,提高产品的市场竞争力。由于某些原因,不同 PLC 品牌之间的 ST 语言还是有细微差别的,需要进行必要的修改。

轻松实现跨平台移植,这一点是非常方便的。当有个很有创意的算法,就可以用 ST 语言实现。这样无论使用什么品牌的 PLC,都能快速地实现。以前使用梯形图编程实现的一些好的算法,也可以用 ST 语言实现,方便移植。很多计算机高级语言中的算法,也可以移植到 PLC 中,为工业控制服务。

1.3.2 方便的数学计算

数学是一切自然科学和工程技术的基础,在 PLC 编程中,数学计算是必不可少的环节。使用梯形图实现数学计算是非常烦琐的,因为梯形图是为逻辑控制而生的,它的编程模式对数学计算的支持不是很友好,特别是对浮点数的计算,烦琐的步骤很容易让用户无所适从。ST 语言可以轻松实现各种复杂的数学计算,其表述方式与数学中的计算相同。ST 语言不但支持加法(＋)、减法(－)、乘法(×)、除法(/)四则混合运算,还支持高级函数运算,例如 SQRT(求平方根)、MOD(求余)、ABS(求绝对值)等。在梯形图里需要很多行语句才能实现的数学运算,在 ST 语言中只需要几行甚至一行语句就可以轻松搞定。

例如,在控制伺服时,需要根据机械结构计算伺服电机实际的运行位置需要发送多少脉冲。因为梯形图无法进行四则混合运算,而且大多数 PLC 的梯形图只支持两个数据的计算,往往需要很多行语句才能实现,如图 1-3 所示。

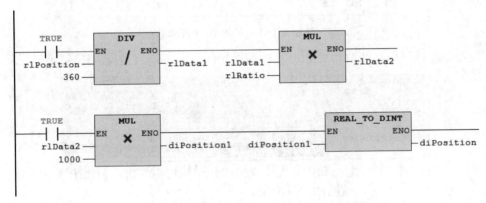

图 1-3 使用梯形图计算旋转运动机的伺服脉冲数

可以看到,由于梯形图不支持多个操作数的计算,在计算过程中产生了两个中间数据,先用实际的定位角度除以 360,得出中间数据 rlData1;再用 rlData1 乘以减速比,得到另一个中间数据 rlData2;再用 rlData2 乘以伺服电机旋转一周所需要的脉冲数,才得出最后的结果。两行梯形图仅进行了一个简单的计算,非常烦琐。如果使用 ST 语言,只需要一行语句就可以完成计算,代码如下:

```
diPosition := REAL_TO_DINT(rlPosition/360 * rlRatio * 1000);
```

可以看出,ST 语言使烦琐的处理过程变得非常简单,并且书写方式与数学中的计算式完全一致,不但使程序变得更加简洁,而且更容易理解。如果程序中有大量的数学计算,并且涉及浮点数计算时,使用 ST 语言能大大简化程序,几页的梯形图程序,有时用几行 ST 语言就可以实现。方便的数学计算也是 ST 语言深受欢迎的主要原因之一。

1.3.3 轻松实现复杂算法

现在的机器控制任务比以前更加复杂,控制要求也越来越高,这种趋势也在逐步加深。

早期的 PLC 主要用于逻辑控制,如今的 PLC 不仅要处理各种逻辑任务,还要处理运动控制、工艺算法、生产数据、安全报警等任务。高效可靠地完成各种任务,离不开先进的算法。

算法是程序的灵魂,实现高效的算法需要编程语言的大力支持。ST 语言可以轻松实现各种算法以及处理复杂的数据结构,这得益于 ST 语言对循环、数组、指针等的高效支持。其实,PLC 使用梯形图也可以实现这些功能,只是实现起来非常烦琐,远不如使用 ST 语言简单直观,例如,经典的冒泡排序使用 ST 语言就可以轻松实现。在恒压供水系统中切换水泵时,应该优先启动运行时间最短的水泵,使用冒泡排序可以确定哪个水泵的运行时间最短,优先启动;而使用梯形图比较水泵的运行时间,程序会非常复杂烦琐,特别是在水泵数量较多时。现在很多 PLC 都集成了运动控制功能,例如位置同步、电子凸轮、插补运算等,实现这些功能,需要各种函数运算,特别是高阶函数运算。越高阶的函数能让机械运动更加平滑,减少各种冲击,提高机械寿命。ST 语言对数学运算的友好支持,可以轻松实现各种高级数学函数,而使用梯形图,是很难完成的。

1.3.4　轻松进阶计算机高级语言

随着互联网技术的高速发展,智能制造、工业 4.0、工业互联网、工业大数据、数字工厂等众多新兴技术和新兴概念方兴未艾,如星火燎原之势迅速发展。对传统制造业而言,既是机遇又是挑战,而这一切都离不开计算机更离不开计算机高级语言的支持。作为电气从业人员,仅仅掌握传统的 PLC 已经无法满足当今工业发展的需求,必须掌握计算机高级语言才能提高自身的竞争力,进而满足工业发展的需求。例如上位机与 PLC 通信以及机器视觉等技术,与机器控制的关系越来越密切,并且都需要使用计算机高级语言编程。另外,随着生产力的发展和工艺的进步,各种专用设备越来越多,针对专用设备开发的各种各样的控制器也越来越多。这些专用控制器,要么直接使用计算机高级语言编程,要么使用各种专门的语言编程,有的直接使用 ST 语言编程。无论什么语言,都属于计算机高级语言的范畴,ST语言可以算作是这些语言的基础。相对于专业的计算机从业人员,电气从业人员基础比较薄弱,直接学习计算机高级语言有一定的难度。ST 语言相对于 C++、C♯ 等计算机高级语言更加简单,例如 ST 语言的数据类型比 C♯ 语言少很多。ST 语言也没有很难理解的复杂概念,不需要很深的计算机基础就能轻松入门。再者,ST 语言中对功能块和功能的各种操作,与计算机高级语言中的类和方法以及封装、继承、实例化等概念,有异曲同工之妙。因此,对电气从业人员来说,有了 ST 语言基础,再去学习计算机高级语言更加容易。

当然,相对于梯形图,ST 语言也有一定的缺陷,比如它的执行效率比梯形图低,入门学习比较困难;如果没有良好的编程习惯,后期的设备维护也会比较麻烦。但是,这些都不是阻碍学习 ST 语言的理由,因为本书就是帮助读者解决这些问题的。

1.3.5　方便的注释

由于 ST 语言是文本语言,书写非常自由,它的注释语句同样也非常自由,也采用文本形式,可以像编辑文本文件一样书写注释,让注释更详细,甚至可以把调试过程中的收获和心得以及调试过程中的修改记录都写在注释里。这样，无论是对扩展程序功能还是维护程序，都有极大的便利。

1.4 初学者对 ST 语言的误解

前面讲过，ST 语言很早就诞生了，之所以没有大规模推广，除了 ST 语言自身的原因，笔者认为，对 ST 语言的误解，特别是基础薄弱的电气从业人员对 ST 语言的各种误解并且"以讹传讹"，才是阻碍它广泛普及的重要原因。

1.4.1 与英语相关

乍一看，ST 语言全是英文，英文基础差的读者很容易被吓到，这也是大家对 ST 语言望而却步的原因之一。其实，学习 ST 语言并不需要非常好的英文基础，下面看一段简单的 ST 语言代码。

```
IF (xStart OR xRun) AND xStop THEN
    xRun := TRUE;
ELSE
    xRun := FALSE;
END_IF
```

英语基础比较差的读者，容易把 ST 语言跟英文阅读理解画等号。对于这段程序，不妨换种形式来看。

```
IF ( 启动 OR 运行 ) AND  停止   THEN
    运行 := TRUE;
ELSE
    运行 := FALSE;
END_IF
```

经过改造，相信很多读者就能看懂了。ST 语言中的英文由两部分组成：一部分是 ST 语言的关键字；另一部分是变量。变量，相信用过 PLC 的读者都非常熟悉。现在绝大多数 PLC 都支持中文变量名，这归功于 Unicode 编码（统一码、万国码、单一码，是国际组织制定的可以容纳世界上所有文字和符号的字符编码方案）的推广与应用。以上这段 ST 语言代码用中文变量名替代了英文变量名，更加易懂，也让没有英文基础的读者不再畏惧 ST 语言。如果读者习惯了传统 PLC，对于变量的概念还比较模糊，也没有关系，本书将在第 2 章详细讲解变量。读者可以把变量理解为传统 PLC 中的 X0、D0、M0 等寄存器，那么这段程序就可以用下面的形式来表示。

```
IF ( X0 OR Y0) AND  X1   THEN
    Y0 := TRUE;
ELSE
    Y0 := FALSE;
END_IF
```

关键字又被称为保留字，是 ST 语言里预先指定、具有特殊意义的字符。相对于 C++、

C#等计算机高级语言,ST语言中的关键字数量较少,大概只有几十个,例如 IF、END_IF、AND、CASE、FOR、TRUE、FALSE 等。这些关键字只是一种标识符,是国际通用的符号。ST 语言与英文没有任何关系,对于英语基础较差或者没有英语基础的读者,要学习 ST 语言,只要认识 26 个字母的大小写就可以了,如表 1-1 所示。

表 1-1　26 个字母的大小写

大写字母	A	B	C	D	E	F	G	H	I
小写字母	a	b	c	d	e	f	g	h	i
大写字母	J	K	L	M	N	O	P	Q	R
小写字母	j	k	l	m	n	o	p	q	r
大写字母	S	T	U	V	W	X	Y	Z	
小写字母	s	t	u	v	w	x	y	z	

ST 语言中的关键字就是由表 1-1 中的 26 个字母组成的,并且 ST 语言的关键字不区分大小写。

1.4.2　ST 语言不易理解

PLC 的实质就是计算机,因此 PLC 的编程语言也可以类比计算机的编程语言。计算机编程语言分为低级语言和高级语言。汇编语言是典型的低级语言,低级语言面向特定的机器,无法在不同的机器之间移植。因为面向特定机器,所以低级语言效率高,但是有大量的助记符需要记忆,并且汇编语言的编程模式同人类的思维习惯相差很大,需要专门的训练才能掌握。高级语言的出现解决了这些问题,C#、Java、Pascal 等就是典型的高级语言。高级语言是从人类思维习惯的角度出发而设计的编程语言。因此,高级语言更接近自然语言,也就是人类日常交流使用的语言。当然,这里的"低级"和"高级",并不是对语言的歧视,而是依据它们对硬件的依赖程度进行的划分。计算机只能识别 0 和 1,无论使用什么语言编写,所有的程序代码都需要转换成 0 和 1 后计算机才能识别。不同的编程语言的转换过程和方法也不同,越是低级的语言,越接近 0 和 1,转换也越方便、快捷,因此执行效率也越高。但是,越低级的语言,越不容易理解。高级语言更接近人类日常交流用的自然语言,它们的语法规则以及书写方式和人类的思维习惯类似,但是计算机却无法直接识别,需要进行转换。在 PLC 编程软件中的编译(有的 PLC 称为转换)操作,其实就是把编写好的程序转换成 PLC 可以直接识别的由 0 和 1 组成的代码。因此,高级语言的执行效率比低级语言低,因为增加了转换过程。

对于 PLC 而言,梯形图可以被认为是低级语言,因为不同品牌 PLC 的梯形图不能通用,而且梯形图中有大量的指令需要记忆。ST 语言是高级语言,更接近人类的自然语言。ST 语言中的 IF、CASE、FOR、REPEAT、WHILE 等语句非常接近人类的思维习惯,只要掌握了 ST 语言的语法规则,使用起来非常方便。

所以,初学者无须担心,ST 语言相对于梯形图更容易读懂,更容易编写程序。

1.4.3 需要很深的 PLC 基础

有些读者会问，是不是梯形图要学得很精通才能学 ST 语言？其实二者没有必然关系，即使没有学过梯形图，也能学会 ST 语言，因为语言只是一种工具，一种满足 PLC 编程需求的工具，完全可以多种语言并行学习。现在的 PLC 编程手册同时提供指令的多种语言表示形式。如图 1-4 所示，在三菱《MELSEC iQ-F FX5 编程手册》中，每个指令都有多种表述方式，分别对应不同的编程语言。

30.2 ON延迟定时器

TON(_E)、TON_10(_E)

在指定时间后将信号置为ON。

梯形图、FBD/LD		ST
[无EN/ENO]	[带EN/ENO]	[无EN/ENO] TON_1(IN:=s,PT:=n,Q:=d1,ET:=d2); TON_10_1(IN:=s,PT:=n,Q:=d1,ET:=d2); [带EN/ENO] TON_E_1(EN:=EN,ENO:=ENO,IN:=s,PT:=n,Q:=d1,ET:=d2); TON_10_E_1(EN:=EN,ENO:=ENO,IN:=s,PT:=n,Q:=d1,ET:=d2);

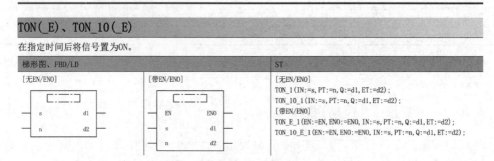

图 1-4 三菱《MELSEC iQ-F FX5 编程手册》中的 TON 指令说明

从图 1-4 可以看出，编程手册同时给出了 ST 语言和梯形图的实现方法，方便读者对照参考。因此，即使是 PLC 的初学者，即使对梯形图仅仅是入门水平也没有关系，并不妨碍学习 ST 语言。当然，最好是掌握简单的梯形图原理，特别是经典的启动保持停止梯形图程序，即图 1-5 所示的梯形图程序，这样能较快地从梯形图过渡到 ST 语言。

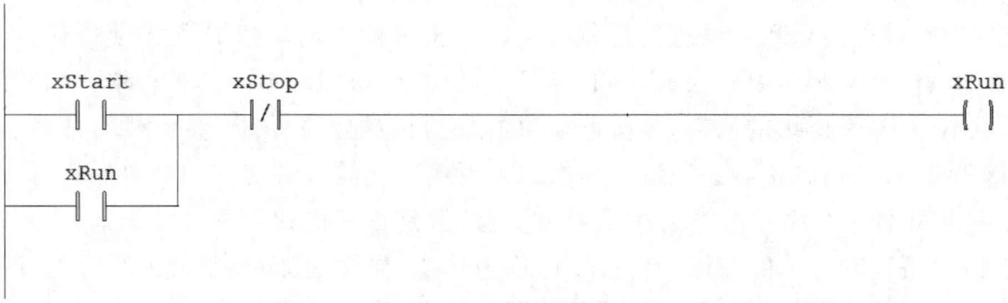

图 1-5 经典的启动保持停止梯形图程序

图 1-5 所示的这段梯形图是 PLC 的精华所在，也是 PLC 最基本、最常用、最经典的梯形图程序。只需要深刻理解这段梯形图的原理，就可以学习 ST 语言。

1.4.4 工具和操作的继承

PLC 采用循环扫描的工作模式，与使用的编程语言无关，使用 ST 语言编写的程序同样采用循环扫描机制。ST 语言对变量的使用、对内部寄存器的使用以及对中断的使用等，和梯形图是一致的。有很多读者认为 ST 语言是全新的语言,是全新的处理方式,甚至认为使用 ST 语言编程,PLC 的一些操作和工具都要改变,一切都要从头学习,这是不对的。对于串口通信、伺服控制等,无论是使用梯形图还是 ST 语言,处理问题的过程、解决问题的思路都是一样的,只是实现的工具不同。例如,用 ST 语言实现串口通信,对波特率、校验位的设置,与梯形图没有区别。对于伺服控制的过程也一样,要先使能才能进行下一步控制;要先回零才能进行绝对定位。使用 ST 语言,能更加方便地实现一些控制算法。就好比从北京到上海,无论是坐飞机、坐汽车或坐高铁,目的地都相同,只是选择的交通工具不同,不同的工具之间是效率的区别。

所以,如果熟练掌握梯形图,学习 ST 语言只是换一种编程工具,原来掌握的各种工艺算法和处理经验,以及对 PLC 各种工具的操作,仍然适用。唯一不同的是,由于 ST 语言的属性,使用梯形图编程时养成的一些思维习惯需要改变,特别是 ST 语言中的循环语句,可以替代梯形图中很烦琐的处理方式。使用 ST 语言时,应多考虑使用算法解决问题,而不应过分依赖各种指令,特别是一些品牌的 PLC 特有的指令。

1.4.5　ST 语言维护麻烦

ST 语言不易维护,这一点确实存在。ST 语言不如梯形图直观易懂,特别是在处理复杂逻辑的时候,但是可以采用多种方法进行改善。良好的书写习惯,简洁准确的注释,都能提高 ST 语言的可读性。希望读者在学习过程中,把良好的书写习惯放在第一位。ST 语言和梯形图并不是一一对应的关系,使用 ST 语言编程应当使用 ST 语言的思想方法,使用 ST 语言的各种工具来实现复杂的逻辑控制,例如各种循环、选择语句等。

现在的 PLC 编译器已经有了很大的进步,能检查出很多错误。在学习过程中,遇到 PLC 报错也不用慌,根据错误分析提示一般都能解决问题。

经过上述介绍,相信对 ST 语言非常陌生的读者,也对 ST 语言有了初步的印象,下面从基础开始学习 ST 语言编程。俗话说:工欲善其事,必先利其器。首先,介绍支持 ST 语言的 PLC 编程软件。

1.5　书中使用的 ST 语言开发环境

要想学会 ST 编程语言,必须安装好 PLC 编程软件,从建立 ST 语言开发环境开始。ST 语言是跨平台的 PLC 编程语言,与 PLC 品牌无关,这对于学习 ST 语言来说是把双刃剑。因为 PLC 编程是系统工程,牵涉面很广,比如自定义功能块、新建子程序、建立和使用结构体以及数组、PLC 内部寄存器寻址等各种操作;以及各种通信配置、硬件组态等设置;PID 控制、伺服控制等工艺部分,不同的 PLC 之间都有很大差别。使用 ST 语言编程,都要牵涉到这些操作。所以读者可以根据自己的情况,选择自己熟悉的 PLC 品牌来学习 ST 语言。选择自己熟悉的 PLC 编程软件,能方便地建立 ST 语言的编程环境,在涉及 ST 语言具体应用的时候,能方便地练习,如果能结合实际工程项目和自身工作环境,则将相得益彰,事半功倍。

建议：选择自己熟悉的 PLC 学习 ST 语言（需要该 PLC 支持 ST 语言编程），这样在涉及一些和 ST 语言密切相关，但又不属于 ST 语言知识范畴的操作，才能得心应手。比如中断的使用、串口通信的配置、伺服控制、寄存器寻址、定义变量、自定义功能块等，虽然它们的原理和实质是一样的，但不同品牌的 PLC 操作起来差别明显，这点对初学者来说是个障碍。而选择自己熟悉的 PLC 就可以越过这些障碍，专心学习 ST 语言。不同品牌之间 ST 语言的差异，主要是在语法部分，本书会详细讲解，至于 PLC 编程软件的详细操作，读者需要参阅 PLC 相关手册。

目前支持 ST 语言的 PLC 很多，作为一种常用的工业自动化元件，PLC 品牌众多，其编程软件更是多种多样，操作也有很大的不同。但 ST 语言作为一种通用的标准编程语言，其语法和使用的 PLC 品牌无关，不同品牌 PLC 之间 ST 语言的细微差别，不应该成为学习 ST 语言的桎梏。笔者根据自身工作经验总结，各品牌 PLC 对 ST 语言的支持，可分为以下三种流派：

1. 标准 IEC 61131-3

CODESYS、OpenPcs、MultiProg 等 IEC 61131-3 标准的软件平台，它们被广大的 PLC 厂商二次开发出大量的 PLC 编程软件，比如 SoMachine、InoProShop、D300Win、TwinCAT 等。也有些 PLC 厂商不依赖第三方平台，自己独立开发或与其他厂商合作开发符合 IEC 61131-3 标准的 PLC 编程软件，比如欧姆龙 Sysmac Studio。无论是基于第三方平台还是 PLC 厂商独立开发，这类 PLC 的 ST 语言几乎相同，软件的操作和设计理念也相似。犹如双胞胎一样，长相、性格等几乎一样，只存在不仔细观察就不会发现的细微差别。

2. 兼容 IEC 61131-3

PLC 厂商或自己开发 PLC，或与其他厂商合作开发 PLC，最典型的就是西门子博途和三菱 GX Works3。这类 PLC 的 ST 语言，兼容 IEC 61131-3 标准，也保留了自己的品牌特色。比如西门子博途中的背景数据块、FC 的多输出和返回值；三菱 PLC 里的软元件组以及众多的指令。

3. 其他

由 PLC 厂商自主研发，其编程软件与 IEC 61131-3 标准的兼容性比第二种稍差，甚至与 IEC 61131-3 标准不兼容，品牌特色明显。但 ST 语言的语法和语句没有太大的差别，差别主要体现在编程软件的设计理念上。

本书的演示软件为施耐德 SoMachine V4.3，并辅以西门子 TIAProtal 和三菱 GX Works3。就笔者的工程实践和个人经验，这三种 PLC 的 ST 语言非常具有代表性，基本上涵盖了目前绝大部分 PLC 的 ST 语言。SoMachine 基于 CODESYS 平台，符合 IEC 61131-3 标准；西门子 TIAProtal 和三菱 GX Works3 兼容 IEC 61131-3 标准，又融合了自身的特色且使用广泛，在使用 ST 语言时与 SoMachine 有细微的差别。下面介绍这三款 PLC 编程软件如何建立 ST 语言开发环境。

1.5.1　施耐德 SoMachine

施耐德的 SoMachine 是一款专业、高效且开放的原始设备制造商（Original Equipment Manufacture，OEM）的软件解决方案，在单一环境下完成开发、配置和试运行整个机器［包括逻辑、电机控制、人机界面（Human Machine Interface，HMI）和相关网络自动化功能］。支持 M241、M251、M258 系列 PLC 以及 LMC058、LMC078 系列运动控制器。施耐德官网暂未提供该软件的下载，只提供升级包，软件可通过其他途径获取。

SoMachine 安装包为 ISO 格式的光盘镜像，Windows 7 系统需要使用虚拟光驱软件打开，切忌使用压缩软件直接解压缩。Windows 10 操作系统已经自带虚拟光驱软件，至于最新的 Windows 11 操作系统，应该不存在原则上的兼容问题，SoMachine 软件对计算机的要求如下：

1. 软件要求

该软件支持以下 Windows 版本：

（1）Microsoft Windows 7 SP1 Professional Edition 32 位/64 位。

（2）Microsoft Windows 8.1 Professional Edition 32 位/64 位。

（3）Microsoft Windows 10 Professional Edition 32 位/64 位。

提示：建议读者使用 Microsoft Windows 10 Professional Edition 64 位，也就是 Windows 10 64 位专业版。如果安装在虚拟机中，为了保证使用流畅，分配的资源不应低于最低硬件要求。使用非专业版操作系统，可能会出现不可预知的问题，不建议使用。

---

2. 硬件要求

硬件要求如表 1-2 所示，该软件对硬件要求比较高，建议使用固态硬盘。

表 1-2　SoMachine 的硬件要求

设 备 名 称	最 低 配 置	建 议 配 置
处理器	Intel Core 2 Duo 或等同型号	Intel Core i7 或等同型号
RAM	3GB	8GB
可用硬盘空间	8GB，包括用于典型软件安装的内存空间、用于执行的临时空间和用于保存应用程序的空间	15GB，包括用于完整软件安装的空间、用于执行的临时空间和用于保存应用程序的空间
显示器	分辨率：1280×1024 像素	分辨率：1680×1050 像素
外设	鼠标或兼容的指针设备	
外设	USB 接口	USB 3.x
Web 接入	Web 注册需要 Internet 接入系统	

3. 如何建立 ST 语言开发环境

SoMachine 软件的安装过程和步骤，本书不再赘述，读者可查阅相关资料。软件安装好后，会在桌面创建快捷方式，如图 1-6 所示。

图 1-6　SoMachine V4.3 桌面快捷方式

双击该快捷方式，即可打开 SoMachine 软件，打开后该软件的主窗口如图 1-7 所示。

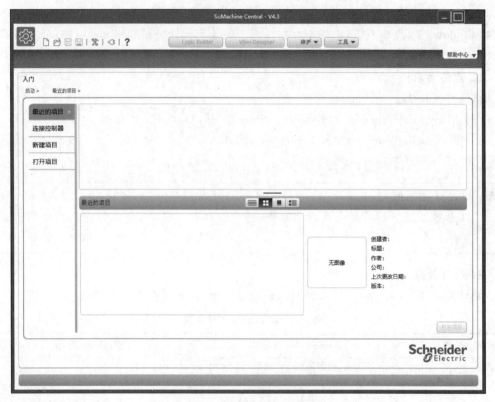

图 1-7　SoMachine 软件主窗口

打开软件的主窗口后，就可以新建项目了。在菜单栏依次选择"新建项目"|"空项目"命令，即可打开"新建空白项目"对话框，如图 1-8 所示。

新建项目的默认名称为"无标题"，这里把"项目名称"修改为 ST，也可根据需要修改为其他名称。然后单击右下角的"创建项目"按钮即可完成项目的创建，如图 1-9 所示。

从图 1-9 可以看出，文件名为 ST. Project 的项目已经创建完成，ST. Project＊右上角的"＊"表示该项目还未保存，其他 PLC 编程软件也有类似提示。单击"保存"按钮 🖫，即弹出"保存项目"对话框，如图 1-10 所示。可以根据需要更改保存路径，也可以再次更改项目名称。更改完成后，单击"保存"按钮即可保存项目。

图 1-8 SoMachine 新建空白项目对话框

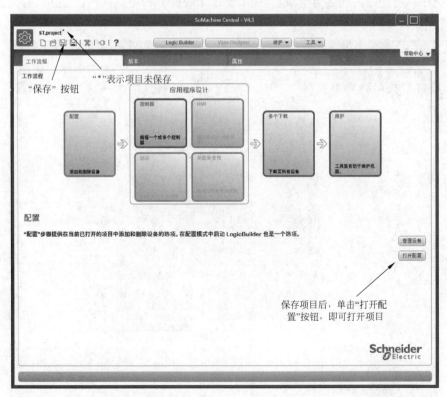

图 1-9 SoMachine 中创建完成的项目

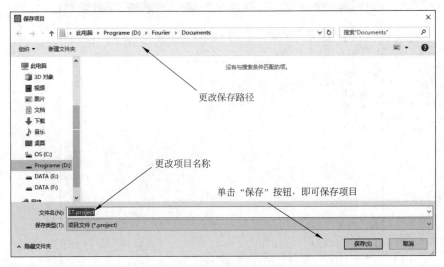

图 1-10　SoMachine 中"保存项目"对话框

　　保存完成后又回到图 1-9 的主窗口。此时可以发现 ST. Project 右上角的"﹡"已经消失，表示项目保存成功。以后每进行一次操作，ST. Project 右上角都会出现"﹡"，表示该操作还未保存。创建好的项目为空项目，还需要添加硬件和程序，单击右下角的"打开配置"按钮，即可打开项目，如图 1-11 所示。

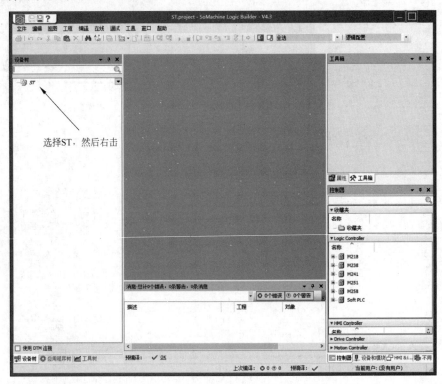

图 1-11　SoMachine 完成项目创建的主窗口

选择项目，也就是 ST，然后右击，会弹出快捷菜单，如图 1-12 所示。

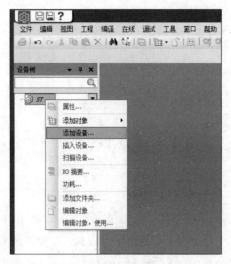

图 1-12　项目快捷菜单

选择"添加设备"命令，即可打开"添加设备"对话框，如图 1-13 所示。

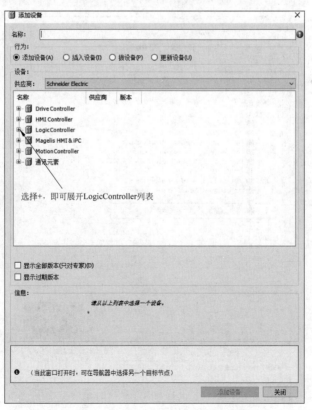

图 1-13　SoMachine 中"添加设备"对话框

选择 LogicController 前面的＋，即可展开 LogicController（硬件）列表，也就是 SoMachine 支持的 PLC 型号，如图 1-14 所示。

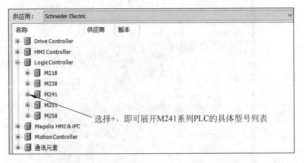

图 1-14　SoMachine 支持的 PLC

从图 1-14 中可以看出，SoMachine V4.3 支持 M218、M238、M241、M251、M258 共 5 个系列的 PLC，这 5 个系列的 PLC 均支持 ST 语言编程，每个系列又包含多个机型。选择 MotionController 前面的＋，即可展开"运动控制器"列表，支持 LMC058 和 LMC078，这两款运动控制器也支持 ST 语言编程。

选择 M241 前面的＋，展开 M241 系列的 PLC 列表，如图 1-15 所示。

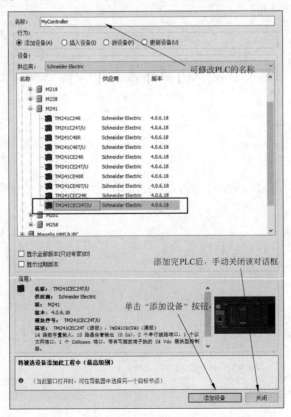

图 1-15　M241 系列的 PLC（具体型号）列表

本书中使用 TM2241CEC24T/U，该 PLC 拥有 2 个串口、1 个以太网端口（支持 Ethernet/IP 和 Modbus/TCP）、1 个 CANopen 端口。选择后 SoMachine 会自动命名为 MyController，也可以根据需要自行命名，最后单击"添加设备"按钮即可。添加完设备后，需要手动关闭该对话框，单击右下角的"关闭"按钮即可。添加好硬件后的项目，如图 1-16 所示。

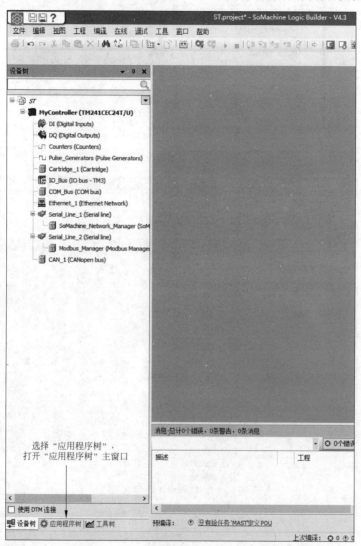

图 1-16　SoMachine 中添加好硬件的项目

添加好硬件后，就可以添加 ST 语言的编程环境了，选择"应用程序树"，即可打开"应用程序树"窗口，如图 1-17 所示。

选择 Application(MyController：TM241CEC24T/U)，然后右击，会弹出快捷菜单，依次选择"添加对象"|POU 命令，即可添加 POU(程序组织单元)，这样就可以在该 POU 中使用 ST 语言编程了，如图 1-18 所示。

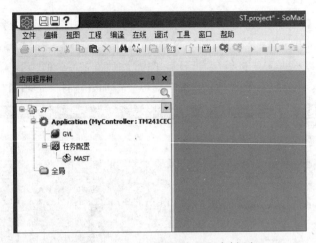

图 1-17　SoMachine 中的"应用程序树"窗口

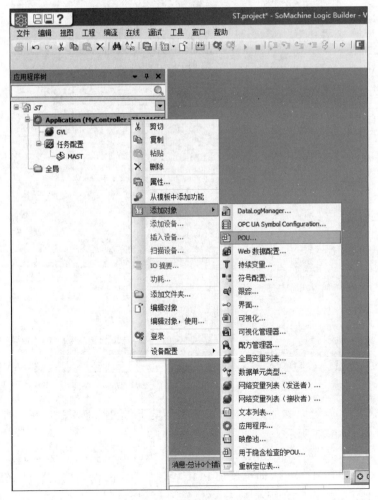

图 1-18　添加 POU

在这里,先初步了解一下 POU 的概念,后续会详细讲解。POU 是 PLC 中的一段程序,也就是 PLC 的子程序。无论是 ST 语言,还是梯形图,只有在 POU 中,才能编写 PLC 程序。

选择 POU 命令后,会弹出"创建新的 POU(程序组织单元)"对话框,如图 1-19 所示。

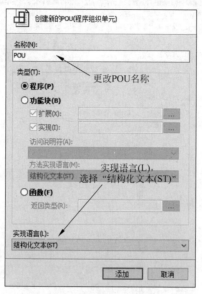

图 1-19　新建新的 POU

从图 1-19 可以看出,SoMachine 默认新添加的 POU 名称为 POU,读者也可以自行命名。在"实现语言(L)"栏选择"结构化文本(ST)",最后单击"添加"按钮即可。添加好 POU 的项目窗口如图 1-20 所示。

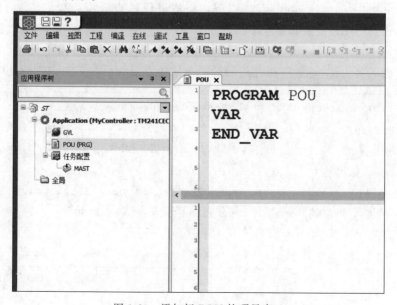

图 1-20　添加好 POU 的项目窗口

添加的 POU,需要分配任务才能执行。选中 POU 选项,然后拖动到"任务配置"下的 MAST 下即可,这样就为 POU 分配了循环扫描任务,如图 1-21 所示。

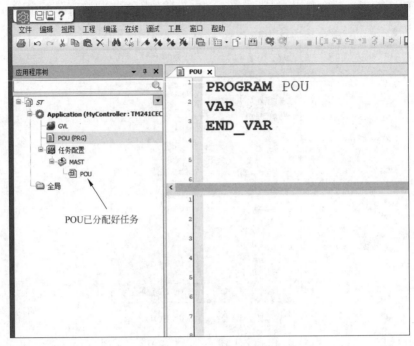

图 1-21　为 POU 分配任务

这样就在 SoMachine 中建立好了 ST 语言的开发环境。如图 1-22 所示,ST 语言开发环境由两部分组成:上面是变量定义区,下面是程序代码编辑区。跟大多数计算机高级语言不同,ST 语言的变量定义和程序编辑是分开的。由于各 PLC 之间定义变量的方式差别较大,因此本书主要介绍的是 ST 语言的编写。除非特别需要,本书不着重介绍变量定义部分。

该软件的其他操作,请参考相关的资料或是软件自带的帮助文件,本书不再赘述。

注意：施耐德 SoMachine 已经升级为 EcoStruxure 机器专家（EcoStruxure Machine Expert）,同样基于 CODESYS 平台,增加新硬件和新功能。该软件免费版本无法仿真,如果单纯学习 ST 语言,建议仍然使用 SoMachine。EcoStruxure Machine Expert 下载地址如下：

https://www.schneider-electric.cn/zh/download/document/ESEMACS10_Installer_CN/。

也可以使用原生 CODESYS 软件学习 ST 语言,下载地址如下：

http://codesys.cn/list-DOWNLOAD.html。

CODESYS 原生软件分 32 位和 64 位两个版本,需要根据操作系统选择合适的版本。

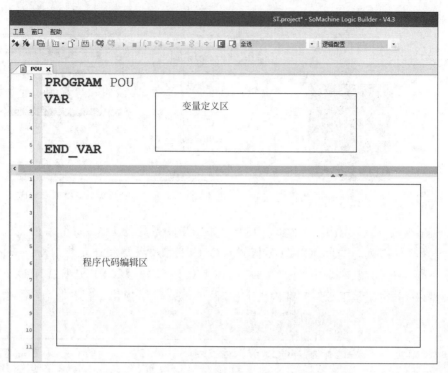

图 1-22　SoMachine 中创建好的 ST 语言开发环境

1.5.2　三菱 GX Works2 与 GX Works3

目前三菱 PLC 共有两款主流编程软件，分别是 GX Works2 和 GX Works3，均支持 ST 语言。

（1）GX Works2 下载地址如下：

https://mitsubishielectric. yangben. cn/assets/detail/5b5ecd982e03000d1a833d88。

（2）GX Works3 下载地址如下：

https://mitsubishielectric. yangben. cn/assets/detail/5b553ac0e4040f68ccc99707。

注意：这两款软件不是升级关系，只是支持的 PLC 型号不同，可以安装在同一台计算机中，互不冲突。

下面分别介绍如何使用这两款软件建立 ST 语言的开发环境。

1. GX Works2

三菱 GX Works2 软件比较特殊，它支持"结构化工程"和"简单工程"两种模式。需要特别注意的是，只有"结构化工程"模式才完美支持 ST 语言。安装好 GX Works2 软件后，桌面会创建快捷方式，如图 1-23 所示。

双击快捷方式即可打开 GX Works2，打开后依次选择"文件"|"新建"命令，打开"新建"

对话框,如图 1-24 所示。

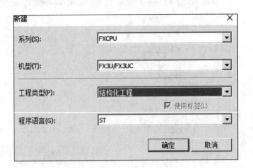

图 1-23　三菱 GX Works2 的快捷方式　　　图 1-24　三菱 GX Works2"新建"对话框

GX Works2 支持 QCPU(Q 模式)、LCPU、FXCPU 系列的 PLC,每个系列又包含多个机型。选择其他系列,比如 QCPU(A 模式)、QSCPU 等,需要额外安装 GX Developer 软件,本书不再赘述。图 1-24 中"系列(S)"选择 FXCPU,"机型(T)"选择 FX3U/FX3UC。"工程类型(P)"分"简单工程"和"结构化工程"两种,选择"结构化工程","程序语言(G)"选择 ST。

注意:工程类型,一定要选择"结构化工程",才支持 ST 语言。选择的程序语言是默认建立的程序、功能块、功能等所选择的语言,所以不选择 ST 也可以,只需要在新建数据的时候,选择 ST 语言即可。这里的数据,跟前面讲述的 POU,是同一个意思,是指 GX Works2 中的子程序。

单击"确定"按钮,即完成工程的建立。新建工程的主窗口如图 1-25 所示。

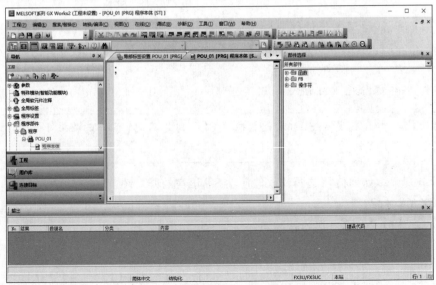

图 1-25　GX Works2 新建工程主窗口

这样就建立好了 ST 语言的开发环境。最后再次强调一下,在新建工程的时候,工程类型一旦选择了"简单工程",在 GX Works2 中是无法选择 ST 语言进行编程的,而 GX Works2 默认就是建立"简单工程",这也是很多读者发现自己的 GX Works2 为什么会和别人的 GX Works2 不一样的原因。

有关 GX Works2 的其他操作,本书不再赘述,读者可参考相关资料或是该软件的帮助系统。

2. GX Works3

GX Works3 是三菱最新的 IQ-F(也就是 FX5U)和 IQ-R 系列 PLC 的编程软件。与 GX Works2 不同,GX Works3 不再有"简单工程"和"结构化工程"的模式分类。安装好 GX Works3 后,桌面会创建快捷方式,如图 1-26 所示。

图 1-26 三菱 GX Works3 快捷方式

双击该快捷方式就可以打开 GX Works3,打开后主窗口如图 1-27 所示。

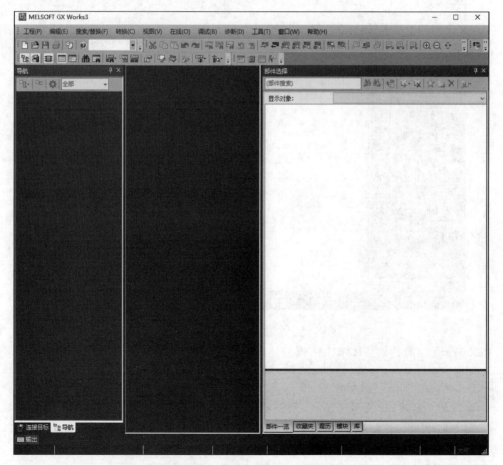

图 1-27 三菱 GX Works3 主窗口

在菜单栏依次选择"工程"|"新建"命令，弹出"新建"对话框，如图 1-28 所示。

图 1-28 三菱 GX Works3 新建工程对话框

GX Works3 支持 RCPU、LHCPU、FX5CPU 系列的 PLC，每个系列又包含多个机型。在图 1-28 中"系列(S)"选择 FX5CPU，"机型(T)"选择 FX5U，"程序语言(G)"选择 ST。然后单击"确定"按钮，即可完成工程的创建。创建好的工程主窗口如图 1-29 所示。

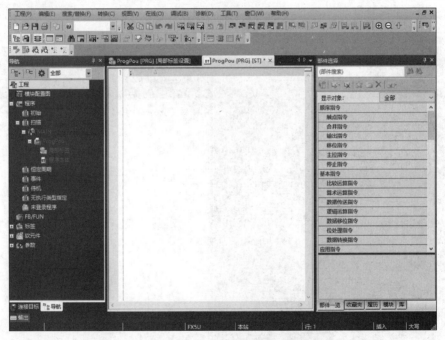

图 1-29 GX Works3 新建工程主窗口

GX Works3 的其他操作本书不再赘述，读者可参考相关资料或该软件的帮助系统。

强调：GX Works2 使用"简单工程"可以在梯形图中插入 ST 语言，类似插入一个 ST 语言编写的功能块，但使用受限制，无法发挥 ST 语言的强大功能；GX Works3 也可以在梯形图中插入 ST 语言，同样功能受限，只是作为梯形图的补充。笔者强烈建议，不要使用这两种插入 ST 语言的模式。

1.5.3 西门子 TIA Portal

TIA Portal(Totally Integrated Automation Portal)一般被称为西门子博途,是西门子的自动化集成软件,它支持 SIMATIC S7-1200、SIMATIC S7-1500 以及 SIMATIC S7-300、SIMATIC S7-400 系列 PLC。同施耐德 SoMachine 一样,西门子博途也是综合软件平台,同时支持 HMI、驱动、SCADA。这里再次强调,西门子中的 SCL 语言就是本书所讲的 ST 语言,在博途软件中,SCL 不再作为插件出现,而是作为博途的标配。

博途软件(版本 V15,21 天试用版)的下载地址如下:

https://support.industry.siemens.com/cs/document/109752566/ simatic-step-7-和-wincc-v15-试用版下载-?dti = 0&dl = zh&lc = en-CN。

博途软件对硬件要求较高,可以参考西门子的官方说明。安装好博途软件后,桌面会创建快捷方式,如图 1-30 所示。

双击该快捷方式就可以打开博途软件,打开后主窗口如图 1-31 所示。

图 1-30 西门子博途软件快捷方式

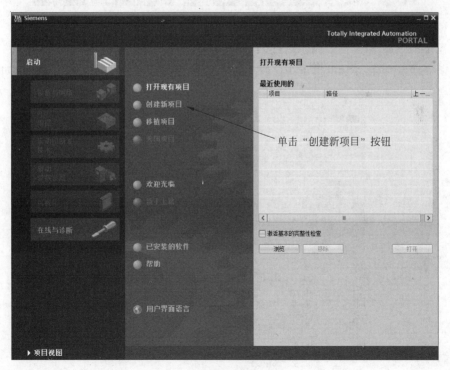

图 1-31 博途软件主窗口

单击"创建新项目"按钮,主窗口右侧会显示"创建新项目"的有关选项,如图 1-32 所示。

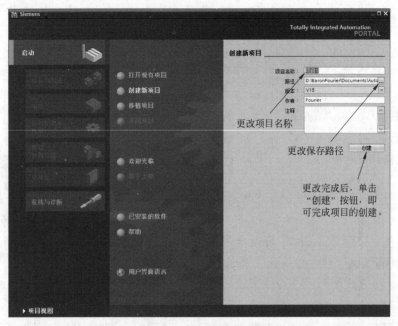

图 1-32　博途软件中"创建新项目"对话框

从图 1-32 中可以看出,博途软件会自动为新项目命名为"项目 1",并指定项目路径。用户也可以根据需要自行更改,单击路径最右侧的 ▦ 按钮,弹出更改保存路径对话框,如图 1-33 所示。

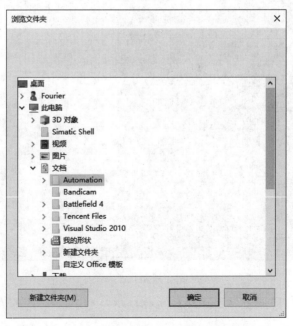

图 1-33　博途软件中更改项目保存路径的对话框

　　更改保存路径后,单击"确定"按钮即可,该对话框会自动关闭,最后单击"创建"按钮,即可完成项目的创建。创建成功的项目主窗口如图 1-34 所示。

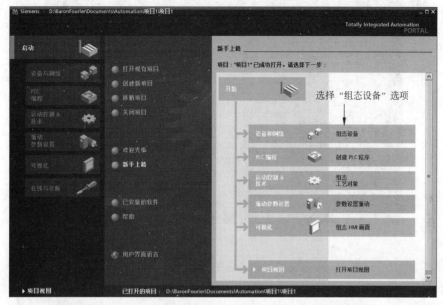

图 1-34　博途软件中创建好的项目主窗口

　　创建的项目为空项目,需要组态硬件并添加程序。选择"组态设备"选项,即可打开组态设备窗口,如图 1-35 所示。

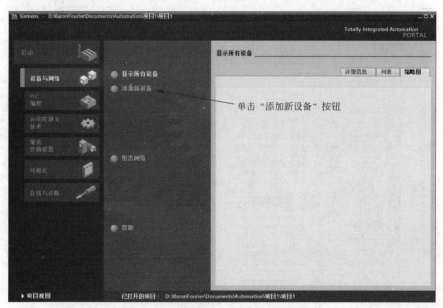

图 1-35　博途软件中组态设备窗口

单击"添加新设备"按钮，窗口右侧会显示添加新设备的相关选项，如图 1-36 所示。

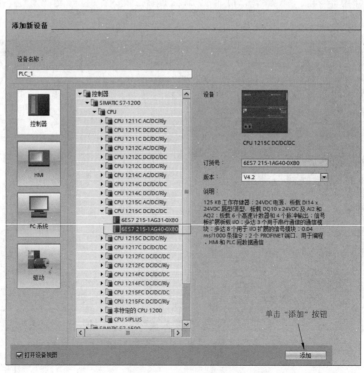

图 1-36　博途软件中添加新设备窗口

从图 1-36 中可以看出，博途支持 SIMATIC S7-1200、SIMATIC S7-1500、SIMATIC S7-300、SIMATIC S7-400 共 4 种 PLC，每种 PLC 又包含多个系列。选择 ▶ 即可展开列表，选择 SIMATIC S7-1200 系列的 CPU 1215C DC/DC/DC，订货号为 6ES7 215-1AG40-0XB0，如图 1-37 所示。

图 1-37　博途软件中选择 PLC 型号

最后单击"添加"按钮,即显示添加好硬件的项目主窗口,如图 1-38 所示。

图 1-38　博途软件中添加好硬件的项目主窗口

添加好硬件后,就可以创建 ST 语言开发环境了。选择"程序块"前面的 ▶,展开程序块列表,双击"添加新块"按钮,就可以打开"添加新块"对话框,如图 1-39 所示。在博途软件中,无论是程序还是数据,都以块的形式存在。数据块(DB)类似其他 PLC 的数据寄存器,组织块(OB)类似其他 PLC 的任务和 POU,函数块(FB)、函数(FC)类似其他 PLC 的 POU。读者可参考博途软件的帮助系统或相关手册。

选择"函数块"选项,从图 1-39 中可以看出,博途软件会自动命名为"块_1",也可以根据需要进行更改,"语言"选择 SCL。更改完成后,单击"确定"按钮即可。创建好的 ST 语言开发环境如图 1-40 所示。跟 SoMachine 中 POU 需要分配任务一样,函数块需要在组织块中调用,才会被执行。

博途软件的其他操作本书不再赘述,读者可参考相关资料或该软件的帮助系统。

注意:西门子官方已经发布博途软件 V18 版本。

下载地址如下:

https://support. industry. siemens. com/cs/document/109807109/simatic-step-7-incl-safety-s7-plcsim-and-wincc-v18-trial-download?dti=0&lc=en-WW。

博途 V18 版本只是增加新的功能,与 V15 版本在基本操作以及 SCL 语法方面没有什么区别。

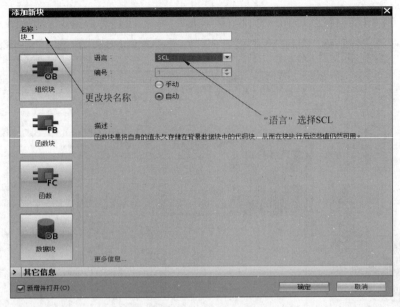

图 1-39　博途软件中"添加新块"对话框

图 1-40　博途软件中的 ST 语言开发环境

1.6　其他 PLC 的 ST 语言开发环境

支持 ST 语言编程的 PLC 非常多,下面将介绍台达、汇川、英威腾、禾川、步科、松下、欧姆龙、基恩士、施耐德、AB 等常见 PLC 如何建立 ST 语言开发环境。

1.6.1　台达

台达目前也推出了 IEC 61131-3 标准的 PLC,采用 ISPSoft 编程软件。ISPSoft 的下载地址如下:

https://downloadcenter. delta-china. com. cn/DownloadCenter? v =
1&q=ISPSoft&sort_expr=cdate&sort_dir=DESC。

图 1-41　台达 ISPSoft 快捷方式

安装好 ISPSoft,桌面会创建快捷方式,如图 1-41 所示。

双击快捷方式即可打开 ISPSoft,打开后主窗口如图 1-42 所示。

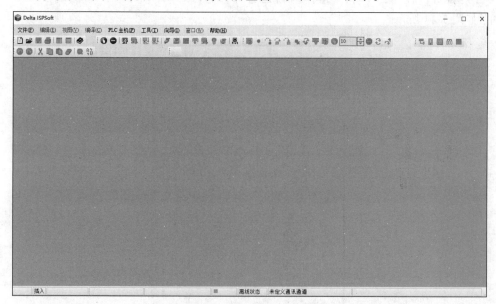

图 1-42　台达 ISPSoft 主窗口

在菜单栏中依次选择"文件"|"建立项目"|"新项目"命令,打开"建立新项目"对话框,如图 1-43 所示。

ISPSoft 支持 DVP、AH、AH MOTION、AS、TP、VFD 共 5 种控制器,每种控制器又包含多个 PLC 机种。ISPSoft 会自动命名项目名称为 Untitled0,也可以根据需要修改。在图 1-43 中"控制器种类"选择 AS,"PLC 机种"选择 AS332T。默认文件路径也可以修改,单击"路径选择"按钮即可。更改完成后,单击"确定"按钮,即可完成新项目的创建。

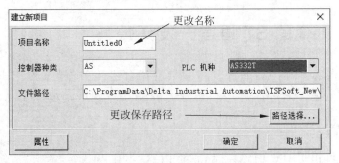

图 1-43　台达 ISPSoft"建立新项目"对话框

注意：台达原有的 DVP 系列 PLC 也可以使用 ISPSoft 软件编程，但不支持 ST 语言。具体哪些系列支持 ST 语言，请读者参阅台达的相关手册。

创建好工程后，便可以新建 POU 了，选择项目管理区的"程序"选项，右击会弹出快捷菜单，如图 1-44 所示。

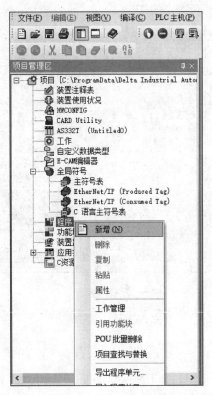

图 1-44　台达 ISPSoft 打开新增 POU 快捷菜单

选择"新增（N）"命令，即可打开"建立程序"对话框，如图 1-45 所示。

从图 1-45 可以看出，ISPSoft 默认 POU 名称为 Prog0，可以根据需要自行修改。在"语

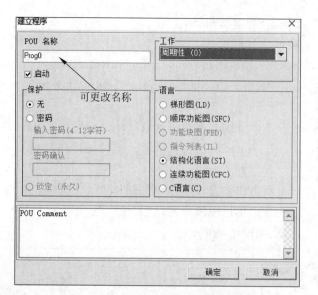

图1-45 台达 ISPSoft"建立程序"对话框

言"选项组选择"结构化语言(ST)",最后单击"确定"按钮即可。创建好的 ST 语言开发环境
如图1-46 所示。

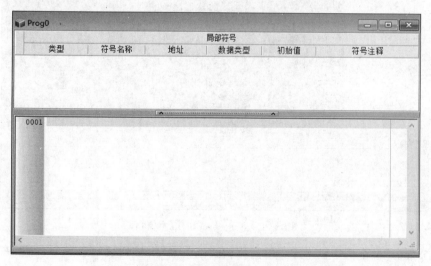

图1-46 台达 ISPSoft 创建好的 ST 语言开发环境

ISPSoft 的其他操作本书不再赘述,读者可参考相关资料或该软件的帮助系统。

1.6.2 汇川

汇川 PLC 编程软件为 AutoShop 和 InoProShop,前者用于小型 PLC,也就是 EASY 系
列和 H 系列,偏向传统的日系 PLC 风格;后者用于中型 PLC 和智能机械控制器,也就是
AM 系列和 AC 系列。InoProShop 与本书的演示软件施耐德 SoMachine 一样,也是基于

CODESYS 平台,符合 IEC 61131-3 标准。

这两款软件的下载地址分别如下：

（1）AutoShop：https://www.inovance.com/allResult?key＝AutoShop。

（2）InoProShop：https://www.inovance.com/allResult?key＝InoProShop。

下面分别介绍使用这两款软件如何建立 ST 语言的开发环境。

1. AutoShop

安装好 AutoShop 后,桌面快捷方式图标如图 1-47 所示。

图 1-47　汇川 AutoShop
快捷方式图标

双击快捷方式图标即可打开 AutoShop 主窗口,如图 1-48 所示。

在菜单栏中依次选择"文件"|"新建工程"命令,弹出"新建工程"对话框,如图 1-49 所示。

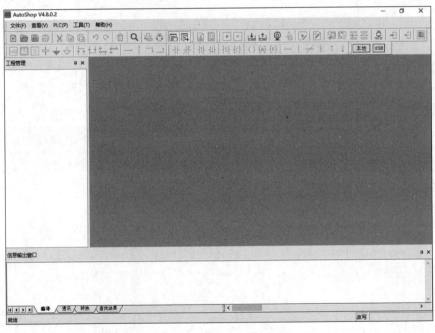

图 1-48　汇川 AutoShop 主窗口

在"工程名"文本框中输入工程的名称,在"编辑器"下拉列表中选择 LiteST,在"系列与型号"下拉列表中选择 PLC 型号,这里选择"H5U 系列"。选择"保存路径"后面的 ▦ 图标,可以更改保存路径。

注意：并不是所有的小型汇川 PLC 都支持 LiteST 语言编程,具体可参照汇川 PLC 样本手册。如果选择好 PLC 型号后,编辑器中并无 LiteST 选项,说明该 PLC 不支持 LiteST 语言。在 AutoShop 中,ST 语言被称为 LiteST,Lite 是精简的意思。LiteST 语言与 ST 语言大同小异,没有本质的区别。具体细节,可参考汇川官方手册。

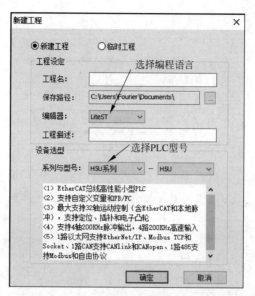

图 1-49　汇川 AutoShop"新建工程"对话框

最后单击"确定"按钮即可创建新工程,这样,就建立好了一个名称为 MAIN 的子程序,该子程序的编程语言为 LiteST。建立好的 ST 语言开发环境,如图 1-50 所示。

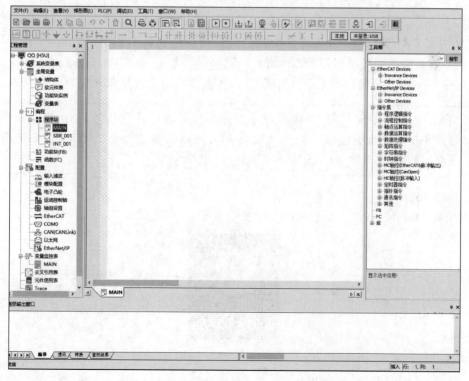

图 1-50　汇川 AutoShop LiteST 语言开发环境

如果需要新增 LiteST 语言子程序,选择"程序块",然后右击,弹出快捷菜单如图 1-51 所示。

图 1-51　汇川 AutoShop 新增 LiteST 语言子程序的快捷菜单

选择"插入子程序"或者"插入中断子程序"命令,会弹出"新建"对话框,如图 1-52 所示。

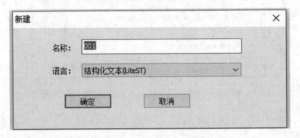

图 1-52　汇川 AutoShop 新建中断子程序对话框

在"名称"文本框中输入子程序的名字,也可以使用系统默认 001。"语言"下拉列表中选择"结构化文本(LiteST)",然后单击"确定"按钮即可建立名称为 SBR_001 的子程序。SBR_为系统自动增加的子程序名称前缀。

AutoShop 的其他操作本书不再赘述,读者可参考相关资料或该软件的帮助系统。

注意：MAIN 程序会默认执行,而新建的子程序和中断子程序默认不执行,需要在 MAIN 程序中调用才能执行,具体可参考汇川 PLC 手册。如果初学者对调用子程序暂时还未掌握,建议直接在 MAIN 程序中学习 ST 语言。

---

2. InoProShop

安装好 InoProShop 后,桌面快捷方式图标如图 1-53 所示。

图 1-53　汇川 InoProShop 快捷方式图标

双击快捷方式图标即可打开 InoProShop,打开后主窗口如图 1-54 所示。

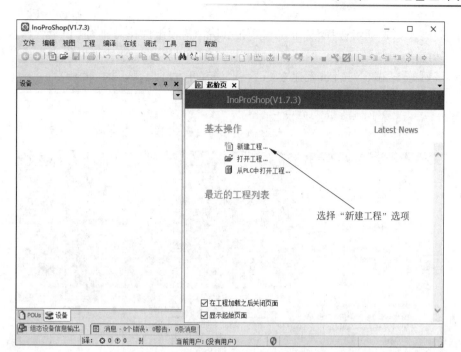

图 1-54 汇川 InoProShop 主窗口

在菜单栏中选择"文件"|"新建工程"命令,或者直接选择主窗口的"新建工程"选项,弹出"新建工程"对话框,如图 1-55 所示。

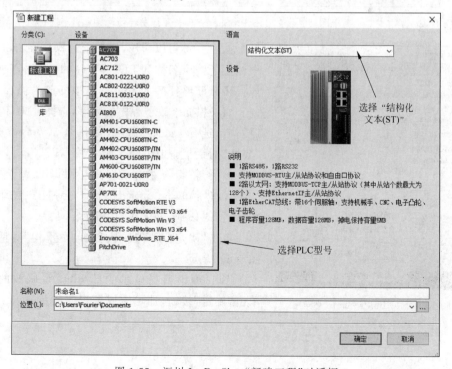

图 1-55 汇川 InoProShop"新建工程"对话框

在"分类（C）"选项组选择"标准工程"，在"设备"选项组选择需要的 PLC 型号，这里选择 AC702，"语言"选择"结构化文本（ST）"，"名称（N）"和"位置（L）"处可以修改工程名称和保存位置，最后单击"确定"按钮，就建立好了 ST 语言开发环境，如图 1-56 所示。

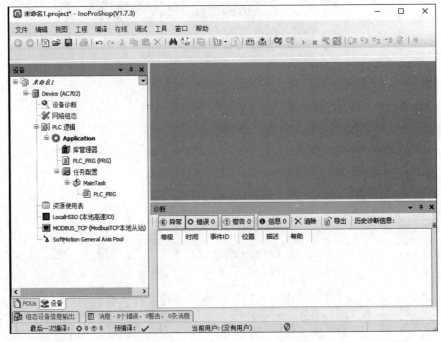

图 1-56　汇川 InoProShop ST 语言开发环境

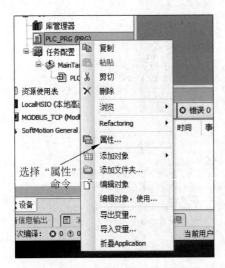

图 1-57　汇川 InoProShop 子程序
　　　　　选择属性

从图 1-56 可以看出，经过上述操作在 InoProShop 中建立了一个名称为 PLC_PRG 的 ST 语言子程序，该程序分配给任务 MainTask，该任务为循环扫描任务。如果想要修改子程序的名字，选择 PLC_PRG，然后右击，选择"属性"命令，如图 1-57 所示，会弹出"属性"对话框，如图 1-58 所示。

然后输入新的子程序名称即可，比如输入 MAIN，然后单击"确定"按钮。会弹出"自动重构：重命名"对话框，如图 1-59 所示。

单击"确定（Y）"按钮，会弹出"重构"对话框，如图 1-60 所示。

图 1-60 中高亮显示的部分，就是修改的部分。单击"确定"按钮，即可完成子程序的重命名。

图 1-58　汇川 InoProShop 子程序属性对话框

图 1-59　汇川 InoProShop 子程序"自动重构：重命名"对话框

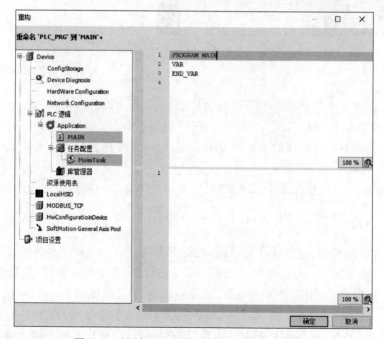

图 1-60　汇川 InoProShop 子程序"重构"对话框

如需新建子程序,选择"PLC 逻辑"下面的 Application,然后右击,选择"添加对象"命令,然后选择"程序组织单元"命令,如图 1-61 所示。

选择"程序组织单元"命令后,会弹出"添加程序组织单元"对话框,如图 1-62 所示。

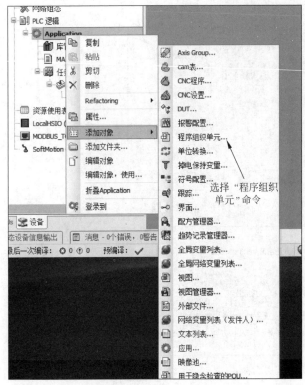

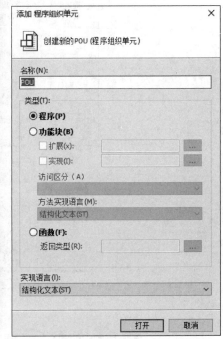

图 1-61　汇川 InoProShop 新建子程序

图 1-62　汇川 InoProShop"添加程序
组织单元"对话框

在"名称(N)"文本框中输入子程序的名称,也可以使用默认,在"实现语言(I)"下拉列表中选择"结构化文本(ST)",最后单击"打开"按钮,即可建立名称为 POU 的子程序,该子程序使用 ST 语言编程。新建的子程序并未分配任务,需要将其拖入任务中,其操作与施耐德 SoMachine 相同。

InoProShop 的其他操作本书不再赘述,读者可参考相关资料或该软件的帮助系统。

1.6.3　英威腾

英威腾 PLC 编程软件为 AutoStation,支持 IVC 系列 PLC,该软件为传统日系 PLC 风格,不支持 ST 语言编程。英威腾的运动控制器,也就是 AX 系列控制器,其基于 CODESYS 平台支持 ST 语言编程,编程软件为 Invtmatic Studio,下载地址如下:

https://www.invt.com.cn/search-1-aW52dG1hdGljJTIwc3R1ZGlv。

官网提供 32 位和 64 位两种版本的下载,需要根据自己操作系统下载合适的版本。

安装好 Invtmatic Studio 后,桌面快捷方式图标如图 1-63 所示。

图 1-63 英威腾 Invtmatic Studio 快捷方式图标

双击快捷方式图标即可打开 Invtmatic Studio 主窗口,如图 1-64 所示。

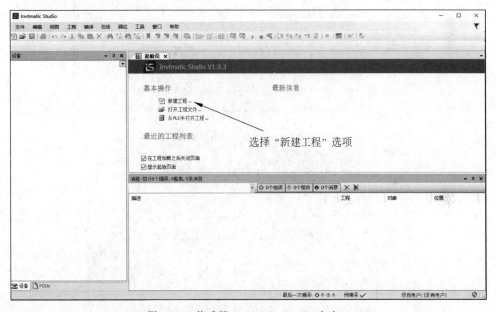

图 1-64 英威腾 Invtmatic Studio 主窗口

在菜单栏中选择"文件"|"新建工程"命令,或者直接选择主窗口的"新建工程"选项,弹出"新建工程"对话框,如图 1-65 所示。

在"分类(C)"选项组选择 Projects,在"模板(T)"选项组选择 Standard project,"名称(N)"文本框中可以修改子程序的名字,或者使用默认。"位置(L)"可以更改保存位置。最后单击"确定"按钮,弹出"标准工程"对话框,如图 1-66 所示。

在"设备(D)"下拉列表中选择合适的 PLC 型号,这里选择 AX7X。在"PLC_PRG 在"下拉列表中选择"结构化文本(ST)",这里表示,在工程中建立名称为 PLC_PRG 的子程序,该子程序的编程语言为 ST 语言。最后单击"确定"按钮,即可建立工程,如图 1-67 所示。

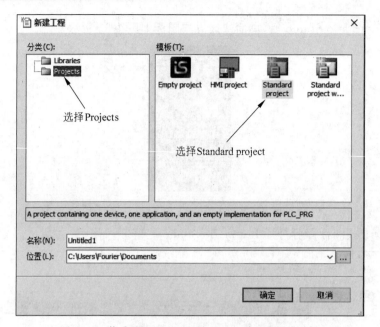

图 1-65 英威腾 Invtmatic Studio"新建工程"对话框

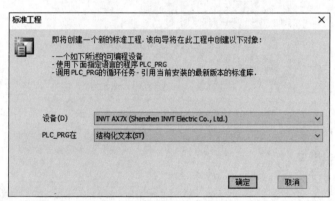

图 1-66 英威腾 Invtmatic Studio"标准工程"对话框

从图 1-66 中可以看出，经过以上操作，在 Invtmatic Studio 建立了一个名称为 PLC_PRG 的 ST 语言子程序，该程序分配给任务 MainTask，该任务为循环扫描任务。

如果想要修改子程序的名字，选择 PLC_PRG，然后右击，选择"属性"命令，如图 1-68 所示，会弹出"属性"对话框，如图 1-69 所示。

然后输入新的子程序名称即可，比如输入 MAIN，然后单击"确定"按钮。会弹出"自动重构：重命名"对话框，如图 1-70 所示。

单击"确定"按钮，会弹出"重构"对话框，如图 1-71 所示。

图 1-71 中高亮显示的部分，就是修改的部分。单击"确定"按钮，即可完成子程序的重命名。

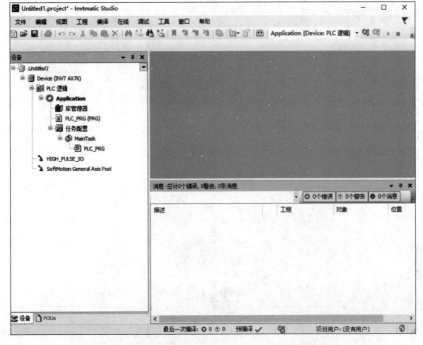

图 1-67 英威腾 Invtmatic Studio ST 语言开发环境

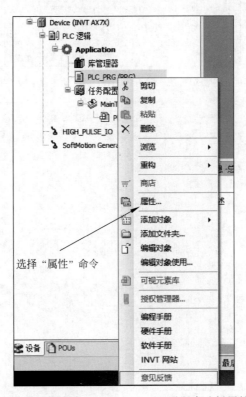

图 1-68 英威腾 Invtmatic Studio 子程序选择属性

图 1-69   英威腾 Invtmatic Studio 子程序"属性"对话框

图 1-70   英威腾 Invtmatic Studio 子程序"自动重构：重命名"对话框

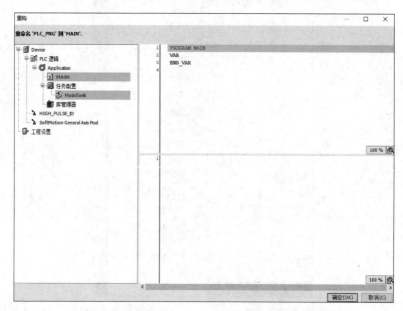

图 1-71   英威腾 Invtmatic Studio 子程序"重构"对话框

如需新建子程序,选择"PLC 逻辑"下的 Application 选项,右击,从弹出的快捷菜单中选择"添加对象"命令,然后选择 POU 命令,如图 1-72 所示。

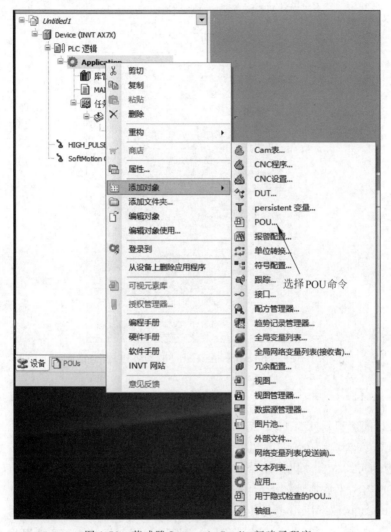

图 1-72　英威腾 Invtmatic Studio 新建子程序

选择 POU 命令后,会弹出"添加 POU"对话框,如图 1-73 所示。

在"名称(N)"文本框中输入子程序的名称,也可以使用默认,在"实现语言(I)"下拉列表中选择"结构化文本(ST)",最后单击"打开"按钮,即可建立名称为 POU 的子程序,该子程序使用 ST 语言编程。新建的子程序并未分配任务,需要将其拖入任务中,其操作与施耐德 SoMachine 相同。

Invtmatic Studio 的其他操作本书不再赘述,读者可参考相关资料或该软件的帮助系统。

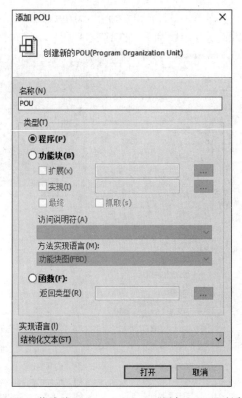

图 1-73　英威腾 Invtmatic Studio"添加 POU"对话框

1.6.4　禾川

禾川 PLC 的编程软件为 HCP Works 和 HCP Works2,前者支持 A 系列 PLC,后者支持 R 系列 PLC,两者均为传统日系风格 PLC。其 Q 系列 PLC 基于 CODESYS 平台,官方称其为 PAC,意为可编程自动化控制器(Programmable Automation Controller),其编程软件为原生 CODESYS,下载地址如下:

http://class. hcfa. cn/mod/folder/view. php?id=709。

图 1-74　CODESYS 快捷
方式图标

官网提供了 32 位版本和 64 位版本,需要根据自身操作系统选择下载的版本。也可以去 CODESYS 官网下载,同样注意操作系统版本。由于采用原生 CODESYS,还需要下载相应的包文件才能在 CODESYS 中对禾川 PLC 进行编程调试,下载地址如下:

http://class. hcfa. cn/mod/folder/view. php?id=837。

安装好 CODESYS 后,桌面快捷方式图标如图 1-74 所示。

双击快捷方式图标即可打开 CODESYS 主窗口,如图 1-75 所示。

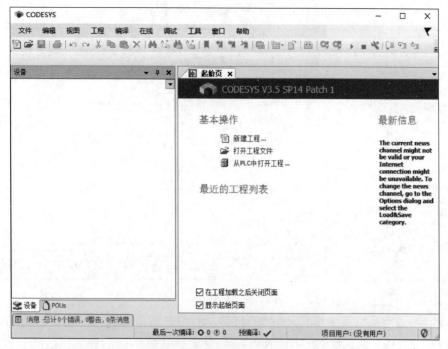

图 1-75 CODESYS 主窗口

接下来需要安装禾川 Q 系列的包文件,这样 CODESYS 才能支持禾川 PLC。在菜单栏中选择"工具"|"包管理器"命令,弹出"包管理器"对话框,如图 1-76 所示。

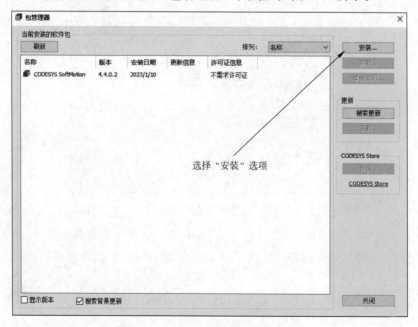

图 1-76 CODESYS"包管理器"对话框

选择"安装"选项，会弹出"打开"对话框，如图 1-77 所示。

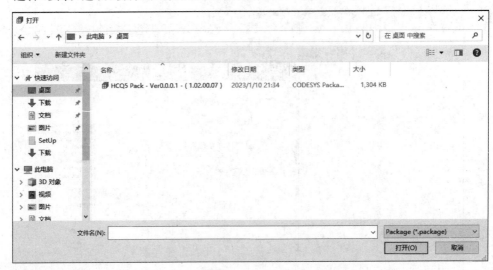

图 1-77　CODESYS 包管理器"打开"对话框

包文件的后缀为".package"，选择下载的包文件，然后单击"打开"按钮，会弹出"安装-Choose Setup Type"对话框，如图 1-78 所示。

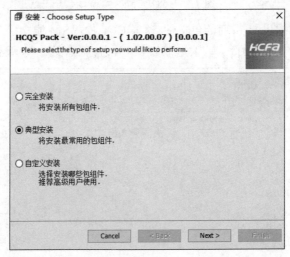

图 1-78　CODESYS"安装-Choose Setup Type"对话框

选择"典型安装"，然后单击 Next 按钮，CODESYS 会自动安装包文件，如图 1-79 所示。

安装完成后，单击 Next 按钮，然后单击 Finish 按钮，会回到"包管理器"对话框，如图 1-80 所示。

"包管理器"对话框中，出现安装的包，表示安装成功；如果无显示，单击"刷新"按钮；如果仍然不显示，表示未安装成功，重复以上步骤重新安装。

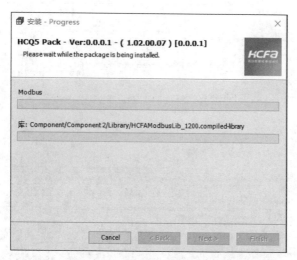

图 1-79　CODESYS 安装包文件

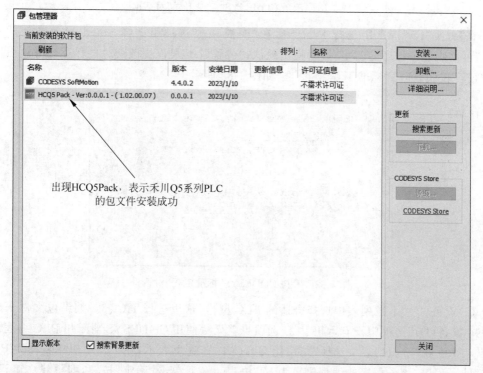

图 1-80　CODESYS 安装完成包文件后的"包管理器"对话框

　　包安装好后单击"关闭"按钮,回到 CODESYS 主窗口,下面就可以建立 ST 语言的开发环境了。在菜单栏中选择"文件"|"新建工程"命令,或者直接选择主窗口的"新建工程"选项,弹出"新建工程"对话框,如图 1-81 所示。

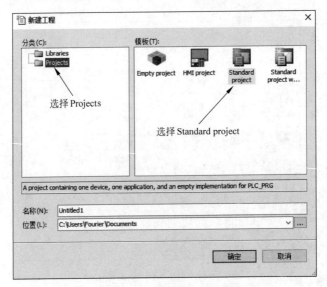

图 1-81　禾川 CODESYS"新建工程"对话框

在"分类（C）"选项组选择 Projects，在"模板（T）"选项组选择 Standard project，"名称（N）"可以修改子程序的名字，或者使用默认，"位置（L）"可以更改文件的保存位置。最后单击"确定"按钮，弹出"标准工程"对话框，如图 1-82 所示。

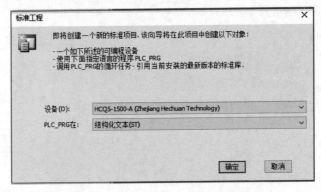

图 1-82　禾川 CODESYS"标准工程"对话框

在"设备（D）"下拉列表中选择合适的 PLC 型号，这里选择 HCQ5。如果包文件未成功安装，"设备（D）"选项中没有禾川 PLC 选项也就无法使用 CODESYS 对禾川 PLC 编程。在"PLC_PRG 在"下拉列表中选择"结构化文本（ST）"，这里表示，在工程中建立名称为 PLC_PRG 的子程序，该子程序的编程语言为 ST 语言。最后单击"确定"按钮，即可建立工程，如图 1-83 所示。

从图 1-83 中可以看出，经过以上操作，在禾川 CODESYS 中建立了一个名称为 PLC_PRG 的 ST 语言子程序，该程序分配给任务 MainTask，该任务为循环扫描任务。

如果想要修改子程序的名字，选择 PLC_PRG（PRG），然后右击，选择"属性"命令，如图 1-84 所示。

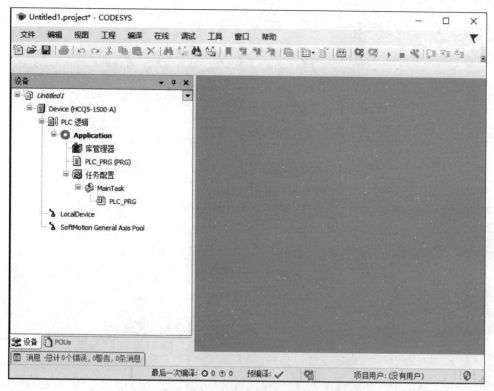

图 1-83 禾川 CODESYS 的 ST 语言开发环境

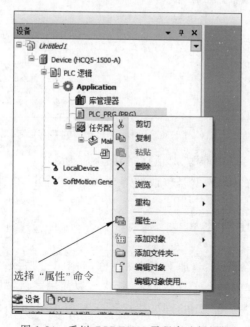

图 1-84 禾川 CODESYS 子程序选择属性

选择"属性"命令后，会弹出"属性"对话框，如图1-85所示。

图1-85　禾川 CODESYS 子程序"属性"对话框

　　然后输入新的子程序名称即可，比如输入 MAIN，然后单击"确定"按钮。会弹出"自动重构：重命名"对话框，如图1-86所示。

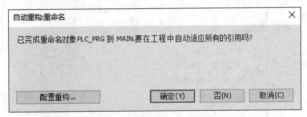

图1-86　禾川 CODESYS 子程序"自动重构：重命名"对话框

　　单击"确定"按钮，会弹出"重构"对话框，如图1-87所示。

　　图1-87中高亮显示的部分，就是修改的部分。单击"确定"按钮，即可完成子程序的重命名。

　　如需新建子程序，选择 Application，然后右击，选择"添加对象"命令，然后选择 POU 命令，如图1-88所示。

　　选择 POU 命令后，会弹出"添加 POU"对话框，如图1-89所示。

　　在"名称（N）"文本框中输入子程序的名称，也可以使用默认，"实现语言（I）"选择"结构化文本（ST）"，最后单击"打开"按钮，即可建立名称为 POU 的子程序，该程序使用 ST 语言编程。新建的子程序并未分配任务，需要将其拖入任务中，其操作与施耐德 SoMachine 相同。

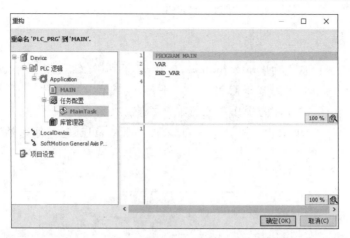

图 1-87　禾川 CODESYS 子程序"重构"对话框

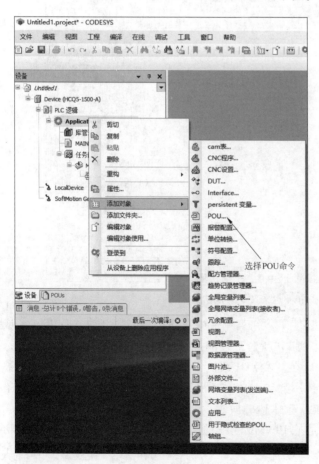

图 1-88　禾川 CODESYS 新建子程序

图 1-89　禾川 CODESYS"添加 POU"
对话框

1.6.5 步科

步科 PLC 的编程软件为 Kinco Builder，支持 K 系列 PLC，为美系小型 PLC 风格。步科运动控制器 AK800M 系列基于 CODESYS 平台，其编程软件为原生 CODESYS，可以去 CODESYS 官网下载，需要注意操作系统版本。要使用 CODESYS 软件对步科运动控制器编程，需要下载 AK800M 的包文件，官网暂时未提供下载，可通过其他途径获取。

AK800M 包文件的安装方式与安装禾川 PLC 相同，安装好 AK800M 包文件后，如图 1-90 所示。

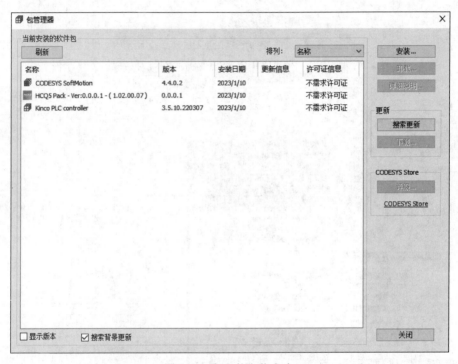

图 1-90　包文件安装成功

下面就可以建立 ST 语言的开发环境了。在菜单栏中选择"文件"|"新建工程"命令，或者直接选择主窗口的"新建工程"选项，弹出"新建工程"对话框，如图 1-91 所示。

在"分类（C）"选项组选择 Project，在"模板（T）"选项组选择 Standard project，"名称（N）"处可以修改子程序的名字，或者使用默认。在"位置（L）"处可以更改保存位置，最后单击"确定"按钮，弹出"标准工程"对话框，如图 1-92 所示。

在"设备（D）"下拉列表中选择合适的 PLC 型号，这里选择 AK800。如果包文件未成功安装，"设备（D）"是没有步科 PLC 的，也就无法使用 CODESYS 对步科 PLC 进行编程。在"PLC_PRG 在"下拉列表中选择"结构化文本（ST）"，这里表示，在工程中建立名称为"PLC_PRG"的子程序，该子程序的编程语言为 ST 语言。最后单击"确定"按钮，即可建立工程，如图 1-93 所示。

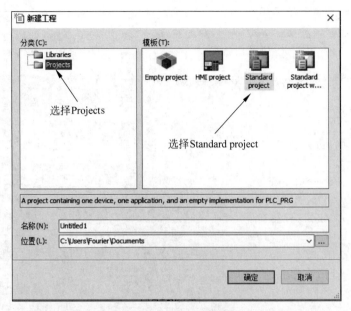

图 1-91　步科 CODESYS"新建工程"对话框

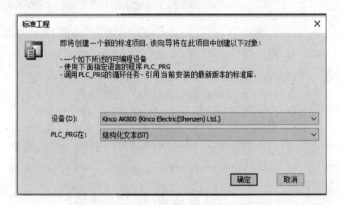

图 1-92　步科 CODESYS"标准工程"对话框

从图 1-93 中可以看出,经过以上操作,在步科 CODESYS 中建立了一个名称为 PLC_PRG 的 ST 语言子程序,该程序分配给任务 MainTask,该任务为循环扫描任务。

如果想要修改子程序的名字,选择 PLC_PRG(PRG),然后右击,选择"属性"命令,如图 1-94 所示。

选择"属性"命令后,会弹出"属性"对话框,如图 1-95 所示。

然后输入新的子程序名称即可,比如输入 MAIN,然后单击"确定"按钮,会弹出"自动重构:重命名"对话框,如图 1-96 所示。

单击"确定"按钮,会弹出"重构"对话框,如图 1-97 所示。

图 1-97 中高亮显示的部分,就是修改的部分。单击"确定(OK)"按钮,即可完成子程序的重命名。

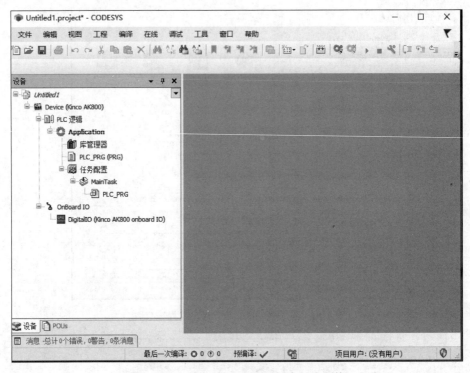

图 1-93　步科 CODESYS ST 语言开发环境

图 1-94　步科 CODESYS 子程序选择属性

图 1-95 步科 CODESYS 子程序"属性"对话框

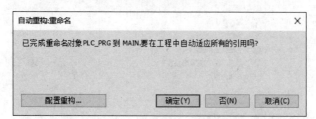

图 1-96 步科 CODESYS 子程序"自动重构：重命名"对话框

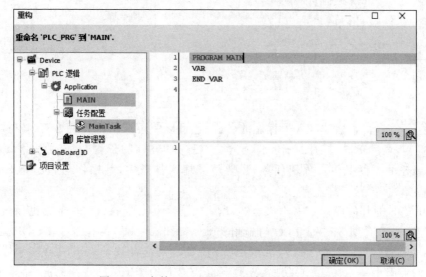

图 1-97 步科 CODESYS 子程序"重构"对话框

如需新建子程序，选择 Application，然后右击，选择"添加对象"命令，然后选择 POU 命令，如图 1-98 所示。

选择 POU 命令后，会弹出"添加 POU"对话框，如图 1-99 所示。

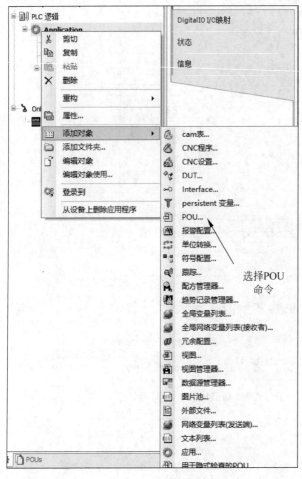

图 1-98　步科 CODESYS 新建子程序

图 1-99　步科 CODESYS"添加 POU"
对话框

在"名称（N）"文本框中输入子程序的名称，也可以使用默认，"实现语言（I）"选择"结构化文本（ST）"，最后单击"打开"按钮，即可建立名称为 POU 的子程序，该子程序使用 ST 语言编程。新建的子程序并未分配任务，需要将其拖入任务中，其操作与施耐德 SoMachine 相同。

CODESYS 的其他操作本书不再赘述，读者可参考相关资料或软件的帮助系统。

以上汇川、禾川、步科三款 PLC 与施耐德 SoMachine 一样，都是基于 CODESYS 平台。ABB、伦茨、倍福、台达、雷赛、信捷、和利时、合信等厂家都有基于 CODESYS 平台的 PLC，它们的操作大同小异。基于 CODESYS 平台的 PLC 符合 IEC 61131-3 标准，基本分为两个流派：一派是对 CODESYS 进行二次开发，有了自己的名字，比如施耐德 SoMachine，其内置了相应的 PLC 包文件；另一派使用原生 CODESYS，比如禾川，直接使用 CODESYS 软件进行编程，但需要添加包文件，才能对相应型号的 PLC 进行编程。

这些基于 CODESYS 的 PLC，其 ST 语言的语法和应用是完全相同的。就类似华为、小米等手机，都对安卓平台 App 通用，操作几乎没有区别。

注意：使用原生 CODESYS 编程的 PLC，要使用 PLC 官方推荐的 CODESYS 版本，避免出现兼容问题。

1.6.6　松下

松下 PLC 的编程软件为 Control FPWIN Pro7 和 Control FPWIN GR7，其中 Control FPWIN Pro7，经 PLCopen 组织认定，符合国际标准 IEC 61131-3。目前其中文官网不提供初始版本的下载，仅提供升级版的下载。可通过其他途径下载，或者去松下欧洲官网下载，下载地址如下：

https://industry. panasonic. eu/products/automation-devices-solutions/programmable-logic-controllers-plc/plc-software/programming-software-control-fpwin-pro♯downloads-paragraph-2756。

安装好 Control FPWIN Pro7 后，桌面快捷方式图标如图 1-100 所示。

双击快捷方式图标即可打开 Control FPWIN Pro7，打开后主窗口如图 1-101 所示。

在菜单栏中依次选择"项目"|"新建"|"新建项目向导…(N)"命令，或者直接选择主窗口的"新项目"选项，弹出"向导-创建一个新项目"对话框，如图 1-102 所示。

图 1-100　松下 Control FPWIN Pro7 快捷方式图标

"PLC 类型"处可选择 PLC 型号，选择"改变 PLC 类型…(H)"选项，会弹出"PLC 类型"对话框，如图 1-103 所示。

选择合适的 PLC 型号后，单击"确定"按钮便关闭该对话框，这里选择 FP-SIGMA。回到图 1-102 的对话框："文件名"处可输入子程序的名称，也可以使用默认。"语言(L)"选择"结构化文本(ST)"，最后单击"创建项目"按钮，即可创建新项目，如图 1-104 所示。

从图 1-104 可以看出，经过以上操作，在松下 Control FPWIN Pro7 建立了名为"程序"的 ST 语言子程序，该程序分配了"触发事件＝TRUE"的任务，也就是一直执行的循环扫描任务。

如果要修改子程序的名称，选择"程序(PRG)"，右击，弹出快捷菜单如图 1-105 所示。

选择"属性…(T)"选项后，会弹出"POU 属性"对话框，如图 1-106 所示。

在"名称(N)"处修改子程序名称，比如输入 MAIN，单击"确定"按钮完成修改。

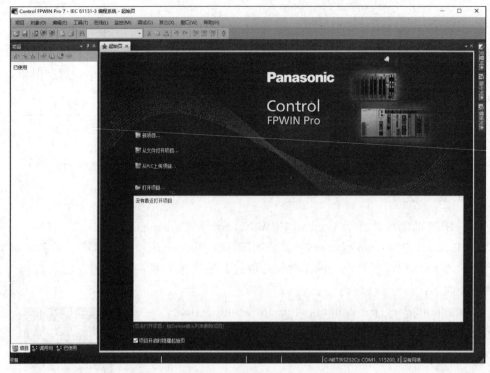

图 1-101　松下 Control FPWIN Pro7 主窗口

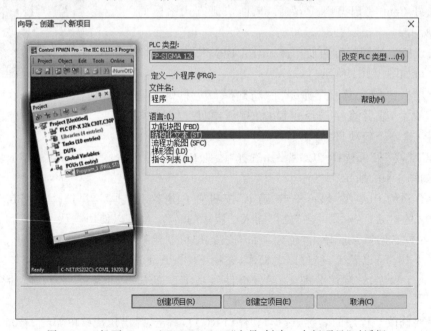

图 1-102　松下 Control FPWIN Pro7"向导-创建一个新项目"对话框

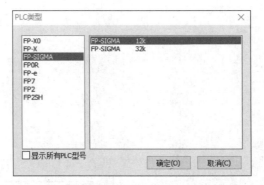

图 1-103　松下 Control FPWIN Pro7"PLC 类型"对话框

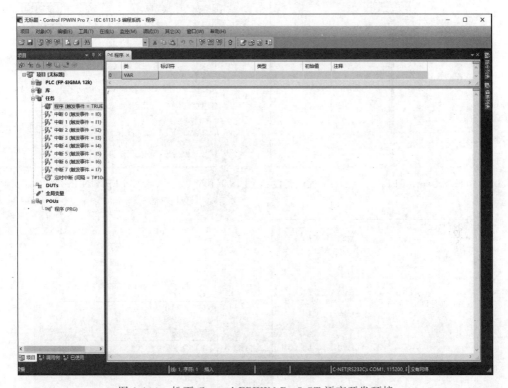

图 1-104　松下 Control FPWIN Pro7 ST 语言开发环境

如需新建子程序,选择 POUs,然后右击,弹出快捷菜单,如图 1-107 所示。

选择"新建 POU…(N)"命令,会弹出"新建 POU(项目)"对话框,如图 1-108 所示。

在"文件名(N)"文本框中输入子程序的名称,比如输入 SBR001;在"类型:(T)"选项组选择 PRG(P),表示子程序;"语言:(L)"选择组选择"结构化文本(ST)";"任务:(T)"选择组选择"程序",表示循环扫描任务。最后单击"确定(O)"按钮即可。这样就新建了一个名称为 SBR001 的子程序,该子程序使用 ST 语言,是循环扫描任务。

Control FPWIN Pro7 的其他操作本书不再赘述,读者可参考相关资料或该软件的帮助系统。

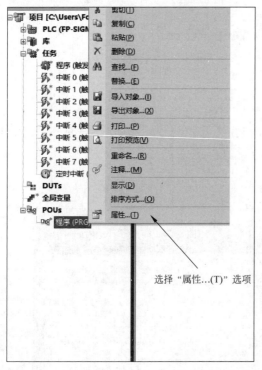

选择"属性...(T)"选项

图 1-105　松下 Control FPWIN Pro7 子程序属性

图 1-106　松下 Control FPWIN Pro7"POU 属性"
　　　　　对话框

选择"新建POU...(N)"
命令

图 1-107　松下 Control FPWIN Pro7 新建 POU

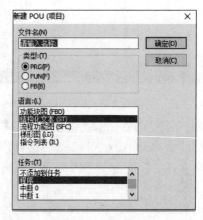

图 1-108　松下 Control FPWIN Pro7"新建
　　　　　POU(项目)"对话框

1.6.7　欧姆龙

欧姆龙共有两款 PLC 编程软件,分别是 CX-ONE 和 Sysmac Studio。前者支持 C 系列、F 系列、S 系列等 PLC,是欧姆龙传统的 PLC 编程软件;后者支持 N 系列 PLC,是一款面向运动、逻辑顺序、机器人、安全、驱动、视觉和 HMI 的软件,符合 IEC 61131-3 标准。目前其中文官网不提供下载,可通过其他途径获取,也可以去欧洲官网下载,下载地址如下:

(1) CX-ONE:https://industrial.omron.eu/en/products/cx-one♯software。

(2) Sysmac Studio:https://industrial.omron.eu/en/products/sysmac-studio♯software。

下面分别介绍两款软件如何新建 ST 语言子程序。

1. CX-ONE

CX-ONE 是一个综合性软件包,其中用于 PLC 编程的软件为 CX-Programmer,快捷方式图标如图 1-109 所示。

双击快捷方式图标打开 CX-Programmer,打开后主窗口如图 1-110 所示。

在菜单栏中选择"文件"|"新建"命令,弹出"变更 PLC"对话框,如图 1-111 所示。

图 1-109　欧姆龙 CX-Programmer
快捷方式图标

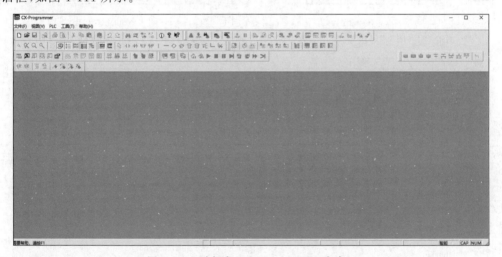

图 1-110　欧姆龙 CX-Programmer 主窗口

在"设备名称"文本框中输入设备名称,也可以使用默认,在"设备类型"下拉列表中选择合适的 PLC 型号,在此选择 CJ2M 系列,CJ2M 是主系列,还包括多个子系列 PLC。单击"设定(S)"按钮,会弹出"设备类型设置[CJ2M]"对话框,如图 1-112 所示。

在"CPU 类型"下拉列表中选择子系列型号,这里选择 CPU11,最后单击"确定"按钮,回到图 1-111 窗口,在"网络类型"下拉列表中选择计算机与 PLC 的连接方式,最后单击"确定"按钮。便可建立新工程,如图 1-113 所示。

图 1-111　欧姆龙 CX-Programmer
"变更 PLC"对话框

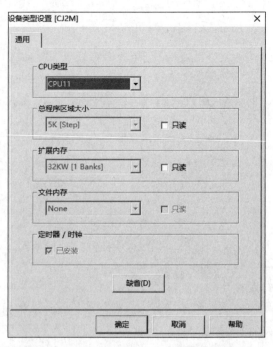

图 1-112　欧姆龙 CX-Programmer"设备类型
设置[CJ2M]"对话框

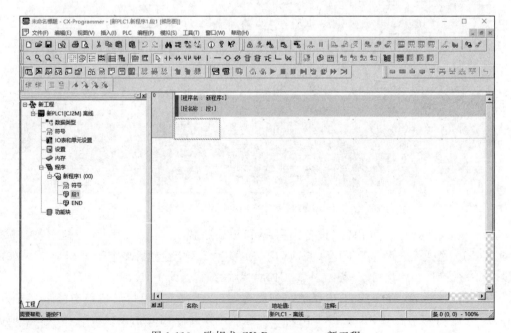

图 1-113　欧姆龙 CX-Programmer 新工程

选择"程序",然后右击,会弹出快捷菜单,如图 1-114 所示。

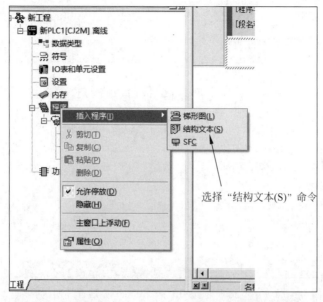

图 1-114　欧姆龙 CX-Programmer 新建 ST 语言开发环境

依次选择"插入程序(I)"|"结构文本(S)"命令,会弹出"程序属性"对话框,如图 1-115 所示。

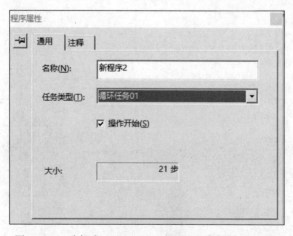

图 1-115　欧姆龙 CX-Programmer"程序属性"对话框

在"名称(N)"文本框中输入新程序的名称,也可以使用默认,在"任务类型(T)"下拉列表中选择新程序的执行类型,比如选择"循环任务 01",那么该子程序就是循环扫描执行。最后选择对话框右上角的 ■ 便可关闭对话框。这样便建立了 ST 语言开发环境,如图 1-116 所示。

如需修改名称,选择"新程序 2(01)"右击,弹出快捷菜单,如图 1-117 所示。

选择"属性(O)"命令,弹出"程序属性"对话框,如图 1-118 所示。

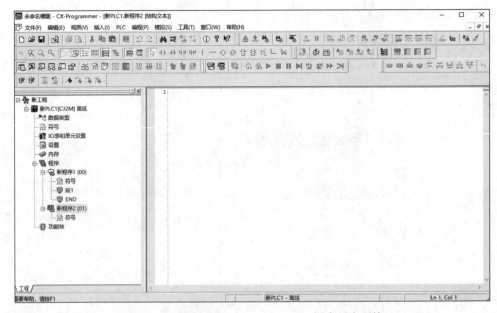

图 1-116　欧姆龙 CX-Programmer ST 语言开发环境

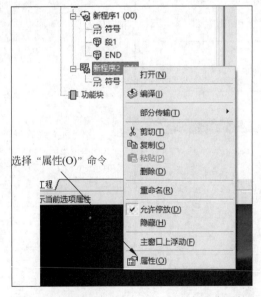

选择"属性(O)"命令

图 1-117　欧姆龙 CX-Programmer 新程序属性

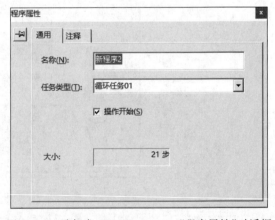

图 1-118　欧姆龙 CX-Programmer"程序属性"对话框

在"名称(N)"文本框中输入新名字，比如输入 SBR_001，最后选择对话框右上角的 ▣ 便可关闭对话框，这样便完成子程序名称的更改。

此时工程并没有保存，在菜单栏中依次选择"文件"|"保存"命令，或单击工具栏中"保存"按钮 🖫，弹出"保存 CX-Programmer 文件"对话框，如图 1-119 所示。

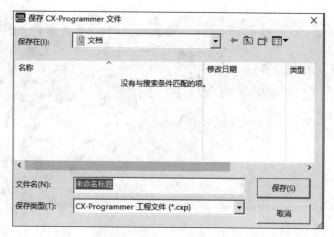

图 1-119 欧姆龙 CX-Programmer 保存工程对话框

在"保存在(I)"下拉列表中选择保存路径,在"文件名(N)"文本框中输入工程名称,最后单击"保存"按钮即可。

注意:欧姆龙 CX-ONE 平台,并不是所有的 PLC 都支持 ST 语言编程,如果图 1-114 中"结构文本(S)"选项为灰色,表示该 PLC 不支持 ST 语言编程。在 CX-ONE 中使用 ST 语言,会有诸多限制,跟 CX-ONE 软件版本有关,具体可参考软件的使用帮助。

CX-Programmer 的其他操作本书不再赘述,读者可参考相关资料或该软件的帮助系统。

2. Sysmac Studio

安装好 Sysmac Studio 后,快捷方式图标如图 1-120 所示。

双击快捷方式图标即可打开 Sysmac Studio,打开后主窗口如图 1-121 所示。

选择"新建工程(N)"选项,会弹出"工程属性"对话框,如图 1-122 所示。

图 1-120 欧姆龙 Sysmac Studio 快捷方式图标

在"工程名称"文本框中输入新建工程的名称,也可以使用默认;"选择设备"下的"类型"下拉列表中选择"控制器","设备"选择合适的 PLC 型号,这里选择 NJ101-9000。如果有 PLC 硬件,版本要与实际对应,如果是仿真练习,版本选择最新即可。最后单击"创建(C)"按钮,这样便建立了新工程,如图 1-123 所示。

从图 1-123 可以看出,经过以上操作在 Sysmac Studio 建立了一个名称为 Program0 的子程序,该程序分配给 PrimaryTask,该任务为循环扫描任务,但其编程语言为梯形图。要新建 ST 语言子程序,选择"程序"选项,然后右击,依次选择"添加"|ST 命令,如图 1-124 所示,会自动建立 ST 语言子程序,如图 1-125 所示。

图 1-121　欧姆龙 Sysmac Studio 主窗口

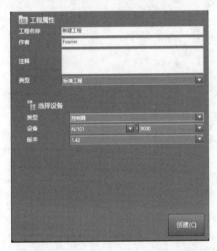

图 1-122　欧姆龙 Sysmac Studio"工程属性"对话框

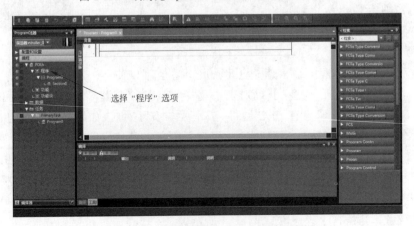

图 1-123　欧姆龙 Sysmac Studio 新工程

图 1-124　欧姆龙 Sysmac Studio 添加 ST 语言子程序

新建的ST语言子程序

图 1-125　欧姆龙 Sysmac Studio ST 语言开发环境

　　从图 1-125 可以看出,经过以上操作建立了名为"程序 0"的子程序,该子程序的编程语言为 ST 语言。如果要修改名称,选择"程序 0",然后右击,弹出快捷菜单,如图 1-126 所示。选择"属性"命令,会弹出"属性"对话框,如图 1-127 所示。

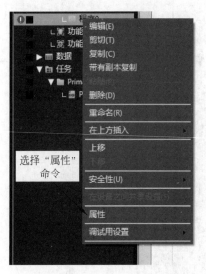

图 1-126　欧姆龙 Sysmac Studio 子程序
选择"属性"

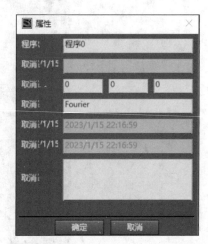

图 1-127　欧姆龙 Sysmac Studio 子程序
"属性"对话框

在"程序"文本框中输入新名称即可，比如输入 MAIN，最后单击"确定"按钮，即可修改子程序名称，如图 1-128 所示。

此时新建的子程序 MAIN，还未分配任务，不会被执行。在"配置和设置"选项下，选择"任务设置"，如图 1-129 所示。

图 1-128　欧姆龙 Sysmac Studio 修改子程序名称

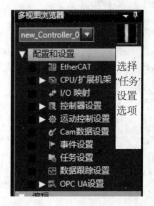

图 1-129　欧姆龙 Sysmac Studio"配置和设置"菜单

选择"任务设置"选项后，会弹出"任务设置"对话框，如图 1-130 所示。

双击"程序分配设置"图标，对话框变为"程序分配设置"，如图 1-131 所示。

选择 ➕ 图标，会增加一行显示，并以红色显示，如图 1-132 所示。

选择新增的空行，如图 1-133 所示。

然后选择 MAIN，这样新建的子程序 MAIN 就可以在循环扫描中执行了，如图 1-134 所示。

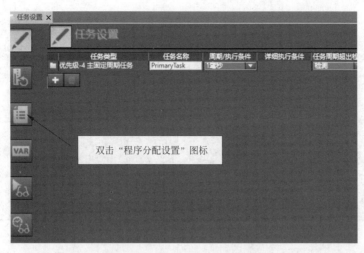

图 1-130　欧姆龙 Sysmac Studio"任务设置"对话框

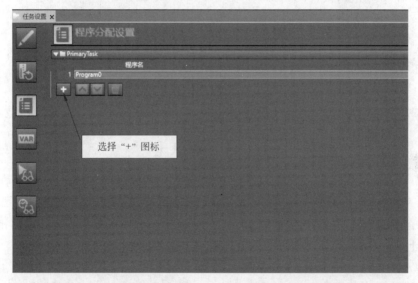

图 1-131　欧姆龙 Sysmac Studio"程序分配设置"界面

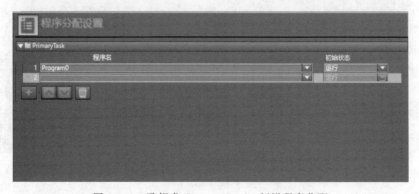

图 1-132　欧姆龙 Sysmac Studio 新增程序分配

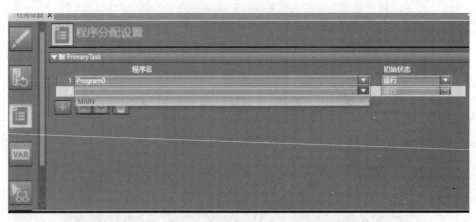

图 1-133　为欧姆龙 Sysmac Studio 子程序分配任务

图 1-134　欧姆龙 Sysmac Studio 子
程序添加到任务中

此时，新建的工程还未保存，在菜单栏中依次选择"文件"|"保存"命令，工程会被保存到计算机硬盘上。保存路径为软件自动分配；如果需要在其他的计算机上编辑，在菜单栏中依次选择"文件"|"导出"命令，可以选择导出路径，在其他的计算机上的菜单栏中依次选择"文件"|"导入"命令即可。

Sysmac Studio 的其他操作本书不再赘述，读者可参考相关资料或该软件的帮助系统。

1.6.8　基恩士

基恩士 PLC 有两种高级语言，分别是脚本语言和 ST 语言，脚本语言和 ST 语言最显著的区别就是语法。比如 ST 语言要以"；"结尾，脚本语言则不需要；ST 语言使用"：="表示赋值，而脚本语言则使用"="，具体可参考基恩士 PLC 相关手册。

基恩士 KV-8000、KV-7000、KV-5000、KV-3000、KV-1000、KV-Nano 系列支持脚本语言，KV-8000 系列既支持脚本语言，也支持 ST 语言。

基恩士 PLC 编程软件为 KV STUDIO，在基恩士 PLC 中官方下载地址如下：

https://www.keyence.com.cn/downloads/?mode＝so&o＝0&group_id＝tcm%3A115-347604&type_id＝tcm%3A115-347586&webseries_id＝&q＝KV。

安装好 KV STUDIO 后，桌面快捷方式图标如图 1-135 所示。

双击快捷方式图标即可打开 KV STUDIO，主窗口如图 1-136 所示。

在菜单栏中依次选择"文件"|"新建项目"命令，弹出"新建项目"对话框，如图 1-137 所示。

图 1-135　基恩士 KV STUDIO
快捷方式图标

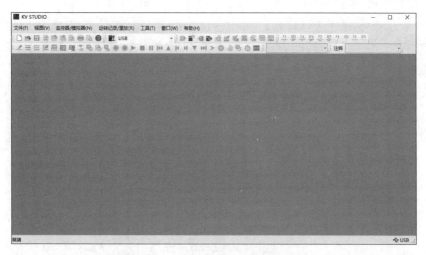

图 1-136　基恩士 KV STUDIO 主窗口

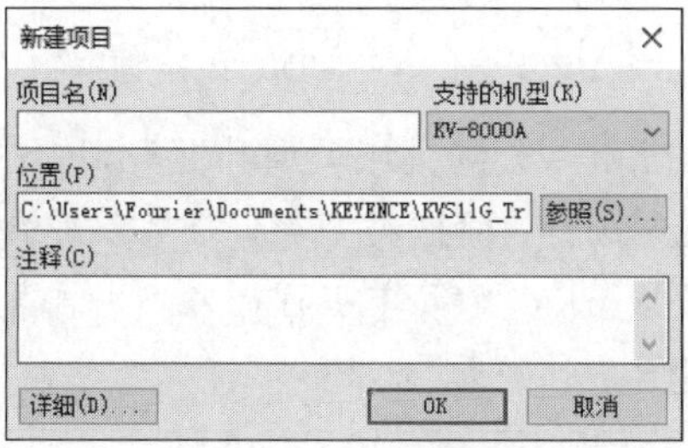

图 1-137　基恩士 KVSTUDIO"新建项目"对话框

　　在"项目名（N）"文本框中输入项目名称；在"支持的机型（K）"下拉列表中选择 PLC 型号，这里选择 KV-8000A；"位置（P）"为项目的保存位置，单击"参照（S）"按钮可以更改保存路径，最后单击"OK"按钮。这样就建立了一个新工程，如图 1-138 所示。

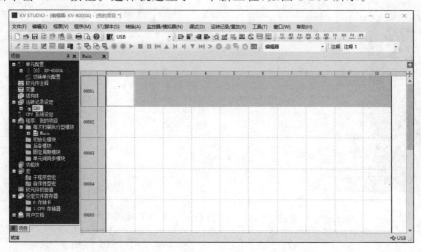

图 1-138　基恩士 KV STUDIO 新工程

从图 1-138 看出，经过上述操作，在 KV STUDIO 中，建立了一个名称为 MAIN 的子程序，该子程序为每次执行扫描，就是循环扫描任务，该子程序的编程语言为梯形图，要新建 ST 语言编程环境，在菜单栏中选择"ST/脚本(S)"命令，如图 1-139 所示。

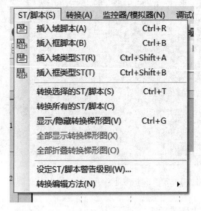

图 1-139　基恩士 KV STUDIO"ST/脚本(S)"菜单

基恩士有两种类型的 ST 语言，分别是域类型和框类型，域类型是直接在梯形图环境中插入 ST 语言编程环境，会一直执行；而框类型类似插入 ST 语言功能块，带执行条件，而且会有一定限制，类似三菱 GX Works2 中简单工程插入 ST 语言。

两种 ST 语言插入后，如图 1-140 所示。

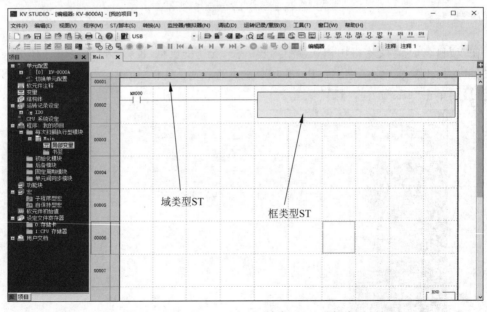

图 1-140　基恩士 KV STUDIO 域类型 ST 和框类型 ST

在图 1-140 中，00001 行是域类型 ST，00002 行是框类型 ST，可以看出，00002 行的 ST 程序，需要寄存器 MR000 闭合才会执行。

如需更改子程序名称,选择 Main,然后右击,弹出快捷菜单如图 1-141 所示。

选择"更改名称(N)"命令,弹出对话框,如图 1-142 所示。

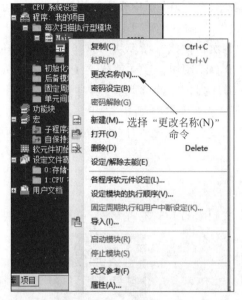

图 1-141　基恩士 KV STUDIO 子程序属性

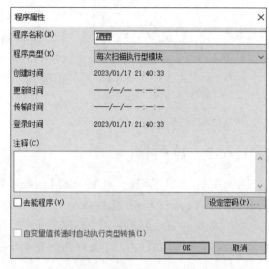

图 1-142　基恩士 KV STUDIO"程序属性"对话框

在"程序名称(N)"文本框中输入新名称,单击 OK 按钮即可。

如需新建子程序,选择"程序:我的项目",然后右击,弹出快捷菜单如图 1-143 所示。

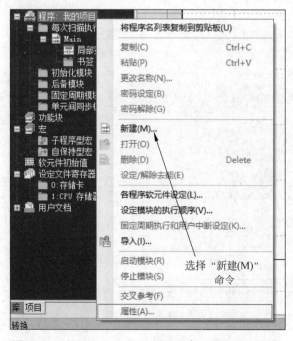

图 1-143　基恩士 KV STUDIO"程序:我的项目"属性

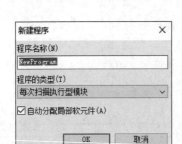

图 1-144　基恩士 KV STUDIO"新建
程序"对话框

选择"新建（M）"命令，弹出"新建程序"对话框，如图 1-144 所示。

在"程序名称（N）"文本框中输入新程序的名称，也可以使用默认；"程序的类型（T）"选择程序的执行方式，这里选择"每次扫描执行型模块"，该子程序为循环扫描；最后单击 OK 按钮。这样就建立了一个名称为 NewProgram 循环扫描子程序，该子程序同样为梯形图编程环境，插入 ST 脚本即可编辑 ST 语言。

KV STUDIO 的其他操作本书不再赘述，读者可参考相关资料或该软件的帮助系统。

1.6.9　施耐德

除本书 1.5.1 章节介绍的 SoMachine 外，施耐德 PLC 还有另外一款编程软件 UnityPro，该软件已经升级为 EcoStruxure 控制专家（EcoStruxure Control Expert）。该软件支持 M340、M580、Momentum、Premium、Quantum 系列 PLC。

下载地址如下：

https://www. schneider-lectric. cn/zh/download/document/EcostruxureControl_ExpertV14CN/。

安装好 EcoStruxure Control Expert 后，快捷方式图标如图 1-145 所示。

图 1-145　施耐德 EcoStruxure Control Expert 快捷方式图标

双击快捷方式图标即可打开 EcoStruxure Control Expert，主窗口如图 1-146 所示。

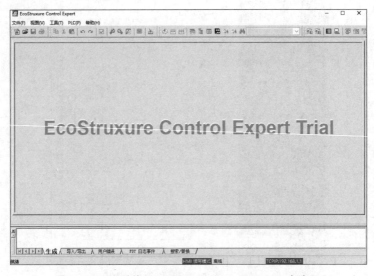

图 1-146　施耐德 EcoStruxure Control Expert 主窗口

在菜单栏中依次选择"文件"|"新建项目"命令,弹出"新项目"对话框,如图 1-147 所示。

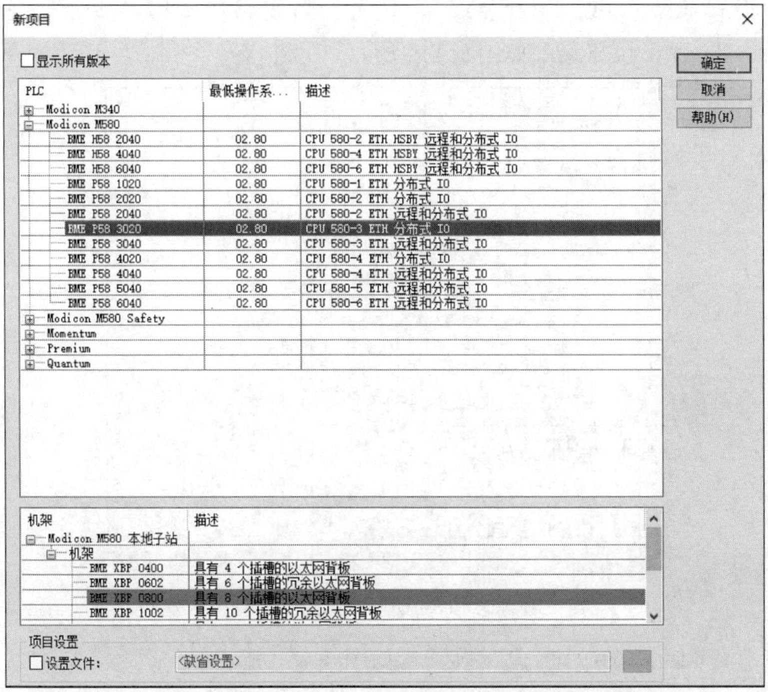

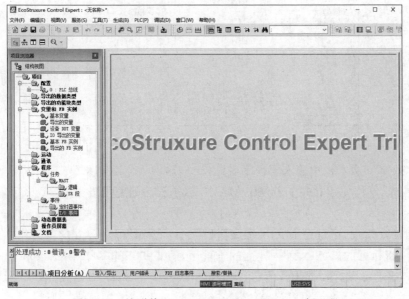

图 1-147　施耐德 EcoStruxure Control Expert"新项目"对话框

单击 PLC 下的 ⊞ 可以展开 PLC 列表,选择合适的 PLC,这里选择 Modicon M580 BME P58 3020。单击"确定"按钮,便建立了新工程,如图 1-148 所示。

图 1-148　施耐德 EcoStruxure Control Expert 新工程

从图1-148看出，经过上述操作，在施耐德EcoStruxure Control Expert中建立了新工程，但工程中没有子程序，只有一个MAST任务。需要添加子程序，才能进行编程。选择"逻辑"，然后右击，弹出快捷菜单如图1-149所示。

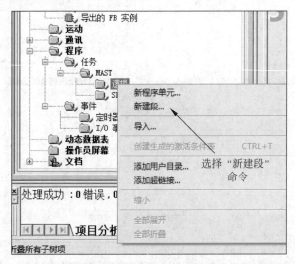

图1-149　施耐德 EcoStruxure Control Expert 新建段

选择"新建段"命令，弹出"新建"对话框，如图1-150所示。

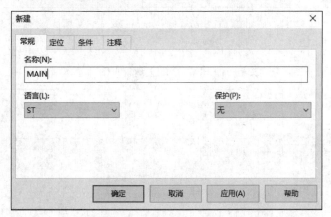

图1-150　施耐德 EcoStruxure Control Expert"新建"对话框

在"名称(N)"文本框中输入子程序名称，比如输入MAIN，"语言(L)"选择ST，最后单击"确定"按钮，这样便建立好了子程序MAIN，该子程序的编程语言为ST语言，如图1-151所示。

从图1-151看出，子程序MAIN在"逻辑"段中，"逻辑"段内建立的子程序，都是在任务MAST中一直执行的。"SR段"内建立的子程序，需要在"逻辑"内调用才会执行。

如需修改名称，选择MAIN，然后右击，弹出快捷菜单如图1-152所示。

选择"属性"命令，会弹出"属性-MAIN"对话框，如图1-153所示。

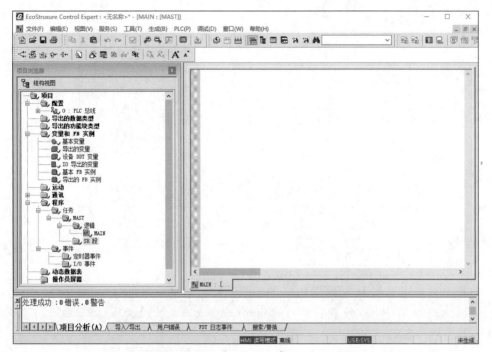

图 1-151　施耐德 EcoStruxure Control Expert ST 语言开发环境

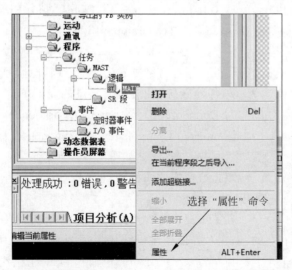

图 1-152　施耐德 EcoStruxure Control Expert 子程序属性

在"名称（N）"文本框中输入新的名称，单击"确定"按钮即可。此时工程并没有保存，在菜单栏中依次选择"文件"|"保存"命令，或单击工具栏中"保存"按钮 ■ ，弹出"保存"对话框，保存工程即可。

EcoStruxure Control Expert 的其他操作本书不再赘述，读者可参考相关资料或该软件的帮助系统。

图 1-153　施耐德 EcoStruxure Control Expert"属性-MAIN"对话框

1.6.10　罗克韦尔

习惯上称罗克韦尔为 AB,其 PLC 的编程软件为 RSlogix500、Connected Components Workbench、Studio 5000,分别应用于 MicroLogix 1400 系列、Micro8 系列、Logic 系列 PLC。其中后两者支持 ST 语言。

(1) Connected Components Workbench 下载地址如下:

https://compatibility. rockwellautomation. com/Pages/MultiProductFindDownloads. aspx?crumb=112&mode=3&refSoft=1&versions=57681。

(2) Studio 5000。

罗克韦尔官网暂不提供 Studio 5000 的免费下载,可通过其他途径获取。

下面分别介绍使用这两款软件建立 ST 语言开发环境的步骤。

1. Connected Components Workbench

Connected Components Workbench 简称 CCW,软件安装好后,桌面快捷方式图标如图 1-154 所示。

双击快捷方式图标即可打开 CCW,打开后主窗口如图 1-155 所示。

在菜单栏中依次选择"文件"|"新建"命令,或直接选择主窗口的"新建",弹出新建项目对话框,如图 1-156 所示。

在"名称(N)"文本框中输入项目的名字,也可以使用默认的 Project1,在"位置(L)"文本框中输入保存位置,单击"浏览按钮(B)"按钮,弹出"浏览文件夹"对话框,可以修改保存位置,最后单击"创建(R)"按钮。弹出"添加设备"对话框,如图 1-157 所示。

图 1-154　AB CCW 快捷方式图标

CCW 与博途、Sysmac Studio、SoMachine 一样,是一款自动化集成软件,支持多种自动化任务。双击"控制器"可以展开控制器列表,控制器列表下又有子控制器,选择相应的控制器,右侧会显示 PLC 的相应信息,如图 1-158 所示。

图 1-155　AB CCW 主窗口

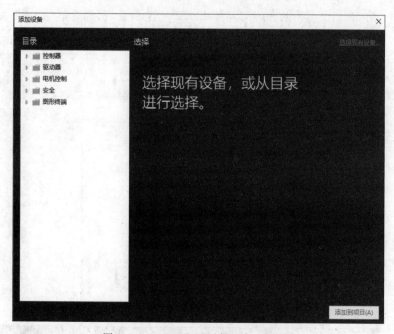

图 1-156　AB CCW"新建项目"对话框

图 1-157　AB CCW"添加设备"对话框

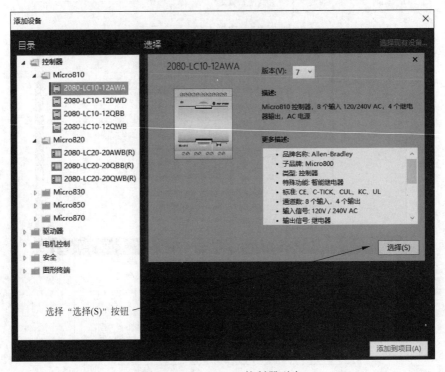

图 1-158　AB CCW 控制器列表

　　这里选择 Micro810 系列的 2080-LC10-12AWA 控制器，选择合适的 PLC 后，依次选择"选择(S)"|"添加到项目(A)"命令，即可建立新项目，如图 1-159 所示。

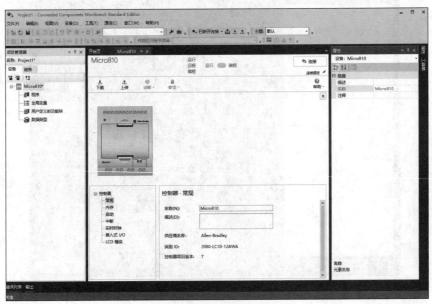

图 1-159　AB CCW 新项目

建好的新项目还没有子程序,选择 Micro810 下的"程序",然后右击,弹出快捷菜单如图 1-160 所示。

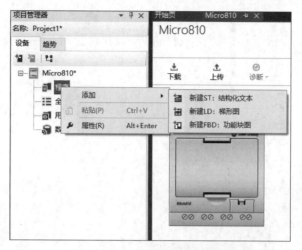

图 1-160　AB CCW 程序属性

依次选择"添加"|"新建 ST：结构化文本"命令,便建立了名称为 Prog1 的子程序,该子程序的编程语言为 ST 语言,双击 Prog1 即可打开子程序,如图 1-161 所示。

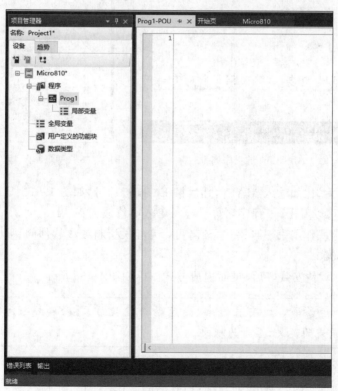

图 1-161　AB CCW ST 语言开发环境

如需修改子程序名称,选择 Prog1,然后右击,弹出快捷菜单如图 1-162 所示。

选择"重命名(M)"命令,Prog1 会变为可修改状态,如图 1-163 所示。

图 1-162　AB CCW 子程序属性　　　　　　图 1-163　AB CCW 修改子程序名称

输入新名称后,比如输入 MAIN,然后按 Enter 键即可,如图 1-164 所示。

从图 1-164 可以看出,子程序名称已经从 Prog1 修改为 MAIN。

CCW 的其他操作本书不再赘述,读者可参考相关资料或该软件的帮助系统。

2. Studio 5000

Studio 5000 软件安装好后,桌面快捷方式图标如图 1-165 所示。

注意：Studio 5000 多语言版安装好后,会有两个快捷方式：Studio 5000 和 Studio 5000 Chinese,前者为英文,后者为中文。

双击快捷方式图标即可打开 Studio 5000,打开后主窗口如图 1-166 所示。

选择"新建项目(N)",弹出"新建项目"对话框,如图 1-167 所示。

图 1-164　AB CCW 子程序名称修改成功　　　图 1-165　Studio 5000 快捷方式图标

图 1-166　Studio 5000 主窗口

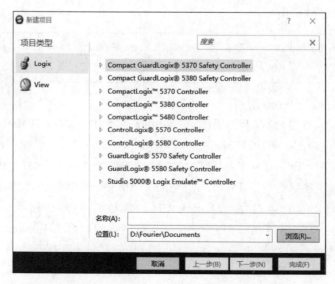

图 1-167　Studio 5000"新建项目"对话框(一)

同 CCW 一样，Studio 5000 也是一个自动化集成软件，支持多种自动化任务。在"项目类型"选项组选择 Logix，右侧会显示支持的 PLC 列表，双击 PLC 型号，会展开子系列 PLC 型号，选择合适的 PLC 型号即可，这里选择 5580 系列下的 1756-L85EP。在"名称（A）"文本框中输入项目名，这里输入 MyProject，在"位置（L）"文本框中输入保存位置，选择"浏览（R）"按钮，会弹出"浏览文件夹"对话框，可以更改保存路径，最后单击"下一步（N）"按钮，如图 1-168 所示。

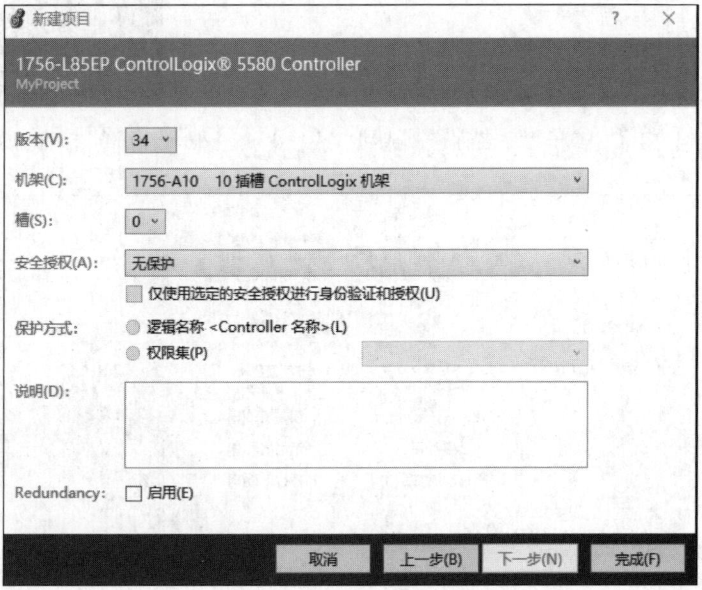

图 1-168　Studio 5000"新建项目"对话框（二）

单击"完成（F）"按钮即可。

注意：项目名称不支持中文，如果在图 1-167 中输入中文，最后单击"完成（F）"按钮时会报错。

建立好的项目如图 1-169 所示。

从图 1-169 可以看出，经过上述操作，在 Studio 5000 中，建立了四种任务，分别是"Fast（100 毫秒）""Normal（250 毫秒）""Slow（500 毫秒）""System（1000 毫秒）"，每个任务下都有一个主 Program，每个 Program 下都有一个主 Routine。比如在"Fast（100 毫秒）"任务中，有一个主 Program，名称为 FastProgram。在 FastProgram 中有一个主 Routine，名称为 MainRoutine。PLC 程序运行后，当 Fast（100 毫秒）任务被触发后，会调用程序 FastProgram，而 FastProgram 被调用后，第一个被执行的就是 MainRoutine 内的程序，该程序的编程语言为梯形图。在 Studio 5000 中，Routine 就是子程序。

选择 FastProgram，然后右击，弹出快捷菜单，如图 1-170 所示。

依序选择"添加"|"新建 Routine"命令，弹出"新建 Routine"对话框，如图 1-171 所示。

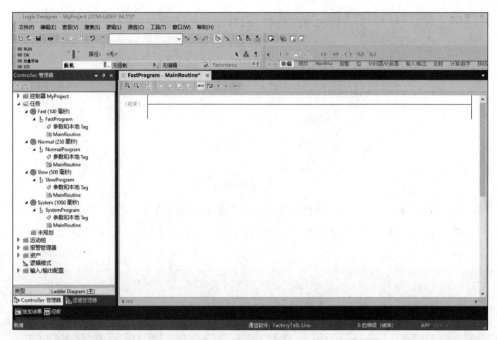

图 1-169　Studio 5000 新项目

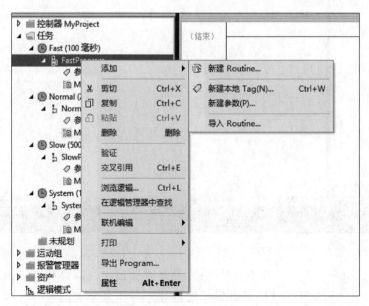

图 1-170　Studio 5000 Routine 属性

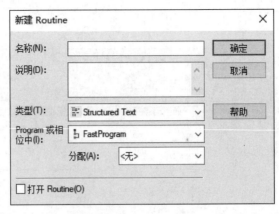

图 1-171 "新建 Routine"对话框

在"名称（N）"文本框中输入子程序的名称，比如输入 SBR_001，在"类型（T）"下拉列表中选择 Structured Text，最后单击"确定"按钮。这样，就建立好了 ST 语言开发环境，如图 1-172 所示。

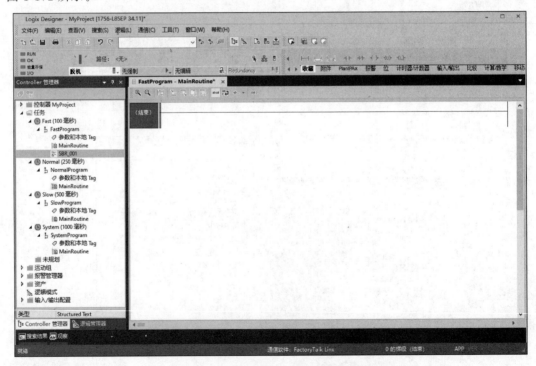

图 1-172　Studio 5000 ST 语言开发环境

新建的 Routine SBR_001 并不会被执行，编译时会报错。需要在 MainRoutine 中使用 JSR 指令调用，具体可参考 AB PLC 相关手册，如图 1-173 所示。

Studio 5000 的其他操作本书不再赘述，读者可参考相关资料或该软件的帮助系统。

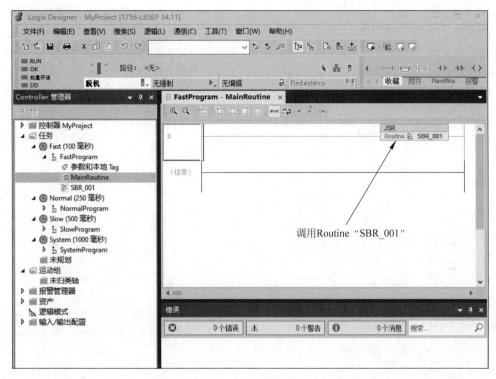

图 1-173 Studio 5000 调用 Routine

注意：由于 PLC 编程软件不断更新，本书中所用的软件版本可能不是最新。不同版本的 PLC 编程软件，其操作大同小异，细节可能存在差异。可根据自身工作实际，选择合适的版本。PLC 编程软件版本之间的差异，对 ST 语言的学习和使用，几乎没有影响。由于官方网站会更新，下载链接可能会失效，读者可自行去官网搜索下载。

　　以上就是常用 PLC 建立 ST 语言开发环境的操作方法。建立的是循环扫描任务程序，这也是 PLC 编程中最常用的操作。至于硬件组态、建立功能块、建立定时任务、建立事件任务等操作，以及其他 PLC 编程软件的操作方法，可参照相关 PLC 的操作手册。

　　好的开始是成功的一半，安装好了 PLC 编程软件，建立好了 ST 语言的开发环境，就可以开启 ST 语言编程的学习之路了。合抱之木，生于毫末；九层之台，起于累土；千里之行，始于足下。下面就开始我们的 ST 语言学习之路了，在开始之前，先从全局概览一下 ST 语言思维导图，如图 1-174 所示。

　　学习 ST 语言的实质，就是学习它的运算和语句然后用于工程项目，这也是本书的内容。而右侧的入门和 PLC 相关部分，与 ST 语言本身关系不大，但却与 ST 语言的应用息息相关，读者需要查阅 PLC 相关手册，本书也会有所介绍。

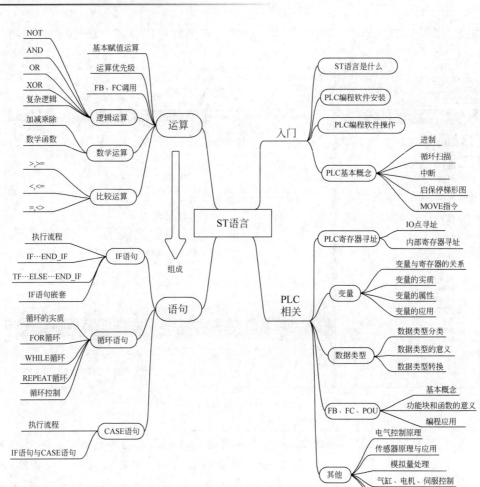

图 1-174 ST 语言思维导图

第 2 章

ST 语言基础知识

　　IEC 61131 标准是国际电工委员会制定的 PLC 标准,其第三部分即 IEC 61131-3,是该标准最重要的部分,主要用于规范编程语言。ST 语言的跨平台特性,并不是由 ST 语言本身决定的,而是依赖于控制器对 IEC 61131-3 标准的支持。因此,在介绍 ST 语言之前,有必要对 IEC 61131-3 标准进行简要介绍,作为学习 ST 语言的基础。本章介绍的关于变量、数据类型等内容,也是学习并使用 ST 语言的必备基础知识。如果读者已经掌握或者熟悉 IEC 61131-3 标准,可以跳过本章的内容。

2.1 IEC 61131 标准与 PLCopen 组织

2.1.1 标准的诞生背景

　　1969 年,美国数字设备公司(DEC)研制出了世界上第一台 PLC——PDP-14,用于取代庞大、复杂的继电器逻辑控制系统,并应用在通用汽车公司的生产线上。与此同时,美国莫迪康(MODICON)公司也推出了一款 PLC 产品——084,该控制器也是第一台投入商业生产的 PLC。因此,PDP-14 和 084 都有划时代的意义。PLC 的出现震惊了世界,也使工业生产发生了翻天覆地的变化。欧洲和日本的公司也相继推出了自己的 PLC 产品。PLC 共有三大流派,分别是美系 PLC、欧系 PLC、日系 PLC。现在流行的说法认为:美系 PLC 和欧系 PLC 是独立研发出来的,风格不同;而日系 PLC 是从美系 PLC 借鉴而来,风格类似。笔者认为:欧系 PLC 和美系 PLC 在风格上有共同点,与日系 PLC 最大的区别就是它们和计算机的关系密切,例如变量、数据类型等概念在日系 PLC 中是没有的,或者说这些概念在日系 PLC 中以特殊的方式解决了,不需要用户关心。例如,日系 PLC 的代表——三菱 PLC,它的 100ms 定时器最大定时时间是 3276.7ms,为什么不是 3000ms? 不是 4000ms? 而是 3276.7ms 呢? 32767 这个数,对于使用欧美系 PLC 的读者来说,是不是很熟悉? 它正是 INT 型变量的最大值。日系 PLC 最大的特点是简化了一些与计算机相关的概念,让没有计算机基础的用户能更快入手。因此,对于习惯使用日系 PLC 的读者,为了更好地学习并使用 ST 语言,建议认真阅读本章节。特别是对于变量、数据类型等概念的理解,是学习并使用 ST 语言的基础。

早期的 PLC 都是不同国家的不同厂商根据自己的标准生产的，编程语言和编程方式千差万别。用户使用不同公司的 PLC 编制的程序完全不能通用，在不同品牌的 PLC 之间切换需要花费很大的精力。虽然不同厂家的 PLC 都采用梯形图编程，但梯形图的用法和形式也千差万别。在各厂商的 PLC 之间进行数据交互，共同完成大型项目，是非常困难的事情，这也为 PLC 的推广和应用带来了极大的困难。所以，对 PLC 进行规范化势在必行。

早在 20 世纪 80 年代，国际电工委员会就开始制定 PLC 的有关标准，在借鉴全世界范围内 PLC 制造商技术的基础上制定了 IEC 61131 标准，该标准得到了 AB、西门子等世界知名 PLC 制造商的大力支持。IEC 61131 标准将信息技术领域的先进思想和技术（如软件工程、结构化编程、模块化编程、面向对象的思想及网络通信技术等）引入工业控制领域，弥补并克服了传统 PLC、DCS 等控制系统的劣势（如开放性差、兼容性差、应用软件可维护性差及可再用性差等）。目前，IEC 61131 标准已经在西方发达国家得到广泛应用，并成为下一代 PLC 的标准，不符合该标准的产品不被最终用户接受和认可。但在我国，对该标准及有关产品的推广工作还做得不够，许多技术人员甚至还不知道有这样的国际标准。笔者认为，这与技术人员习惯使用传统 PLC 的简单工程模式有关。

2.1.2　标准的组成

1992 年以后，IEC 陆续颁布实施可编程序控制器国际标准 IEC 61131 的各个部分。已正式颁布的有如下几部。

（1）IEC 61131-1：通用信息；

（2）IEC 61131-2：装置要求与测试；

（3）IEC 61131-3：编程语言；

（4）IEC 61131-4：用户导则；

（5）IEC 61131-5：通信服务规范；

（6）IEC 61131-6：功能安全；

（7）IEC 61131-7：模糊控制编程软件工具实施；

（8）IEC 61131-8：IEC 61131-3 语言的应用和实现导则；

（9）IEC61131-9：小型传感器和执行器的单点数字通信接口技术；

（10）IEC61131-10：可编程逻辑控制器开放 XML 交换格式。

IEC 61131-3 是 IEC 61131 标准的第三部分，专门用于规范编程语言，是 IEC 61131 标准中最重要、最具代表性的部分。它不仅完善并规范了梯形图编程语言，并且在吸收计算机软件开发理念和技术的基础上，一共推出了 5 种用于 PLC 的编程语言。这 5 种语言分为两类，分别是文本语言和图形语言，其中，文本语言包括 IL、ST；图形语言包括 LD、SFC、FBD。

这些编程语言不仅适用于 PLC，也适用于分布式控制系统（Distributed Control System，DCS）、工控机（Industrial Personal Computer，IPC）、数字控制系统（Computerized Numerical Control，CNC）、数据采集与监视控制系统（Supervisory Control And Data Acquisition，SCADA）。符合 IEC 61131-3 标准的控制器产品，即使由不同制造商生产，其

编程语言也相同,使用方法也类似。因此,技术人员可以一次学习,多次使用,从而大大减少了人员培训、技术咨询、系统调试及系统维护等费用,为企业降低了成本。

IEC 61131-3 标准只是建议标准,并不是强制标准,不同厂商的 PLC 有完全符合标准、部分符合标准、兼容标准等诸多情况。IEC 61131-3 已经成为工业控制领域的全球标准,对控制领域产生了巨大的冲击。如今,支持 IEC 61131-3 标准的产品越来越多,促进了 IEC 61131-3 标准的推广。

我国也根据 IEC 61131-3 标准,制定了自己的国家标准《GB/T 15969.3—2017/IEC 61131-3：2013》,由中华人民共和国国家市场监督管理总局,中国国家标准化管理委员会在 2017 年 7 月 12 日发布,并于 2018 年 2 月 1 日起实施。

正是由于标准的存在以及各大厂商对标准的支持,再加上 ST 语言自身的特点,才使得 ST 语言可实现跨平台的移植。

2.1.3 PLCopen 组织

提到 IEC 61131 标准,就不能不提及 PLCopen 组织。PLCopen 组织是独立于制造商和产品的国际组织,成立于 1992 年,总部设在荷兰,在北美和日本等国家设有分支机构。PLCopen 组织是一个致力于推行编程语言标准化的非营利性国际化组织,目前,PLCopen 组织拥有分布在 21 个国家的 100 多个成员。

PLCopen 组织的宗旨是促进 PLC 兼容软件的开发和使用,其主要工作是支持、宣传、推广 IEC 61131 国际标准。它以解决与控制编程相关的问题和支持该领域内国际标准的使用为使命,目标是促使用户通过在众多程序开发环境中应用该标准,在不同品牌产品和不同类型的控制器之间移植控制程序,实现互换。

设备越来越复杂,对控制要求也越来越高,越来越多的 PLC 都集成了运动控制功能,越来越多的设备需要把 PLC 的逻辑控制和以伺服为核心的运动控制结合起来,完成复杂的机械设备控制任务,特别是包装、印刷、纺织等行业。但是,不同品牌之间的运动控制差异非常大,标准化十分重要。PLCopen 组织根据 IEC 61131-3 标准制定了用于智能制造的运动控制库,现已成为国际公认的运动控制规范。

目前,PLCopen 组织支持的运动控制规范由以下几部分组成。

(1) 用于运动控制的功能块。

(2) 扩展(在新版本 2.0 中与第(1)部分合并)。

(3) 用户指南。

(4) 协调运动。

(5) 引导程序。

(6) 流体动力扩展。

只要符合该标准的控制器,其编写的运动控制程序是通用的。由于运动控制的特殊性,各个厂家都根据 PLCopen 运动控制规范,制定了既符合标准又具有自己产品特色的运动控制功能块。使用 ST 语言配合 PLCopen 标准的功能块,就可以方便地实现运动控制编程方式的统一。

以上就是 IEC 61131 标准的基本情况,如需深入了解 IEC 61131 标准以及 PLCopen 规范,可参阅相关资料,本书不再赘述。

下面就从进制开始,介绍符合 IEC 61131 标准的 PLC 的一些基础知识。

2.2 进制

进制是人为定义的计数方法。其中,十进制是应用最广泛的进制,因为它符合人类的正常思维习惯和生理结构,所以很容易被接受,十进制的特点是逢十进一,日常生活中最常用的计数方式就是十进制。其实,生活中还有很多进制,只是大家习以为常,没有特别关注。最典型的就是七进制,例如星期,一个星期有七天,周而复始;还有六十进制,例如秒、分钟、小时;还有十二进制,就是年和月。所以,进制的核心就是逢几进一,几进制就是逢几进一。在 PLC 中,应用最多的是二进制、十进制、十六进制。PLC 内的各种数值通过增加前缀来表示不同的进制:十进制默认没有前缀;如果不是十进制,则需要在数值前加上它的进制,并加上符号"♯"来表示。

2.2.1 二进制

二进制(BIN)是 PLC 中应用最广泛的进制,二进制数由 0 和 1 两个数字组成,使用前缀"2♯"表示,例如 2♯001、2♯1011 是二进制数。因为 PLC 只能识别 0 和 1,所有的 PLC 程序最终都会被转换成连续的 0 和 1,PLC 才能识别并执行。二进制,顾名思义,就是逢二进一。在 PLC 中,数字量的输入状态和输出状态等都可以采用二进制表示,因为它只有 0 和 1 两种状态,可以代表有和无。对于数字量输入,1 表示有输入,0 表示没有输入;对于数字量输出,0 表示没有输出,1 表示有输出,1 表示线圈得电,0 表示线圈失电。例如按钮,它的常开点接到 PLC 的数字量输入上,按下按钮后 PLC 接收到信号,松开按钮后 PLC 接收到的信号消失,PLC 接收到有和无这两种信号。PLC 的输入点,除了这两种状态,没有第三种状态。这就是二进制的两种表现形式:有和无,即 1 和 0;在 PLC 编程中,称为 TRUE 和 FALSE,也称为真和假。PLC 的数字量输出接到继电器上,当 PLC 有输出时,就是 TRUE,继电器吸合;当 PLC 没有输出时,就是 FALSE,继电器释放。这就是二进制在 PLC 中的典型应用和意义。

所有的数据都是存储在 PLC 的内部寄存器中的,与计算机中的各种文件存储在硬盘中类似。为了区分不同的存储区域,计算机中使用 C 盘、D 盘及不同的文件夹来区分。PLC 也类似,为了便于用户使用和管理,划分了不同的区域。不同 PLC 的内部寄存器的表示方法是不一样的,例如三菱 PLC 的 D 区,西门子博途软件中的 DB 块。这些寄存器被划分成不同的单元,并使用不同的地址来表示,例如三菱 PLC 中,用 D0、D1、M1 等表示。而不同的存储单元,其大小也不一样,最基本的存储单元就是位(bit)。每个二进制数的状态,FALSE 或 TRUE 占用 1 位,也可以理解成位置,因为它们占用了 PLC 寄存器的一个位置。

例如,二进制数 2♯1011 保存在三菱 PLC 的 D0 中,占用了 D0 存储区的 4 位,因为 2♯1011 有 4 个数字:3 个 1 和 1 个 0。PLC 中所有的数据都是以二进制的形式存储的。例如,控制变频器的频率、读取的电流、伺服的位置、各种监控的温度、压力等数据,虽然在应用中都以十进制表示,但是都是以二进制的形式存储在 PLC 的内部寄存器中。

8 个二进制位就组成 1 个字节(byte),位和字节是 PLC 中最基本的概念,也是存储数据的最基本单元。例如,三菱 PLC 中的 D0 由 2 个字节组成,它有 16 个位。

2.2.2　八进制

八进制(OCT),顾名思义,就是逢八进一。三菱 FX 系列 PLC 的输入/输出编号就采用八进制,例如 X0~X7,X10~X17。八进制数使用前缀"8♯"表示,例如 8♯7、8♯12 都是八进制数。八进制在 PLC 编程中应用较少。

2.2.3　十进制

十进制(DEC)在日常生活中应用广泛,是最基础的进制,例如 255、12 等都是十进制数。当然,用 10♯255、10♯12 表示也可以,但一般可省略前缀。在 PLC 中,不加任何前缀的数都是十进制数。

2.2.4　十六进制

十六进制是为了解决二进制在表示大数值的数字时过于臃肿的问题而诞生的。因为二进制只有 0 和 1 两个数字,当表示较大数值时,使用二进制则需要一大串数字。例如,十进制数 10♯123,使用二进制表示就是 2♯01111011,非常冗长。十六进制,顾名思义,就是逢十六进一,每个十六进制数可以表示 4 个二进制位。它由 0~9 共 10 个数字和 A、B、C、D、E、F 共 6 个字母组成,使用前缀"16♯"表示。虽然 ST 语言中不区分大小写,但十六进制数一般都用大写字母表示,例如,16♯FF、16♯3F11 都是十六进制数。二进制数 2♯01111011 使用十六进制表示就是 16♯7B,其中,7 跟 0111 对应,B 跟 1011 对应。二进制数转换成十六进制数时,就是每 4 位为 1 组,转换成相应的十六进制数。

显然,使用 16♯7B 比使用 2♯01111011 表示十进制数 123,更加简洁。PLC 编程中,一般使用十六进制。例如,可以用 16♯FF 表示某 8 位寄存器,每位都是 1。

需要明确的是,不同的进制只是数字的不同表现形式。十进制数 1~20 的二进制、八进制、十六进制对应表示方法如表 2-1 所示。

表 2-1　十进制数 1~20 的各进制表示方法

十进制	二进制	八进制	十六进制
0	0	0	0
1	1	1	1
2	10	2	2
3	11	3	3

续表

十进制	二进制	八进制	十六进制
4	100	4	4
5	101	5	5
6	110	6	6
7	111	7	7
8	1000	10	8
9	1001	11	9
10	1010	12	A
11	1011	13	B
12	1100	14	C
13	1101	15	D
14	1110	16	E
15	1111	17	F
16	10000	20	10
17	10001	21	11
18	10010	22	12
19	10011	23	13
20	10100	24	14

关于不同进制之间的转换方法以及进制的详细知识，读者可以参考相关的计算机书籍，本书不再赘述。在 PLC 编程中，只需要掌握各种进制的意义和转换即可。使用 Windows 10 系统自带的计算器，切换到程序员模式，也可以实现不同进制之间的转换，如图 2-1 所示。

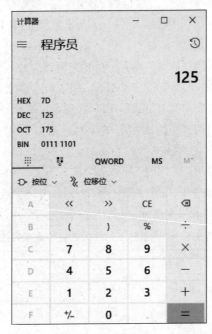

图 2-1　Windows 10 系统自带计算器实现不同进制的转换

2.3 变量

2.3.1 变量的意义

1. 从物理地址到变量

变量(有的 PLC 称为标签,例如三菱 PLC),顾名思义,就是变化的量。这里的"变化"是指变量的值可以通过各种方式改变,比如运行 PLC 程序或远程通信。变量是从数学中引用的一个概念,广泛应用于各种编程语言中。例如,一次函数 $y = kx + b$ 中,y 和 x 就是变量,因为它们的值是变化的。和变量对应的是常量,常量的值一旦确定,就不能改变,例如一次函数 $y = kx + b$ 中的 k 和 b,对于函数 $y = 3x + 2$,令 k 的值为 3,b 的值为 2,k 和 b 的值就不再变化。

在计算机高级语言中,变量就是分配的一块存储空间。为了便于区分与记忆,也为了程序的可读性,给这块存储空间取个名字,即变量名。在 PLC 中,也有众多的存储区域供用户编程使用,例如输入(I)、输出(Q)、内部寄存器(M、D、DB 等)、定时器、计数器等。变量名就是给这些存储区域取的名字,在程序中使用。所谓符号化编程就是在编写的 PLC 程序中,全部使用变量名,不再使用物理地址。

对于习惯使用传统 PLC 的读者,可能不太理解变量的定义,下面通过一个简单的例子,来介绍变量的概念。传统的 PLC 中,直接使用物理地址编程,如图 2-2 所示。

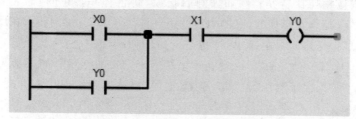

图 2-2 PLC 中直接使用物理地址编程

图 2-2 中的程序,单从程序本身看,无法知道 X0、X1、Y0 这些 PLC 的物理地址表示什么含义,这就给程序的维护和修改带来了麻烦。如何解决这个问题呢? 可以通过注释帮助编程人员或维护人员理解 X0、X1、Y0 这些地址的含义,如图 2-3 所示。

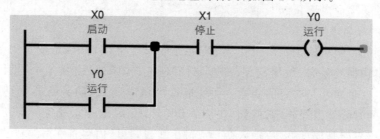

图 2-3 梯形图中为 PLC 的物理地址增加注释

与图 2-2 相比,图 2-3 中的梯形图程序更加清晰。无论是编程人员还是维护人员,都能准确地知道 X0、X1、Y0 这些地址的含义,并能和 PLC 上的物理地址对应。对照图纸,就可以快速找到这些物理地址对应的外部元器件。那么问题来了,既然可以通过增加注释的方式来增加程序的可读性,为什么不直接用注释替代物理地址呢?例如,可以用"启动"替代 X0,用"停止"替代 X1,用"运行"替代 Y0,替代后的梯形图程序如图 2-4 所示。

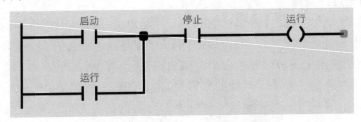

图 2-4　在梯形图中用注释替代物理地址

图 2-4 中的梯形图,可读性大大增强。这就是变量的意义,由编程人员为 PLC 的物理地址取一个便于记忆、便于理解的名字,替代 PLC 的物理地址并在程序中使用,从而增强程序的可读性,并为程序调试以及后期维护提供便利。变量的另一层意义是实现符号化编程,在编写 PLC 程序时,用符号代替实际的物理地址,PLC 会自动给变量分配地址,不需要编程人员干涉,当然,输入/输出部分还是需要分配地址,这样才能方便和外部的元器件对应。

定义变量,实质是在 PLC 中分配一块存储空间,而这块存储空间的名字就是变量名。变量在生活中的应用比比皆是:例如去酒店吃饭,酒店有许多包间,命名为 101、102、201等,记忆这些数字,是非常麻烦的,有的酒店就用各种代号来表示,例如梅花厅、荷花厅、菊花厅等,这比单纯地记忆房间号更简单,这也是变量的便利性。显然,101、102、201 就相当于 PLC 中的物理地址,梅花厅、荷花厅、菊花厅就相当于定义的变量。如果某天酒店更换了经营者,房间的名字被换成了泰山厅、华山厅、衡山厅,但是房间的编号没有改变。因此,变量可以随意定义,但是 PLC 中内部寄存器的地址是不改变的。PLC 内部寄存器的寻址方式由 PLC 厂家决定,用户无法改变。命名变量,是进行 PLC 编程的第一步,因为 PLC 编程实质就是对变量的各种操作。酒店的房间,是按花卉命名还是按山川命名,完全取决于经营者的喜好;同样,PLC 编程中变量的命名,也完全由使用者决定,这就是使用变量的好处。但是,变量的命名,并不是天马行空,必须符合一定的规则,在符合命名规则的前提下,可以完全根据自己的习惯命名变量。

2. 变量的命名规则

变量必须先声明再使用。声明变量就是给变量取个名字,并确定变量的各个要素。一个完整的变量包括变量名、数据类型、变量属性、地址、初始值、注释 6 个要素。其中,变量名、数据类型、变量属性是必备的要素。而变量属性(全局变量、局部变量、输入/输出变量等属性)在定义的时候就已经确定,例如,在某个 POU 中定义的变量就是局部变量,在功能块中定义的变量,只能是局部变量、输入变量或输出变量,具体内容将在后续章节讲解。地址、初始值、注释这 3 个要素,根据实际需求确定。PLC 推崇符号化编程,因此除了输入/输出变量,如果不需要和第三方设备交互数据,是不需要人工分配地址的,由 PLC 自动分配。变量的初始值根据控制工艺和程序决定是否赋值。科学合理的变量名是不需要注释的,或仅需简单的注释。对变量是否添加注释,并没有强制要求。

注意:变量名和数据类型是定义变量时必须指定的 2 个要素,这里的"必须"是指如果不指定,编译时将会报错。而注释、地址、初始值是否指定,对编译无影响。

不同的 PLC 对变量的命名要求有细微的差别,但基本遵守以下规则。

(1) 必须以字母或下画线开始,必须以字母或数字结尾。

(2) 不区分字母的大小写。

(3) 下画线是变量的一部分,但标识符中不允许有两个或两个以上连续的下画线。

(4) 不能含有空格。

(5) 不能使用 ST 语言的关键字,或 PLC 厂家规定的不能使用的字母。

(6) 部分 PLC 支持中文变量名。

(7) 变量名不宜过长,一般不超过 32 个字符。

(8) 尽量不要使用和物理地址相似的变量名。

根据以上规则,Abc 和 ABC 是同一个变量;_Abc、Abc1 是合法的变量名;1BC(变量名以数字开头)、a bc(变量名中有空格)、bc___a(变量名中有两个连续下画线)、CV_ (变量名以下画线结尾)都是不允许的变量名。如果定义类似的变量,PLC 编译会报错。不同的 PLC,对于不能使用的字母的规定是不同的,需要特别注意:例如在三菱 PLC 中,输入和输出分别用 X 和 Y 表示,因此在三菱 PLC 中,定义 X0、Y2 这样的变量是不允许的,但是在施耐德 SoMachine 中是允许的。关于 ST 语言的关键字,将在后续章节中介绍。最后一条规则容易被忽略,但笔者认为需要特别注意。PLC 的寻址方式,一般采用固定的命名,例如 %IX0.0、%MW100 分别表示数字输入点 0.0 和内部寄存器 MW100。虽然大多数 PLC 允许把变量命名为 IX0 和 MW100 这种和物理地址相似的名字,但极易造成混淆,因此不建议这样命名变量。关于变量命名,应该遵循科学合理而又简洁明了的原则。

另外,不同的 PLC 中,变量的定义方法也不同,这点也需要注意。本书后续的讲解中,采用 CODESYS 中的文本方式进行变量定义,使用其他品牌 PLC 的读者需要注意:并不是所有的 PLC 都支持文本方式,大多数 PLC 采用表的形式定义变量。例如,三菱 GX Works3 就是以表的形式定义变量的,如图 2-5 所示。

	标签名	数据类型		类		分配(软元件/标签)
1	rlPosition	单精度实数	...	VAR_GLOBAL	▼	
2	i_rlRatio	单精度实数	...	VAR_GLOBAL	▼	
3	FBP	双字[有符号]	...	VAR_GLOBAL	▼	
4	rlData1	单精度实数	...	VAR_GLOBAL	▼	
5	rlData2	单精度实数	...	VAR_GLOBAL	▼	
6	diPosition1	单精度实数	...	VAR_GLOBAL	▼	
7	diPosition	双字[有符号]	...	VAR_GLOBAL	▼	
8	启动	位	...	VAR_GLOBAL	▼	X0
9	停止	位	...	VAR_GLOBAL	▼	X1
10	运行	位	...	VAR_GLOBAL	▼	Y0
11			...		▼	

图 2-5 三菱 GX Works3 中定义变量

图 2-5 是三菱 GX Works3 中定义的变量，可以看出与 Excel 表类似。西门子博途也采用类似的方式，而 SoMachine 支持文本和表两种方式，并可以自由切换。

2.3.2　变量属性

变量属性也称变量的类、变量类型，指变量的种类或分类。仍然用前面提到的酒店举例，不同的房间有不同的用途，例如用于吃饭的，用于喝茶的，用于住宿的，这些就是房间的种类。变量也有不同的用途，这就是变量属性。PLC 常见变量属性如表 2-2 所示。

表 2-2　PLC 常见变量属性

变量属性	说明	变量属性	说明
VAR	局部变量	VAR_OUT	输出变量
VAR_GLOBAL	全局变量	VAR_IN_OUT	输入输出变量
VAR_RETAIN	保持型变量	VAR_TEMP	临时变量
VAR_CONSTANT	常量	VAR_STAT	静态变量
VAR_IN	输入变量		

变量可以同时具备两种属性，例如全局保持型变量（VAR_GLOBAL RETAIN）。当然，有冲突的属性是不能同时具备的，例如局部属性和全局属性，一个变量不能既是全局变量，又是局部变量，如何定义属性，不同的 PLC 略有差别，可以参考相关 PLC 的手册。

下面介绍保持型变量（VAR_RETAIN）和常量（VAR_CONSTANT），其他属性将在后面章节中讲解。

1. 保持型变量

保持型变量，是指掉电保持的变量。PLC 断电后重新上电，保持型变量的数据不会清零，仍然保持上次掉电时的值。

PLC 的数据是保存在 RAM（Random Access Memory，随机存储器）中的，与计算机的内存类似，一旦断电，RAM 上保存的数据将会丢失，因此需要增加电池来保存数据。随着技术的发展，现在的 PLC 一般采用 NVM（Non-Volatile Memory，非易失性存储器）来保存程序数据，NVM 类似 U 盘，断电后数据不会丢失。如今，PLC 中的电池多用于 RTC（Real-Time Clock，实时时钟）功能，一般不需要专门配备电池来存储数据。

当然，保持型变量与使用 RAM 还是 NVM 无关，是 PLC 内部自动完成的。一般设备的工艺参数需要定义为保持型变量，例如各种配方等。需要注意的是，如果 PLC 采用电池的方式保存数据，一定要配备电池，只有这样，定义的保持型变量才有意义；如果不配备电池，即使定义成保持型变量，也无法实现掉电保持。

2. 常量

常量是一旦确定就不会改变的量，可以认为它是特殊的变量。例如，前文介绍变量时提到的一次函数 $y=kx+b$，其中 k 和 b 就是常量。一些用于计算使用的常数就可以定义为常量（例如圆周率），方便在程序中使用，看下面这段代码。

```
VAR_GLOBAL CONSTANT
    PI: REAL := 3.1415926;
END_VAR
```

　　这是 CODESYS 中使用文本形式定义变量的格式,本书后续所有的示例程序都采用这种形式。对于不支持文本形式定义变量的 PLC,不能采用这种形式,其定义方法可以参考 PLC 的手册。关键字 VAR_GLOBAL CONSTANT 表示定义的是全局常量,说明定义的变量类型;关键字 END_VAR 指定义变量结束,它们之间的部分就是定义的变量;"PI:REAL := 3.1415926;"表示定义 REAL 型变量 PI,它的初始值为 3.1415926,":="是赋值运算符,它是 ST 语言中使用最广泛的运算符,类似数学中的"=",它的意义是把3.1415926 赋值给变量 PI,也就是让变量 PI 的值等于 3.1415926,这样,变量 PI 的值就固定不再变化,这就是常量的意义。

　　定义好常量 PI 后,就可以在计算中使用 PI 来代替 3.1415926,显然,使用 PI 比使用3.1415926 更加方便。在实际的工程项目中,类似机械的减速比、导程、螺距等参数,机械结构确定后一般不会再改变,可以定义为常量,在计算时就能简化运算式。一旦设计有变化需要更改,只需要在定义变量时改变初始值即可,不必在程序中逐个修改。

　　常量既可以看作是变量的属性,也可以看作是一种特殊的变量。在后续章节中,如无特殊说明,都把常量看作特殊的变量,对变量的各种操作也适用于常量。

2.4　数据类型

2.4.1　数据类型的意义

　　无论定义何种变量,PLC 都会为它分配一块存储空间,分配多大的存储空间呢?这是由数据类型决定的。仍然以前面提到的酒店为例,酒店里不同的房间大小是不一样的,例如梅花厅是 4 人桌,菊花厅是 20 人桌,不同的房间,分配给不同数量的客人。如果来了 3 位客人,给他们 20 人桌的菊花厅,显然很浪费;如果来了 6 位客人,而给他们 4 人桌的梅花厅,显然不够用,因此,必须根据客人的数量,分配不同的房间。

　　同理,为了合理地利用 PLC 的存储空间,必须科学合理地为变量指定存储空间。酒店根据客人数量多少分配房间,而 PLC 则根据变量的取值范围分配存储空间。变量的取值范围,指变量占用多少存储空间,是由变量的数据类型决定的。

　　数据类型是数据在 PLC 中的存储形式,即它们占用存储空间的大小。变量的数据类型决定了变量占用多大的存储空间,以及存储何种类型的值,能存储多大范围的值。

注意:变量定义的实质就是在 PLC 内部分配一块存储空间供用户编程使用,而 PLC 会根据变量的数据类型为变量分配合理的存储空间。

数据类型分为标准数据类型、扩展数据类型、自定义数据类型三种,下面分别介绍。

2.4.2　标准数据类型

标准数据类型是 IEC 61131-3 标准制定的最基础的数据类型,也是在编写 PLC 程序时使用最多的数据类型。

1. 布尔型

布尔型（BOOL 型）是最基本的数据类型，它有 TRUE 和 FALSE 两种状态，即真和假或 1 和 0。BOOL 型变量是二进制位的两种状态。需要注意的是，这里的 1 和 0 与日常生活中计数的 0、1、2、3、4 中的 0 和 1 没有任何关系，只表示两种状态。

注意：BOOL 型变量表示的是状态，而不是具体的数值。

为了不引起混淆，本书程序代码中的 BOOL 型变量的值采用 TRUE 和 FALSE 表示。有的 PLC 用 BIT（位）表示 BOOL 型变量，称为 BIT 型，实质是一样的。例如，在三菱 GX Works3 中，没有 BOOL 型变量，而称为位。严格意义上，BOOL 型和 BIT 型是不同的，BOOL 型变量占用 8 位的存储空间，而 BIT 型只占用 1 位的存储空间，但是对于 PLC 使用者来说，没有实质的影响。BOOL 型变量在 PLC 的存储空间是这样表示的：当它的值为 TRUE 时，它的值是 2#00000001；当它的值为 FALSE 时，它的值是 2#00000000。一个 BOOL 型变量在 PLC 中占用 8 位，也就是 1 字节（BYTE）的存储空间。

PLC 的数字输入和输出都要定义为 BOOL 型变量。例如，定义启动信号、停止信号为 BOOL 型变量，代码如下：

```
VAR
    xStart  :  BOOL;        //启动
    xStop   :  BOOL;        //停止
END_VAR
```

对比 2.3.2 节中定义常量的代码，不难发现，在 CODESYS 中定义变量的格式如下：

变量名 : 数据类型 := 初始值;   //注释部分

如果不赋初始值，可以省略赋初始值的部分。"//"后面的部分是注释。关键字 VAR 和关键字 END_VAR 表示定义的是局部变量。因此，定义变量最简单的格式如下：

变量名 : 数据类型;

注意：变量名后面是冒号（:），数据类型后面是分号（;），这也是 ST 语言语句中的格式。本书后续章节的变量命名都采用这种方式。再次提醒，这种变量命名的方式并不适用于所有品牌的 PLC，其他品牌的 PLC 如何定义变量，请参考相应 PLC 的手册。

---

2. 字型

BOOL 型变量只能表示状态，不能表示数值。要表示数值，就需要多个二进制位的组合。把 16 位二进制数，也就是 2 个字节，组成 1 个字，来表示数值。因此字型（WORD 型）变量可以表示的数值范围是 2#0000000000000000～2#1111111111111111，如表 2-3 所示。

表 2-3　WORD 型最大值与最小值

最大值	1	1	1	1	1	1	1	1	1	1	1	1	1	1	1	1
最小值	0	0	0	0	0	0	0	0	0	0	0	0	0	0	0	0
位	15	14	13	12	11	10	9	8	7	6	5	4	3	2	1	0

注意：位是从 0 开始，而不是从 1 开始。

把二进制换算成十进制，可以得到 WORD 型变量的取值范围是 0～65535。在 PLC 编程中，产量计数、精度要求不高的速度、长度等值，都可以定义为 WORD 型变量。例如，表示单班产量的变量为 WORD 型，定义如下：

```
VAR
    wYield AT % MW100 : WORD;            //产量
END_VAR
```

与前面定义 BOOL 型变量的代码对比，不难发现，在变量定义里多了"AT ％MW100"，它的含义是给变量分配地址。定义完成之后，PLC 就把地址％MW100 分配给变量 wYield 使用，以便于上位机采集或是与第三方设备交互数据使用。AT 是 CODESYS 中的关键字，表示给变量分配地址；"％"在 IEC 61131-3 标准中是取地址的意思；％MW100 表示实际的物理地址，也就是 PLC 中的存储空间。在分配地址时可以赋初值，因此在 CODESYS 中，要素完整的变量定义格式如下：

```
VAR
    wYield AT % MW100 : WORD := 0;       //产量
END_VAR
```

大多数情况下，只需要指定变量名和数据类型这两个要素即可。再次强调，这种文本定义变量的方式，并不是所有的 PLC 都支持。使用其他品牌的 PLC 时，如何定义变量，如何分配地址，还需要仔细阅读相应 PLC 的手册，这也是笔者强调要使用自己熟悉的品牌学习 ST 语言的原因之一。

3. 双字型

WORD 型变量最大值为 65535，如果需要表示更大的数值怎么办？可以像组合 2 个字节为 1 个字一样，把 2 个字组合起来，这就是双字型（DWORD 型）变量。因此，DWORD 型变量的取值范围是 16♯00000000～16♯FFFFFFFF。同样，把十六进制数换算成十进制数，可以得到 DWORD 型变量的取值范围是 0～4294967295。当数值超过 WORD 型的范围时，就可以把变量定义为 DWORD 型，例如计算累积产量时。

注意：这里使用十六进制表示数值，而没有使用二进制，因为在数值较大时，使用十六进制可以简化书写。

4. 整型

WORD 型和 DWORD 型虽然能表示数值，但不能表示负数。在 PLC 编程中，负数的应用也是很广泛的：例如，温度控制中，被控温度可能在零度以下；伺服的定位控制中，向原点一侧运动，位置为正数，向原点另一侧运动时，则位置为负数；速度需要根据正负来决定方向。怎样表示负数呢？可以将最高位用来表示符号，称为符号位，剩下的位数用来表示数值。当符号位为 1 时，表示负数；符号位为 0 时，表示正数。这样，16 位的二进制数，就由 1 位符号位和 15 位数值位组成，这就是整型（INT 型）。因此，INT 型变量的取值范围为 −32768～32767。当工艺要求的数值为负数时，就可以定义为 INT 型变量。

5. 双整型

同 WORD 与 DWORD 的关系类似，2 个 INT 型可以组成双整型（DINT 型）。DINT 型的最高位也是符号位，剩下的 31 位为数值位。因此，DINT 型变量的取值范围为 −2147483648～2147483647。在运动控制中，伺服的定位脉冲数就是 DINT 型变量，这样 PLC 就根据符号来决定伺服电机的旋转方向，例如，伺服设置为 10000 个脉冲转一圈，给定 10000 个脉冲，伺服电机正方向旋转 1 圈；那么给定 −10000 个脉冲时，伺服就反方向旋转 1 圈。

6. 实数

实数（REAL 型）也称浮点数，在 PLC 编程中是指带有小数点的数值。例如 1.3、2.9、3.1415926 都是实数。实数一般用科学记数法表示，表示成 10 以内的自然数与 10 的 n 次幂相乘的形式，例如 654.321 用科学记数法表示就是 6.54321E2，用数学中的表示方法就是 $6.5432×10^2$，即 6.5432 乘以 10 的 2 次方。实数的存储情况比较复杂，分为三部分，分别为符号位、指数位、尾数。读者可以参考相关书籍，本书不再赘述。

变量定义为 REAL 型，需要分配 32 位存储空间，REAL 型变量的取值范围为 1.401E−45～3.403E+38。类似电机电流、运行频率及对精度要求高的长度、温度等，都要定义为 REAL 型。REAL 型与 DINT 型一样，是可以表示负数的。

注意：REAL 型变量和 DINT 型变量都需要分配 32 位的存储空间，二者都可以表示负数。

另外，还有其他几种数据类型，例如 BYTE 型、USINT 型、LWORD 型等，它们是由 INT 型、WORD 型、DINT 型、DWORD 型这四种数据类型衍生而来的，但并不是所有的 PLC 都支持，主要在一些特殊功能块中使用。例如，某些通信功能块，从站的范围一般为 0～125，为了尽可能地防止出错，一般将地址的数据类型定义为 USINT 型或 SINT 型。

标准数据类型如表 2-4 所示。

表 2-4 标准数据类型及取值范围

标准数据类型	关　键　字	位　　　数	取　值　范　围
字节	BYTE	8	0～255
字	WORD	16	0～65535
双字	DWORD	32	0～4294967295
长字	LWORD	64	$0～(2^{64}−1)$
短整型	SINT	8	−128～127

标准数据类型	关 键 字	位 数	取 值 范 围
无符号短整型	USINT	8	$0\sim255$
整型	INT	16	$-32768\sim32767$
无符号整型	UINT	16	$0\sim65535$
双整型	DINT	32	$-2147483648\sim2147483647$
无符号双整型	UDINT	32	$0\sim4294967295$
长整型	LINT	64	$(-2^{63})\sim(2^{63}-1)$
实数	REAL	32	$1.401E-45\sim3.403E+38$

从表 2-4 可以看出,部分数据类型的范围存在重叠,这些类型都是由 WORD 型和 INT 型衍生而来,是对这两种类型的细分和扩充。WORD 型和 INT 型的区别在于:WORD 型没有符号,只能表示正数;INT 型有符号,可以表示负数。WORD 型和 INT 型变量增加前缀符号,就可以衍生出多种数据类型,前缀符号如下所示。

(1) U 表示无符号数据类型,U 为 Unsigned 的缩写。

(2) S 表示短数据类型,S 为 Short 的缩写。

(3) D 表示双数据类型,D 为 Double 的缩写。

(4) L 表示长数据类型,L 为 Long 的缩写。

例如 USINT 型,就是在 INT 型的基础上增加了前缀"U"和前缀"S",分别表示无符号类型和短数据类型,因此 USINT 型表示无符号短整型。为了便于跨平台移植,除了一些特殊功能块,应尽量使用 INT 型、DINT 型、WORD 型、DWORD 型这 4 种类型,因为这 4 种数据类型就可以满足需求,有些品牌的 PLC 并不支持 SINT 型、UNIT 型等数据类型。

以上这些表示数值的数据类型,在不同的 PLC 中称呼是不一样的。例如 WORD 型,有的 PLC 称为 16 位无符号数(16bit-Unsigned)、无符号字、16 位位列(指位类型组成的序列)等;有的 PLC 称 DINT 型为 32 位有符号数(32bit-Signed)、有符号双字等;有的 PLC 将 REAL 型称为 32 位浮点数(32bit-Float)或单精度实数。这些只是称呼不同,实质是一样的。任何品牌的 PLC 的数据类型基本离不开 INT 型、DINT 型、WORD 型、DWORD 型、REAL 型,这 5 种最基本的类型。INT 型、WORD 型、DINT 型、DWORD 型、REAL 型,都是表示具体数值的,只是取值范围不同,因此可以称为数值型。其中,前 4 种不带小数点,称为整型;WORD 型和 DWORD 型只能表示正数,称为无符号数;INT 型和 DINT 型既可以表示负数,也可以表示正数,称为有符号数。

细心的读者可能已经发现,有些数据类型的取值范围完全相同。例如,WORD 型和 UINT 型,DWORD 型和 UDINT 型。它们的取值范围相同,是不是重复了? 有什么区别呢? 严格来说,二者是完全不同的,WORD 型表示的是存储,UINT 型表示的是数值。怎么理解呢? PLC 中的数据,都是以二进制的形式存储的,存储不同的数据,需要分配不同的存储空间。WORD 型就表示存储空间的大小,表示 16 位(2 字节)的存储空间;DWORD 型表示 32 位(4 字节)的存储空间。定义 REAL 型变量,需要分配 32 位存储空间,定义 DINT 型变量，也需要分配 32 位存储空间。分配的 32 位存储空间，就是 1 个 DWORD。无论是 DINT 型还是 REAL 型，都是以二进制的形式存储的，都是 1101111、101101001 这样的二进制数，而这些二进制数到底表示整数还是小数，就取决于对这串二进制数的解析方式。解析方式，是指 PLC 编译器对这些二进制数的处理方式，也就是说 PLC 编译器把它们当作浮点数还是有符号数。WORD 型变量，如果被解析成无符号数，那它和 UINT 型是等价的。二进制数解析成什么数据类型，并不是一成不变的，可以通过数据类型转换重新解析。关于数据类型转换，将在后续章节讲述。

WORD 型以及其衍生的数据类型表示的是存储关系；UINT 型以及其衍生的数据类型表示的是具体数值。

WORD 型以及其衍生数据类型主要用于以下几个方面。

（1）通信传输数据。因为通信传输的数据是多种多样的，若指定数据类型，将会非常烦琐，若指定存储空间，则十分便捷。

（2）位和字节等存储关系。例如 PLC 的输入、输出都可以按字节或字来处理。16 个数字量输入可以组成 1 个字，一般用 IW0、IW1 等表示。同理，输出一般用 QW0、QW1 等表示。

（3）各种逻辑运算。

INT 型以及其衍生数据类型主要用于以下几个方面。

（1）各种数学运算。

（2）表示数值的各种变量，例如电机轴号、产品产量以及长度、质量等。

（3）循环语句以及 CASE 语句中，后续章节会详细讲解。

注意：大多数 PLC 都很宽容，WORD 型和 UNIT 型的区分并不是很严格。绝大多数情况下，都把 WORD 型解析成无符号数来使用。如果不能混用，编译时会报错。如无特别必要，本书在后续章节不再特意强调 WORD 型和 UINT 型的区别。

---

7. 字符串

字符串（STRING 型）是指由字母、数字及特殊符号等组成的字符队列。例如 WORD 型变量可以解析为由二进制数组成的序列，其实就是二进制数组成的字符串。所以，有些 PLC 中，WORD 型变量又被称为 BtString（位字符串或位列）。字符串可以由纯数字或字母组成，也可以是数字和字母的组合，并使用英文中的单引号（' '）表示。例如，'PLC' 'Tsinghua University Press' '10111011' 'abc123'都是字符串。字符串中的字符以美国信息交换标准代码（American Standard Code for Information Interchange，ASCII）的形式存储。ASCII 码是基于拉丁字母的一套计算机编码系统，它用指定的 7 位或 8 位二进制数组合来表示 128 种或 256 种字母、数字及各种特殊符号。例如，数字 0 的 ASCII 码是 48，数字 9 的 ASCII 码是 57，字母 A 的 ASCII 码是 65，字母 Z 的 ASCII 码是 90，字母 a 的 ASCII 码是 97，字母 z 的 ASCII 码是 122，其他字符的 ASCII 码，读者可自行查阅相关资料。注意，ASCII 码是区分大小写的，即同一个字母的大写和小写，ASCII 码是不一样的。

字符串中允许有空格，例如'SoMachine'和'So Machine'都是合法的字符串，但两个字符串是不同的,因为字符串'So Machine'中,字符 o 和字符 M 之间有空格。空格的 ASCII 码是 0。与计算机高级语言类似,STRING 型也支持转义字符,使用美元符号 $ 表示,常见转义字符如表 2-5 所示。

表 2-5　常见转义字符

转义字符	意　义	转义字符	意　义
$ $	美元	$ R	回车符
$ L	换行	$ T	制表符
$ N	新行	$ P	换页

如果在定义变量时字符串没有被初始化,通常 PLC 默认字符长度为 80 个字符,并分配 81(80+1)字节的存储空间。如果定义时对 STRING 型变量进行了初始化,比如分配 10 个字符,则 PLC 会分配 11(10+1)字节的存储空间。一个 STRING 型变量的字符数量没有明确限制,但一般字符串的长度不能超过 255。

在西门子博途中,还支持 CHAR(字符)型,也就是单个字符,占用 1 字节的存储空间。不过,绝大多数 PLC 都没有如此细分,因为 STRING 型也可以只有 1 个字符,例如'A'和'B'等。由于大部分 PLC 都支持中文变量,所以部分 PLC 的字符串中也允许出现汉字。

字符串在 PLC 编程中的应用比较少,可能很多读者是第一次接触。在一些大型项目中,控制工艺比较复杂,配方编号会比较多,如果用数字定义就比较冗长。这时,就可以把配方名称定义为 STRING 型,例如'A1'、'B2'、'AC100',或者使用工艺名称的英文。在一些大型流水线中,一般都配备编码溯源系统,用来追溯产品的整个生产过程,因此,每道工序都需要记录产品的编码信息,编码一般通过扫码枪读入 PLC 或者其他控制器,再送入工厂的 MES(Manufacturing Execution System,制造企业生产过程执行系统)中。为了方便与上位机交互数据,这些编码信息一般定义为 STRING 型。此外,工业相机、三坐标测量仪、工控机等与 PLC 交互数值信息时,一般也采用字符串。

8. 时间

时间在 PLC 编程中有着非常广泛的应用。例如,在三相异步电机的星形-三角形启动中,从星形运行切换到三角形运行要间隔一段时间,为了便于设备的管理,还需要知道电机什么时候启动,什么时候停止以及什么时候故障。这就包含了关于时间的两种需求:持续特定的时间和某一时刻。在 PLC 中,共有 4 种关于时间的数据类型实现对时间的这两种需求。

1) 时间型

时间型(TIME 型)变量是指持续的时间,精度为毫秒(ms),默认单位也是毫秒(ms),与进制的表示方法类似,使用前缀"T#"或"TIME#"表示,一般使用"T#"。例如 T#1000,表示 1000ms,也就是 1s。如果要表示其他的时间,就用数字加标识符号,来表示不同的时间单位。关于时间的标识符,如表 2-6 所示。

表 2-6　时间标识符

标识符	含义	英文全称
ms	毫秒	MilliSecond
s	秒	Second
m	分钟	Minute
h	小时	Hour
d	天数	Day

　　从表 2-6 可以看出,这些标识符都是英文单词的首字母,注意 ms 和 m 的区别。标识符也不区分大小写,笔者建议尽量使用小写字母。时间的数值可以溢出,例如 1 天只有 24 小时,但可以使用超过 24 的数值;也不必包含所有单位,可以跨越,例如,T♯1d3m 表示 1 天 3 分钟,T♯26h78m 表示 26 小时 78 分钟,T♯67m76s 表示 67 分 76 秒。PLC 会自动校正时间,例如 T♯67m76s,会自动校正为 T♯1h8m16s,校正后的时间符合日常的时间规则,不会超出各单位的最大值。为了提高可读性,特别是标识符比较多的时候,各时间单位之间也可以用下画线(_)隔开,例如 T♯1h3m456ms 可以表示为 T♯1h_3m_456ms。

　　TIME 型变量占用 32 位存储空间,其实质是 32 位无符号数,即 DWORD 型变量。因此,TIME 型所能表示的最大时间为 T♯4294967295ms,TIME 型变量的取值范围为 T♯0ms～T♯71582m47s295ms。

　　TIME 型变量主要用于 PLC 的定时器,实现定时时间。传统 PLC 的定时时间,是靠不同规格的定时器,也就是不同的时基实现的,例如要实现定时 500ms,只需要调用时基 100ms 定时器,然后把定时时间设为 5,即可实现 500ms 的定时。在 IEC 61131-3 标准中,采用 TIME 型变量表示,同样实现 500ms 定时,只需要把定时器的定时时间设置为 T♯500ms 即可。

注意:在使用 TIME 型变量时,如果不加单位标识符,默认是毫秒,例如 T♯1000 指 1000ms;而 T♯1000s 指 1000s。

---

　　2) 时刻型

　　时刻型(TIME_OF_DAY 型)简称 TOD 型,用于表示某个时间点,例如生活中常说的几点了,就是指时刻。使用前缀"TOD♯"或"TIME_OF_DAY♯"表示,一般使用"TOD♯"。例如,TOD♯12:45:17.123 表示 12h45m17s123ms,即日常生活中说的 12 点 45 分,日常生活中通常会省略秒(s)。

注意:s 和 ms 之间并不是六十进制,1s 等于 1000ms,因此 17s123ms,表示 17s 又过了 123ms。时分秒之间采用":"分隔,而秒跟毫秒之间采用"."分隔。

　　TOD 型变量占用 32 位存储空间,它能存储的最大数值为 4294967295,单位为 ms。因此,TOD 型变量的取值范围为 TOD♯0:0:0～TOD♯1193:02:47.295。时刻型采用 24 小

时制,因此它的取值范围为 0:0:0~23:59:59.999。

3) 日期型

日期型(DATE 型)也就是某一天,例如生活中经常要确定今天是几号,就是指日期。PLC 的系统时间是从 1970 年 1 月 1 日开始的。细心的读者可能会发现,几乎所有的电子设备,初始时间都是从这一天算起,因为这一天对计算机来说有着重要的意义,有兴趣的读者可以查阅相关资料了解。DATE 型变量使用前缀"D♯"或"DATE♯"表示,一般使用"D♯"。例如 D♯1970-1-1 表示 1970 年 1 月 1 日,年、月、日之间采用短横线(-)分隔。DATE 型同样需要占用 32 位存储空间,它的单位是秒,因此它能表示的最大时间是 4294967295s,把这个时间换算成年,是 136 年多一点。因此,DATE 型变量的取值范围为 D♯1970-1-1~D♯2106-02-06。

4) 日期和时间型

日期和时间型(DATE_AND_TIME 型)是把日期和时刻合并起来,表示某一天的某个时刻。DATE_AND_TIME 型变量使用前缀"DT♯"或"DATE_AND_TIME♯"表示,一般使用"DT♯",因此,DT♯1970-1-1-12:45:17.123 表示 1970 年 1 月 1 日 12 时 45 分 17 秒 123 毫秒。

注意：日期和时间之间使用短横线(-)分隔。

---

3 种表示某一时刻的变量,主要用于日志文件。编程人员诊断程序出现的问题或操作人员分析工艺故障时,日志文件非常有用。

以上就是 8 种最基本的数据类型,也是 PLC 编程中使用最广、应用最多的数据类型。

2.4.3 扩展数据类型

扩展数据类型,是对标准数据类型的扩展,是对标准数据类型的补充,以弥补在特殊应用场景下,标准数据类型的不足。扩展数据类型主要有 UNION(联合)、REFERENCE TO(引用)、LTIME(长时间)、WSTRING(宽字符串型)、POINTER TO(指针)、LREAL(长实数型)等类型。UNION 和 REFERENCE TO 在 PLC 编程中应用极少,因此本书不作介绍,读者可参考计算机语言的相关书籍。本节只介绍 PLC 编程中使用最多的 LTIME 型、WSTRING 型、POINTER 型。

1. LTIME 型

LTIME 型可以表述精度更高、范围更大的时间,它占用 64 位存储空间,单位为纳秒,使用前缀"LTIME♯"标识。例如 LTIME♯23m67s23ms12us64ns,表示 23 分 67 秒 23 毫秒 12 微秒 64 纳秒。标识符 u 表示微秒,n 表示纳秒。此外,还有 LDATE、LTIME_OF_DAY、DATA_AND_TIME 分别表示占用 64 位存储空间的长日期型、长时刻型、长日期和时间型。

注意：在国际单位制中,微秒应该表示为"μs",使用希腊字母"μ",在 PLC 中使用"u"。

---

2. LREAL 型

如果 32 位实数的精度和取值范围不够,还有分配 64 位存储空间的 LREAL 型,它的取

值范围为 $2.2250738585072014\mathrm{E}-308 \sim 1.7976931348623158\mathrm{E}+308$。显然，它的取值范围和精度都比 REAL 型要高很多。

有些 PLC 中，REAL 型称为单精度实数，LREAL 型称为双精度实数。在一些函数计算中，例如计算对数、平方根、正弦及余弦等，为了计算精度，很多 PLC 都指定参与运算的变量为 LREAL 型。另外，还有 LWORD 和 LINT 类型，分别是占用 64 位存储空间的无符号数和有符号数。

3. WSTRING 型

与 STRING 使用 ASCII 不同，宽字符串使用 UNICODE 编码，每个字符占用 2 字节，因此称为宽字符串。因此，它可以使用更多的字符，例如亚洲文字中的中文、韩文、日文等。其实，WSTRING 型和 STRING 型并没有严格的区分，大多数 PLC 的 STRING 型也支持中文。

不是所有的 PLC 都支持以上几种扩展类型，还需要查阅 PLC 的手册确定是否支持。一般来说，越是高档的 PLC，支持的种类越多。

4. POINTER 型

指针（POINTER 型）也就是地址，是 C 语言的灵魂，C 语言之所以强大，就是因为它有灵活的指针。ST 语言同样也支持指针。

仍以前面的酒店为例，来理解指针的意义。现在要去酒店找某个朋友张三，但是不知道张三在哪个包间，而李四知道张三在哪个包间，那就先找到李四，假设李四在梅花厅，就先去梅花厅找到李四，李四告诉张三在菊花厅，这样就可以去菊花厅找到张三了。在这里李四就可以看作是张三的指针，因为他知道张三的地址。

在 PLC 中，不同的指针指向不同的数据类型，因此在定义指针时，需要声明是指向什么类型的指针。不同的 PLC 定义指针的方式不同，在 CODESYS 中使用关键字 POINTER TO 来定义指针，例如定义指向 WORD 型变量的指针 P1，代码如下：

```
VAR
    P1 : POINTER TO WORD;
END_VAR
```

变量 P1 的值，就是它指向的 WORD 型变量的地址。关于指针的应用，看下面的例子。

```
VAR
    P1    : POINTER TO WORD;
    Data1 : WORD := 10;
    Data2 : WORD;
END_VAR
P1 := ADR(Data1);
Data2 := P1^;
```

运行上述程序后，变量 Data2 的值变为 10。ADR 为 PLC 中的功能，也可称之为指令，用于获取变量的地址，运算符"^"是取指针指向的地址中的值。

"P1 := ADR(Data1);"的含义是把指针 P1 指向变量 Data1，也就是获取变量 Data1 的地址，其中，":="是赋值运算符，是 ST 语言中应用最广泛的运算符。赋值运算符用在 ST 语言

的语句中，类似传统 PLC 中的 MOVE 指令。因此，这条语句也称为赋值语句。"Data2:=
P1^;"是找到指针 P1 指向的地址，即变量 Data1 的地址，把该地址中存储的值传递给变量
Data2。指针 P1 指向的是变量 Data1 的地址，这个地址存储的数值是变量 Data1 的值，也就
是 10。因此，程序运行后，变量 Data2 的值为 10。

2.4.4　自定义数据类型

自定义数据类型，在西门子的博途软件中称为 UDT(User-Defined Data Type)，顾名思
义，就是由用户定义的数据类型。自定义并不是天马行空地凭空捏造，而是利用 PLC 已有
的数据类型，严格按照 PLC 的规范，产生新的数据类型。

1. 数组

数组(ARRAY)是同一种数据类型的变量组合。在 PLC 中，数组最大的作用是减少变
量的数量。例如，某设备主轴的电机电流，需要每个小时采集 1 次，第二天分析前一天的电
流变化。按照传统方式，需要定义 24 个变量，而如果使用数组，就方便得多，定义的数组变
量如下：

```
VAR
     rlAX0_Current : ARRAY[0..23] OF REAL;
END_VAR
```

这样，只需要 rlAX0_Current[0]、rlAX0_Current[12]、rlAX0_Current[23]等数组元
素，就完成了 24 个电机电流变量的定义。还可以给数组分配地址，只要分配首个元素的地
址，PLC 就会根据数据元素的数据类型，自动分配一块连续的地址。可以给每个元素分配
初始值，也可以给部分元素分配初始值。

方括号内是数组的下标，也就是数组内每个成员的编号，默认从 0 开始，因此定义 10 个
元素的数组，它的下标是 0~9，而不是 1~10。大多数 PLC 的下标都是可以自定义的，如果
不习惯从 0 开始，可以在定义的时候从 1 开始。下标还支持负数，这个不太好理解，也不太
符合生产工艺。不过有些场合，使用负数反而可以更好地进行处理和理解，例如，在伺服定
位时记录伺服的位置，向负方向的位置就可以用负数下标来表示。所以，下标的编号要根据
工艺情况和编程习惯决定。

数组的下标也可以用变量来代替，配合 ST 语言中的循环语句，可以实现更多的功能。
例如，定义 INT 型变量 a，就可以用 rlAX0_Current[a]来表示数组元素，只需要改变变量 a
的值，就可以引用数组中的每个元素。需要注意的是，有些 PLC 中数组的下标是不允许定
义为无符号数的，即只能定义为 INT 型和 DINT 型。

数组元素为单个值的称为一维数组，另外，还有二维数组和三位数组，类似一维坐标、二
维坐标、三维坐标。可以把数组内的元素，理解为坐标上的点。一维坐标就好比数轴，只需
要一个值，就可以确定某个点的位置；而二维坐标需要 X 轴和 Y 轴两个坐标值，才能确定
某个点的位置；三维坐标需要 X 轴、Y 轴、Z 轴三个坐标值，才能确定某个点的位置。定义
一维数组、二维数组、三维数组的语句如下所示。

```
VAR
    ARR1: ARRAY[0..9] OF REAL;                 //一维数组
    ARR2: ARRAY[0..9, 2..5] OF INT;            //二维数组
    ARR3: ARRAY[1..3, 2..8, 5..7] OF WORD;     //三维数组
END_VAR
```

从代码可以看出，二维数组和三维数组的每个维度元素数量可以不相同，但是数组中所有元素的数据类型必须相同。以二维数组 ARR2 为例，如果把它看成二维坐标，那么 X 方向有 0～9 共 10 个元素，Y 方向有 2～5 共 4 个元素，因此它总共有 10×4 共 40 个元素。要引用某个元素，与一维数组类似，只需要在维度之间用逗号（,）隔开即可，例如 ARR2[1,4] 和 ARR2[2,4,6]。

为多维数组分配首地址后，PLC 会自动分配一片连续的地址给数组使用。例如，为定义的二维数组 ARR2 分配首地址%MW100，那么 ARR2[1,4] 的地址是多少呢？二维数组可以看作是特殊的一维数组，它的每个元素，又是一维数组。如果把 ARR2 看作是一维数组，那么它包含 ARR2[0]、ARR2[1]、ARR2[2]…ARR2[9]共 10 个元素，而每个元素，又是包含 4 个元素的一维数组，可以用表 2-7 表示。

表 2-7　二维数组的组成

ARR2[0,2]	ARR2[0,3]	ARR2[0,4]	ARR2[0,5]
ARR2[1,2]	ARR2[1,3]	ARR2[1,4]	ARR2[1,5]
ARR2[2,2]	ARR2[2,3]	ARR2[2,4]	ARR2[2,5]
ARR2[3,2]	ARR2[3,3]	ARR2[3,4]	ARR2[3,5]
ARR2[4,2]	ARR2[4,3]	ARR2[4,4]	ARR2[4,5]
ARR2[5,2]	ARR2[5,3]	ARR2[5,4]	ARR2[5,5]
ARR2[6,2]	ARR2[6,3]	ARR2[6,4]	ARR2[6,5]
ARR2[7,2]	ARR2[7,3]	ARR2[7,4]	ARR2[7,5]
ARR2[8,2]	ARR2[8,3]	ARR2[8,4]	ARR2[8,5]
ARR2[9,2]	ARR2[9,3]	ARR2[9,4]	ARR2[9,5]

表 2-7 中，横向是第一维的成员，纵向是第二维的成员，如果把这个表比作两轴坐标系，那么每个单元格就相当于坐标系中的点；如果把这个表比作货架，那么每个坐标点，就是货架上每个格子的位置，给数组赋值就相当于向货架上摆放货物。

数组的数据是按行存放的，也就是为表 2-7 中的元素一行一行地分配地址，先把第二维填满，然后再填第一维。因此，数组 ARR2 的排列顺序为 ARR2[0,2]、ARR2[0,3]、ARR2[0,4]、ARR2[0,5]、ARR2[1,2]、ARR2[1,3]…ARR2[9,5]。可见，是按照最后一个下标从最小值到最大值，然后是第一个下标的顺序排列。因此，如果为二维数组 ARR2 分配首地址%MW100，那么 ARR2[1,4] 的地址应该是%MW106。关于数组的地址分配，读者可以通过 PLC 的仿真软件进行仿真验证，加深印象。

数组的应用非常广泛，特别是在处理大量数据的时候。变频器的历史报警记录可以保存在一维数组中，既便于处理，又不用建立大量的变量；立体仓库的每个库位都可以用两个

值来表示,可以定义二维数组,专门存储每个库位的位置;大型流水线的配方数据、工业相机获取的坐标值等,都可以定义成数组。数组配合 ST 语言中的循环语句,可以非常方便地处理大量数据。

2. 结构体

结构体(STRUCT 型)是把不同数据类型的变量组合起来,形成一个有机的整体,用于描述事物。下面通过具体的例子来加深理解。

PLC 编程的目的是控制各种设备,使它们按照工艺的需求,完成预设的动作,而 PLC 直接控制的对象,主要是电机、气缸等。以电机为例,三相异步电机一般使用变频器驱动,要控制变频器的启动、停止,需要知道变频器的状态、变频器的给定频率、电机的实际运行速度以及变频器的报警信息。描述这些信息,需要定义不同的变量,这些信息是分散的,从表面上看没有任何关联,很难体现出和变频器的内在联系。单独取出其中任何一个,都无法全面反映电机的状态。

结构体的作用就是把一系列相关的要素综合起来,描述同一个事物,这也是计算机高级语言里,面向对象编程思想的体现。对于 PLC 编程,被控设备可以抽象为对象,例如伺服电机,无论多么复杂的设备,都是由对伺服的回零、定位等一系列操作组成的。

不同的 PLC,定义结构体变量的方式略有不同,一般分为两步:①建立结构体,定义属性,也就是定义由哪些变量组成结构体变量;②定义变量,其数据类型就是刚才建立的结构体型。这样,在程序中就可以像使用 BOOL 型、INT 型等数据类型一样使用结构体变量了,并使用“.”来引用结构体内的各个变量。“.”是引用运算符,在 ST 语言中的应用也非常广泛。

在 CODESYS 中,结构体变量是如下定义的,例如定义针对三相异步电机的结构体变量 MOTOR,代码如下:

```
TYPE MOTOR :
  STRUCT
    xStart      : BOOL;              //启动
    xStop       : BOOL;              //停止
    rlVel       : REAL;              //速度
    rlCurrent   : REAL;              //电流
    wAlarmCode  : WORD;              //报警代码
  END_STRUCT
END_TYPE
```

MOTOR 是定义的结构体类型,由 5 个变量:xStart、xStop、rlVel、rlCurrent、wAlarmCode,共同描述这个结构体变量。定义好的 MOTOR 型和 INT 型、BOOL 型、REAL 型、TIME 型等一样,也是一种数据类型。MOTOR 定义完成后,就可以定义 MOTOR 型的变量了。例如,某项目中有 3 个电机分别控制 3 根轴,可定义结构体变量 AX1、AX2、AX3,代码如下:

```
VAR
    AX1 : MOTOR;                     //1 号电机
    AX2 : MOTOR;                     //2 号电机
    AX3 : MOTOR;                     //3 号电机
```

END_VAR

在程序中可以使用 AX1. xStart 来启动 1 号电机，也就是对 1 号轴进行启动控制；用 AX2. rlVel 来指定 2 号电机的速度；用 AX3. wAlarmCode 存储 3 号电机的报警代码。如果不使用结构体变量，只能一一建立变量来表示电机的这些属性，一旦电机数量增多，建立的变量数量也会大大增多。这显然会大大增加工作量，使用结构体变量能完美解决这个问题。

最终使用的变量的数据类型与结构体内定义的变量的数据类型有关，例如 AX1. xStart 是 BOOL 型变量，因为在结构体内部定义的 xStart 是 BOOL 型变量。结构体变量还可以分配地址，一般是分配首地址，PLC 会根据结构体的大小，自动分配一块连续的存储空间。

使用结构体变量最大的好处是可以短时间内建立大量的变量，是实现结构化编程的重要手段，特别是在大型项目中。例如，某项目使用了 100 个伺服，很显然这么大型的项目不太可能由一位工程师编写调试程序，而是把项目分成不同的模块，交由不同的工程师来实现，然后统一汇总。这就产生了一个问题，由于人的思维习惯不同，不同的工程师在定义变量时，可能会按照自己的习惯来命名，即使有的公司有统一的命名风格，也不可能面面俱到。以伺服点动为例，有的工程师习惯把点动命名为 xJogF 和 xJogR，来表示伺服的正向点动和反向点动；而有的工程师习惯用 xJogP 和 xJogN 来表示。这样，在同一个项目中，表示同一个意义的变量却有了不同的名称，既不利于项目的统筹管理，更不利于项目最后的统一调试。使用结构体变量，就可以解决这个问题。

首先，定义全局结构体，把与伺服有关的属性全部定义好，不同的工程师只需要定义与轴号有关的结构体变量，就可以表示伺服的所有属性，不会出现同一个项目中相同意义的变量出现不同变量名的现象。例如，定义结构体变量 SERVO，在 CODESYS 中，代码如下：

```
TYPE SERVO :
  STRUCT
    xEnable      : BOOL;        //使能
    xHomeStart   : BOOL;        //回零
    xAbsStart    : BOOL;        //绝对定位
    xRelStart    : BOOL;        //相对定位
    rlHomeVel1   : REAL;        //回零速度
    rlHomeVel2   : REAL;        //回零回归速度
    rlHomeOffset : REAL;        //回零偏置
    nHomeMode    : INT;         //回零模式
    rlPosition   : REAL;        //定位位置,单位:度,mm
    rlVel        : REAL;        //定位速度,单位:度/s,mm/s
    xJogP        : BOOL;        //正向点动
    xJogN        : BOOL;        //反向点动
    rlJogVel     : REAL;        //点动速度,单位:度/s,mm/s
    xEnableDone  : BOOL;        //已使能
    xHomeDone    : BOOL;        //回零完成
    xPosDone     : BOOL;        //定位完成
    xEnableError : BOOL;        //使能错误
    xHomeError   : BOOL;        //回零错误
```

```
        xPosError      : BOOL;                    //定位错误
        xHoming        : BOOL;                    //正在回零
        xMoving        : BOOL;                    //正在运行
        rlActPosition  : REAL;                    //实际位置,单位: 度,mm
        rlActVel       : REAL;                    //实际速度,单位: 度/s,mm/s
        rlActCurrent   : REAL;                    //实际电流,单位: 0.1A
        rlActTorque    : REAL;                    //实际转矩,单位: 0.1%
        wAlarmCode     : WORD;                    //报警代码
    END_STRUCT
END_TYPE
```

以上就定义了涵盖伺服控制和属性的结构体变量,只需要把每根轴定义成 SERVO 型变量,就可以立刻建立大量变量,实现了伺服控制的统一。工程师甲负责的部分有 5 根伺服轴,就可以定义如下变量。

```
VAR
    AX1.SERVO;                                   //1 号工艺轴
    AX2.SERVO;                                   //2 号工艺轴
    AX3.SERVO;                                   //3 号工艺轴
    AX4.SERVO;                                   //4 号工艺轴
    AX5.SERVO;                                   //5 号工艺轴
END_VAR
```

这样,工程师甲就可以使用变量 AX1. xEnable 来使能 1 号伺服;用 AX3. xJogP 正向点动 3 号伺服。如果在调试过程中发现定义的结构体变量无法涵盖伺服的所有应用,只需要在结构体变量中增加即可,方便快捷。

这里,笔者再次提醒读者,不同 PLC 定义结构体变量的操作是不一样的,但大同小异。读者务必使用自己熟悉的 PLC 来学习 ST 语言,在涉及一些与 PLC 有关的操作时,会非常便利。

3. 结构体与数组

结构体与数组可以联合起来使用,例如定义的结构体变量可以包含数组。数组也是可以由结构体变量组成的。结构体和数组的灵活应用,最大的好处是优化程序结构,使程序更简洁。特别是被控对象相似而数量很多的情况,例如大型化工项目中数量巨大的阀门,OEM 设备中十几到几十根的伺服轴等。

前面定义的 MOTOR 型变量,其中的报警代码可以定义成数组,形成报警代码的历史记录,代码如下:

```
TYPE MOTOR :
    STRUCT
        xStart       : BOOL;                     //启动
        xStop        : BOOL;                     //停止
        rlVel        : REAL;                     //速度
        rlCurrent    : REAL;                     //电流
        wAlarmCode   : ARRAY[1..30] OF WORD;     //报警代码历史记录
    END_STRUCT
END_TYPE
```

组成结构体的可以是任何数据类型，结构体也可以组成数组。例如，设备中有 10 个电机，可以定义成 10 个 MOTOR 型变量组成的数组，代码如下：

```
VAR
    AX : ARRAY [1..10]  OF  MOTOR ;
END_VAR
```

对于结构体和数组组合的类型，引用其中的变量时，需要注意它们的层次结构，通常 PLC 中都会有提示。例如，变量 AX[1].wAlarmCode[2]，首先它是数组，需要引用数组的元素；数组的元素是结构体变量，所以需要再引用结构体；而结构体内又有数组，所以需要再引用数组。因此，该变量表示第一个电机的第二个报警代码。

通过以上介绍可以看出，自定义数据类型的实质就是把 PLC 提供的数据类型进行组合，产生全新的数据类型。

2.5　数据类型转换

不同的数据类型是可以相互转换的，有隐式转换和显式转换两种。隐式转换由 PLC 自动完成；显式转换是在编写程序时强制执行。回顾前面介绍数据类型的章节，数据类型转换的实质是重新解析二进制序列所表达的数值。

注意：数据类型转换，只是重新解析变量的数值，并不能改变变量的数据类型。变量一旦定义，就无法改变数据类型。例如，定义变量 a 为 INT 型，可以使用各种方法将它重新解析为 DINT 型，并把转换结果赋值给变量 b。但是，变量 a 仍然是 INT 型，只是把变量 a 的值转换为其他数据类型。

2.5.1　数据类型转换的意义

数据类型是为变量服务的，变量是为编程服务的。在 PLC 编程中，PLC 中的各种指令、功能和功能块，都需要用到变量，对变量进行各种操作。不同的指令、功能和功能块都会指定使用的变量的数据类型，不符合规定的数据类型无法通过编译。例如，伺服的定位指令对于定位的脉冲数，指定为 DINT 型，如果使用 WORD 型，则编译会报错。虽然 WORD 型和 DINT 型都能表示具体的脉冲数，但是 WORD 型变量不符合 PLC 的规定，所以无法使用。然而，在计算脉冲数时，减速比、导程等各种数据都不一定是 DINT 型，例如减速比有可能带小数点，因此必须把计算结果转换为 DINT 型。相同数值的不同数据类型，其实是不同的。例如，BOOL 型变量有 0 和 1 两种值，而 INT 型变量也可以是 0 和 1，但这是完全不同的变量，只是数值相同而已。这就是数据类型转换的意义，只有数值相同，数据类型相同的两个变量才能画等号。在 PLC 编程中，原则上只有相同的数据类型才能参与运算，不同数据类型进行运算时，必须转换为相同的数据类型。

2.5.2 隐式转换

隐式转换又称隐含转换,是由 PLC 自动完成的,只有在特定的数据类型之间才能进行。只能从取值范围小的数据类型转换为取值范围更大的数据类型,但不能保证转换结果完全准确,有可能会损失精度,一般在编译时,PLC 会以警告的方式来提醒。常用的隐式转换如表 2-8 所示。

表 2-8 常用的 PLC 数据类型的隐式转换

转 换 结 果		数 据 类 型						
		SINT	INT	DINT	USINT	UINT	UDINT	REAL
数据类型	SINT	SINT	INT	DINT	USINT	UNIT	UDINT	REAL
	INT	INT	INT	DINT	INT	UNIT	UDINT	REAL
	DINT	DINT	DINT	DINT	DINT	UNIT	UDINT	REAL
	USINT	USINT	INT	DINT	USINT	UNIT	UDINT	REAL
	UINT	UINT	UINT	DINT	UINT	UNIT	UDINT	REAL
	UDINT	UDINT	UDINT	UDINT	UDINT	UNIT	UDINT	REAL
	REAL	REAL	REAL	REAL	REAL	UNIT	UDINT	REAL

表 2-8 的第一行和第一列分别表示不同的数据类型,而它们交叉的地方,就是同时参与运算时的转换结果。

例如,USINT 型变量的取值范围为 0～255,当它和取值范围为 0～65535 的 UINT 型变量进行运算时,它会转换成 UINT 型,再参与运算。由于 USINT 型的取值范围远小于 UINT 型,所以不会有任何精度损失。再比如,一个 INT 型变量(-32768～32767)和 UINT 型变量(0～65535)进行运算,会转换为 UINT 型,如果 INT 型变量在负数范围内,显然运算结果就不准确了,这点需要注意。一般,PLC 在编译的时候会发出警告,在编程时要特别注意。

由于隐式转换的不确定性,并且不同 PLC 的隐式转换也略有不同,因此一般需要使用显式转换。

2.5.3 显式转换

显式转换将强制改变数据类型,是使用指令完成数据类型转换。从数值范围小的数据类型转换到数值范围大的数据类型,没有任何问题,反之则会丢失精度或出错,如图 2-6 所示。

图 2-6 中,值为"-12"的 INT 型变量,转换为 WORD 型变量时,值变成了"65524",这显然是不对的。转换时一定要注意取值范围,如果 INT 型变量为负值时,则无论如何也不能转换为 WORD 型。

数据类型转换由专门的指令实现,图 2-6 中的 INT_TO_WORD,就是把 INT 型变量转换为 WORD 型变量的语句。语句"INT_TO_WORD(Data1);"在 ST 语言中称之为功能调用,

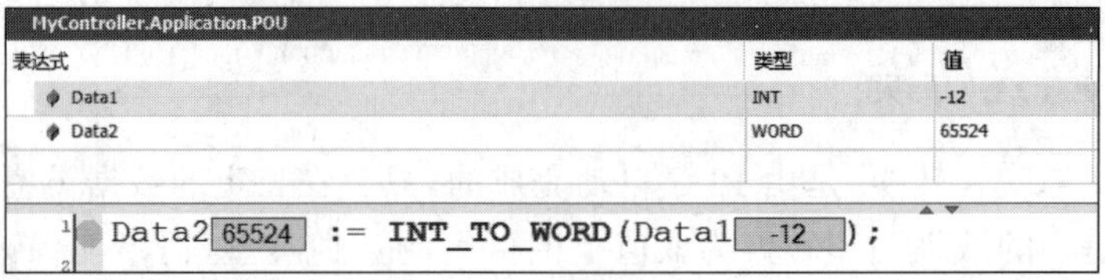

图 2-6　错误的数据类型转换

后续章节会详细讲解。INT_TO_WORD 就是把"TO"前面的数据类型，转换成"TO"后面的数据类型。也就是把 INT 型变量 Data1 的值转换成 WORD 型，并通过赋值语句，把转换的结果赋值给 WORD 型变量 Data2。理论上，所有的数据类型之间都可以转换，但不同的PLC 之间略有不同，有的 PLC 并不支持某些数据类型的直接转换，需要通过中间变量传递。例如，三菱 FX5U 并不支持 REAL_TO_WORD，需要先调用 REAL_TO_DINT，然后再调用 DINT_TO_WORD 来完成转换。

对于显式数据类型转换，PLC 并不负责转换结果的正确性，而是由参与运算的变量的数据类型决定。因此，使用时必须确保从取值范围小的数据类型向取值范围大的数据类型进行转换，一定要确保转换前的变量的取值范围小于转换后变量的取值范围。

数据类型转换是 PLC 编程中经常要用到的，对各种计算结果的正确性至关重要，因此必须熟练掌握。而要想熟练掌握数据类型转换，必须牢记数据类型的取值范围，如果变量因为数据类型转换而发生精度变化或者数值变化则失去了意义，特别是在进行数学计算的时候。数据类型，贯穿着 PLC 编程调试的整个环节，必须确保无误。后续，将在 ST 语言学习过程中逐步讲解数据类型的处理问题。

2.6　程序组织单元

PLC 编程的实质是对变量的各种操作，那么编写的程序是如何组织起来并通过 PLC 执行指令实现对设备的控制的呢？这依赖于 IEC 61131-3 标准中定义的软件模型。具体到PLC 应用，就是把编译的程序下载到 PLC 中。在 PLC 系统程序的管理下，通过运行程序完成对设备的控制。首先，通过建立变量使外部的各种传感器以及执行机构和 PLC 建立联系；然后，依据设备的控制工艺完成程序的编写。程序的编写是重中之重，有各种编写方式。编写好的程序由众多程序段组成，这些程序段，根据需求有的周期运行，有的中断执行，还有的仅在 PLC 上电时执行一次。通过一系列操作完成一整套项目的开发过程，让程序控制各种设备的正常运行。这些操作和概念在 IEC 61131-3 中都有相应的标准。

2.6.1　软件模型

讲解软件模型之前引入一个概念——程序组织单元，简称 POU（Programming Organisation Unit）。在 1.5 节讲述不同 PLC 建立 ST 语言开发环境的时候，已经简要介绍过 POU。POU 是 PLC 程序中基本的编程单位，使用任何编程语言编写的一段程序加上程序中使用的变量就是一个 POU。最简单、最经典的 POU 如图 2-7 所示。

图 2-7　典型 POU

图 2-7 中的梯形图程序,相信读者不会陌生,这就是 PLC 中最经典的"启动保持停止"梯形图程序。这段程序加上其中的 3 个变量(xStart、xStop、xRun)就是一个 POU。需要注意的是,变量和程序是不可分割的,二者结合才有意义。再简单点,点动程序虽然只由一行梯形图组成,也可以是 POU。希望读者明确,POU 跟使用的编程语言无关,任何一种编程语言编写的任何程序再加上其中的变量都可以组成 POU。

由此可见,POU 其实就是传统 PLC 中的程序、子程序或程序段,完整的 PLC 程序就是由无数个 POU 组成的。如何组织 POU,如何执行 POU,就是软件模型要解决的问题。IEC 61131-3 中的软件模型把用各种编程语言、各种组织形式编写的 PLC 程序同 PLC 的硬件结合起来,再加上各种硬件外设,例如开关、按钮、气缸、伺服以及变频器等,组成了自动控制系统。根据 IEC 61131-3 标准定义的软件模型把 PLC 看成是能执行多种任务的控制器,如图 2-8 所示。

该模型从软件的角度将整个 PLC 系统进行了模块化处理,主要由以下几方面组成。

1. 功能块和功能

功能块(Function Block,FB),也有的 PLC 中称为函数块;功能(Function,FC),有的 PLC 简称 FUN。FB 和 FC 是在 PLC 编程中,听到最多的名词,它们其实是传统 PLC 中的各种指令以及对指令的延伸。PLC 的指令分为基本指令和应用指令,各家 PLC 的指令没有通用性,这也是促使 IEC 61131-3 标准诞生的原因之一。在 IEC 61131-3 标准中,PLC 所有的控制都通过调用功能块和功能实现,并且制定了标准的功能和功能块,例如定时器、计数器、边沿触发、函数运算等。无论是功能块还是功能,其实质是一个 POU。PLC 中,也可以由用户自定义功能块和功能,功能块和功能将贯穿 ST 语言应用的始终,也是本书反复提及的概念和应用。习惯使用传统 PLC 的读者,也应在脑海中建立功能块和功能的概念,方便 ST 语言的学习和使用。

2. 程序

程序(Program)就是用 PLC 的编程语言编写的代码,是 PLC 系统中最重要的组成部分。FB、FC、程序是 POU 的三个组成部分。其实,程序和 POU 之间的概念是模糊的,例如,三相异步电机星形-三角形启动的程序,它是一个 POU,也可以认为是一段程序,而这段程序又可以封装成 FB 或 FC,也就是自定义功能块和功能。后续本书不再刻意强调 POU和程序之间的区别。FB、FC 及 POU 之间存在调用关系,POU 可以调用 FB 和 FC;FB 可

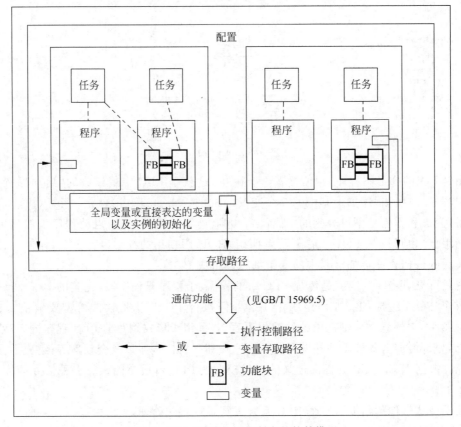

图 2-8　IEC 61131-3 标准制定的软件模型

以调用 FB 和 FC,但不能调用 POU。无论是 FB、FC 还是 POU,不允许递归调用,也就是不能自己调用自己。前面介绍过,IEC 61131-3 是推荐标准,并不是强制标准,以上调用关系在不同的 PLC 中有所不同。但不能出现递归调用,FB 和 FC 不能调用 POU,这些规则是大多数 PLC 都遵守的。

前文介绍过,变量的属性有 VAR_GLOBAL 和 VAR 两种。一个完整的 PLC 程序由多个 POU 组成,全局变量可以在所有的 POU 里使用,而局部变量只能在定义的 POU 里使用,这就是两者的区别。显然,全局变量的变量名不能重复,而不同 POU 里定义的局部变量的变量名在不同 POU 里可以重复。例如,在 POU1 里定义了变量 Lable1,在 POU2 里同样可以定义一个变量 Lable1,但两者是完全不同的变量。

3. 任务

任务是 PLC 给 POU 指派的各种工作,最常见的是循环扫描任务。此外,还有事件任务、恒定周期任务、自由任务等。只有分配任务 POU 才会执行,如果不分配任务,程序不会执行。大多数传统的 PLC 都没有任务的概念,或者概念比较模糊。在西门子博途中,各种组织块就是已经指定好任务的 POU,例如,OB1 是分配了循环扫描任务的 POU。

4. 配置

配置处于软件模型的最外层,是整个系统的硬件模块。

以上就是 IEC 61131-3 定义的 PLC 的软件模型,是一个完整的 PLC 系统开发流程的体现。首先定义变量,然后根据工艺需求编写程序。一个项目需要根据工艺划分不同的子程序,每个子程序可以认为是一个 POU;每个子程序中又有功能块和功能共同实现的控制工艺。对不同的子程序,根据控制工艺的需求,分配不同的任务。最后,将所有的配置和程序下载到 PLC 中执行,配合各种传感器和执行机构,组成了一套完整的控制系统。

2.6.2　初步认识功能和功能块

在 IEC 61131-3 标准中,功能块是这样定义的:功能块是适合于 PLC 编程语言的一个程序组织单元,功能块执行时产生一个或多个值。可创建一个功能块的多个命名实例(复制),每个实例应具有一个相关的标识符(实例名称)和包含其输出及内部变量的一个数据结构,以及与实例有关的输入变量值或输入变量的引用。输出变量和这个数据结构必要的内部变量的所有值,应从此功能块的一次执行保持到下一次执行。因此具有相同变量(输入变量)的功能块的调用不一定总是产生相同的输出值。在功能块实例的外部,只有输入变量和输出变量可存取,即功能块的内部变量对功能块的用户是隐藏的。

对于功能,IEC 61131-3 标准中是如下定义的:为了方便 PLC 编程语言的使用,将功能定义为这样一种程序组织单元——当执行它时,它准确地生成一个视为功能结果的数据元素和任意多个附加的输出元素(VAR_OUT 和 VAR_IN_OUT)。对于任何数据元素,功能结果可以是多值的,如数组或结构。在文本语言中,功能的调用能被用作表达式中的操作数。

功能块和功能分两种,一种是系统功能块和功能;另一种是自定义功能块和功能。在 IEC 61131-3 标准中,共定义了定时器、计数器、上升沿、下降沿、置位优先、复位优先、通信 7 种标准功能块,以及数学计算、数据类型转换等众多功能。显然,这些远远不够,因此,很多 PLC 厂家都依据标准,结合自己的 PLC 推出了许多标准的功能块和功能,供用户使用。这些功能块和功能是无法进行跨平台移植的,例如基于 PLCopen 标准的各种伺服控制功能块。另外,各个品牌的 PLC,也有适合自己 PLC 的各种功能块和功能,例如西门子博途中的 POKE 和 PEEK,就无法在 CODESYS 平台中使用。自定义功能块和功能是由用户自己定义的。自定义功能块和功能的实质是把反复利用的 POU 以及变量封装起来,以便重复利用,提高程序的效率,类似计算机高级语言中的类和方法。定时器、计数器这类功能块由 PLC 厂家封装,称为标准功能块或标准功能;而由用户封装的功能块或功能称为自定义功能块或自定义功能。

1. 功能块

功能块的意义,可以通过具体的 PLC 示例程序(例程)来理解。例如,某项目中有 100 个变频器需要控制,传统方法是为每个变频器写一段程序,那么 100 个变频器就需要写 100 段程序。其实,这 100 个变频器的控制有相同之处,比如启动/停止、写入速度、读取速度等。

如果把相同的部分提取出来，那么就可以反复调用这段程序，只需要在使用时，指定是哪个变频器在使用这段程序即可。

所以，功能块的实质就是一段程序。把这段程序封装起来，反复使用，既能提高编程效率，还能减少错误发生。功能块也可以理解成一个个独立的虚拟 PLC，它可以把接收到的输入变量，根据内部的程序将运行结果赋值给输出变量。前面讲过的 VAR_IN（输入变量）、VAR_IN_OUT（输入输出变量）、VAR_OUT（输出）就是用于功能块的。其中，输入变量只能读不能写，也就是功能块只能读取它的值，不能改变它的值，因为输入变量是外部给定的；输出变量是功能块的输出，可以改变它的值，当然也允许读取它的值；输入输出变量，兼具二者功能，既可以读，又可以写。在功能块内部，既不用于输入、也不用于输出的是局部变量，局部变量只能在定义的功能块内部使用。输入变量、输入输出变量、输出变量也只能在定义的功能块中使用，所以是局部变量。

为了便于区分使用功能块的不同对象，需要为功能块分配一块存储空间，用于存储运算结果。例如前面讲到的 100 个变频器的例子，为了区分功能块在控制哪个变频器，就需要给功能块分配 100 块存储空间，分别对应 100 个变频器，这称为功能块的实例化。这些分配的存储空间，在西门子博途软件中称为背景数据块；而在 CODESYS 平台中，实例化就是为功能块取一个名字，俗称功能块型变量，实例名字和 BOOL 型、INT 型、数组型等一样，是一种数据类型。无论是背景数据块还是功能块型变量，其实质都是为调用的功能块分配存储空间，一个典型的功能块调用如图 2-9 所示。

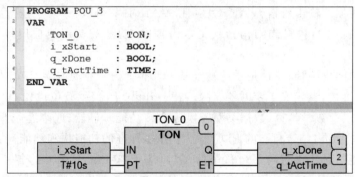

图 2-9　一个典型的功能块调用

图 2-9 是标准的定时器功能块的调用。先来看变量定义部分，"TON_0：TON;"是定义了名字为 TON_0、数据类型为 TON 的变量，这就是功能块的实例化；再来看调用部分，功能块左边的为输入变量，即 i_xStart 和 T#10s，右边的为输出变量，即 q_xDone 和 q_tActTime。T#10s 是前面介绍过的时间型变量，IEC 61131-3 标准和传统 PLC 最大的不同就是定时器中关于时间的应用。

图 2-9 是在 CFC 中调用定时器的用法，与梯形图是一致的，后续章节在讲解 ST 语言调用功能块时将以此为参照，希望不熟悉 IEC 61131-3 标准 PLC 风格的读者，能认真阅读并理解。

不同的 PLC,自定义功能块的方法不一样,但大同小异。ST 语言由于跨平台移植的特性,成为自定义功能块最好的选择。使用 ST 语言建立的功能块,可以保存在文本文件中,实现跨平台移植。

2. 功能

功能也称函数。说到函数,读者也许会想起数学中的一元一次函数、二元一次函数等。其实,IEC 61131-3 标准中的函数,与数学中的函数有相似之处,功能也是把反复利用的 POU 封装起来,但没有为它分配存储空间,其输出有且只有一个。功能的输出称为返回值,获取返回值就是功能的意义,或者说在程序中使用功能的目的。

在 ST 语言中调用函数与数学中的函数类似。数学中使用 $y = f(x)$ 表示一个函数,表示 y 是关于 x 的函数,其中 x 是自变量,y 是函数值。在 2.5.3 节讲述数据类型显式转换时,提到过一段代码"Data2:= INT_TO_WORD(Data1);",这就是功能调用,它调用的是 INT_TO_WORD 函数,该函数把 INT 型变量的值转换为 WORD 型,并把运算结果,也就是函数的返回值赋给变量 Data2。

注意:为了便于描述,避免产生歧义,后续章节将功能称为函数。

在 IEC 61131-3 标准中定义了大约 46 个函数,包括普通数学运算以及数学函数运算、比较、移位、选择等。在 IEC 61131-3 标准中,功能块是可以调用函数的。

功能块和函数最大的不同在于函数没有存储空间,并且函数有且仅有一个输出。给定相同的输入参数,调用函数必定得到相同的运算结果,这与数学函数是一致的。使用过西门子 PLC 的读者会发现一个问题,STEP7 中的 FC 不止有一个输出,而且还有 RET_VAL(返回值),这是怎么回事呢? 前文讲过,IEC 61131-3 只是推荐标准,各厂家 PLC 在执行标准的基础上,或为兼容以前的产品,或是根据自己的产品特点,都对标准有所调整。这个 RET_VAL 就是因此产生的,它既满足了 IEC 61131-3 标准中函数有且仅有一个输出的标准,又兼容了自己的产品特色。这些特殊情况,是使用 ST 语言进行跨平台移植时需要注意的。

功能块和函数的调用,是 ST 语言中实现各种控制的重要手段,也是解决 PLC 使用 ST 语言编程能否控制伺服、能否做 PID 等类似问题的关键,后续章节会专门讲解。

2.6.3　SoMachine 中常用的功能块和函数

本节介绍 SoMachine 中几个常用的功能块和函数,作为后续学习的基础。在实际的工程项目中,这几个功能块和函数的应用也非常广泛。

1. BLINK

BLINK 是英文"闪烁"的意思,它提供的是高低电平的交替输出。SoMachine 中没有时间脉冲的系统寄存器,因此实现各种时间脉冲都需要调用 BLINK 功能块实现。BLINK 的输入/输出引脚说明如下:

(1) ENABLE:功能块的使能信号,高电平时功能块工作,但 BLINK 的功能块比较特殊，只要变为高电平，功能块就一直有输出，即使变为低电平，BLINK 仍有输出。

（2）TIMELOW：低电平持续时间，为时间型变量。

（3）TIMEHIGH：高电平持续时间，为时间型变量。

它在梯形图中的调用，如图 2-10 所示。

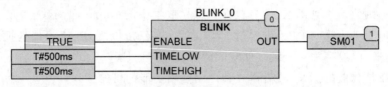

图 2-10　SoMachine 中秒脉冲

图 2-10 中，变量 SM01 是 1s 的周期脉冲，即高电平持续 0.5s，低电平持续 0.5s。本书的讲解实例中用到的周期脉冲都是通过此功能块产生的，不再赘述。

此功能块还可以实现高电平/低电平周期不等的脉冲，例如高电平 10s、低电平 1s，比较灵活。

2. MIN，MAX

这两个函数用于比较几个变量的大小，取其中的最大值或最小值。变量可以是不同的数据类型，但输出值一定要包含所有参与比较的变量的取值范围，如图 2-11 所示。

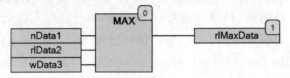

图 2-11　用 MAX 函数比较数值

在图 2-11 中，使用 MAX 函数就可以比较三个不同类型的变量的数值，变量 rlMaxData 的值等于三个输入变量 nData1、rlData2、wData3 中最大的那个。变量 rlMaxData 为 REAL 型，显然它的取值范围已经包含了参与比较的三个变量的取值范围。

MIN 函数为获取最小值的函数。

在 ST 语言中，函数的调用直接采用函数名加参数的形式，与数学中的函数类似。图 2-11 中的程序使用 ST 语言代码如下：

```
rlMAX_Data := MAX( nData1, rlData2, wData3);
```

采用函数名加参数的方式，就可以获取函数的结果，不同的参数之间用"，"隔开。

3. SEL

SEL 是选择函数，根据输入信号的值选择不同的变量，如图 2-12 所示。

SEL 函数根据 BOOL 型变量 xSwitch 的值，决定变量 rlSelectData 是取变量 nData1 的值，还是取变量 rlData2 的值。这两个变量可以是不同的数据类型，但输出变量的取值范围一定要大于输入变量的取值范围。当变量 xSwitch 为低电平时，把变量 nData1 的值赋给变量 rlSelectData；当变量 xSwitch 为高电平时，把变量 rlData2 的值赋给变量 rlSelectData。

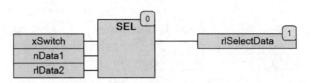

图 2-12　SEL 函数选择不同的数值

4. 上电第一次扫描

SoMachine 中没有上电第一次扫描的系统寄存器,需要调用系统函数实现。要实现此功能,需要调用 3 个函数,分别是 IsFirstMastCycle(启动后的第一个 Mast 循环)、IsFirstMastColdCycle(冷启动后的第一个 Mast 循环)、IsFirstMastWarmCycle(热启动后的第一个 Mast 循环)。要获取上电第一次扫描,需要在 MAST 任务中调用这 3 个函数,只要一个函数有输出,就取得上电第一次扫描为 TRUE 的信号,如图 2-13 所示。

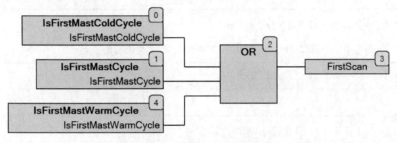

图 2-13　上电第一次扫描

图 2-13 中的变量 FirstScan 就是 PLC 上电后第一次扫描为 TRUE 的信号。

5. 脉冲定时器

脉冲定时器(TP 功能块)用于产生持续脉冲,它是 IEC 61131-3 标准中制定的标准功能块。它的用法如图 2-14 所示。

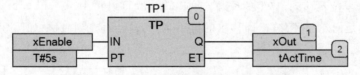

图 2-14　TP 功能块的用法

当 TP 功能块的输入引脚 IN 从 FALSE 变为 TRUE,输出引脚 Q 就会变为 TRUE,直到达到引脚 PT 的设置时间,输出引脚 Q 才变为 FALSE。在功能块运行期间,即使输入引脚 IN 变为 FALSE,输出引脚 Q 仍然为 TRUE。显然,TP 功能块是上升沿触发。

6. 移位

移位分为按位移位和循环移位两类,有 SHL(按位左移)、SHR(按位右移)、ROL(循环左移)、ROR(循环右移)4 个函数。移位函数更能体现 PLC 中的数据存储、进制、数据类型等与计算机原理有关的概念。

SHL 函数将变量向左移动指定的位数,移出的舍弃,右边自动补 0,如图 2-15 所示。

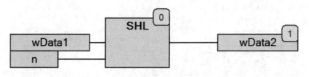

图 2-15　SHL 函数

图 2-15 中的函数表示把变量 wData1 向左移动 n 位,并把运算结果赋值给变量 wData2。假设变量 wData1 的值为 1234,换算成二进制数是 2#0000010011010010,那么它在 PLC 中的存储如表 2-9 所示。

表 2-9　十进制数 1234 的存储

位数	15	14	13	12	11	10	9	8	7	6	5	4	3	2	1	0
数值	0	0	0	0	0	1	0	0	1	1	0	1	0	0	1	0

向左移动两位后,如表 2-10 所示。

表 2-10　十进制数 1234 向左移动两位后的存储

位数	15	14	13	12	11	10	9	8	7	6	5	4	3	2	1	0
数值	0	0	0	1	0	0	1	1	0	1	0	0	1	0	0	0

对比表 2-9 和表 2-10,不难看出移位的结果。以数值为 1 的位为例,第 10 位的 1 移动到了第 12 位;第 7 位的 1 移动到了第 9 位;第 6 位的 1 移动到了第 8 位;第 4 位的 1 移动到了第 6 位;第 1 位的 1 移动到了第 3 位;第 1 位和第 0 位自动补 0。

SHR 函数将变量向右移动指定的位数,移出的舍弃,左边自动补 0,读者可自行仿真验证。将变量向左移动一位,相当于乘以 2,向右移动一位,相当于除以 2。移位函数主要是针对无符号数,也就是 BYTE 型、WORD 型、DWORD 型及 LWORD 型变量;对于有符号数,向右移位时,符号位不移动,移出的位,自动补符号位,即补 1。

ROL 函数是向左循环移位,即移出的位不舍弃,自动补充到右边,如图 2-16 所示。

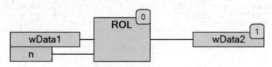

图 2-16　ROL 函数

假设变量 wData1 值为 32123,向左循环移动两位。那么,移位前后,变量 wData1 在 PLC 中的存储分别如表 2-11 和表 2-12 所示。

表 2-11　十进制数 32123 的存储

位数	15	14	13	12	11	10	9	8	7	6	5	4	3	2	1	0
数值	0	1	1	1	1	1	0	1	0	1	1	1	1	0	1	1

表 2-12   十进制数 32123 向左循环移动两位后的存储

位数	15	14	13	12	11	10	9	8	7	6	5	4	3	2	1	0
数值	1	1	1	1	0	1	0	1	1	1	1	0	1	1	0	1

十进制数 32123 向左循环移动两位,最高位即第 15 位的 0 和第 14 位的 1,并没有舍弃,而是分别补充到了第 1 位和第 0 位。循环移位可以理解成存储空间首尾相接,组成一个圆环,二进制位在圆环中移动。

ROR 函数是向右循环移动,移出的位不舍弃,而是依次补充到左边最高位,读者可自行仿真验证。循环移位主要针对无符号数。

在其他 PLC 中也有类似功能块和函数,一般俗称指令,但作用都是相同的,都是系统工具在编程时可以直接调用的。有些功能还以特殊寄存器的方式提供,比如上电第一次扫描,各种脉冲信号等。所以学习 ST 语言,使用自己熟悉的 PLC 还是很重要的。以上几个功能块和函数的讲解都是以梯形图中的调用为例,后续章节将讲述这些功能块和函数如何在 ST 语言中调用,这也正是本书的特色,以梯形图为导向,方便读者以梯形图为跳板,快速过渡到 ST 语言。

第 3 章

ST 语言基本语法

俗话说,无规矩不成方圆。无论做什么事都要有规则,ST 语言同样如此。ST 语言即结构化文本语言,就是可以在文本文档中编辑的语言。与计算机高级语言一样,ST 语言也可以在任何可以编辑文字的软件中编辑,例如 Word、文本文档、记事本等,这给代码的编写带来了极大的自由。但是,自由意味着责任,ST 语言编写的程序是为了满足工业控制的需要,必须稳定可靠,稳定可靠的前提就是有完善的规则。

任何语言都有自己的语法规则,例如,在梯形图中,触点必须接在左母线上;线圈必须接在右母线上;触点不能在垂直线上等。在 ST 语言中,一旦不遵守语法规则,编译就无法通过。因此学习 ST 语言时,必须先了解并掌握它的语法规则,ST 语言经过多年的发展,已经有了一套完善的语法规则。

3.1 ST 语言的基本规则

3.1.1 不区分大小写

ST 语言不区分大小写,这是 ST 语言的特色。之所以反复强调,因为这是 ST 语言非常重要的规则,也是笔者认为 ST 语言更接近 Pascal 语言而不是 C 语言的原因。在 ST 语言中,if、IF、iF 是一样的,没有任何区别。这里所说的"不区分大小写"是指它们在编译的时候意义是一样的,可以充分利用 ST 语言的这个特点为编程服务。

3.1.2 变量必须先定义再使用

与所有计算机语言一样,ST 语言的变量必须先定义才能使用。现在的 PLC 编程软件都很智能,如果程序中使用没有预先定义的变量,会有提示,有的 PLC 还会自动为用户建立变量。一般情况下,如无特殊需要,定义的变量可以不用赋初值,但必须指定数据类型和属性。

3.1.3 使用英文输入法

编辑 ST 语言,一定要使用英文输入法,否则编译会报错。现在很多 PLC 支持中文变量,所以在使用中文变量时要注意切换输入法,严格说来,应当切换为半角状态和英文标点。

在中文输入法下,使用半角状态,英文标点输入也是没问题的。但在计算机中,英文输入法默认是半角状态和英文标点,而中文输入法默认是半角状态和中文标点。所以,使用英文输入法是没有任何问题的。以 Windows 10 自带的微软拼音输入法为例,英文输入法和中文输入法分别如图 3-1 和图 3-2 所示。

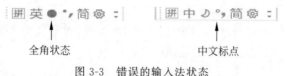

图 3-1　英文输入法 　　　　　　　图 3-2　中文输入法

从图 3-1 和图 3-2 可以看出,虽然中文输入法也是半角状态,却是中文标点,是不符合 ST 语言规范的。所以,为了方便,建议读者在英文输入法状态下输入。错误的输入法状态如图 3-3 所示。

全角状态　　　　　　　中文标点

图 3-3　错误的输入法状态

采用其他输入法的读者,在输入前务必查看输入法的状态,一定要"半角状态"和"英文标点"。ST 语言中除了使用中文变量外,所有的输入都要在英文标点、半角状态下进行,否则编译时会报错。

3.2　ST 语言的基本组成

了解了 ST 语言的基本规则后,下面正式开始学习 ST 语言。先看一段基本的 ST 语言程序,如图 3-4 所示。

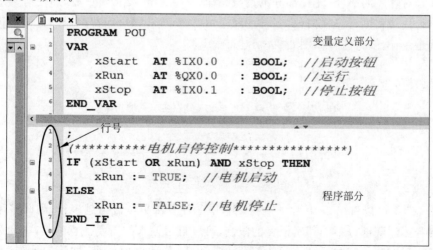

图 3-4　ST 语言的基本组成

从图 3-4 中可以看出，这段 ST 语言程序由"变量定义部分"和"程序部分"组成，与 C++、C♯等计算机语言不同，ST 语言的变量定义部分和程序部分是分开的。不同的 PLC 定义变量的格式是不同的，因此本书主要讨论 ST 语言的程序部分。本书的有些例程会省略变量定义部分，希望读者注意。

关键字 PROGRAM 表示这是一个名称为 POU 的程序。SoMachine 中程序和 POU 的界限是模糊的，这段程序，也可以认为是一个 POU（注意，这里的 POU 是指程序组织单元，而不是这段程序的名字 POU），所以本书在后续章节中不会刻意强调二者的区别。SoMachine 中，程序默认的名字就是 POU、POU_1、POU_2，可以根据需要更改，也支持中文命名。回顾 2.3.2 节讲述的变量属性，在这段 POU 中，关键字 VAR 和关键字 END_VAR 之间定义的变量 xStart、xStop、xRun 是局部变量，只能在本 POU 中使用；如果在其他 POU 中没有定义而直接使用，编译会报错。如果在 POU_1 中定义变量 xStart，那么这个变量跟 POU 中的变量 xStart 是两个完全不同的变量，没有任何关系。

下面介绍基本的 ST 语言程序的组成。

3.2.1　行号

图 3-4 中的程序部分，左侧的数字是行号，清晰地标示了代码的行数，可以快速定位语句。行号 1 的语句，就是";"；行号 3 和行号 5 的前面有个"—"，表示这部分代码可以折叠。ST 语言编写的程序也是循环扫描，在每个扫描周期，程序按照行号，顺序执行。代码可以从任意行号开始编写，执行时，从最小的行号开始。

3.2.2　注释

注释是对程序的解释，注释部分不参与编译，只要 PLC 支持，可以添加任何文字、符号。注释分单行注释和多行注释两种，多行注释使用"(＊　　＊)"和程序分离，这两个符号之间的部分就是注释，多行注释如图 3-5 所示。

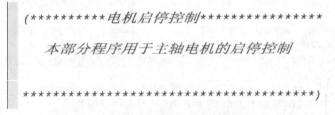

图 3-5　ST 语言的多行注释

从图 3-5 中可以看出，采用"(＊　　＊)"包围的注释部分可以跨越多行，因此多用于一段程序的注释。注释部分不受编辑语言的限制，可以自由输入。需要注意的是，注释符号必须成对出现。只有"(＊"和"＊)"之间的部分才是注释，单独出现一个，被认为是错误的符号，导致编译报错，下面的书写方式会导致编译报错。

```
( *
IF   (xStart OR xRun) AND xStop THEN
        xRun:= TRUE;
ELSE
        xRun:= FALSE;
END_IF
( *************** 缺少 " * )" ********************* )
( *
IF   (xStart OR xRun) AND xStop THEN
        xRun:= TRUE;
ELSE
        xRun:= FALSE;
END_IF
 * ) * )
( ************** 有两个" * )" ******************** )
```

"//"后面的也是注释,不过是单行注释,多用于某一条语句的注释。

注释,对于程序是非常必要的,特别是对于初学者,不要认为程序简单,就省略注释,要养成随时写注释的习惯。

注意:注释符号"("")"" * ""//"必须在英文标点、半角状态下输入。"//"是连续输入两次"/",中间不能有空格。

3.2.3 空语句

图3-4中,只有分号(;)的这一行,即行号1的语句,是空语句,它表示没有执行任何操作。在ST语言的语句中,除了一些特殊语句,所有的语句都以";"结尾。在三菱 GX Works3中,新建的 ST 语言程序都以";"开头,可以不用理会,另起一行写程序,也可以利用这个分号当作语句的结尾,如图3-6所示。

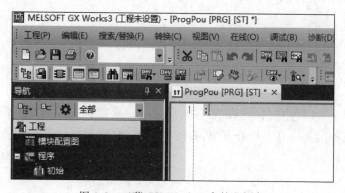

图 3-6 三菱 GX Works3 中的空语句

3.2.4 语句部分

语句是 ST 语言最主要的组成部分。图3-4中,关键字 IF 和关键字 END_IF 之间,即行

3~行 7,是 IF…ELSE…END_IF 语句,也称为选择语句,这是 ST 语言中的重要语句,程序的大部分功能,包括程序跳转等都是靠选择语句实现的。"xRun:= TRUE;"和"xRun:= FALSE;"这两句是赋值语句。

以上就是 ST 语言的基本组成。图 3-4 中的这段 ST 语言程序实现的就是梯形图中最经典的"启动-保持-停止"功能,即图 3-7 中的梯形图。

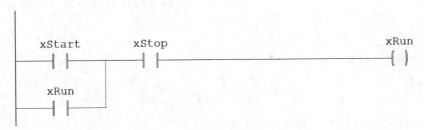

图 3-7　经典的"启动-保持-停止"梯形图

下面以赋值语句为切入点,介绍 ST 语言最基本的语句。

3.3　赋值语句

学习之前,先来看数学中最简单的计算式:"1+1=2",这个计算式虽然简单,但数学中所有的运算都是以此为基础的。ST 语言也一样,复杂的语句都是由简单的语句组成的。"1+1=2"的实质是计算式子"1+1"的值,并获取式子的计算结果 2。计算式包含了基本的数字"1",对数字的操作"+",以及取得的结果等一系列要素。下面以此思路介绍 ST 语言中最基本的赋值语句。

3.3.1　语句组成

1. 操作数
操作数即"1+1=2"中的"1",在 ST 语言中,操作数就是定义的变量。PLC 编程的实质是对变量的各种操作。

2. 操作符
操作符即"1+1=2"中的"+",也可称为运算符。操作符表示对变量的各种操作,也就是变量之间的各种运算。在 ST 语言中,有逻辑运算、数学运算和比较运算(也称为关系运算),共三种运算。

3. 表达式
把操作数用运算符连接起来就是表达式,即"1+1"。根据参与运算的运算符,ST 语言有逻辑表达式、算术表达式和比较表达式。

4. 赋值
使用表达式的目的不是为了运算,而是为了取得运算结果,获取最终的结果才是程序的目的。所以，表达式运算完成后，要把结果保存到某个变量中，这个保存的过程就是赋值。利用赋值运算符"：="可以实现赋值运算，如下面的代码。

```
Data    := Data1 + Data2;
```

这句代码的含义是把变量 Data1 和变量 Data2 相加，并把计算的结果赋值给变量 Data。这样，由变量和运算符就组成了 ST 语言中最基本的语句——赋值语句。"；"用在赋值语句的结尾，表示语句的结束。"：="是赋值运算符，中间不能有空格，否则编译会报错，如图 3-8 所示。

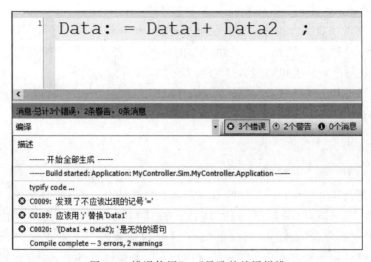

图 3-8　错误使用"：="导致的编译报错

图 3-8 的程序中，在"："和"="之间加了空格，导致 PLC 认为这是两个运算符，不符合 ST 语言的规范，因此编译报错。

3.3.2　注意事项

赋值类似梯形图中的 MOVE 指令，它把"：="右边表达式的运算结果或变量的值传递给"：="左边的变量。因此，使用赋值语句，"：="左边必须是变量，比如下面的代码。

```
Data + Data1 := Data2;
```

这行代码中，"：="左侧是表达式，这是不符合规范的，编译会报错。"：="右边可以是变量，也可以是表达式。赋值语句的实质是数据的传递，原则上要求"：="两边变量的数据类型相同，并且"：="左边变量的取值范围要大于"：="右边变量的取值范围。这就好比小容器可以盛放的东西可以放入大容器，而大容器盛放的东西无法用小容器盛放。

原则上要求"：="两边的数据类型要相等，因为不同的 PLC 对参与赋值运算的数据类型的要求是不同的，而记忆这些区别耗时耗力，却没有多少意义。例如，一个 INT 型的变量，赋值给 DWORD 型的变量，在 CODESYS 中是允许的，只是在编译时会警告"包含隐含转换，可能会改变符号"。而在三菱 GX Works3 中，是无法通过编译的。如果读者同时使用多种 PLC 编程,记忆这些细微的规则会浪费不必要的精力。因此,笔者建议,参与赋值运算的变量,原则上要用相同的数据类型,在定义变量时,就要规划好变量的数据类型,特别是参与数学运算的变量。

3.4　赋值与相等

在数学中,"＝"其实是有两种含义的:一种是计算式子的值;另一种是判断两个数是否相等。例如"1＋1＝2",既可以理解为式子"1＋1"的计算结果为 2,也可以理解为式子"1＋1"的运算结果和数字 2 相等。但在工业控制中,计算结果和判断相等却是截然不同的运算。在 ST 语言中,其实就是表达式和语句的区别,判断相等是一种逻辑运算,用"＝"表示;而赋值是一条语句。可以通过具体的例子理解,看下面的代码。

```
VAR
    xResults : BOOL;
    wData1   : WORD;
    wData2   : WORD;
END_VAR
xResults :=( wData1 = wData2);
```

这段代码是判断变量 wData1 和变量 wData2 的值是否相等,如果相等,变量 xResults 的值为 TRUE;否则变量 xResults 的值为 FALSE。可见,在 ST 语言中,用"＝"判断两个变量是否相等,它是比较运算符;而赋值":＝"才是取运算结果。关于比较运算符,后续会有专门章节介绍。初学者非常容易混淆"＝"和":＝",希望读者注意,一个是判断是否相等,一个是赋值,用法完全不一样。这也是 ST 语言中所有运算符意义唯一性的体现。

在最后一行代码中,表达式"wData1 = wData2"加了括号,括号也是 ST 语言中的运算符,它和数学中四则混合运算中的括号一样,有括号的先算括号。在这行代码中,是否加括号对表达式的运算结果没有实质影响,但让代码的可读性大大提高。

在 ST 语言中,括号代表的是最高优先级。ST 语言中只有圆括号,括号可以嵌套,而且不限层数。关于运算优先级,后续章节会有详细介绍。对于初学者来说,勤加括号是非常有必要的,这是一个非常好的习惯,也是提高 ST 语言的可读性,让它更加直观易懂的重要手段和方法。

下面谈谈 ST 语言的编写技巧和方法。这对今后的学习和提高是非常有必要的。正所谓,磨刀不误砍柴工。

3.5　编写技巧和方法

从学习 ST 语言的第一条语句开始,就应当养成良好的编程习惯,以提高编程效率。编程效率的提高,对加快项目的进度至关重要,特别是随着自动化水平的提高,机械设备的控制越来越复杂,对程序的要求也越来越高,再加上项目进度的迫切要求,提高编程效率必须放在第一位。在严格遵守 ST 语言的语法规则的前提下,必须采用科学的方法来提高效率,而科学的技巧和方法,也不是短时间内就能掌握的,需要不断地在实践中摸索和总结经验。下面笔者就分享一下个人经验,读者也可以借鉴各大互联网公司的代码规范,对 ST 语言的编写有着很强的参考意义。

3.5.1　缩进与对齐

缩进与对齐对于文本来说是很重要的规范。以 Word 为例,排版整齐的文章看上去让人赏心悦目,也有阅读下去的动力。一篇文章,就算内容写得再好,再吸引人,但排版非常糟糕,相信也没有多少人有继续阅读下去的兴趣。不妨来看一段 ST 语言编写的简单的代码,如图 3-9 所示。

图 3-9 中的这段程序错落有致,不同的层次结构相互对齐,先不关注这段代码的含义,至少排版能让人感到舒服。再看图 3-10 所示的样例。

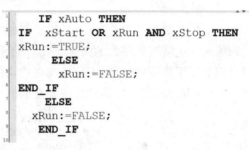

```
IF xAuto THEN
   IF  xStart OR xRun AND xStop THEN
      xRun:=TRUE;
   ELSE
      xRun:=FALSE;
   END_IF
ELSE
   xRun:=FALSE;
END_IF
```

图 3-9　样例程序 1

```
      IF xAuto THEN
IF  xStart OR xRun AND xStop THEN
xRun:=TRUE;
      ELSE
         xRun:=FALSE;
END_IF
      ELSE
   xRun:=FALSE;
      END_IF
```

图 3-10　样例程序 2

图 3-10 中的这段程序,就让人失去了继续阅读的兴趣,只不过修改了它的排版,就变得杂乱。互联网行业的很多公司,对于代码中空格的数量甚至都有严格的规定,就是为了增强程序的可读性,方便日后维护。

缩进主要表示代码的层次结构,虽然是否使用缩进对编译效果没有影响,但使用缩进可以清晰地表达程序的层次结构,特别是存在嵌套的情况。如图 3-9 中的 IF 语句,同一层级的关键字 IF 跟关键字 IF_END 对齐,能方便看出它们的嵌套关系。ST 语言是一种文本语言,可以像使用 Word、文本文档一样使用 Tab 键,让语句对齐。

空格的最大作用是使语句不过于拥挤,而且排列整齐,有层次,提高可读性。例如下面这段代码。

```
diPosition    :=    REAL_TO_DINT(rlPosition/360 * rlRatio * 1000);
diVel         :=    REAL_TO_DINT(rlvel/360 * rlRatio * 1000);
```

由于赋值语句的变量 diPosition 和 diVel 的长度不同,适当地留点空格,对编译不会有任何影响。":="和变量以及表达式之间,也可以适当地留点空格,这样,程序看起来就非常清晰。注意,空格并不是随意增加的,关键字和变量之间必须以空格隔开,例如图 3-10 中的代码,第一行的关键字 IF 和变量 xAuto 之间必须留空格,否则 PLC 会把 IFxAuto 错认为变量,编译会报错。

缩进和空格最大的作用,就是在符合语法规则的前提下,提高程序的可读性。再次提醒一下,由两个符号组成的运算符是不能加空格的,例如":="以及后面要学到的">=""<>""<="等。

3.5.2 快捷键

PLC编程软件都是基于Windows操作系统的,因此,Windows操作系统通用的快捷键,在PLC的编程软件中同样适用。常用的快捷键如下:

(1) Ctrl+Z:撤销。

(2) Ctrl+Y:恢复。

(3) Ctrl+C:复制。

(4) Ctrl+X:剪切。

(5) Ctrl+V:粘贴。

以上快捷键都是Windows系统通用的,也是最常用的快捷键,这些快捷键对提高程序代码的编写速度有着很大的帮助。在开始学习ST语言编程时就应该尝试使用,并养成习惯。例如使用快捷键,可以方便地实现代码的复制粘贴,也可以使用"↑"(上)"↓"(下)"←"(左)"→"(右)键,将光标移动到需要复制的地方,如图3-11所示。

```
1  IF xAuto THEN
2    IF  xStart OR xRun AND xStop THEN
3        xRun:=TRUE;
4    ELSE
5        xRun:=FALSE; |
6    END_IF
7  ELSE
8    xRun:=FALSE;
9  END_IF
10
```

图3-11 移动光标

要选中图3-11中第5行代码中的"FALSE",只需要按住Shift键,然后按"←"键,即可选中"FALSE"。选中的代码会高亮显示,如图3-12所示。

图3-12中,轻松使用快捷键就选中了需要的代码。此时,光标移动到了"FALSE"的最前面。利用Shift键和"↑""↓""←""→"键,可以根据需要选中所要选的任何代码。如果需要选择整行代码,只需要把光标移动到这行最右边,然后按下Shift键和Home键即可。如果把光标移到这行最左边,按下Shift键和End键,也可以选中整行。常用的选择快捷键如下:

(1) Shift+↑:选择本行前半部分的代码和上一行后半部分的代码。

(2) Shift+↓:选择本行后半部分的代码和下一行前半部分的代码。

(3) Shift+←:选择光标左边或上一行的一个字符。

```
1  IF xAuto THEN
2    IF  xStart OR xRun AND xStop THEN
3        xRun:=TRUE;
4    ELSE
5        xRun:=FALSE;
6    END_IF
7  ELSE
8    xRun:=FALSE;
9  END_IF
10
```

图 3-12　利用快捷键选中代码

（4）Shift+→：选择光标右边或下一行的一个字符。

（5）Shift+Home：选择光标前面的整行代码。

（6）Shift+End：选择光标后面的整行代码。

（7）Shift+PgUp：选择光标前面的整页代码。

（8）Shift+PgDn：选择光标后面的整页代码。

（9）Home：光标移动到本行最前面。

（10）End：光标移动到本行最后面。

（11）PgUp：光标移动到页首。

（12）PgDn：光标移动到页尾。

在选择大段代码时，使用快捷键比使用鼠标要方便得多。需要注意的是，14 寸的便携式计算机基本都没有小键盘，部分 15 寸的便携式计算机也没有。小键盘的很多功能都移到了其他按键上，特别是上、下、左、右键，要注意配合计算机键盘上的 Fn 键使用。具体可参阅操作说明。

3.5.3　注释

注释是对程序的合理解释，不但可以增强程序的可读性，还可以利用空白注释分割程序结构。合理的注释可以提高程序的可读性，复杂的注释容易成为累赘，因此注释应当简洁明了，让人一目了然，特别是一些关键部分的注释，便于日后查看。

注释是程序的一部分，不应该排斥它，更不要因为程序简单而忽略注释。当然，也不能为了注释而注释，喧宾夺主。

3.5.4　空语句和注释符号

在 3.2 节介绍 ST 语言的组成时，讲过空语句和注释符号。在编写代码时，可以充分利用它们的特性，分割大的程序段，提高程序代码的可读性。

在很多 PLC 中，新建的程序段都会自动加上";"，可以利用这个符号分割程序层次，或者使用";"把语句组合为块，实现类似 C# 语言中花括号"{}"的功能，当然也可以使用注释符号。看下面这段代码。

```
( ***************** 电机控制 ******************** )
;
IF (A1_xStart OR A1_xRun) AND A1_xStop THEN
    A1_xRun := TRUE;              //A1 电机启动
ELSE
    A1_xRun := FALSE;             //A1 电机停止
END_IF;
;

//
IF (A2_xStart OR A2_xRun) AND A2_xStop THEN
    A2_xRun := TRUE;              //A2 电机启动
ELSE
    A2_xRun := FALSE;             //A2 电机停止
END_IF;
//
```

上面的代码实现的是两个电机的"启动-停止"控制，分别使用";"和"//"把程序分隔成两个不同的块。这两个符号对程序的编译和执行没有影响，却大大提高了程序的可读性，无论是调试程序，还是后期维护修改，都能一目了然。也可以利用"(***********)"书写多行注释，把调试过程中遇到的问题、掌握的心得等记录下来，便于日后查看。总之，注释和空语句对于 PLC 编译器来说是没有意义的，但对于程序员来说，却是意义重大的利器。

3.5.5 变量命名

PLC 编程的目的是实现对变量的各种操作，因此，无论使用梯形图编程还是 ST 语言编程，都应当尽量使用变量而不是物理地址。

建议：不要使用物理地址！更不要使用变量和物理地址的混搭！

习惯使用传统 PLC 编程的读者，应当慢慢习惯使用变量，例如下面这段代码。

```
Data1 := Data3 + Data4;        //全部使用变量
Data2 := Data5 + % MD0;        //使用变量和物理地址混搭
Data3 := % MD0 + % MD1;        //全部使用物理地址
```

第 2 行代码使用了变量和物理地址的混搭，仅仅从视觉上就给人不舒服的感觉。更重要的是，使用物理地址在进行跨平台复制、粘贴时，会出现不必要的问题。例如，三菱 GX Works3 中，直接使用物理地址如 D0 参与各种运算，PLC 会把 D0 解析为 INT 型，这会给计算带来很大不便。使用变量，可以强制规定它的数据类型，能减少很多不必要的数据类型转换操作。

ST 语言最大的特点是不区分大小写，可以充分利用这个特点，合理科学地命名变量，提高程序的可读性。变量的命名，应当科学、合理、简洁，从名字上就能知道它的意义，这样才便于程序后期的维护及团队合作。

可以借鉴计算机高级语言中对变量的命名方法来命名 PLC 中的变量。一般有下面三种命名方法。

1. 骆驼命名法

骆驼(CAMEL)命名法,是指首个单词的首字母小写,其余单词的首字母大写,看上去像驼峰,高低起伏。例如,可以命名变量为 motorStart、motorStop、servoAlarmCode,分别表示启动电机、停止电机、伺服报警代码。

2. 帕斯卡命名法

与骆驼命名法不同,帕斯卡(PASCAL)命名法是将所有单词的首字母大写,例如MotorStart、MotorStop、ServoAlarmCode 等。

3. 匈牙利命名法

匈牙利(HUNGARIAN)命名法采用"属性＋描述"的方式来命名变量,也就是增加变量的属性。例如,可以命名变量 G_BOOL_MotorStart 和 L_WORD_ServoAlarmCode 分别表示"全局 BOOL 型变量电机启动"和"局部 WORD 型变量伺服报警代码"。在定义变量时,有些 PLC 也会自动增加一些属性,例如在西门子博途中,会在变量名中强制增加符号,"♯MotorStart"和"MotorStart"虽然变量名相同,但增加了不同的符号,就表示这是不同类型的变量。这些符号是自动添加的,不需要用户干涉。笔者认为,这种处理方法非常好,读者可能觉得这是多此一举,当参与大型项目的编程和调试时,就会发现它的好处。

可以结合 PLC 编程及工业控制的特点,以及现场生产工艺,综合采用以上三种方法来命名变量。笔者推荐采用"变量属性＋数据类型＋描述"的方式,必要时可用下画线(_)分隔。笔者一般在变量属性和数据类型之间加下画线,而数据类型和描述之间不加。

1) 变量属性

变量属性前缀用来区分局部变量和全局变量,以及自定义功能块的输入/输出,使用小写字母,如表 3-1 所示。

表 3-1　变量属性前缀

变　量　属　性	前　　缀	变　量　属　性	前　　缀
VAR_GLOBAL	g	VAR_IN	i
VAR	l	VAR_OUT	q

局部变量和全局变量也可以不加前缀,或者为数量少的一类变量增加前缀,毕竟加前缀的目的是为了更快地区分两者,不是为了添加而添加。输入变量和输出变量建议增加前缀,在编写或者查看功能块程序时,能方便地知道某变量是输入变量还是输出变量,便于编程调试。

2) 数据类型

数据类型是变量的一个重要属性,也是在编程中必须要区分的,增加前缀是最好的办法。常见数据类型的前缀如表 3-2 所示。

表 3-2　常见数据类型的前缀

数 据 类 型	前　　缀	数 据 类 型	前　　缀
BOOL	x	TIME	t
INT	i 或 n	STRING	s
DINT	di 或 dn	ARRAY	a
WORD	w	STRUCT	st
DWORD	dw	POINTER	p
REAL	rl		

鉴于 STRING、ARRAY、STRUCT 及 POINTER 这几种数据类型的特殊性，可以不用加前缀；另外，INT 型变量使用前缀 i，容易与输入变量混淆，所以可以使用 n 来表示。当然，以上前缀并不是强制性规定，读者可以根据自己的习惯自行安排。很多 PLC 的编程手册中，也会有推荐的前缀符号，读者也可以参考。在定义数组时，也可以增加数组元素的数据类型，例如定义保存电机温度的数组，可以命名为 arlMotorTemp[0,9]。另外，时间型变量有 4 种，每一种也可以再增加它们的前缀区分。2.6.3 节介绍的 SoMachine 中常用的功能块和函数，就使用了表 3-2 中的前缀，读者可作为对照参考。

3）描述

描述是对变量表达含义的概括，也是最重要的部分，原则上采用动宾结构来描述控制对象的属性、动作、状态等。每个单词首字母大写，单词之间可以适当增加下画线，必要时，可以增加物理属性。总之，描述部分是变量命名的重点。当然，也不必拘泥于特定的形式，要根据实际情况灵活选用。

例如，定义 PLC 的输入/输出变量，这些变量总是和外部元件有着重要的联系。常见的按钮开关（SB）、限位开关（LI）、接近开关（SP）等，就可以使用标准的电气符号来表示，并和电气图纸一一对应。电机启动、电机停止等命令信号，电机运行、变频器故障等状态信号，以及碰左限位、急停按下等安全信号，都可以采用这种方式命名，例如 g_xMotorStart_SB1、l_diServoAlarmCode、q_rlServoPosition、q_xServoHomeSP2。当有多根轴时，可以增加轴号区分。部分单词长度较长，可以选用首字母或者缩写。如果这种方式非常冗长，可以直接使用元件名来命名变量，例如 SB1、SP2 等。这样，变量和输入/输出点及图纸的关系就一目了然，对调试和维修的帮助是非常大的。

此处重点介绍急停信号，它是非常重要的安全信号，可以命名为 E_STOP 或 E_STOP_SB0，全部使用大写字母，强调其重要性。限位及安全信号也可以使用这种命名方式。

有些物理量也可以直接使用它们的符号来命名，例如圆周率可以采用标准符号"PI"来命名；类似地，还有长度、体积、质量、速度、pH 值等；还有一些特殊的变量，从名称就可以知道它的数据类型的，也可以不用添加数据类型描述部分，例如定义的各种系统变量、上电第一次扫描、各种秒脉冲、常开、常闭等。另外，一些很难归类的或者约定俗成的及很难描述的变量，不必拘泥于既定的原则，可以多方面借鉴，例如，伺服电机的每转脉冲数，在三菱伺服驱动器中，该参数使用"FBP"表示，如果控制三菱伺服，就可以将变量命名为 l_wFBP。同理,在施耐德伺服驱动器中,该参数使用"GEARratio"表示,如果控制施耐德伺服,就可以命名为l_wGearRatio。在运动控制中,很多变量都可以使用此方法命名,可以方便地与被控的伺服建立联系,调试时就非常方便。

在自定义功能块时,输入/输出引脚可以借鉴并使用标准的PLCopen功能块的引脚,如图3-13所示。

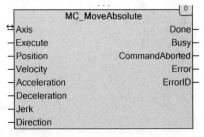

图3-13是用于绝对定位的功能块,观察输入引脚,Execute表示该功能块必须接收到上升沿信号时才会触发。如果自定义功能块需要上升沿信号触发,就可以使用Execute。另外,还有接收高电平触发的引脚Enable,也可以在自定义功能块时使用,表示该功能块必须接收到高电平信号才能触发。

再观察输出引脚,Done表示功能块执行结束,无错误;Busy表示功能块正在执行;CommandAborted表

图3-13 PLCopen绝对定位功能块

示功能块的执行被中止;Error表示功能块执行错误。这些引脚的含义都浅显易懂,在自定义功能块时可以直接使用,自定义的功能块和系统功能块就保持了统一。有些PLC可能把这些引脚名作为了系统的关键字,不允许直接使用,可以通过适当地增加前缀来解决,例如可以把Busy命名为q_xBusy。当然,以上这些标准的引脚信号也可以用来命名变量,这样就使变量名和PLC中的功能块保持统一,例如伺服的定位位置可以命名为AX1Position。不仅是这些标准的PLCopen功能块,不同的PLC也有大量的官方功能块,在自定义变量时都可以借鉴。

建议:原则上不要使用拼音命名变量,现在很多PLC支持中文变量名,对于英语不是很熟悉的读者,可以使用中文变量名。使用中文变量名的时候,一定要注意输入法的切换。变量的命名规则,是为方便编程服务的,而不是为了命名而命名,如果出现各种冗长的变量名,则本末倒置,失去了意义。

总之,科学合理地对变量命名,是一个不断完善的过程,需要在实践中不断总结。以上是笔者对变量命名的建议。在本书实例程序中,也将采用这样的原则命名。读者还可以根据自身情况,结合生产工艺和个人经验,制定命名原则。以上命名原则同样适用于自定义功能块、自定义函数、自定义POU,以及任何需要命名的场合。对于自定义数据类型,例如结构体变量,由于它和BOOL型、INT型等系统数据类型等价,可以全部使用大写,以达到统一。

对于ST语言中的关键字、函数和功能块、各种运算符等,例如IF、AND、XOR、CASE、FOR、TON、DINT_TO_REAL等,一般采用大写。

总之,从一开始就养成良好的习惯,对于后续的学习非常重要。下面就开始ST语言学习之旅了。

第 4 章

逻辑运算与 IF 语句

梯形图是电气从业人员最熟悉的编程语言之一,因此,本章从最基本的梯形图入手,介绍如何将梯形图转换为 ST 语言,以便没有计算机高级语言基础的读者轻松入门 ST 语言。本章主要介绍 AND、OR、NOT、XOR 等逻辑运算符,并以梯形图中最经典的"启动保持停止"程序为例,介绍逻辑运算的应用,以及如何把现有的梯形图转换为 ST 语言。

PLC 是"可编程逻辑控制器"的英文缩写,可见实现逻辑控制是 PLC 的最基本的功能。虽然现在的 PLC 已经脱离了单纯的逻辑控制的范畴,但作为 PLC 的基本功能,逻辑控制还是非常重要的。本章就从基本的逻辑控制开始介绍 ST 语言。

4.1　BOOL 型逻辑运算

无论多么复杂的梯形图,都是由基本逻辑组成的,PLC 最基本的逻辑是"与逻辑"和"或逻辑",也就是梯形图的串联和并联。

在 PLC 梯形图中,最基本的梯形图逻辑如图 4-1 所示。

图 4-1　点动梯形图

图 4-1 中的梯形图实现的是点动功能。当变量 xLabel 的值为 TRUE 时,变量 xResults 的值也为 TRUE;当变量 xLabel 的值为 FALSE 时,变量 xResults 的值也为 FALSE,这两个变量的变化是同步的。因此,图 4-1 中的梯形图也可以使用下面的赋值语句来实现。

```
xResults := xLabel;
```

这句代码的含义是把变量 xLabel 赋值给变量 xResults,这样就实现了图 4-1 中的点动功能。参与运算的是 BOOL 型变量,这是 ST 语言里最基本的逻辑运算语句,是实现其他逻辑运算的基础。进行逻辑运算时,两边变量的数据类型必须一致,必须是 BOOL 型数据和无符号数(BYTE 型、WORD 型、DWORD 型、LWORD 型)；INT 型、DINT 型数据是不能进行逻辑运算的。具体原因可参考 2.4.2 节的介绍。不同类型数据之间要进行逻辑运算，必须先进行数据类型的转换。纯逻辑运算的赋值语句一般也称为逻辑运算语句或逻辑语句、逻辑表达式、逻辑运算式。

理解了最基本的赋值语句，下面学习 PLC 编程中最重要的 AND(与)、OR(或)、NOT(非)逻辑运算。

4.1.1　AND

AND(与)就是"和"的意思，即两个条件同时具备时逻辑运算结果才为真。梯形图里的串联就是"与"关系。串联逻辑梯形图如图 4-2 所示。

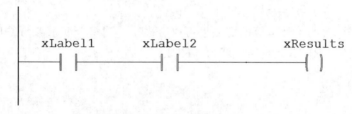

图 4-2　串联逻辑梯形图

图 4-2 的梯形图中，只有变量 xLabel1 和变量 xLabel2 同时为 TRUE 时，变量 xResults 的值才为 TRUE。因此，图 4-2 中的梯形图可以用下面的赋值语句来实现。

```
xResults := xLabel1 AND xLabel2;
```

这行代码的意思是把表达式"xLabel1 AND xLabel2"的运算结果赋值给变量 xResults，表达式的运算结果为 BOOL 型，变量 xResults 也必须是 BOOL 型。

当然，参与 AND 运算的变量数目不限于 2 个，可以有 3 个、4 个甚至更多个，原则上没有限制。但参与运算的变量较多时，会影响程序的可读性。当多个变量参与 AND 运算时，只有所有变量的值均为 TRUE 时，运算结果才为 TRUE。在书写代码时可以换行，例如下面的代码。

```
xResults := xLabel1 AND xLabel2 AND xLabel3 AND xLabel4 AND xLabel5AND xLabel6 AND xLabel7 AND
xLabel8 AND xLabel9 AND xLabel10 AND xLabel1 AND xLabel12;
```

这两行代码实现的是 12 个 BOOL 型变量的 AND 运算。只有当这 12 个变量全部为 TRUE 时，变量 xResults 的值才为 TRUE。代码换行的时候，不需要添加任何符号，但是变量不能换行，否则编译器会认为这是两个变量而报错。

AND 是"与"逻辑，在某些 PLC 中，也可以使用运算符"&"表示"与"逻辑，这也是很多计算机高级语言中的用法，但是并不是所有的 PLC 都支持"&"。

4.1.2　OR

OR(或)就是"或者"的意思，也就是说，两个条件具备一个，逻辑运算结果就为真。梯形图里的并联就是"或"的关系。并联逻辑梯形图如图 4-3 所示。

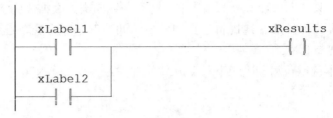

图 4-3   并联逻辑梯形图

图 4-3 中的梯形图中，只要变量 xLabel1 和变量 xLabel2 有一个为 TRUE，变量 xResults 的值就为 TRUE。因此，图 4-3 中的梯形图可以用下面的赋值语句来实现。

```
xResults := xLabel1 OR xLabel2;
```

与 AND 一样，参与 OR 运算的变量也可以有多个。当多个变量参与 OR 运算时，只要有一个变量的值为 TRUE，运算结果就为 TRUE。

4.1.3   NOT

NOT 是取反的意思，也就是梯形图中的常闭，如图 4-4 所示。

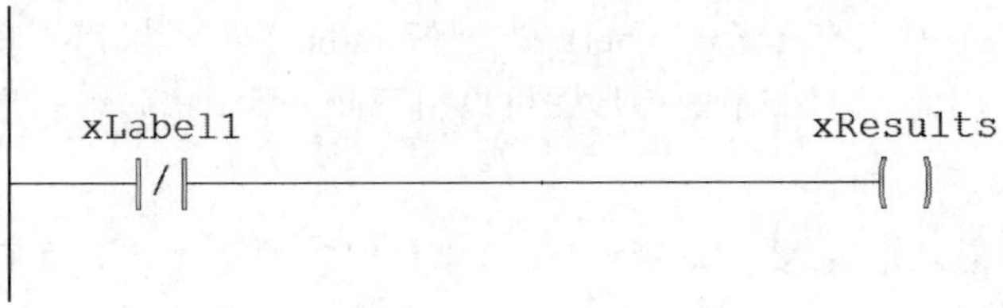

```
    xLabel1                                xResults
┤ / ├                                      ( )
```

图 4-4   梯形图中的常闭

图 4-4 中的变量 xLabel1 用的是常闭，也就是它的值为 FALSE，变量 xResults 的值才为 TRUE，与图 4-1 中的结果刚好相反。因此，图 4-4 中的梯形图可以用下面的赋值语句来实现。

```
xResults := NOT xLabel1;
```

在这句代码中，"NOT xLabel1"是一个整体，用来表示梯形图中的常闭。NOT 和变量之间至少要留一个空格。理论上它们可以保持很远的距离，如图 4-5 所示。

```
xResults:=NOT xLabel;
xResults:=NOT                xLabel;
xResults:=NOT          xLabel;
```

图 4-5   NOT 的表示方法

图 4-5 中的三行代码，含义是一样的，很显然只有第一行符合一般的表达方法。因此，为了程序的可读性，建议读者在运算符与变量之间只保留一个或两个空格，在同一个程序中

也需要保持统一。如果中间没有空格,PLC 编译器就会把 NOTxLabel1 当作变量来处理,这显然是不符合预期的。

注意:在 ST 语言中,NOT 和它后面的变量是一个整体,表示取变量的相反值。一个变量前面加 NOT 和不加 NOT,相当于梯形图中的常闭和常开。所以,NOT xLabel 可以认为是一个整体,当作一个变量来处理。

以上三种逻辑运算符就是 PLC 最基本的逻辑运算符,也是使用最多的逻辑运算符。正是这三种逻辑运算符的排列组合才组成了各种复杂的逻辑,实现对设备的控制。

4.1.4 XOR

XOR(异或)是英文 Exclusive OR 的缩写,它是一种特殊的"或"逻辑。参与运算的逻辑变量,如果值相同,则运算结果为 FALSE;如果不同,则运算结果为 TRUE。日常生活中常见的一灯双控就是"异或"逻辑:两个开关控制一盏灯,按下任意一个开关,两个开关的状态不一样,灯亮;再按下任意一个开关,两个开关的状态一样,灯灭;再按下任意一个开关,两个开关的状态又不一样,灯亮。

实现"异或"逻辑的梯形图如图 4-6 所示。

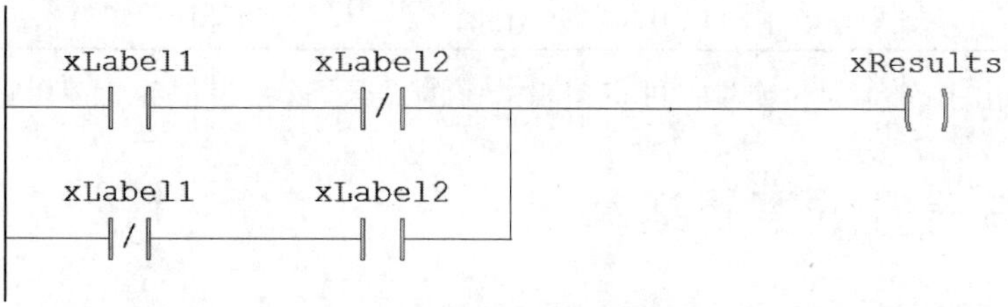

图 4-6 "异或"逻辑梯形图

图 4-6 的梯形图中,当变量 xLabel1 和 xLabel2 都为 FALSE,或者都为 TRUE 时,变量 xResults 的值为 FALSE;当变量 xLabel1 为 FALSE,变量 xLabel2 为 TRUE,或者变量 xLabel1 为 TRUE,变量 xLabel2 为 FALSE 时,变量 xResults 的值为 TRUE。该梯形图实现了变量 xLabel1 和 xLabel2 的"异或"运算。

分析图 4-6 中的梯形图逻辑,变量 xLabel1 和变量 NOT xLabel2 进行 AND 运算,变量 NOT xLabel1 和 xLabel2 进行 AND 运算,将运算结果再进行 OR 运算。因此,图 4-6 中的梯形图可以用下面的赋值语句来实现。

```
xResults := (xLabel1  AND  NOT xLabel2) OR
            (NOT xLabel1  AND  xLabel2);
```

从代码可以看出,XOR 运算的实质是 OR 运算,把图 4-6 中略微复杂的梯形图进行了分割,分割成了熟悉的 AND 运算和 OR 运算的组合。由此可见,无论多么复杂的逻辑都是基本逻辑的组合。无论多么复杂的梯形图,都可以用这种方法进行分割,然后用 ST 语言实现。这也是初学者从梯形图过渡到 ST 语言的非常好的方法,后续章节会继续沿用这种分割方法来分析梯形图程序。

另外,在这段梯形图中,括号的作用不仅仅提高了代码的可读性,同时改变了运算顺序。不同的逻辑运算符,与数学四则混合运算中的加减乘除一样,是有先后顺序的。增加括号可以强制改变某些运算的优先级。如果无法确定运算顺序,可以通过增加括号来进行控制,避免运算出错或者得到非预期的运算结果。

在 ST 语言中实现变量的"异或"运算,可以直接使用 XOR 运算符。变量 xLabel1 和变量 xLabel2 进行"异或"运算,代码如下:

```
xResults := xLabel1  XOR  xLabel2;
```

XOR 运算同 AND 和 OR 运算一样,参与运算的变量也可以是多个。当多个变量参与 XOR 运算时,只有全部为 FALSE 或者全部为 TRUE 时,运算结果才为 FALSE。

以上就是 4 种最基本的逻辑运算,它们的运算关系如表 4-1 所示。

表 4-1　逻辑运算真值表

变量 a	变量 b	a AND b	a OR b	a XOR b
TRUE	TRUE	TRUE	TRUE	FALSE
TRUE	FALSE	FALSE	TRUE	TRUE
FALSE	FALSE	FALSE	FALSE	FALSE
FALSE	TRUE	FALSE	TRUE	TRUE

表 4-1 列出了变量 a 和变量 b 进行逻辑运算的结果,这张表也称为逻辑运算真值表。

4.2　无符号数的逻辑运算

4.2.1　运算方法

参与逻辑运算的不仅限于 BOOL 型变量,也可以是无符号数,即 WORD 型、DWORD 型、LWORD 型及 BYTE 型变量。当参与逻辑运算的是 WORD 型变量时,会把这个 WORD 型变量转换为二进制数,然后逐位进行运算,实质还是 BOOL 型变量之间的运算。

定义 WORD 型变量 wData1 和 wData2,分别赋值 1234 和 3456,然后进行 AND 运算,运算结果为 1152,如图 4-7 所示。

图 4-7　WORD 型变量 AND 运算

运算结果是怎么得来的呢？首先，把十进制数 1234 和 3456 转换为二进制数，分别为 2#010011010010 和 2#110110000000，然后将对应的位进行 AND 运算，如表 4-2 所示。

表 4-2　WORD 型变量按位进行 AND 运算

十进制数	二进制位										
1234	0	1	0	0	1	1	0	1	0	0	1	0
3456	1	1	0	1	1	0	0	0	0	0	0	0
运算结果	0	1	0	0	1	0	0	0	0	0	0	0

表 4-2 的第 4 行就是 1234 和 3456 逐位进行 AND 运算的结果，即二进制数 2#010010000000，换算成十进制数就是 1152。

无符号数的 OR、XOR、NOT 运算，都是根据这样的规则进行的，即转换为二进制数后对应位进行运算。读者可自行验证，并用 PLC 软件仿真模拟结果，以巩固所学的逻辑运算知识。

4.2.2　BOOL 型与 WORD 型的逻辑运算

BOOL 型与 WORD 型数据也可以进行逻辑运算，由于数据类型不同，不能直接进行运算，需要进行数据类型转换。

下面通过应用案例说明。某工业系统中，主 PLC 需要读取远程 PLC 的信息，例如各种工艺参数、生产数据、状态信息等，这些数据包含 BOOL 型、REAL 型、DINT 型等多种数据类型。工业通信交互的数据一般都是 WORD 型数据，主控 PLC 读取信息后，需要进行解析。例如，远程 PLC 控制 64 个电机，这 64 个电机的运行状态需要 4 个 WORD 型变量来存储，每个 WORD 型变量，对应 16 个电机的运行状态。主控 PLC 就需要分析这个 WORD 型变量的值，如何与 16 个电机的状态对应，即需要知道这个 WORD 型变量的每个位是 0 还是 1，并由此来确定电机是否处于运行状态。当然，也可以传送 64 个 BOOL 型数据给主控 PLC，显然这是不可取的，会对 PLC 资源造成极大的浪费。

具体怎么做呢？从表 4-1 可以看出，2#1 与 2#1 进行 AND 运算结果为 TRUE；2#0 与 2#1 进行 AND 运算结果为 FALSE；2#1 或 2#0 与 2#1 进行 AND 运算，结果还是其本身；2#1 或 2#0 与 2#0 进行 AND 运算，其结果是 FALSE。因此，只要用 2#1 和 WORD 型变量的每个位进行 AND 运算，就可以知道每个位的状态；而用 2#0 和 WORD 型变量的每个位进行 AND 运算，无论它是 TRUE 还是 FALSE，运算结果都是 FALSE，相当于屏蔽了这个位，这样就可以知道 WORD 型变量每个位的状态，程序代码如下：

```
VAR
    xBit1    : BOOL;              //最低位的值
    xBit2    : BOOL;
    xBit3    : BOOL;
    xBit4    : BOOL;
    xBit5    : BOOL;
    xBit6    : BOOL;
    xBit7    : BOOL;
```

```
            xBit8   : BOOL;
            xBit9   : BOOL;
            xBit10  : BOOL;
            xBit11  : BOOL;
            xBit12  : BOOL;
            xBit13  : BOOL;
            xBit14  : BOOL;
            xBit15  : BOOL;
            xBit16  : BOOL;            //最高位的值
            wData   : WORD;            //读取的状态
      END_VAR
      xBit1   := WORD_TO_BOOL(2#0000000000000001 AND wData);
      xBit2   := WORD_TO_BOOL(2#0000000000000010 AND wData);
      xBit3   := WORD_TO_BOOL(2#0000000000000100 AND wData);
      xBit4   := WORD_TO_BOOL(2#0000000000001000 AND wData);
      xBit5   := WORD_TO_BOOL(2#0000000000010000 AND wData);
      xBit6   := WORD_TO_BOOL(2#0000000000100000 AND wData);
      xBit7   := WORD_TO_BOOL(2#0000000001000000 AND wData);
      xBit8   := WORD_TO_BOOL(2#0000000010000000 AND wData);
      xBit9   := WORD_TO_BOOL(2#0000000100000000 AND wData);
      xBit10  := WORD_TO_BOOL(2#0000001000000000 AND wData);
      xBit11  := WORD_TO_BOOL(2#0000010000000000 AND wData);
      xBit12  := WORD_TO_BOOL(2#0000100000000000 AND wData);
      xBit13  := WORD_TO_BOOL(2#0001000000000000 AND wData);
      xBit14  := WORD_TO_BOOL(2#0010000000000000 AND wData);
      xBit15  := WORD_TO_BOOL(2#0100000000000000 AND wData);
      xBit16  := WORD_TO_BOOL(2#1000000000000000 AND wData);
```

例如，主控 PLC 读取的 WORD 型变量的值为 5361，换算成二进制数是 2#0001010011110001。可以看出，第 13 个、第 11 个、第 8 个、第 7 个、第 6 个、第 5 个、第 1 个电机的状态为 TRUE，其他电机的状态为 FALSE。无论是工作还是生活中，人们习惯从 1 开始计数，WORD 型变量的第 0 位，就表示第 1 个电机的状态，仿真运行结果如图 4-8 所示。

```
 1  xBit1  TRUE  :=WORD_TO_BOOL(2#0000000000000001 AND wData 5361 );
 2  xBit2  FALSE :=WORD_TO_BOOL(2#0000000000000010 AND wData 5361 );
 3  xBit3  FALSE :=WORD_TO_BOOL(2#0000000000000100 AND wData 5361 );
 4  xBit4  FALSE :=WORD_TO_BOOL(2#0000000000001000 AND wData 5361 );
 5  xBit5  TRUE  :=WORD_TO_BOOL(2#0000000000010000 AND wData 5361 );
 6  xBit6  TRUE  :=WORD_TO_BOOL(2#0000000000100000 AND wData 5361 );
 7  xBit7  TRUE  :=WORD_TO_BOOL(2#0000000001000000 AND wData 5361 );
 8  xBit8  TRUE  :=WORD_TO_BOOL(2#0000000010000000 AND wData 5361 );
 9  xBit9  FALSE :=WORD_TO_BOOL(2#0000000100000000 AND wData 5361 );
10  xBit10 FALSE :=WORD_TO_BOOL(2#0000001000000000 AND wData 5361 );
11  xBit11 TRUE  :=WORD_TO_BOOL(2#0000010000000000 AND wData 5361 );
12  xBit12 FALSE :=WORD_TO_BOOL(2#0000100000000000 AND wData 5361 );
13  xBit13 TRUE  :=WORD_TO_BOOL(2#0001000000000000 AND wData 5361 );
14  xBit14 FALSE :=WORD_TO_BOOL(2#0010000000000000 AND wData 5361 );
15  xBit15 FALSE :=WORD_TO_BOOL(2#0100000000000000 AND wData 5361 );
16  xBit16 FALSE :=WORD_TO_BOOL(2#1000000000000000 AND wData 5361 );
```

图 4-8 读取 WORD 型变量的各位状态运行结果

通过图 4-8 可以看出,变量 xBit1、xBit5、xBit6、xBit7、xBit8、xBit11、xBit13 的值为 TRUE,对应的电机为运行状态,其余位为 FALSE,对应的电机为停止状态。

上述代码是 SoMachine 中系统功能块 WORD_AS_BIT 的实现方法,它的作用是获取 WORD 型变量每个位的状态。如果读者使用的 PLC 没有这个功能块,可以复制这段 ST 语言代码,生成自定义功能块。

对于代码中的"xBit1 := WORD_TO_BOOL(2♯0000000000000001 AND wData);"语句,可以拆分为下面两行代码。

```
wBit1 := 2♯0000000000000001 AND wData;
xBit1 := WORD_TO_BOOL(wBit1);
```

首先,2♯0000000000000001 和变量 wData 进行 AND 运算,取得变量 wData 的最低位的值,然后把值赋给变量 wBit1。但是,运算的结果即变量 wBit1 为 WORD 型,需要把它转换成 BOOL 型变量,通过调用函数 WORD_TO_BOOL 把它转换为 BOOL 型,并把运算结果赋值给变量 xBit1。为了程序的简洁,把两行代码合并,省去了用于传递结果的中间变量 wBit1。ST 语言中的函数支持嵌套调用,原则上可以嵌套无数层,但为了程序的简洁性和可读性,嵌套不宜过深。

通过这样的运算,就获取了 WORD 型变量每个位的状态。有时只需要读取其中某个位即可,再用这段代码就显得非常冗长了,可以用下面的代码来读取指定的位。

```
VAR
    wData    : WORD;        //读取的状态
    nNumber  : INT;         //读取第 nNumber 位的状态
    xBit     : BOOL;        // 第 nNumber 位的值
END_VAR
xBit := WORD_TO_BOOL(SHR(wData,nNumber ) AND 2♯1);
```

想要知道变量 wData 的第几位的值是 1 还是 0,只需要把变量 nNumber 的值设为相应的位即可。例如,读取 WORD 型变量的值为 4328,想要知道它第 5 位的状态,就把变量 nNumber 设置为 5,仿真运行结果如图 4-9 所示。

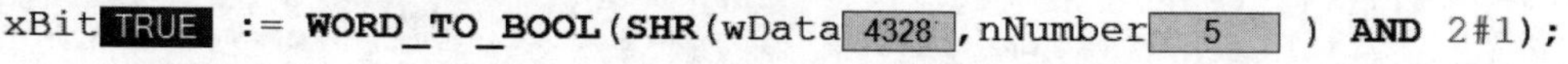

xBit `TRUE` := **WORD_TO_BOOL(SHR**(wData `4328`,nNumber `5`) **AND** 2♯1);

图 4-9 读取 WORD 型变量的某一位

从图 4-9 可以看出,4328 的第 5 位为高电平。4328 用二进制表示为 2♯1000011101000,可以看出,它的第 5 位为 TRUE。

这段代码的核心是函数 SHR 的运算结果和 2♯1 进行 AND 运算,SHR 的作用是按位向右移,移出的位自动舍弃,左边空余的位自动补 0。每向右移动一位,就相当于对操作数除以 2。在图 4-9 的例子中,将变量 wData 向右移动 5 位,就把变量 wData 的第 5 位移动到了第 0 位,然后再和 2♯1 进行 AND 运算,这样就知道第 5 位的状态了。运算完成后,需要将 WORD 型变量转换为 BOOL 型变量。

通过以上的例子,可以看出 ST 语言的逻辑运算,有以下几点需要注意:

(1) 参与运算的变量,数据类型必须相同。

（2）必须是无符号数才能进行逻辑运算。

（3）可以是变量和表达式进行运算，但表达式的运算结果必须和参与运算的变量的数据类型相同。

以上的例子，读者可以把它们封装成功能块，这样就可以在今后的工程项目中直接使用。ST 语言编写的功能块，可以以文本文档的形式保存，便于移植使用。

4.3　IF…END_IF 语句

4.3.1　执行流程

IF…END_IF 语句是非常重要的语句，几乎所有的计算机高级语言中，都有 IF…END_IF 语句的身影。同样，在 ST 语言中，IF…END_IF 语句也扮演着重要的角色。IF 是英文假如、如果的意思，因此从字面理解，IF…END_IF 语句的意义就是"如果怎么样，就怎么样"，也就是如果满足条件，就执行相应的语句。

IF…END_IF 语句的格式如下：

```
IF  <判断条件>  THEN
    <执行语句>
END_IF
```

IF…END_IF 语句的执行过程就是，如果判断条件为 TRUE，就会执行 IF 和 END_IF 之间的语句。判断条件可以是表达式，也可以是变量，但表达式的运算结果必须为 BOOL 型，因为 IF 语句的判断条件取的是表达式的运算结果而不是表达式本身；变量也必须为 BOOL 型变量，执行流程如图 4-10 所示。

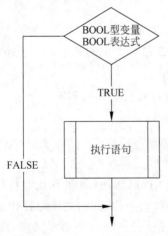

图 4-10　IF…END_IF 语句的
执行流程

使用 IF…END_IF 语句有以下注意事项。

（1）IF…END_IF 语句是判断 BOOL 型变量的值是否为 TRUE。如果判断条件是表达式，则判断的是表达式的运算结果。如果判断条件为 FALSE，无论有多少条执行语句，都不执行。

（2）关键字 IF 和关键字 END_IF 要对齐，执行语句可以缩进，也可以和关键字 IF 对齐。但是，在同一程序中，应尽量保持统一。

（3）关键字 END_IF 为结束语句，在 CODESYS 平台的 PLC 中，END_IF 后面可以不用加";"，加上也没有问题。在三菱 GX Works3 和西门子博途中，必须加";"，否则编译会报错。就笔者的经验来看，大多数 PLC 的语句都需要加";"，具体可参照 PLC 手册，或自行仿真验证。

（4）在 CODESYS 平台的 PLC 中，关键字 END_IF 后面是否加";"要保持统一，以免造成程序混乱。本书所有的代码中都没有加，读者需要注意，特别是在跨平台移植的时候。

（5）关键字 END_IF 为一个整体，中间不能有任何空格。END 和 IF 之间是下画线，要在英文半角状态下输入。

（6）执行语句可以有多行，原则上没有行数限制，也可以是子程序、功能块和函数。

（7）如果条件不再满足，执行语句将会保持当前状态，并不会发生改变。比如执行语句中的变量 A 的值为 TRUE，执行条件不满足后，变量 A 的值仍然为 TRUE，不会变为 FALSE。除非有其他语句让该变量变为 FALSE。

在 4.1 节介绍 BOOL 型逻辑运算时，曾以点动梯形图为例，如图 4-11 所示。

图 4-11　点动梯形图

这段梯形图如果用 IF…END_IF 语句该如何实现呢？当变量 xLabel 的值为 TRUE 时，变量 xResults 的值为 TRUE；当变量 xLabel 的值为 FALSE 时，变量 xResults 的值为 FALSE。这其实包含了两次判断，第一次是判断变量 xLabel 的值是否为 TRUE，第二次是判断变量 xLabel 的值是否为 FALSE。因此，使用 ST 语言编写的代码如下：

```
IF xLabel = TRUE THEN          //判断变量 xLabel 的值是否为 TRUE
   xResults := TRUE;
END_IF
IF xLabel = FALSE THEN         //判断变量 xLabel 的值是否为 FALSE
   xResults := FALSE;          // 判断条件也可以为 NOT xLabel
END_IF
```

其中，语句"xResults:= TRUE;"也可以写成"xResults:=1;"，语句"xResults:=FALSE;"也可以写成"xResults:= 0;"，即用 1 表示 TRUE，用 0 表示 FALSE，但尽量不要这样写，容易与数值混淆。

在编写这段程序代码时，初学者最容易犯的错误是忘记第二次判断，即判断变量 xLabel 的值是否为 FALSE。如果不增加这段语句，当变量 xLabel 的值为 FALSE 时，就没有相关的执行语句，变量 xResults 的值就永远为 TRUE。如果控制电机的运行，就会发现电机一旦启动就永远无法停止。不难看出，IF…END_IF 语句和赋值语句的配合，相当于梯形图中的置位和复位指令，即 SET 和 RST。

由于 IF…END_IF 语句是判断条件是否为 TRUE，因此上述代码完整表述如下：

```
IF (xLabel) = TRUE THEN              //判断变量 xLabel 的值是否为 TRUE
   xResults := TRUE;
END_IF
IF (xLabel = FALSE) = TRUE THEN      //判断表达式 xLabel = FALSE 的值是否为 TRUE
   xResults := FALSE;
END_IF
```

一般都省略后面的判断条件，即代码中的"= TRUE"。

4.3.2 IF…END_IF 语句的应用

IF…END_IF 语句的作用，是判断某个条件是否成立，然后执行相应的语句。下面来看一个具体的例子。

在某生产线上，某工位要在工件上拧两个螺栓，由下一个工位进行检测。如果检测到两个螺栓，则产品合格，如果只检测到一个或者两个都没有检测到，则产品不合格。代码如下：

```
IF (xCheck1 AND xCheck2) THEN
    xWorkCheck := TRUE;                 //工件合格
END_IF
IF (xCheck1 = FALSE ) THEN
    xWorkCheck := FALSE;                //检测点1不正常,工件不合格
END_IF
IF (xCheck2 = FALSE) THEN               //检测点2不正常,工件不合格
    xWorkCheck := FALSE;
END_IF
```

上述代码由三段 IF…END_IF 语句组成，分别判断表达式"xCheck1 AND xCheck2""xCheck1 = FALSE""xCheck2 = FALSE"的运算结果是否为 TRUE，如果为 TRUE，则执行相应的语句。

检测为不合格的 IF…END_IF 语句即第二段和第三段语句，它们的执行语句是一样的，只是判断条件不同。因此，这两段 IF…END_IF 语句可以合并成一段语句，代码如下：

```
IF ((xCheck1 = FALSE) OR (xCheck2 = FALSE)) THEN
    xWorkCheck := FALSE;                //检测点不全部正常,工件不合格
END_IF
```

把两个 IF…END_IF 语句的判断条件使用 OR 逻辑合并成一个判断条件，可以减少代码数量。IF…END_IF 语句的判断条件可以是复杂的表达式，只要保证运算结果为 BOOL 型即可。但表达式也不宜过于复杂，否则对程序的可读性以及现场调试和后期维护都是不利的。

4.4 IF…ELSE…END_IF 语句

4.3.2 节的例子中的代码已经比较烦琐了，如果生产工艺改进，工件上有 4 个螺栓需要检测，那么不合格的情况就更多了，可以使用 IF…ELSE…END_IF 语句。IF…ELSE…END_IF 语句的格式如下：

```
IF <判断条件> THEN
    <执行语句1>
ELSE
    <执行语句2>
END_IF
```

ELSE 是英文"否则、其他"的意思。因此,IF…ELSE…END_IF 语句的执行过程是,如果判断条件为 TRUE,则执行语句 1;否则,执行语句 2。一旦满足条件,只执行语句 1,语句 2 是不会被执行的。它的执行流程如图 4-12 所示。

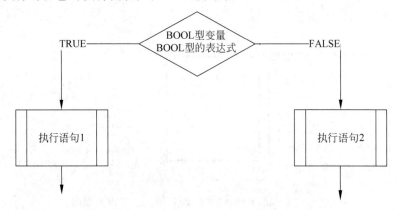

图 4-12   IF…ELSE…END_IF 语句的执行流程

4.3.2 节的例子可以用如下代码表示。

```
IF (xCheck1 AND xCheck2) THEN
    xWorkCheck := TRUE;                    //工件合格
ELSE
    xWorkCheck := FALSE;                   //工件不合格
END_IF
```

只要不满足判断条件"(xCheck1 AND xCheck2) = TRUE",变量 xWorkCheck 的值就为 FALSE,如果判断条件非常复杂,使用 IF…ELSE…END_IF 语句显然比使用 IF…END_IF 语句更方便简洁。

使用 IF…ELSE…END_IF 语句时有以下几点注意事项。

(1) 判断条件为 BOOL 型变量或运算结果为 BOOL 型的表达式。

(2) 关键字 ELSE 后面不需要加";",可以与关键字 IF 和关键字 END_IF 对齐,也可以缩进。同一程序中,风格应尽量保持统一。原则上不与执行语句对齐。

(3) 在 CODESYS 中,关键字 END_IF 后面可以不用加";",其他绝大多数品牌的 PLC 都需要加";",否则编译会报错,具体可参考 PLC 的手册,或者自行验证。

(4) 执行语句可以有多行,原则上没有行数限制,也可以是子程序、功能块或函数。

4.5   综合应用

学习了基本逻辑运算以及基本的 IF 语句后,就可以尝试编写程序了。当然,对于 ST 语言的初学者来说,会感到无从下手。没关系,可以采用 4.1.4 节介绍 XOR 运算时使用的方法,从剖析梯形图开始。分析梯形图的逻辑结构,把复杂的逻辑分割成简单逻辑的组合,然后转换成 ST 语言,在转换过程中熟悉 ST 语言。

4.5.1 "启保停"的 ST 语言实现

下面以 PLC 中经典的"启保停"（启动保持停止）程序为例，讲解如何用 ST 语言实现。梯形图程序如图 4-13 所示。

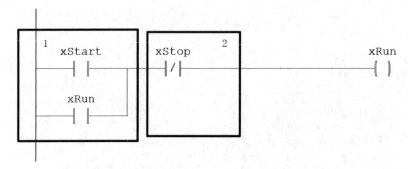

图 4-13 PLC 中经典的"启动保持停止"梯形图程序

注意：为了设备的安全可靠，停止按钮需要接常闭点，因此程序中需要使用常开点。为了演示 NOT 逻辑，图 4-13 的梯形图中，停止按钮使用了常开点，在实际项目中是不允许的。

图 4-13 中的梯形图程序用黑色方框分成了两部分，这两部分之间是 AND 关系。方框 1 中，变量 xStart 和变量 xRun 是 OR 关系。因此，图 4-13 中的梯形图可以用如下代码表示。

```
xRun := (xStart  OR  xRun ) AND  (NOT xStop);
```

代码中用两个括号括起来的部分，分别代表方框 1 和方框 2 中的逻辑关系，这样就能清晰地表达出和梯形图对应的逻辑关系。笔者再次强调，对于初学者，勤加括号不是错误，而是一个很好的习惯，即使熟练掌握了 ST 语言，使用括号也能很好地表达出程序代码的逻辑关系和层次结构。

当然，也可以使用 IF…ELSE…END_IF 语句，代码如下：

```
IF   (xStart OR xRun)   AND   (NOT xStop) THEN
        xRun := TRUE;                    //运行
ELSE
        xRun := FALSE;                   //停止
END_IF
```

注意：初学者在使用 IF…ELSE…END_IF 语句时，最容易犯的错误是：忘记关键字 ELSE 后面的语句。特别是在对照梯形图编写程序或熟悉 ST 语言程序的时候，如果没有关键字 ELSE 后面的语句，电机一旦启动，就永远无法停止。因为代码中并没有让电机停止的语句，所以千万不能忘记关键字 ELSE 后面的语句。

4.5.2　IF 语句与逻辑运算语句

"启动保持停止"功能是 PLC 中最常用的基本功能,根据前面章节讲述,它可以采用两种方式实现,分别是逻辑运算语句和 IF 语句,代码如下:

```
( ************ 逻辑运算语句实现"启动保持停止"功能 *************** )
xRun := (xStart OR xRun)  AND  (NOT xStop);
( *********** IF …ELSE… END_IF 语句实现"启动保持停止"功能 ***** )
IF  (xStart OR xRun)  AND  (NOT xStop) THEN
      xRun := TRUE;
ELSE
      xRun := FALSE;
END_IF
```

在梯形图中,也有两种方式实现"启动保持停止"功能,分别是直接线圈输出和置位、复位指令。从 ST 语言的运行情况不难看出,逻辑运算语句相当于直接线圈输出,因此在使用的时候,要注意双线圈输出问题。

使用 IF 语句,相当于置位和复位指令,也就是 SET 和 RST,使用的时候,不需要注意双线圈输出,但一定要成对出现。对于某个变量,既要有让它 SET 的条件和语句,也要有让它 RST 的条件和语句,否则就会出现电机无法启动,或是无法停止的情况。

读者可以根据自己的喜好来选择实现方式,如果习惯使用梯形图的直接线圈输出,那么就使用逻辑运算语句;如果习惯用 SET 和 RST,就使用 IF 语句。

4.5.3　置位与复位

在 CODESYS 平台的 PLC 中,置位(SET)和复位(RST)除了使用赋值语句和 IF 语句实现外,还有专门的运算符,即用"S="和"R="分别实现置位和复位,来看下面的代码。

```
xRun S = xStart;
xRun R = xStop;
```

上述代码就是使用运算符来实现置位和复位功能。可以把"S="和"R="理解成特殊的赋值运算符,把这两行代码和赋值语句进行对比。

```
( ****** 置位与复位 ********* )
xRun S = xStart;                    //置位,相当于 SET
xRun R = xStop;                     //复位,相当于 RST
( ****** 赋值 ********* )
xRun := xStart;
xRun := xStop;
```

代码的上半部分,当变量 xStart 为 TRUE 时,置位变量 xRun;当变量 xStop 为 FALSE 时,复位变量 xRun。使用"S="和"R="运算符时,左边必须是 BOOL 型变量,右边可以是 BOOL 型变量,也可以是表达式,但表达式的运算结果必须为 BOOL 型。

注意:不是所有的 PLC 都支持置位和复位运算符。"S="和"R="是一个整体,中间不能有空格。

4.5.4 复杂梯形图

前面采用逻辑分割的方法分析了"启动保持停止"梯形图的 ST 语言实现，下面来看一个更复杂的梯形图，如图 4-14 所示。

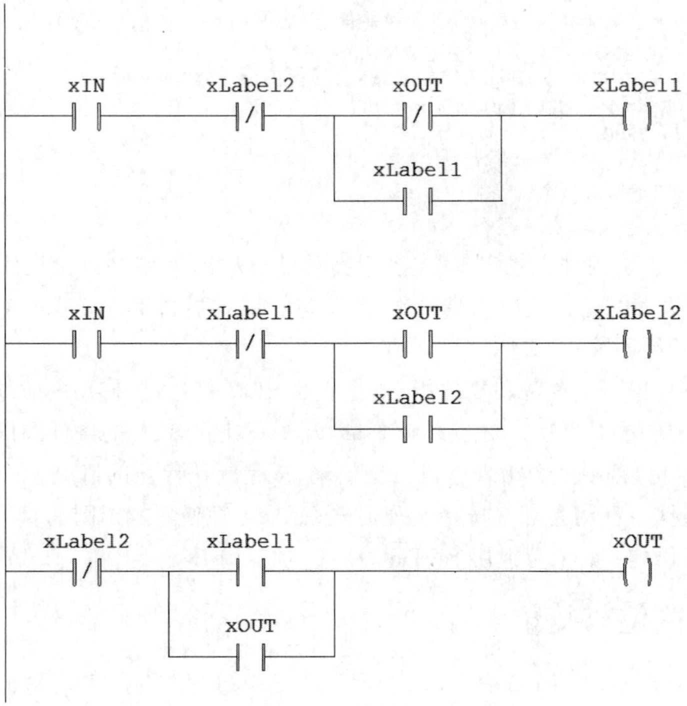

图 4-14 逻辑较复杂的梯形图

从图 4-14 可以看出，这段程序由三部分梯形图组成，因此可以用三行逻辑运算语句来实现。然后，对每行梯形图，根据逻辑关系进行分割，如图 4-15 所示。

图 4-15 是分割后的梯形图：第一行梯形图被分割成三部分；第二行梯形图也被分割成三部分；第三行梯形图被分割成两部分。同一行梯形图中，各部分之间是 AND 关系。因此，图 4-15 中的梯形图可以用如下 ST 语言代码实现。

```
VAR
    xLabel1 : BOOL;
    xLabel2 : BOOL;
    xIN     : BOOL;
    xOUT    : BOOL;
END_VAR
xLabel1 := (xIN) AND (NOT xLabel2) AND (NOT xOUT OR xLabel1);
xLabel2 := (xIN) AND (NOT xLabel1) AND ( xOUT OR xLabel2);
xOUT    := (NOT xLabel2)  AND (xLabel1 OR xOUT);
```

上述代码实现的是单按钮启停功能，在电气控制系统中，启动和停止一般采用两个不同的按钮来实现。单按钮启停功能就是启动和停止用一个按钮来实现，按下启动，再次按下停

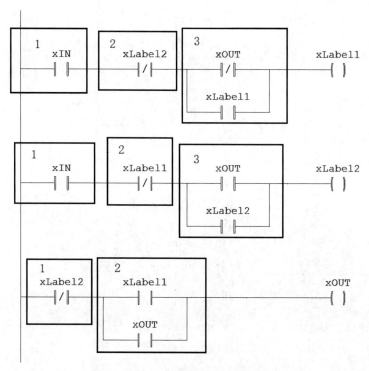

图 4-15　分割后的梯形图

止,再次按下又启动,如此往复。例如伺服使能的控制,就可以采用单按钮启停来实现。按下按钮,伺服使能,再次按下按钮,伺服断开使能。

　　实现单按钮启停的方法有很多种,可以用纯逻辑关系实现;可以用计数器实现;也可以用复位和置位指令实现,有的 PLC 还有专门的指令。这段代码的优点是:全部使用逻辑关系实现,没有使用定时器、计数器、边沿触发等功能块,大大降低了跨平台移植时的风险。因此,读者可将这段代码做成功能块,如果使用的 PLC 没有实现单按钮启停功能的专门功能块,就可以使用此代码实现单按钮启停功能。

　　这段代码中仍然使用了很多括号,清晰地表示出了语句的逻辑关系,能加深对语句的理解。

　　当然,图 4-15 中的梯形图程序也可以使用 IF 语句实现,读者可以自己思考该如何实现。

4.5.5　基本电机控制

　　三相异步电机是工业控制中最常见、应用最广泛的驱动元件,对它的控制是 PLC 编程的重中之重,贯穿整个工控行业。电机的基本控制,包括启停控制和点动控制。启停控制,就是按下启动按钮电机运行;按下停止按钮电机停止运行;如果同时按下启动按钮和停止按钮,电机停止运行或者不启动,启停控制主要用于设备的正常运行生产。点动控制就是按下按钮，电机运行；松开按钮，电机停止运行，其主要用于设备调试、工艺参数调整、设备检修等。

电机基本控制的电气原理图如图 4-16 所示。

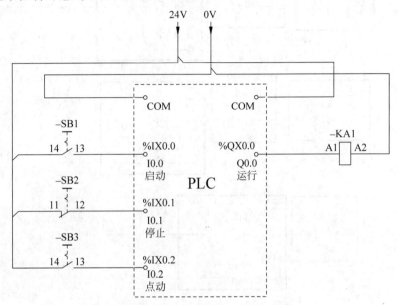

图 4-16 电机基本控制的电气原理图

从图 4-16 看出，PLC 的三个输入点 I0.0、I0.1、I0.2 分别接入启动 SB1、停止 SB2、点动 SB3 三个按钮，为了确保安全，停止按钮采用常闭触点。PLC 的输出点 Q0.0 接入继电器 KA1，KA1 的触点就可以控制接触器，用于启停电机。也可以把 KA1 的触点接入变频器，控制变频器的启停。

电机基本控制 PLC 变量和 I/O 分配如表 4-3 所示。

表 4-3 电机基本控制 PLC 变量和 I/O 分配

输入点	元件名	变量	意义	输出点	元件名	变量	意义
％IX0.0	SB1	xStart	启动	％QX0.0	KA1	xRun	电机运行
％IX0.1	SB2	xStop	停止				
％IX0.2	SB3	xJog	点动				

表 4-3 中 PLC 输入/输出点寻址方式，是 IEC 61131-3 标准中制定的寻址方式。比如变量 xStart 分配地址％IX0.0，该地址对应 PLC 的实际输入点 I0.0，I0.0 和％IX0.0 都表示 PLC 的同一个输入点，％IX0.0 是 PLC 内部寻址，用于变量定义分配地址，也可以直接用于编程（一般不推荐使用这种方式）。I0.0 表示实际的输入点，也就是 PLC 实体上印刷的标记。大部分 PLC 的内部寻址和外部标记一样，采用相同的描述方式。符合 IEC 61131-3 标准的 PLC 一般都采用此寻址方式，也有部分 PLC 未采用该寻址方式，比如三菱 PLC，输入点地址为 X0、X1、X2 等，输出点为 Y0、Y1、Y2 等。无论采用何种寻址方式，其实质都是将

PLC 变量和外部元器件建立联系,实现信号的采集和元器件的控制。通过给变量分配地址,变量 xStart 就和 PLC 输入点 I0.0(%IX0.0)建立对应关系,在 PLC 程序中,变量 xStart 就和 PLC 输入点 I0.0(%IX0.0)等价。4.5.1 及本章节讲述的"启-保-停"以及单按钮启停程序,如果要通过物理按钮控制实际的电机,都需要给变量分配输入/输出地址,才能和外部元器件对应,实现最终的控制功能。

三相异步电动机的启停控制和点动控制程序代码如下:

```
VAR
    xStart   AT % IX0.0   : BOOL;          //启动按钮
    xStop    AT % IX0.1   : BOOL;          //停止按钮
    xJog     AT % IX0.2   : BOOL;          //点动按钮
    xRun     AT % QX0.0   : BOOL;          //运行信号
    xRun1                 : BOOL;
    xRun2                 : BOOL;
END_VAR
( ********** 电机控制 *************** )
//启停控制
IF (xStart OR xRun1) AND xStop THEN
    xRun1 : = TRUE;                        //自锁启动
ELSE
    xRun1 : = FALSE;                       //自锁停止
END_IF
//点动控制
IF xJog AND xStop THEN
    xRun2 : = TRUE;                        //点动启动
ELSE
    xRun2 : = FALSE;                       //点动停止
END_IF
xRun : = xRun1 OR xRun2;                   //电机运行
```

以上代码依然沿用了梯形图的编程思想,为了避免出现点动输出和自锁输出的双线圈问题,采用了中间变量做转换。语句"xRun:= xRun1 OR xRun2;"控制电机的运行,根据 OR 运算符的运算规则,变量 xRun1 和变量 xRun2 只要有一个为 TRUE,变量 xRun 便为 TRUE,这样就控制了电机的运行。而程序的启停控制部分和点动控制部分,其运算结果就是变量 xRun1 和变量 xRun2 的值,这就实现了电机的启停控制和点动控制,同时也避免了双线圈输出。

在实际应用中,点动控制多用于手动模式状态下,启停控制多用于自动模式状态下,程序代码如下:

```
IF xAuto THEN
    xRun : = (xStart OR xRun) AND xStop;   //自动模式启停控制
ELSE
    xRun : = xJog AND xStop;               //手动模式点动控制
END_IF
```

变量 xAuto 关联 PLC 的输入点,使用带自锁功能的旋钮开关,用于切换自动模式和手动模式。旋钮开关打到自动模式,变量 xAuto 的值为 TRUE,执行语句"xRun:=(xStart OR xRun) AND xStop;";旋钮开关打到手动模式,变量 xAuto 的值为 FALSE,执行语句"xRun:= xJog AND xStop;",根据 IF…ELSE 语句的执行规则,这两条语句不会同时执行,也就不会出现在同一个扫描周期里,因此不存在双线圈问题。

4.5.6　互锁控制

互锁控制是指元件或者设备的运行条件相互制约,互相锁定不能同时运行。最典型的就是三相异步电动机的正反转控制,三相异步电动机如果同时触发正转和反转,是非常危险的,会引发一系列事故,必须从源头上防止这种现象发生。硬件上把一个接触器的常闭信号串联在另一个接触器的线圈上实现互锁;软件上把一个输出点运行状态作为另一个输出点的运行条件,具体电气图纸可查阅相关资料。互锁程序代码如下:

```
VAR
    xStartFwd : BOOL;          //正转启动
    xStartRev : BOOL;          //反转启动
    xRunFwd   : BOOL;          //电机正向运行
    xRunRev   : BOOL;          //电机反向运行
    xStop     : BOOL;          //停止
END_VAR
(* 电机正向运行 *)
xRunFwd := (NOT xRunRev) AND ((xStartFwd OR xRunFwd) AND xStop);
(* 电机反向运行 *)
xRunRev := (NOT xRunFwd) AND ((xStartRev OR xRunRev) AND xStop);
```

其中,变量 xStartFwd 和 xStartRev 关联 PLC 的输入点,接入按钮开关后分别作为正转启动信号和反转启动信号;变量 xRunFwd 和 xStartRev 关联 PLC 的输出点,驱动继电器。从程序代码可以看出,实现电机正转和实现电机反转的逻辑是一样的,为了让逻辑更清晰,使用括号对逻辑进行了划分。先来看电机正转代码,从整体看该程序的实质是语句"NOT xRunRev"和语句"(xStartFwd OR xRunFwd) AND xStop"的 AND 关系。只有这两个语句的运算结果同时为 TRUE,变量 xRunFwd 才为 TRUE,也就是电机正转运行。当电机反转运行时,变量 xRunRev 的值为 TRUE,语句"NOT xRunRev"的运算结果为 FALSE,根据 AND 运算符的运算规则,只要有一个为 FALSE,则运算结果为 FALSE。所以,当电机反转时,语句"(NOT xRunRev) AND ((xStartFwd OR xRunFwd) AND xStop)"的运算结果永远为 FALSE;同理,当电机正转时,语句"(NOT xRunFwd) AND ((xStartRev OR xRunRev) AND xStop)"的运算结果也永远为 FALSE,这样就实现了互锁。

互锁的实质就是:变量 xRunFwd 和变量 xRunRev 永远不会同时为 TRUE。不光是电机正反转,在工业控制中任何两件不能同时发生的事件,都可以用互锁来解决。学习互锁语句的目的不仅仅是为了学会电机正反转,最重要的是理解互锁的实质,以便举一反三、触类旁通,解决一系列类似的问题。

4.5.7 变频器多段速控制

变频器的多段速控制,是指变频器的输出频率以设置参数的方式,在变频器内部预先设定。不同的变频器,能预置的频率个数不一样,比如 4 个、8 个、16 个等。这些预置频率,在变频器内部按顺序排列。通过变频器数字量输入端子的组合,决定变频器输出哪个预置频率。变频器数字量输入端子有两个状态,变频器数字量输入端子的状态组合就构成一系列二进制数,同变频器内部预置频率按照顺序对应,这样就可以通过数字量输入端子对变频器的输出频率进行控制。变频器的哪些数字量输入端子可以对预置频率进行选择以及它们的排列顺序(也就是哪个端子对应二进制的最高位),有些变频器需要通过参数设置,有些变频器由固定的端子实现。假设变频器有 16 个预置频率,那么使用 4 个数字量输入端子就可以实现对这 16 个预置速度的选择。

通过 PLC 的输出点控制变频器的数字量输入端子,就可以实现变频器的多段速控制,电气原理图如图 4-17 所示。

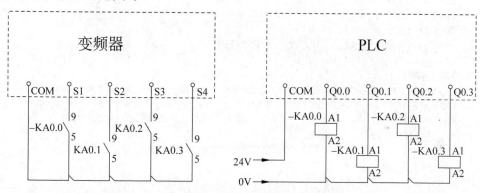

图 4-17 变频器多段速控制电气原理图

从图 4-17 可以看出,PLC 的 4 个输出点 Q0.0、Q0.1、Q0.2、Q0.3 通过继电器控制变频器的 4 个数字量输入端子 S1、S2、S3、S4 来实现多段速控制。变频器的端子 S4 对应二进制的最高位,端子 S1 对应二进制的最低位。如果 PLC 的 4 个输出全为 FALSE,PLC 的输出状态就是 0000,此时变频器 4 个数字量输入也全为 0。二进制数 2#0000 转换为十进制数是 0,这时变频器输出第 0 个预置速度(日常生活习惯计数从 1 开始,可以把变频器的第 0 个预置速度认为是预置速度 1)。如果 PLC 的 Q0.3 和 Q0.1 有输出,PLC 的输出状态就是 1010,此时变频器的输入端子 S4 和 S2 有输入。二进制数 2#1010 转换为十进制数是 10,这时变频器输出第 10 个预置速度,也就是预置速度 11。图 4-17 只展示了预置速度的选择原理,没有启动和停止控制,具体应用中变频器还需要启动信号配合,才能实现多段速控制。下面通过实例来说明变频器多段速的应用。

某生产线由变频器驱动,线体上有 16 个接近开关,工件触碰到某个接近开关,生产线的速度就改变,这样就可以使用接近开关的信号组合,来选择变频器的预置速度,程序代码如下:

```
VAR
    Q0   AT %QX0.0: BOOL;              //PLC 输出点 Q0.0,控制变频器 S1 端子
    Q1   AT %QX0.1: BOOL;              //PLC 输出点 Q0.1,控制变频器 S2 端子
    Q2   AT %QX0.2: BOOL;              //PLC 输出点 Q0.2,控制变频器 S3 端子
    Q3   AT %QX0.3: BOOL;              //PLC 输出点 Q0.3,控制变频器 S4 端子
    SP1 AT IX0.0: BOOL;                //1 号接近开关
    SP2 AT IX0.1: BOOL;
    SP3 AT IX0.2: BOOL;
    SP4 AT IX0.3: BOOL;
    SP5 AT IX0.4: BOOL;
    SP6 AT IX0.5: BOOL;
    SP7 AT IX0.6: BOOL;
    SP8 AT IX0.7: BOOL;                //8 号接近开关
    SP9 AT %IX1.0: BOOL;
    SP10 AT % IX1.1: BOOL;
    SP11 AT % IX1.2: BOOL;
    SP12 AT % IX1.3: BOOL;
    SP13 AT % IX1.4: BOOL;
    SP14 AT % IX1.5: BOOL;
    SP15 AT % IX1.6: BOOL;
    SP16 AT % IX1.7: BOOL;                //16 号接近开关
END_VAR
(*预置速度 1*)
IF SP1 AND NOT SP2 AND NOT SP3 AND NOT SP4 AND NOT SP5 AND NOT SP6 AND NOT SP7 AND NOT SP8 AND NOT
SP9 AND NOT SP10 AND NOT SP11 AND NOT SP12 AND NOT SP13 AND NOT SP14 AND NOT SP15 AND NOT SP16 THEN
    Q3 : = FALSE;                      //PLC 输出全部为 FALSE,状态为 0000
    Q2 : = FALSE;
    Q1 : = FALSE;
    Q0 : = FALSE;
END_IF
(*预置速度 2*)
IF SP2 AND NOT SP1 AND NOT SP3 AND NOT SP4 AND NOT SP5 AND NOT SP6 AND NOT SP7 AND NOT SP8 AND NOT
SP9 AND NOT SP10 AND NOT SP11 AND NOT SP12 AND NOT SP13 AND NOT SP14 AND NOT SP15 AND NOT SP16 THEN
    Q3 : = FALSE; //PLC 输出状态为 0001
    Q2 : = FALSE;
    Q1 : = FALSE;
    Q0 : = TRUE;
END_IF
(*预置速度 3*)
IF SP3 AND NOT SP1 AND NOT SP2 AND NOT SP4 AND NOT SP5 AND NOT SP6 AND NOT SP7 AND NOT SP8 AND NOT
SP9 AND NOT SP10 AND NOT SP11 AND NOT SP12 AND NOT SP13 AND NOT SP14 AND NOT SP15 AND NOT SP16 THEN
    Q3 : = FALSE;
    Q2 : = FALSE;
    Q1 : = TRUE;
    Q0 : = FALSE;
END_IF
(*预置速度 4*)
IF SP4 AND NOT SP1 AND NOT SP2 AND NOT SP3 AND NOT SP5 AND NOT SP6 AND NOT SP7 AND NOT SP8 AND NOT
SP9 AND NOT SP10 AND NOT SP11 AND NOT SP12 AND NOT SP13 AND NOT SP14 AND NOT SP15 AND NOT SP16 THEN
    Q3 : = FALSE;
```

```
        Q2 : = FALSE;
        Q1 : = TRUE;
        Q0 : = TRUE;
    END_IF
（＊预置速度 5 ＊）
IF SP5 AND NOT SP1 AND NOT SP2 AND NOT SP3 AND NOT SP4 AND NOT SP6 AND NOT SP7 AND NOT SP8 AND NOT
SP9 AND NOT SP10 AND NOT SP11 AND NOT SP12 AND NOT SP13 AND NOT SP14 AND NOT SP15 AND NOT SP16 THEN
        Q3 : = FALSE;
        Q2 : = TRUE;
        Q1 : = FALSE;
        Q0 : = FALSE;
    END_IF
（＊预置速度 6 ＊）
IF SP6 AND NOT SP1 AND NOT SP2 AND NOT SP3 AND NOT SP4 AND NOT SP5 AND NOT SP7 AND NOT SP8 AND NOT
SP9 AND NOT SP10 AND NOT SP11 AND NOT SP12 AND NOT SP13 AND NOT SP14 AND NOT SP15 AND NOT SP16 THEN
        Q3 : = FALSE;
        Q2 : = TRUE;
        Q1 : = FALSE;
        Q0 : = TRUE;
    END_IF
（＊预置速度 7 ＊）
IF SP7 AND NOT SP1 AND NOT SP2 AND NOT SP3 AND NOT SP4 AND NOT SP5 AND NOT SP6 AND NOT SP8 AND NOT
SP9 AND NOT SP10 AND NOT SP11 AND NOT SP12 AND NOT SP13 AND NOT SP14 AND NOT SP15 AND NOT SP16 THEN
        Q3 : = FALSE;
        Q2 : = TRUE;
        Q1 : = TRUE;
        Q0 : = FALSE;
    END_IF
（＊预置速度 8 ＊）
IF SP8 AND NOT SP1 AND NOT SP2 AND NOT SP3 AND NOT SP4 AND NOT SP5 AND NOT SP6 AND NOT SP7 AND NOT
SP9 AND NOT SP10 AND NOT SP11 AND NOT SP12 AND NOT SP13 AND NOT SP14 AND NOT SP15 AND NOT SP16 THEN
        Q3 : = FALSE;              //PLC 输出状态为 0111,对应二进制数 7
        Q2 : = TRUE;
        Q1 : = TRUE;
        Q0 : = TRUE;
    END_IF
（＊预置速度 9 ＊）
IF SP9 AND NOT SP1 AND NOT SP2 AND NOT SP3 AND NOT SP4 AND NOT SP5 AND NOT SP6 AND NOT SP7 AND NOT
SP8 AND NOT SP10 AND NOT SP11 AND NOT SP12 AND NOT SP13 AND NOT SP14 AND NOT SP15 AND NOT SP16 THEN
        Q3 : = TRUE;
        Q2 : = FALSE;
        Q1 : = FALSE;
        Q0 : = FALSE;
    END_IF
（＊预置速度 10 ＊）
IF SP10 AND NOT SP1 AND NOT SP2 AND NOT SP3 AND NOT SP4 AND NOT SP5 AND NOT SP6 AND NOT SP7 AND NOT
SP8 AND NOT SP9 AND NOT SP11 AND NOT SP12 AND NOT SP13 AND NOT SP14 AND NOT SP15 AND NOT SP16 THEN
        Q3 : = TRUE;
        Q2 : = FALSE;
        Q1 : = FALSE;
```

```
    Q0 : = TRUE;
END_IF
(* 预置速度 11 *)
IF SP11 AND NOT SP1 AND NOT SP2 AND NOT SP3 AND NOT SP4 AND NOT SP5 AND NOT SP6 AND NOT SP7 AND NOT
SP8 AND NOT SP9 AND NOT SP10 AND NOT SP12 AND NOT SP13 AND NOT SP14 AND NOT SP15 AND NOT SP16 THEN
    Q3 : = TRUE;
    Q2 : = FALSE;
    Q1 : = TRUE;
    Q0 : = FALSE;
END_IF
(* 预置速度 12 *)
IF SP12 AND NOT SP1 AND NOT SP2 AND NOT SP3 AND NOT SP4 AND NOT SP5 AND NOT SP6 AND NOT SP7 AND NOT
SP8 AND NOT SP9 AND NOT SP10 AND NOT SP11 AND NOT SP13 AND NOT SP14 AND NOT SP15 AND NOT SP16 THEN
    Q3 : = TRUE;
    Q2 : = FALSE;
    Q1 : = TRUE;
    Q0 : = TRUE;
END_IF
(* 预置速度 13 *)
IF SP13 AND NOT SP1 AND NOT SP2 AND NOT SP3 AND NOT SP4 AND NOT SP5 AND NOT SP6 AND NOT SP7 AND NOT
SP8 AND NOT SP9 AND NOT SP10 AND NOT SP11 AND NOT SP12 AND NOT SP14 AND NOT SP15 AND NOT SP16 THEN
    Q3 : = TRUE;
    Q2 : = TRUE;
    Q1 : = FALSE;
    Q0 : = FALSE;
END_IF
(* 预置速度 14 *)
IF SP14 AND NOT SP1 AND NOT SP2 AND NOT SP3 AND NOT SP4 AND NOT SP5 AND NOT SP6 AND NOT SP7 AND NOT
SP8 AND NOT SP9 AND NOT SP10 AND NOT SP11 AND NOT SP12 AND NOT SP13 AND NOT SP15 AND NOT SP16 THEN
    Q3 : = TRUE;
    Q2 : = TRUE;
    Q1 : = FALSE;
    Q0 : = TRUE;
END_IF
(* 预置速度 15 *)
IF SP15 AND NOT SP1 AND NOT SP2 AND NOT SP3 AND NOT SP4 AND NOT SP5 AND NOT SP6 AND NOT SP7 AND NOT
SP8 AND NOT SP9 AND NOT SP10 AND NOT SP11 AND NOT SP12 AND NOT SP13 AND NOT SP14 AND NOT SP16 THEN
    Q3 : = TRUE;
    Q2 : = TRUE;
    Q1 : = TRUE;
    Q0 : = FALSE;
END_IF
(* 预置速度 16 *)
IF SP16 AND NOT SP1 AND NOT SP2 AND NOT SP3 AND NOT SP4 AND NOT SP5 AND NOT SP6 AND NOT SP7 AND NOT
SP8 AND NOT SP9 AND NOT SP10 AND NOT SP11 AND NOT SP12 AND NOT SP13 AND NOT SP14 AND NOT SP15 THEN
    Q3 : = TRUE;
    Q2 : = TRUE;
    Q1 : = TRUE;
    Q0 : = TRUE;
END_IF
```

为了方便阅读并理解程序,关联 PLC 输出点的变量直接使用类似输出地址的定义方法。以预置速度 8 为例说明,当接近开关 SP8 有信号,其他接近开关没有信号,执行相应的语句后,输出点 Q0.3 为 FALSE,其余输出点为 TRUE,对应的状态为 0111。此时变频器输入端子 S3、S2、S1 有输入信号,S4 没有输入信号,对应的状态为 0111,二进制数 2♯0111 转换为十进制数为 7,这样变频器就输出第 7 个预置频率,也就是预置速度 8(变频器内预置速度从 0 开始算起)。在实际应用中,也可以通过触摸屏、按钮等方式来触发相应的预置速度。从程序的代码量来看,以上的程序非常的烦琐,4.2.2 章节讲述过 WORD 型逻辑运算,变频器多段速控制可以使用 WORD 型变量实现,以简化程序。

PLC 输出点的实质也是存储单元,在 PLC 中可以按照位、字节、字、双字对存储单元进行寻址。比如在 SoMachine 中,输出点按位寻址是:%QX0.0～%QX0.7,这 8 个位可以组成 1 个字节,这 8 个位按字节寻址就是%QB0;%QX1.0～%QX1.7 这 8 个位,也可以组成 1 个字节,这 8 个位按字节寻址就是%QB1,从%QX0.0 到%QX1.7 这 16 个位按字寻址就是%QW0,很显然%QW0 是由%QB0 和%QB1 组成的,如图 4-18 所示。

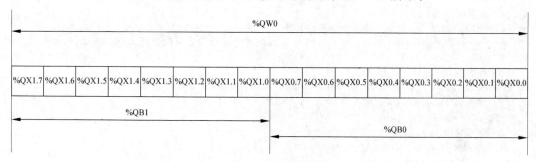

图 4-18　SoMachine 输出点寻址

只需要定义一个 WORD 型变量,为该变量分配地址%QW0,就可以使用这个 WORD 型变量对 PLC 的输出点进行操作,PLC 输入点也可以这样处理。3.4 章节简要介绍过"="运算符,也就是判断两个变量的值是否相等。只需要对 PLC 的输入和输出按字寻址,然后对这个字的每个位进行判断和处理就可以简化程序,程序代码如下:

```
VAR
    wSpStatus      AT % IW0 : WORD;          //PLC 输入点,接近开关信号
    wMotorSpeed    AT % QW0 : WORD;          //PLC 输出点,控制变频器端子
END_VAR
( * 预置速度 1 * )
IF wSpStatus = 2♯0000000000000001 THEN
    wMotorSpeed : = 2♯0000;                  //接近开关 SP1 有信号,其他接近开关没信号
END_IF
( * 预置速度 2 * )
IF wSpStatus = 2♯0000000000000010 THEN
    wMotorSpeed : = 2♯0001;
END_IF
( * 预置速度 3 * )
IF wSpStatus = 2♯0000000000000100 THEN
```

```
    wMotorSpeed : = 2#0010;
END_IF
(*预置速度4*)
IF wSpStatus = 2#0000000000001000 THEN
    wMotorSpeed : = 2#0011;
END_IF
(*预置速度5*)
IF wSpStatus = 2#0000000000010000 THEN
    wMotorSpeed : = 2#0100;
END_IF
(*预置速度6*)
IF wSpStatus = 2#0000000000100000 THEN
    wMotorSpeed : = 2#0101;
END_IF
(*预置速度7*)
IF wSpStatus = 16#000000001000000 THEN
    wMotorSpeed : = 2#0110;
END_IF
(*预置速度8*)
IF wSpStatus = 2#0000000010000000 THEN
    wMotorSpeed : = 2#0111;                    //第8个接近开关有信号,PLC Q0.2～Q0.0有输出
END_IF
(*预置速度9*)
IF wSpStatus = 2#0000000100000000 THEN
    wMotorSpeed : = 2#1000;
END_IF
(*预置速度10*)
IF wSpStatus = 2#0000001000000000 THEN
    wMotorSpeed : = 2#1001;
END_IF
(*预置速度11*)
IF wSpStatus = 2#0000010000000000 THEN
    wMotorSpeed : = 2#1010;
END_IF
(*预置速度12*)
IF wSpStatus = 2#0000100000000000 THEN
    wMotorSpeed : = 2#1011;
END_IF
(*预置速度13*)
IF wSpStatus = 2#0001000000000000 THEN
    wMotorSpeed : = 2#1100;
END_IF
(*预置速度14*)
IF wSpStatus = 2#0010000000000000 THEN
    wMotorSpeed : = 2#1101;
END_IF
(*预置速度15*)
IF wSpStatus = 2#0100000000000000 THEN
    wMotorSpeed : = 2#1110;
END_IF
```

```
(＊预置速度 16＊)
IF wSpStatus ＝ 2♯1000000000000000 THEN
    wMotorSpeed ：＝2♯1111；
END_IF
```

可以看出程序代码已经大大简化,仍然以预置速度8为例来说明,语句"wSpStatus ＝ 2♯0000000010000000"是判断变量 wSpStatus 的第7位是否为 TRUE,也就是 PLC 的输入点 I0.7 是否有输入。如果 I0.7 有输入而其他输入点没有输入,那么语句"wSpStatus ＝ 2♯0000000010000000"的运算结果为 TRUE,执行语句"wMotorSpeed ：＝2♯0111；",该语句执行后,PLC 输出点 Q0.3 为 FALSE,Q0.2、Q0.1、Q0.0 皆为 TRUE,对应变频器的输入端子 S4 没有输入信号,S3、S2、S1 都有输入信号,对应二进制状态为 2♯0111,变频器就输出第7个预置频率,也就是预置速度8(变频器内预置速度从0开始算起)。

程序代码使用二进制表示,可以清晰地看出 PLC 输入/输出点的状态以及 WORD 型变量和二进制的关系。程序代码也可以用十六进制表示,这样程序会更简化,仍然以预置速度8为例,使用十六进制,程序代码如下:

```
IF  wSpStatus ＝ 16♯80 THEN
    wMotorSpeed ：＝16♯7；         //第8个接近开关有信号,PLC Q0.2～Q0.0 有输出
END_IF
```

此例子不但可以优化 PLC 程序,还能加深对进制的理解,读者尤其是初学者需要多多揣摩练习。进制就是同一个数字的不同表示方法,不同的场合使用不同的进制,能更清晰地表达程序的意图。

在西门子博途中,输入点和输出点也可以按照位、字节、字和双字对存储单元进行寻址,直接在变量表中定义即可,如图4-19所示。

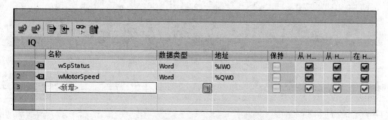

图 4-19　西门子博途输入点和输出点按字寻址

注意：数据的存放顺序有两种模式,分别为大端模式和小端模式。大端模式是指一个16位数的高字节部分保存在低地址中,低字节部分保存在高地址中;小端模式是指一个16位数的高字节部分保存在高地址中,低字节部分保存在低地址中。西门子博途为大端模式,SoMachine 为小端模式,西门子博途中的16位数,高8位在低字节,低8位在高字节,这与 SoMachine 刚好相反。在西门子博途中,％QB0 和％QB1 的位置和图4-18是相反的。大端模式和小端模式是 PLC 的系统设定,读者可以通过 PLC 实际验证或仿真验证,以加深理解。

在三菱 GX Works3 中，寻址方式不同于 CODESYS 和西门子博途，其采用软元件组的方式。所谓软元件组，就是把几个软元件组合在一起使用，就好比几个同学组成一个小组。在三菱 PLC 中，输入 X、输出 Y、内部寄存器 M 和 D 都是软元件，都可以组合成软元件组。比如输出点 Y0～Y17 共 16 个输出点，也就是 16 个软元件（三菱 PLC 的输入/输出点采用八进制），可以每 4 个软元件作为一组来使用。比如 K1Y0，表示从 Y0 开始的 4 个 Y 软元件组成 1 个软元件组，K3Y0 表示，从 Y0 开始共有 12(3 * 4) 个 Y 软元件组成 1 个软元件组，如图 4-20 所示。

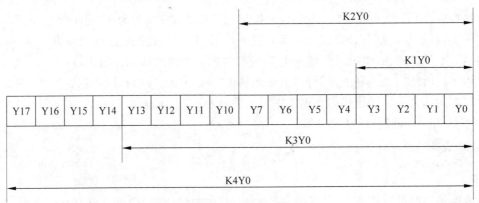

图 4-20　三菱 PLC 软元件组

三菱 GXWorks3 中，只需定义变量的时候为软元件组分配地址，即可按字对输入点和输出点进行寻址，如图 4-21 所示.

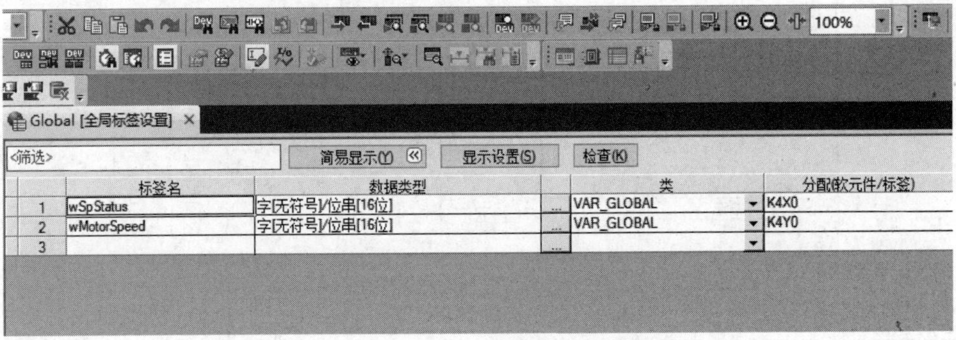

图 4-21　三菱 GXWorks3 输入点和输出点按字寻址

按照图 4-21 中定义变量，变量 wSpStatus 就跟 PLC 从 X0 开始的共 16 个输入点关联，只需要判断变量 wSpStatus 的状态，就可以获取三菱 PLC X0～X7 以及 X10～X17 共 16 个输入点的状态。这就相当于对这 16 个位变量按字寻址，变量 wMotorSpeed 同理。

在西门子博途以及三菱 GXWorks3 中，如何用 ST 语言实现变频器多段速控制，读者可自行编写并验证或者通过仿真验证。

4.5.8　多轴状态判断

巧妙使用 PLC 的寻址方式和数据类型,可以简化很多程序,下面来看一个例子。

在某项目中有 16 个电机,电机的状态需要反馈在上位机上,电机的状态反馈接入 PLC 的输入点。如果要确认 16 根轴全部正常,需要进行 16 个 BOOL 型变量参与的 AND 运算,代码如下:

```
xMotorReady    :=    xA1MotorReady AND xA2MotorReady AND xA3MotorReady AND xA4MotorReady AND
xA5MotorReady AND xA6MotorReady AND xA7MotorReady AND xA8MotorReady AND xA9MotorReady AND
xA10MotorReady AND xA11MotorReady AND xA12MotorReady AND xA13MotorReady AND xA14MotorReady
AND xA15MotorReady AND xA16MotorReady;
```

可以看出代码非常的烦琐,如果电机轴数增多,比如 32 根轴、64 根轴乃至 128 根轴,代码会更加的烦琐。参照变频器多段速控制的处理,使用 WORD 型变量则会使程序代码大大简化,程序代码如下:

```
VAR
    wStats0   AT % IW0:WORD;         //变频器反馈状态
    xMotorReady        :BOOL;        //变频器准备好
END_VAR
IF wStats0 = 16♯FF THEN
    xMotorReady := TRUE;
ELSE
    xMotorReady := FALSE;
END_IF
```

使用 WORD 型变量后,程序代码大大简化,也更加易读。这样的应用还有很多,比如某设备中有 16 个电机需要全部启动,那么只需要把输出点按字寻址定义变量,然后给变量赋值 16♯FFFF 即可;如果要停止全部电机,只需要赋值 16♯0000 即可;如果要启动指定的电机,只需要给相应的位赋值为 1,其余的位赋值 0 即可。比如启动 4 号、12 号电机,只需要赋值 2♯0000100000001000,也就是 16♯0808。

有些 PLC,可能不支持输入/输出点按字或者字节寻址,也不支持软元件组的形式,可以使用赋值语句通过变量转换。也就是先把输入/输出点赋值给 BOOL 型变量,再对 BOOL 型变量进行处理。可以使用指令将 16 个 BOOL 型变量整合成 WORD 型变量,如果 PLC 没有类似指令,后续章节将讲述如何通过编写程序实现。

强调:4.5.7 与 4.5.8 章节,使用到的数据类型以及寻址方式,属于 PLC 的基础知识和通用知识,与编程语言关系不大,即便使用梯形图编程,也可以利用这些知识。因此要想用好 PLC 的 ST 语言编程,不光要学习 ST 语言,还要熟悉 PLC 的基础知识,两者相辅相成,相得益彰,这样才能发挥 ST 语言的作用。否则初学者就会陷入 ST 语言不如梯形图直观易懂、不容易学会、使用更麻烦的死循环和误区。

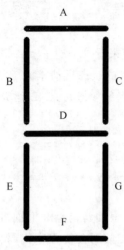

图 4-22　数码管数字显示

在 PLC 编程中，巧妙使用寻址方式，可以使程序更简洁，读者可练习如下的趣味例子，使得学习过程不再枯燥，加深对知识的理解。

图 4-22 为数码管，通过点亮不同的数码管，可以显示不同的数字。

如图 4-22 所示，由 A～G 共 7 根数码管组成数字，通过 PLC 输出控制这 7 根数码管来显示 0～9 共 10 个数字。比如要显示数字 8，PLC 的输出点全部为 TRUE 即可；要显示数字 3，只需要让驱动 A、C、D、G、F 数码管的输出点为 TRUE 即可。可以通过 HMI 联合 PLC 仿真，巩固对 PLC 寻址方式的应用与理解。

逻辑控制是 PLC 最主要的功能，在很多自动化项目中，逻辑控制部分占有很大比例。读者如果习惯了梯形图编程，需要多学多练，从翻译梯形图开始，然后逐步过渡到直接写 ST 语言程序实现逻辑。

4.6　西门子博途中的逻辑运算

笔者再次强调，西门子 PLC 中的 SCL 和 IEC 61131-3 标准中的 ST 语言是同一种语言的不同叫法。

在西门子博途中，有 DB 块和变量表，其 DB 块内又有 STATIC 型变量和 TEMP 型变量，这些都是对变量的细分。读者如果熟练掌握博途的梯形图编程，这些变量的应用方式同样适用于 SCL。多重背景的使用方法也同样适用于 SCL。西门子博途中的 SCL 和大多数 PLC 的书写形式不太一样，来看一个例子，如图 4-23 所示。

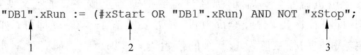

```
"DB1".xRun := (#xStart OR "DB1".xRun) AND NOT "xStop";
            ↑                    ↑                    ↑
            1                    2                    3
```

图 4-23　西门子博途中使用 SCL 编写的逻辑运算式

图 4-23 是西门子博途中使用 SCL 编写的"启动-保持-停止"程序，形式上与 ST 语言相似，却又不完全相同。这也是很多读者认为西门子的 SCL 是一种独立的 PLC 编程语言而不是 ST 语言的原因。这行代码中，最大的区别是图中三个箭头所指的变量，有的使有双引号（" "），有的使用井号（#）。这其实是西门子博途为不同性质的变量自动添加的标识符，无须用户干预。

（1）箭头 1 所指的变量""DB1". xRun"是 DB 块中定义的变量。DB1 就是用户建立的 DB 块的名字，可以看到它使用了运算符"."。回顾 2.4.4 节讲解的结构体变量，两者很相似。其实，西门子的 DB 块就可以理解为结构体变量，如果在 DB 块中再定义结构体变量，那就是结构体变量的嵌套。双引号"" ""表示全局变量，因此""DB1". xRun"可以理解成引用全局结构体变量 DB1 中的变量 xRun。

（2）箭头 2 所指的变量♯xStart，是当前 FB 内定义的局部变量，只能在本 FB 内使用，"♯"表示局部变量。无论是临时变量还是静态变量，只要在 FB 内建立的，都是局部变量。

（3）箭头 3 所指的变量 xStop，是在变量表定义的变量。熟悉西门子 PLC 的读者都知道，变量表可以认为是特殊的 DB 块，也就是系统帮用户定义规划好的一块 DB 块，也可以认为 DB 块是特殊的变量表，因此 DB 块可以认为是系统自动建立的结构体变量。在西门子博途中，DB 块的使用更自由、方便，支持的数据类型更多。

表示局部变量或者全局变量的标识符，都由西门子博途自动添加，无须用户干预，它们能清晰地表达出变量的性质。经过以上分析，相信读者对西门子博途中的 SCL 有了一定的理解，虽然西门子博途对变量进行了分类标识，其实质还是变量，所以变量属性、数据类型等要素同样适用。

因此，要想熟练使用西门子博途中的 SCL 语言，必须熟练掌握西门子 PLC 的应用。使用西门子博途的读者，应该先学会西门子 PLC 的基本应用，理解西门子博途中的各种概念，例如 OB 块、FB 块、FC 块、DB 块等。笔者多次强调，要用自己熟悉的 PLC 来学习 ST 语言，使用 ST 语言进行项目开发时遇到瓶颈，有时并不是没掌握 ST 语言，而可能是对 PLC 本身并不熟悉。

4.7 使用 IF 语句的注意事项

IF 语句在 PLC 编程中的应用非常广泛，可以说是使用最多的语句。在使用梯形图时，有各种规则和编程习惯，其目的就是提高程序的效率，让机器设备更加稳定。下面通过例子说明使用 IF 语句的注意事项。

某设备由气缸驱动工件，通过气缸上的磁开，判断气缸是否到位，并决定下一步动作，程序代码如下：

```
(**** 监测到磁开信号,气缸到位 ****)
IF xSM1 THEN
    xAirCylinderDone := TRUE;
END_IF
(**** 未监测到磁开信号,气缸未到位 ****)
IF NOT xSM1 THEN
    xAirCylinderDone := FALSE;
END_IF
```

也可以使用下面的代码实现。

```
IF xSM1 THEN
  xAirCylinderDone := TRUE;              // 监测到磁开信号
ELSE
  xAirCylinderDone := FALSE;            //未监测到磁开信号
END_IF
```

这两组代码都可以实现所需的功能，但笔者建议使用第二组代码。第一组代码，其实是两个 IF…END_IF 语句；第二组代码，只有一个 IF…ELSE…END_IF 语句。根据 IF…

ELSE…END_IF 语句的语法规则，一旦条件满足，ELSE 后面的语句就不会执行；如果条件不满足，则只执行 ELSE 后面的语句。所以，第二组代码其实只做了一次判断，而第一组代码由两个 IF…END_IF 语句组成，实际做了两次判断。显然，第二组代码的效率更高。虽然现在 PLC 的性能已经非常优良，这两组代码对 PLC 的扫描周期没有实质性的影响，但是当程序代码的数量大大增加时，对 PLC 的执行效率还是有一定影响的。因此，从程序的简洁性以及 PLC 的执行效率考虑，类似的应用应尽量使用 IF…ELSE…END_IF 语句。

第 5 章

边 沿 触 发

边沿触发指上升沿触发和下降沿触发,捕捉的是 BOOL 型变量从高电平到低电平或从低电平到高电平变化的瞬间。由于 PLC 是采用循环扫描的工作方式,扫描周期一般是毫秒级,因此当操作人员按下按钮,或者接近开关、光电开关等传感器检测到工件,虽然这些操作时间很短,但 PLC 已经执行了成千上万次指令。有时只需要指令执行一次,例如使用光电开关进行产品计数,光电开关检测到一件产品,只需要计一次数即可。由于各种客观因素的影响,光电开关检测到一件产品,PLC 的计数指令可能已经执行了很多次,计数结果显然是不准确的。如果只捕捉到信号的变化,即光电开关捕捉的信号从无到有这一瞬间,才计一次数,也就是执行一次指令,则就能实现正确的计数,这就是边沿触发,捕捉的是电平的变化。

注意:边沿触发捕捉的是 BOOL 型变量的变化,其他类型的变量不存在边沿触发的概念。

5.1 基本概念

5.1.1 上升沿

上升沿(R_TRIG)指 BOOL 型变量从低电平变化为高电平的那一瞬间,梯形图中的实现如图 5-1 所示。

图 5-1 上升沿梯形图

图 5-1 中的梯形图与图 4-1 中的最大不同在于:只在变量 xLabel1 从 FALSE 变为TRUE 的瞬间,变量 xResults 才为 TRUE,并持续一个扫描周期。假设变量 xLabel1 为PLC 的输入点,接入按钮的常开点;变量 xResults 为 PLC 的输出点,接指示灯,只有在按下

按钮的瞬间,指示灯才会亮。图 4-1 中的梯形图,只要按下按钮,指示灯就一直亮。所以,上升沿的实质是捕捉 BOOL 型变量从低电平到高电平的变化,或者从无到有的变化,取的是"变化";而常开常闭点,取的是"结果"。

IEC 61131-3 标准制定了专门的功能块 R_TRIG(R 是英文 RISE 的首字母,意为上升,TRIG 意为触发)来实现上升沿。如果调用功能块来实现图 5-1 中的上升沿触发,则如图 5-2 所示。

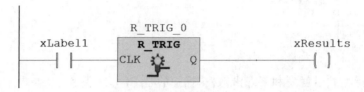

图 5-2　功能块实现上升沿

图 5-2 中的梯形图与图 5-1 中的梯形图是完全等价的,它采用功能块实现了上升沿触发。当功能块 R_TRIG 检测到输入引脚 CLK 上的变量 xLabel1 发生从低电平到高电平的变化时,输出引脚 Q 变为高电平,并持续一个扫描周期。因此,变量 xResults 也变为高电平,并持续一个扫描周期。功能块 R_TRIG 的作用就是捕捉它的输入引脚 CLK 的上升沿。

上升沿的实质是把变量当前扫描周期的值与上一个扫描周期的值进行比较,如果上一个扫描周期的值为 FALSE,而本次扫描周期的值为 TRUE,则捕捉到一次上升沿变化。因此,要想捕捉到上升沿,必须存储上一个扫描周期的值。回顾 2.6.3 节,功能块和函数的区别就是功能块有存储空间,因此实现上升沿必须调用功能块。使用功能块必须实例化,也就是要定义功能块型变量。图 5-2 中的 R_TRIG_0 就是定义的功能块型变量。功能块型变量在 CODESYS 中与 BOOL 型、INT 型、结构体等一样,是一种数据类型。而在西门子博途中,称为背景数据块。实现上升沿的代码如下:

```
VAR
    R_TRIG_0 : R_TRIG;                      //上升沿功能块实例化
END_VAR
R_TRIG_0(CLK := xLabel1,Q => xResults);
```

从这段代码不难看出,功能块调用的格式如下:

实例名(VAR_IN := <变量或表达式>,VAR_OUT => <变量或表达式>);

功能块调用就是分别使用运算符":="和运算符"=>"来获取功能块的输入和输出,它们之间用","隔开,调用结束,以";"结束。所以调用功能块的实质是一系列赋值操作。调用功能块的目的就是对于给定的输入值获取其输出值。如果要在其他语句中使用功能块的输入和输出,调用格式为"实例名.输入/输出"。因此,图 5-1 中的梯形图也可以用如下代码表示。

```
VAR
  R_TRIG_0 : R_TRIG;
END_VAR
R_TRIG_0(CLK := xLabel1);
```

```
IF R_TRIG_0.Q THEN
    xResults := TRUE;                    //检测到上升沿时,输出一个扫描周期
ELSE
    xResults := FALSE;
END_IF
```

这段代码使用 IF…ELSE…END_IF 语句实现图 5-1 中的梯形图程序。从代码可以看出,对于功能块的调用,ST 语言还是很灵活的,既可以在功能块的输入引脚和输出引脚上直接填写变量,也可以使用"."引用输入引脚和输出引脚的值,再通过赋值语句传递相应的变量。这段代码中,IF…ELSE…END_IF 语句的判断条件 R_TRIG_0.Q,就是使用实例名 R_TRIG_0 来调用功能块的输出引脚 Q。对于不需要的引脚,在调用的时候也可以省略。ST 语言在实现上升沿的时候要比梯形图略显烦琐,如果不想手动输入,SoMachine 还提供了输入助手功能。

图 5-3 SoMachine 中调用输入助手

首先,在需要输入代码的空白处右击,弹出的快捷菜单如图 5-3 所示。

然后,选择"输入助手"命令,弹出"输入助手"对话框,如图 5-4 所示。

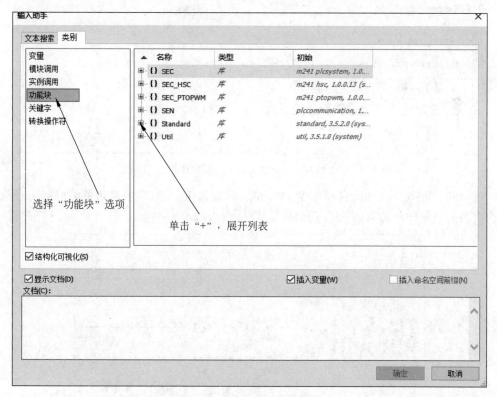

图 5-4 "输入助手"对话框

选择"功能块"，右侧会出现调用功能块选项，单击 Standard 前面的"＋"，展开 Standard 列表，在展开的列表中选择 Trigger 前面的"＋"，展开 Trigger 列表，如图 5-5 所示。

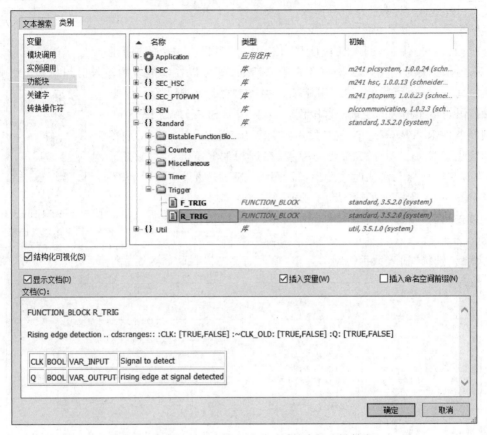

图 5-5　SoMachine 中输入助手对话框中的边沿触发

选择"R_TGIG"，弹出"自动声明"对话框，即调用 R_TRIG 的对话框，如图 5-6 所示。自动声明是指为调用的 R_TRIG 功能块输入/输出引脚分配变量。

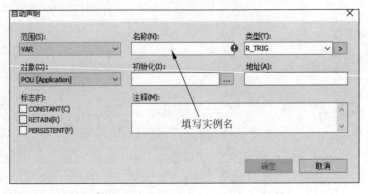

图 5-6　SoMachine 中定义 R_TRIG 对话框

在图 5-6 中的"名称(N):"文本框中填写实例名,从"范围(S):""标志(F):""对象(O):""初始化(J):""地址(A):"等描述不难看出,CODESYS 中把功能块的实例名看作一种数据类型。因此,在 CODESYS 中,功能块的实例名简称功能块型变量。对于功能块型变量的命名,可以按照 3.4.4 节介绍的变量命名原则来命名,也可以使用简单的方式命名为"R1"。单击"确定"按钮,系统就自动生成功能块 R_TRIG 的调用格式,如图 5-7 所示。

```
75
76      R1(CLK:=  , Q=> );
77
```

图 5-7　输入助手自动建立的代码

在 SoMachine 中,所有的功能块和函数调用都可以采用这种方式辅助输入。

5.1.2　下降沿

下降沿(F_TRIG)是指 BOOL 型变量从高电平变化为低电平的那一瞬间,使用功能块 F_TRIG(F 是英文单词 FALL 的首字母,意为下降)实现,下降沿在梯形图中的实现方法如图 5-8 所示。

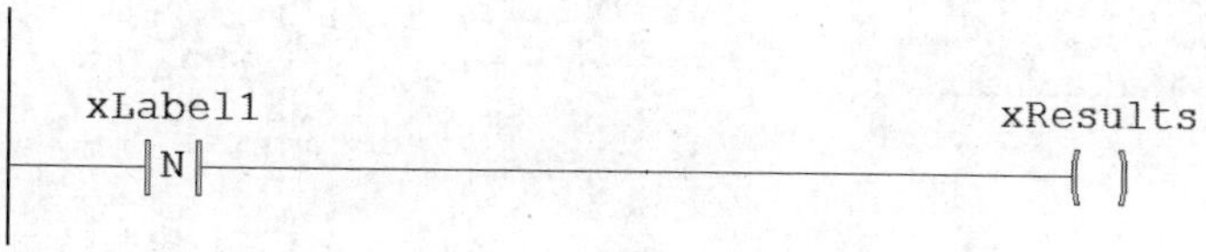

```
      xLabel1                                    xResults
        ─┤N├─                                      ─( )─
```

图 5-8　下降沿梯形图

用 ST 语言实现下降沿,代码如下:

```
VAR
    F_TRIG_0 : F_TRIG;              //下降沿功能块实例化
END_VAR
F_TRIG_0();                         //调用功能块
F_TRIG_0.CLK := xLabel1;
xResults       := F_TRIG_0.Q;       //检测到下降沿时,输出一个扫描周期
```

调用下降沿功能块的代码中采用了另一种方式,不是在调用功能块时将变量赋值给输入/输出,而是直接用赋值表达式实现。可见,功能块的调用是非常灵活的。采用这种方法时,应尽量把赋值语句和调用功能块的语句放在一起,不然调试时非常麻烦。

通过对边沿触发功能块的学习,可以发现,ST 语言中调用功能块是非常灵活的。调用功能块在 ST 语言中应用非常广泛,类似梯形图中的各种指令。希望读者能够在学习边沿触发的过程中掌握调用功能块的方法,后续章节还会继续介绍如何调用功能块。

5.1.3　西门子博途中的边沿触发

西门子博途也提供了 R_TRIG 和 F_TRIG 功能块实现边沿触发。R_TRIG 和 F_TRIG 功能块是 IEC 61131-3 中制定的标准功能块,凡是符合 IEC 61131-3 标准的 PLC,都可以使用这两个功能块来实现边沿触发。由于西门子博途中功能块的调用,涉及背景数据块,与 CODESYS 平台的 PLC 略有不同。下面介绍西门子博途中边沿触发的实现方法。

1. 如何调用

在西门子博途（以下简称博途）中调用各种功能块非常方便，它提供了指令窗口，可以把指令直接拖曳到编辑区，如图 5-9 所示。

直接把图 5-9 中的 R_TRIG 拖曳到代码编辑区，会自动弹出"调用选项"对话框，如图 5-10 所示。

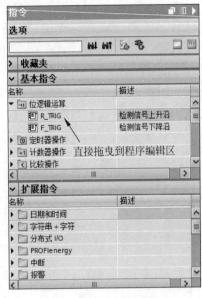

图 5-9　博途中的指令窗口

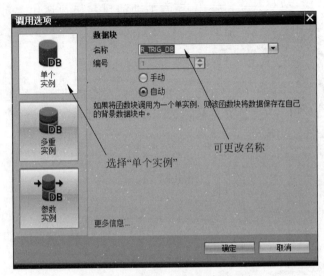

图 5-10　博途中的分配背景数据块

选择"单个实例"，名称为"R_TRIG_DB"，这在博途中称为分配背景数据块，实质是分配一块存储空间。"R_TRIG_DB"就是为这块存储空间取的名字，类似于 CODESYS 中的

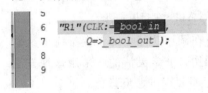

图 5-11　博途自动生成的上升沿代码格式

功能块型变量，也就是实例名。可根据需求更改名称，只需要符合博途的命名规范即可，具体可参考博途编程手册。此处更改名称为"R1"，单击"确定"按钮，在代码编辑区会自动生成上升沿代码格式，如图 5-11 所示。

从图 5-11 可以看出，系统已经自动生成调用格式，只需要添加变量即可，并且系统自动为 R1 添加了变量标识符。博途中的背景数据块的实质也是变量。默认单个实例是全局变量；填入变量后，代码如下：

```
"R1"(CLK := #xLabel1);
#xResults := "R1".Q;
```

当然，也可以使用 IF…ELSE…END_IF 语句，实现代码如下：

```
"R1"(CLK := #xLabel1);
IF  "R1".Q THEN
  #xResults := TRUE;
```

```
ELSE
    #xResults := FALSE;
END_IF
```

2. 如何避免产生大量背景数据块

边沿触发是 PLC 编程中经常需要使用的，一个项目中可能需要很多边沿触发。在博途中，每调用一次边沿触发就会建立一个背景数据块，因此会产生大量的背景数据块，使得程序结构混乱，影响程序的可读性，并且严重浪费 PLC 的系统资源。那么如何避免这个问题呢？博途提供了多重背景的解决方案，可以利用 FB 本身的背景数据块，保存边沿检测需要的数据。

下面介绍如何使用多重背景。在图 5-10 的"调用选项"对话框中选择"多重实例"，需要注意的是，博途默认是选择"单个实例"，如图 5-12 所示。

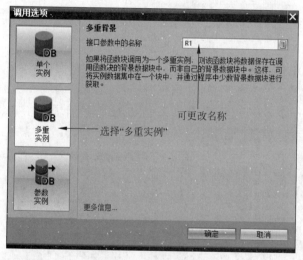

图 5-12　定义多重实例

图 5-12 中，"接口参数中的名称"栏中的内容就是定义的实例名，可以使用默认值，也可以根据需要更改。这里更改为"R1"，单击"确定"按钮，系统就在当前 FB 的 STATIC 中即静态变量中，自动建立一个名称为"R1"，数据类型为 R_TRIG 的变量，如图 5-13 所示。

类似地，需要多少个变量就拖曳多少个上升沿进来。注意一定要选择"多重实例"，如图 5-14 所示。

从图 5-14 可以看出，系统同样为 R1 自动添加了变量标识符，由于 R1 是在 FB 内建立的，所以是局部变量。这样充分利用了 FB 的存储空间存储上升沿功能块所需要的数据，减少了背景数据块。在博途中，所有的功能块调用都可以按照这种方式操作，以减少背景数据块的数量。但是此种方法只适用在 FB 中调用边沿触发的情况，在 FC 中调用边沿触发是无法使用多重实例的。如果需要在 FC 中调用，可以使用参数实例来解决，例如在博途中新建 FC 块 FC1，然后调用 R_TRIG 功能块，出现"调用选项"对话框时，选择"参数实例"，如图 5-15 所示。

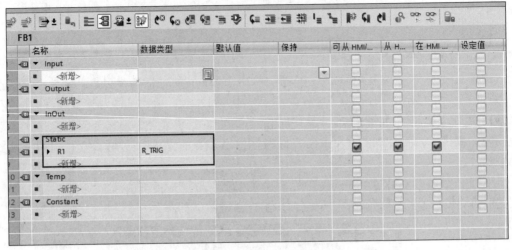

图 5-13　定义的多重背景

对比图 5-12 和图 5-15 可以看出，在 FC 中调用功能块时是没有"多重实例"选项的。接口参数中的名称更改为"R1"，然后单击"确定"按钮。系统就自动在当前 FC 的 InOut 即输入/输出变量中建立一个名称为"R1"，数据类型为 R_TRIG 的变量，如图 5-16 所示。

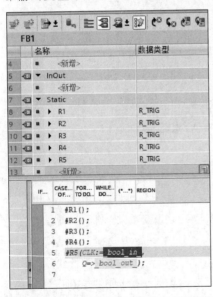

图 5-14　FB 中调用多个上升沿触发功能块

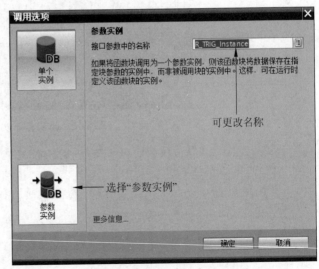

图 5-15　FC 中选择参数实例

与多重背景一样，需要多少个变量就建立多少个实例，注意一定要选择"参数实例"，如图 5-17 所示。

由于 FC 并没有存储空间，所以无法实现边沿触发，参数实例的目的是利用其他 FB 的存储空间。新建 FB 块，命名为"FB1"，然后在 FB1 中调用 FC1，如图 5-18 所示。

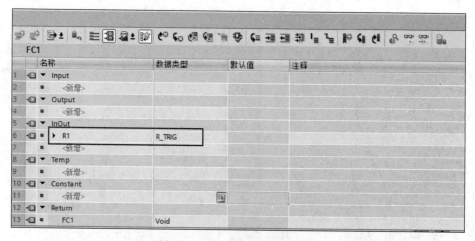

图 5-16 FC 中建立的参数实例

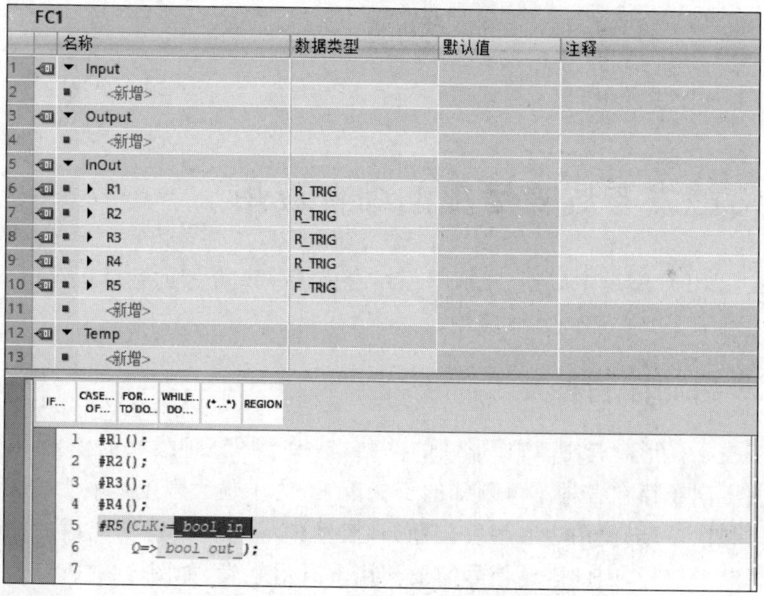

图 5-17 FC 中建立多个参数实例

从图 5-18 可以看出,只需要在调用 FC 的 FB 中建立 R_TRIG 类型的静态变量即可,这就是参数实例的意义,如图 5-19 所示。

可以看出,参数实例的目的是利用其他 FB 的存储空间,为没有存储空间的 FC 服务。参数实例可以看作是一个接口,用来建立 FB 和 FC 之间的联系。

注意:博途中的 FB 就是功能块,FC 就是函数。本例中调用的 FB 和 FC 就是用户自定义功能块和自定义函数。

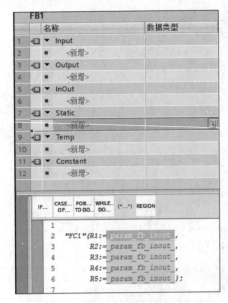

图 5-18　在 FB 中调用 FC

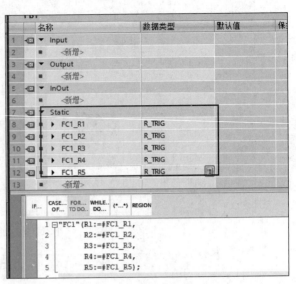

图 5-19　为调用的 FC 分配变量

5.2　边沿触发与逻辑运算的综合应用

边沿触发在 PLC 编程中应用广泛，下面结合前面章节介绍的逻辑运算语句和 IF 语句，并结合具体的例子讲解它们的具体应用。

5.2.1　启动保持停止

启动保持停止梯形图是 PLC 梯形图的基础，是梯形图原理最好的体现，在 PLC 编程中应用广泛。由于现场存在各种不可预知的干扰因素，为了最大限度地减少误操作，或者出于程序编写的便利性，可以使用边沿触发。例如，启动信号来自其他功能块的输出，功能块的输出一直是高电平信号，因此启动信号需要使用上升沿触发，如图 5-20 所示。

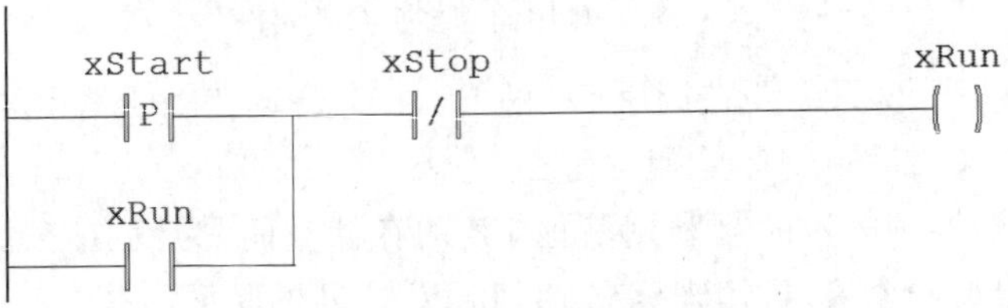

```
        xStart          xStop                        xRun
        ──┤P├──        ──┤/├──                       ──( )──
         xRun
        ──┤ ├──
```

图 5-20　上升沿触发的启动保持停止梯形图

图 5-20 中的梯形图是采用上升沿触发的启动保持停止梯形图。需要再次强调，为了设备安全，停止信号应该接到按钮的常闭点上，因此程序中应当使用常开触点。为了演示 NOT 逻辑，图 5-20 的梯形图使用了常闭触点，即停止信号接到停止按钮的常开点上。

该梯形图使用 ST 语言实现的代码如下：

```
VAR
    xStart    : BOOL;
    xStop     : BOOL;
    xRun      : BOOL;
    R_TRIG_0 : R_TRIG;
END_VAR
R_TRIG_0(CLK := xStart);
xRun := (R_TRIG_0.Q  OR  xRun ) AND  (NOT xStop);
```

与 4.5.1 节中的代码相比，本例用 R_TRIG_0.Q 代替了启动信号，即变量 xStart，而 R_TRIG_0.Q 正是变量 xStart 的上升沿。

当然，也可以使用 IF…ELSE…END_IF 语句实现，代码如下：

```
R_TRIG_0(CLK := xStart);
IF ( (R_TRIG_0.Q  OR  xRun ) AND  (NOT xStop) ) THEN
    xRun := TRUE;                      //启动
ELSE
    xRun := FALSE;                     //停止
END_IF
```

5.2.2　单按钮启停

4.5.3 节用逻辑关系实现了单按钮启停功能。从程序代码可以看出，利用逻辑关系实现单按钮启停功能，十分烦琐。单按钮启停功能也可以使用 XOR 运算实现。

回顾前面介绍的异或运算，是比较两个逻辑变量的值，如果值相同，运算结果为 FALSE；如果值不同，则运算结果为 TRUE。因此，比较输入和输出的值就可以实现单按钮输出功能。代码如下：

```
VAR
    xIN  : BOOL;                //输入按钮
    xOUT : BOOL;                //输出继电器
    R1   : R_TRIG;
END_VAR
R1(CLK := xIN);
xOUT := R1.Q XOR xOUT;
```

以上是使用逻辑表达式实现的单按钮启停，使用 IF…ELSE…END_IF 语句实现的代码如下：

```
R1(CLK := xIN);
IF (R1.Q XOR xOUT ) THEN
    xOUT := TRUE;
ELSE
    xOUT := FALSE;
END_IF
```

变量 xIN 分配的地址接入按钮，变量 xOUT 分配的地址接入继电器，按下按钮，变量 xIN 的值为 TRUE，变量 xOUT 的值为 FALSE。根据异或的运算规则，输出变量 xOUT

的值为 TRUE,继电器吸合;再次按下按钮,变量 xIN 的值为 TRUE,变量 xOUT 的值此时为 TRUE,根据异或的运算规则,此时输出变量 xOUT 的值为 FALSE,继电器释放。如此反复,就实现了单按钮启停功能。

此程序中取的是变量 xIN 的上升沿,读者可以思考并自行模拟如果不采用上升沿会发生什么结果。

如果不采用上升沿,按下按钮时,变量 xOUT 变为 TRUE,由于按下按钮的时间,远远大于 PLC 的扫描周期,会进行多次 XOR 运算。第一次运算时,变量 xIN 的值为 TRUE,变量 xOUT 的值为 FALSE,经过 XOR 运算后,变量 xOUT 的值变为 TRUE;然后会进行第二次运算,此时变量 xIN 的值为 TRUE,而变量 xOUT 的值也为 TRUE,运算结果为 FALSE;然后进行第三次运算,此时变量 xIN 的值为 TRUE,变量 xOUT 的值为 FALSE,运算结果为 FALSE,因此输出变量 xOUT 的值会在 FALSE 和 TRUE 之间不停地切换。如果取变量 xIN 的上升沿,只在第一次运算的时候 R1.Q 的值为 TRUE,以后每次运算中,R1.Q 为 FALSE,XOR 运算的结果一直为 TRUE,因为按下按钮后只有一次上升沿触发。

5.2.3 逻辑运算实现边沿触发

边沿触发的原理是比较变量在相邻两个扫描周期的值。如果上一个扫描周期的值为 TRUE,而本次扫描周期的值为 FALSE,那么就捕捉到此变量的一次下降沿;如果上一个扫描周期的值为 FALSE,而本次扫描周期的值为 TRUE,则捕捉到此变量的一次上升沿,这也是功能块 F_TRIG 和 R_TRIG 的工作原理。所以,要想捕捉到边沿信号,必须存储变量在每个扫描周期的值,至少要存储相邻两个扫描周期的值,这也是为什么边沿触发功能块需要实例名,并分配背景数据块的原因。

理解了边沿触发的原理,完全可以通过编写程序来实现边沿触发,程序代码如下:

```
VAR
    xLabel_Last : BOOL;                     //变量 xLabel 在上一个扫描周期的值
    xLabel      : BOOL;                     //用于捕捉边沿信号的变量
    xLabel_R    : BOOL;                     //上升沿信号
    xLabel_F    : BOOL;                     //下降沿信号
END_VAR
IF (xLabel_Last = FALSE) AND (xLabel) THEN  //和上一个扫描周期的值比较
    xLabel_R := TRUE;                       //上升沿
ELSE
    xLabel_R := FALSE;
END_IF;
IF (xLabel_Last) AND (xLabel = FALSE) THEN  //和上一个扫描周期的值比较
    xLabel_F := TRUE;                       //下降沿
ELSE
    xLabel_F := FALSE;
END_IF
xLabel_Last := xLabel;                      //保存当前扫描周期的值
```

第一个 IF…ELSE…END_IF 语句中,变量 xLabel 在上一个扫描周期的值为 FALSE,而在本次扫描周期的值为 TRUE,捕捉到它的上升沿,变量 xLabel_R 在一个扫描周期内值为 TRUE。第二个 IF…ELSE…END_IF 语句中，变量 xLabel 在上一个扫描周期的值为 TRUE，而在本次扫描周期的值为 FALSE，捕捉到它的下降沿，变量 xLabel_F 在一个扫描周期内值为 TRUE。

注意：利用逻辑语句实现边沿触发依赖 PLC 的循环扫描原理。在程序的最后，执行语句“xLabel_Last:= xLabel;”保存当前扫描周期内变量 xLabel 的值。在下一个扫描周期，变量 Label_Last 的值，就是变量 xLabel 在上一个扫描周期的值。如果把语句“xLabel_Last:= xLabel;”放到第一个 IF…ELSE…END_IF 语句的前面，则无论如何也无法实现边沿触发功能。

5.2.2 节的单按钮启停程序也可以使用下面的代码实现。

```
xOUT   := (xIN AND NOT xLabel) XOR xOUT;
xLabel := xIN;
```

以上代码利用上升沿的逻辑运算式代替了上升沿功能块 R_TRIG。

5.3 注意事项

边沿触发在 PLC 中的应用非常广泛。前文提到过，IEC 61131-3 标准是推荐标准，并不是强制标准，因此各家 PLC 在符合标准的前提下，都有自己的特色。在三菱 GX Works3 中，既有标准的边沿触发功能块 R_TRIG 和 F_TRIG，其用法与 CODESYS 平台 PLC 一样；也有三菱 PLC 独有的边沿触发功能块——PLS 功能块和 PLF 功能块，如图 5-21 所示。

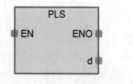

图 5-21　三菱 GX Works3 中的 PLS 功能块和 PLF 功能块

图 5-21 中是 PLS 和 PLF 在梯形图中的表示形式，PLS 是上升沿触发，PLF 是下降沿触发。从图中可以看出，它们都没有分配实例名，所以是函数。熟悉三菱 PLC 的读者，对这两个功能块应该不陌生。当输入引脚 EN 捕捉到上升沿，PLS 功能块的输出引脚 d 会输出一个扫描周期的高电平信号；当输入引脚 EN 捕捉到下降沿，PLF 功能块的输出引脚 d 会输出一个扫描周期的高电平信号。可见，它们的用法与 R_TRIG 和 F_TRIG 类似。在三菱 GX Works3 中，使用这两个功能块实现边沿触发的 ST 语言代码如图 5-22 所示。

```
PLS( xLabel , xResults1);
PLF( xLabel , xResults2);
```

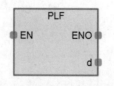

图 5-22　GX Works3 中边沿触发的 ST 语言代码实现

从图 5-22 可以看出，在三菱 GX Works3 中，这两个功能块用函数调用的形式实现。在变量 xLabel 的上升沿，变量 xResults1 的值变为 TRUE，并持续一个扫描周期；在变量

xLabel 的下降沿，变量 xResults2 的值变为 TRUE，并持续一个扫描周期。

PLS 和 PLF 两个功能块是三菱 PLC 独有的，主要目的是兼容自家的产品。为了和自己既有的 PLC 兼容，许多 PLC 都有类似的指令。它们在 ST 语言中的使用方法，无非是调用函数和调用功能块，但是这些 PLC 特有的指令无法进行跨平台移植。所以笔者建议，尽量使用标准的 R_TRIG 和 F_TRIG 功能块来实现边沿触发。

第6章

比 较 运 算

比较运算是指比较两个变量大小的运算,又称为关系运算,其运算结果是 BOOL 型变量。比较运算有大于(>)、小于(<)、大于或等于(>=)、小于或等于(<=)、=(相等)、不相等(<>)六种。在 3.4 节中,已经介绍过相等(=)运算符。本章仍然以梯形图中的比较运算为切入点,介绍 ST 语言中的比较运算。

6.1 比较运算符

6.1.1 梯形图中的比较运算

在梯形图中,比较运算是通过专门的指令实现的。例如三菱 PLC 中的 CMP 指令,如图 6-1 所示。

9	10	11	12
CMP	wData1	wData2	M0

图 6-1　CMP 指令

CMP 指令实现了变量 wData1 和变量 wData2 的比较运算,并对以 M0 开始的 3 个连续寄存器,根据比较结果进行赋值。当变量 wData1 大于变量 wData2 时,M0 为 TRUE;当变量 wData1 等于变量 wData2 时,M1 为 TRUE;当变量 wData1 小于变量 wData2 时,M2 为 TRUE。日系 PLC 一般都用这种方式实现比较运算。

在 SoMachine 的梯形图中,也有专门的指令实现比较运算,不过它利用助记符替代了英文简写,如图 6-2 所示。

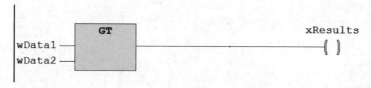

图 6-2　SoMachine 梯形图中的大于指令

图 6-2 中的梯形图实现的是大于比较功能，当变量 wData1 大于变量 wData2 时，变量 xResults 的值为 TRUE；否则为 FALSE。GT 是英文"GREATER THAN"的首字母缩写，意为"大于"。欧美系 PLC 一般都采用助记符表示比较运算，助记符如表 6-1 所示。

表 6-1　比较运算的助记符

助　记　符	英　　文	意　　义
GT	GREATER THAN	大于
GE	GREATER THAN OR EQUAL	大于或等于
LT	LESS THAN	小于
LE	LESS THAN OR EQUAL	小于或等于
EQ	EQUAL	相等
NE	NOT EQUAL	不相等

以上就是梯形图中实现比较运算的两种形式，而 ST 语言抛弃了这两种烦琐的方式，直接采用数学符号，即 $>$、$<$、$>=$、$<=$、$=$、$<>$。图 6-2 中的梯形图，使用 ST 语言表示如下：

```
xResults := wData1  > wData2 ;
```

这行代码的含义是：只有当变量 wData1 的值大于变量 wData2 时，变量 xResults 的值才为 TRUE。其他情况下，变量 xResults 的值为 FALSE。

也可以使用 IF…ELSE…END_IF 语句实现，代码如下：

```
IF  (wData1 > wData2)  THEN
      xResults := TRUE;
ELSE
      xResults := FALSE;
END_IF
```

比较运算的目的是获取运算结果，也就是这个比较运算表达式所描述的情况是否正确。例如"3 > 2"运算式是正确的，则运算结果为 TRUE；而"3 < 2"运算式显然是错误的，则运算结果为 FALSE。

6.1.2　比较运算的注意事项

比较运算有以下几点需要注意。

1）比较运算的运算结果为 BOOL 型。

若比较运算表达式所表述的比较关系是正确的，则运算结果为 TRUE；否则，运算结果为 FALSE。

2）比较运算符 $<>$、$>=$、$<=$ 是一个整体。

这几个运算符与赋值运算符"$:=$"一样，是一个整体，中间不能有空格，更不能有任何符号，否则编译会报错。

3）相同数据类型才能进行比较。

比较运算只能在相同数据类型的变量之间进行。BOOL 型变量只能和 BOOL 型变量进行比较,数值型变量只能和数值型变量进行比较,时间型变量只能和时间型变量进行比较,字符串型变量只能和字符串型变量进行比较。不同数据类型的变量之间是不允许进行比较运算的,例如对 BOOL 型变量和时间型变量进行比较运算是不允许的,因为它们之间的比较毫无意义。逻辑型数值 0 和 1 表示的是 TRUE 和 FALSE,并不是具体的数值,也是不能和数值型变量直接进行比较的。不同数据类型之间的比较,就好比"比较 1 米钢管和 1 斤钢管,哪个更长",是毫无工程意义的。

数值型(WORD 型、INT 型、DWORD 型、DINT 型、REAL 型)变量是 PLC 中应用最多的,也是比较运算的主要操作对象。在 CODESYS 平台,只要是数值型变量,都可以进行比较。例如可以比较 REAL 型和 WORD 型变量,可以比较 DINT 型和 DWORD 型变量,这与数学中比较两个数值的大小是类似的。但是,在三菱的 GX Works3 中,对参与比较运算的变量的规定比较严格,例如 WORD 型和 INT 型变量不能进行比较运算,DWORD 型与 DINT 型变量也无法进行比较运算,REAL 型与 DINT 型、DWORD 型变量也无法进行比较运算。

REAL 型和 DINT 型变量的比较运算,在 SoMachine 和博途中是允许的,如图 6-3 和图 6-4 所示。

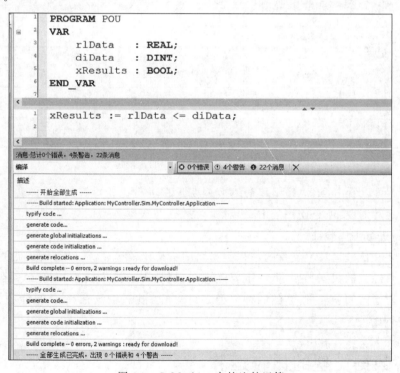

图 6-3　SoMachine 中的比较运算

从图 6-3 和图 6-4 中可以看出,在 SoMachine 和博途中,REAL 型和 DINT 型变量是可以进行比较运算的。由于是带小数点的变量和不带小数点的变量进行比较,因此博途中用

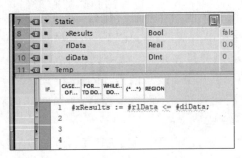

图 6-4　博途中的比较运算

黄色波浪线进行了提醒,而 SoMachine 则在编译信息中有所提醒,但都可以通过编译。在三菱 GX Works3 中则是不允许的,如图 6-5 所示。

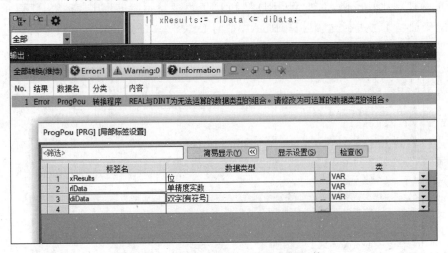

图 6-5　三菱 GX Works3 中的比较运算

从图 6-5 可以看出,REAL 型和 DINT 型变量在进行比较运算时,编译会报错。因此,在使用比较运算时,要注意使用的 PLC 对比较运算的数据类型的规定,具体可参阅编程手册,或者自行进行编译验证。

如果需要在比较运算不支持的数据类型之间进行比较运算,需要使用数据类型转换,转换成可以进行运算的数据类型,但一定要注意,转换后不能损失精度和符号,否则比较就失去了意义。对于时间型变量,它的四种类型之间的相互比较也没有意义,只能在相同类型的变量之间进行比较。

6.2　各数据类型的比较运算

6.2.1　BOOL 型

BOOL 型变量的取值只能是 TRUE 或 FALSE,即 1 和 0,因此,BOOL 型变量的比较,是 1 和 0 之间的比较。取值为 TRUE 的 BOOL 型变量大于取值为 FALSE 的 BOOL 型变量。BOOL 型变量的比较运算结果如图 6-6 所示。

```
xResults1 TRUE  := xLabel1 TRUE  >  xLabel2 FALSE ;
xResults2 FALSE := xLabel1 TRUE  =  xLabel2 FALSE ;
xResults3 FALSE := xLabel1 TRUE  <  xLabel2 FALSE ;
xResults4 TRUE  := xLabel1 TRUE  <> xLabel2 FALSE ;
```

图 6-6 BOOL 型变量的比较运算结果

图 6-6 中比较的是取值为 TRUE 的 BOOL 型变量 xLabel1 和取值为 FALSE 的 BOOL 型变量 xLabel2,可以清晰地看到 BOOL 型变量之间的运算结果。

注意:BOOL 型变量的比较,只是把 TRUE 和 FALSE 转换为 1 和 0 进行比较,并不表示它们就是数值型变量中的 1 和 0。BOOL 型变量的取值 0 和 1,表示的是 FALSE 和 TRUE 这两种位状态。如果 BOOL 型变量和数值型变量之间要进行比较运算,需要进行数据类型转换,转换成相同的数据类型才能进行比较。

6.2.2 数值型

数值型变量的比较运算和数学中的比较一样,比较的是数值的大小。因此,数值型变量进行比较时,忽略数据类型,只比较数值的大小。例如,REAL 型变量和 DINT 型变量进行比较时,假设 REAL 型变量的值为 5.0,DINT 型变量的值为 5,则它们是相等的。数值型变量的比较运算结果如图 6-7 所示。

```
xResults1 FALSE := wData 9233      >  dwData 65789    ;
xResults2 TRUE  := rlData 4.83E+03 =  diData 4831     ;
xResults3 FALSE := wData 9233      <  rlData 4.83E+03 ;
xResults4 TRUE  := dwData 65789    <> nData -569      ;
```

图 6-7 数值型变量的比较运算结果

图 6-7 中的变量定义采用了 3.3.5 节的方法,使用不同的前缀表示不同的数据类型。在第 2 行代码中,变量 rlData 为 REAL 型变量,赋值 4831.0,在 SoMachine 中以科学记数法表示。从这几行代码可以看出,不同的数据类型之间进行了比较运算,这在 CODESYS 平台的 PLC 中是允许的。使用其他品牌的 PLC 时则一定要注意数据类型,因为有些数据类型之间是不允许进行比较运算的,必须先进行数据类型转换。例如图 6-5 中,三菱 GX Works3 的程序代码,只需要进行数据转换即可,如图 6-8 所示。

```
:= rlData <= ( DINT_to_REAL(diData) );   rlData = 674.300; diData = 9432;
```

图 6-8 三菱 GX Works3 中不同数据类型的比较运算

从图 6-8 可以看到，通过数据类型转换，把变量 diData 从 DINT 型转换成了 REAL 型后，就可以进行比较了。如果使用 REAL_TO_DINT 会怎么样呢？显然，这是不可行的，因为 DINT 型不能表示小数，REAL 型变量转换为 DINT 型变量时会损失精度，这样的比较就失去了意义。所以，数据类型转换时，一定要注意变量的取值范围，不能损失精度。

6.2.3　时间型

时间型变量共有四种，不同类型变量之间不能进行比较，相同类型变量之间才能进行比较。TIME 型变量的比较运算如图 6-9 所示。

```
xResults1 TRUE :=tData1    T#700ms    > tData2    T#500ms    ;
xResults2 FALSE :=tData1    T#700ms    > tData3    T#5m    ;
```

图 6-9　TIME 型变量的比较运算

从图 6-9 的运算结果不难看出，TIME 型变量是根据时间值进行比较运算的。在第二行代码中，虽然变量 tData1 的值是 700，变量 tData3 的值是 5，但一个是 700ms，另一个是 5m，所以变量 tData1 小于变量 tData3。也可以认为，TIME 型变量的比较运算是把表示的时间换算成毫秒后，再比较其数值大小。

再来看表示时刻的变量进行比较运算的结果，如图 6-10 所示。

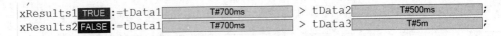

```
xResults1 FALSE := todData1   TOD#9:30:15    > todData2   TOD#16:40:35    ;
xResults2 TRUE  := dData1   D#1970-1-1    < dData2   D#2019-10-1    ;
xResults3 FALSE := dtData1   DT#2015-6-22-16:40:35    > dtData2   DT#2019-10-1-9:30:15    ;
```

图 6-10　表示时刻的变量进行比较运算的结果

从图 6-10 可以看出，表示时刻的变量是按照时间顺序进行比较的，即较晚的时刻大于较早的时刻，或者现在的时刻大于过去的时刻。看第三行代码，虽然变量 dtData1 的时刻大于变量 dtData2 的时刻，但是它的日期却小于变量 dtData2，所以变量 dtData1 仍然小于变量 dtData2。

6.2.4　字符串型

字符串型的变量进行比较，不是比较长度，也不是比较存储空间，而是比较 ASCII 码的大小。下面举例说明，如图 6-11 所示。

从图 6-11 的例子可以看出，在比较字符串型变量时，只比较第一个字符的 ASCII 码，就能判断出表达式"sData1 > sData2"的运算结果，便不再继续比较。因为变量 sData1 的第一个字符"a"的 ASCII 码大于变量 Data2 的第一个字符"A"的 ASCII 码，则不再继续比较。如果两个字符串的第一个字符相同怎么办呢？那就继续比较，如图 6-12 所示。

图 6-12 中的程序代码，变量 sData1 和变量 sData2 的第一个字符相同，无法判断表达式的运算结果，那就继续比较第二个字符，显然字符"A"的 ASCII 码小于字符"a"的 ASCII 码，因此表达式"sData1 > sData2"的运算结果为 FALSE。

图 6-11 字符串型变量的比较运算-1

图 6-12 字符串型变量的比较运算-2

字符串型变量在进行比较运算时,依次比较每个字符的 ASCII 码,只要能判断表达式的运算结果,便不再继续比较。如果两个字符串的长度不相等,全部比较完,仍然无法取得运算结果,就假设较短的字符串后面的字符是空格,而空格的 ASCII 码为 0。这样,就能判断表达式的运算结果,如图 6-13 所示。

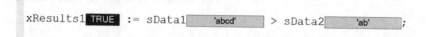

图 6-13 不同长度字符串的比较运算

图 6-13 的程序代码中,变量 sData1 和变量 sData2 的前两个字符相同,此时无法获得运算结果,则假定变量 sData2 的第三个字符是空格,显然字符"c"的 ASCII 码大于空格的 ASCII 码,这样就得到了运算结果。

而判断两个字符串是否相等时,就需要对每个字符都进行比较了,如图 6-14 所示。

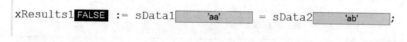

图 6-14 判断字符串是否相等

注意:图 6-14 的程序代码中,不能因为变量 sData1 和变量 sData2 的首字符相同,就认为两个字符串相等,还需要继续比较。只有两个字符串的所有字符都相同,两个字符串才相等。比较字符串时,空格也应该包括在内。例如,字符串' a'和字符串'a'是不相等的。

其他数据类型,例如数组、结构体、指针之间进行比较运算并没有什么实际意义。在 PLC 编程中使用最多的还是数值型变量之间的比较运算。

6.3 连续比较运算

连续比较运算是指判断变量的取值是否在某个范围内。例如,某化学反应中需要实时监控溶液的 pH 值,使它在一定范围内,否则就报警,程序代码如下:

```
IF   5.6 < pH < 7.3 THEN
    xReady := TRUE;
ELSE
    xReady := FALSE;
END_IF
```

但是这段代码在编译时会报错，如图 6-15 所示。

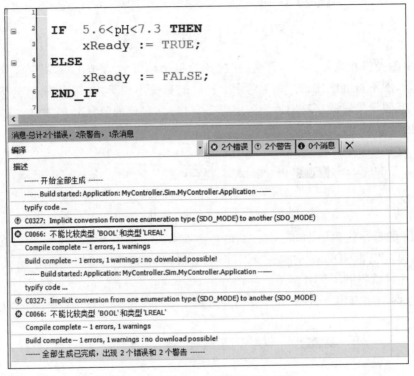

图 6-15　连续比较运算的编译错误

看图 6-15 中的报警信息"不能比较类型 'BOOL' 和类型 'LREAL'"，问题就出在表达式"5.6 < pH < 7.3"。在数学中，这样的表达式是允许的，但是在 ST 语言中是不允许的。不仅是在 CODESYS 平台的 PLC，任何品牌的 PLC 都不允许这种表达方式，具体原因将在后续介绍优先级的章节中讲解。

表达式"5.6 < pH < 7.3"的最终目的是要求 pH 值既要大于 5.6，还要小于 7.3，因此可以使用 AND 运算来替代，程序代码如下：

```
IF   (5.6 < pH) AND (pH < 7.3) THEN
    xReady := TRUE;            //化学反应正常
ELSE
    xReady := FALSE;           //化学反应异常
END_IF
```

表达式"(5.6 < pH) AND (pH < 7.3)"的含义是：变量 pH 要同时满足"5.6 < pH"和"pH < 7.3"两个条件，这样就能判断变量 pH 的取值是否在 5.6～7.3 范围内。

6.4 比较运算与边沿触发的综合应用

比较运算以及第 5 章介绍的边沿触发，一般不单独使用。绝大多数情况下，是作为其他执行语句的判断条件来使用。下面通过具体的例子，巩固边沿触发和比较运算的应用。

6.4.1 监控变量值的变化

在 PLC 程序中，有时需要判断变量的数值是否发生变化。如果变量的数值发生变化，则触发下一步操作，例如执行某个动作，调用某个 POU 或功能块。由于 PLC 采用循环扫描的方式，把变量赋值给其他变量，比较它们在不同扫描周期的值是否有变化，就可以判断变量是否发生变化，程序代码如下：

```
IF Data <> DataTemp THEN
    xDataChange := TRUE;
ELSE
    xDataChange := FALSE;
END_IF
DataTemp := Data;
```

把这段程序下载到 PLC 中，仿真结果如图 6-16 所示。

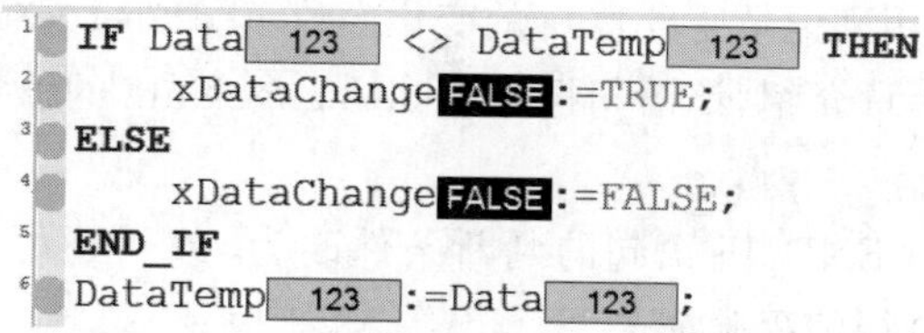

图 6-16　判断变量变化的程序执行结果

从图 6-16 很明显可以看出，这段程序根本无法检测到变量 Data 的变化。无论如何改变变量 Data 的值，变量 xDataChange 始终为 FALSE，为什么会这样呢？因为赋值语句"DataTemp:= Data;"的存在，这两个变量的变化是同步的，这两个变量永远相等。那么如何捕捉到不同扫描周期的变化呢？下面从 PLC 的循环扫描原理出发来分析程序。

如果变量 Data 的值一直不发生变化，那么语句"Data <> DataTemp"就永远成立，因此变量 DataChange 的值就一直为 FALSE，而这正是监控到的结果。如果通过上位机或者程序的其他 POU 改变了变量 Data 的值，由于程序执行时，是自上而下进行扫描的，因此 IF…ELSE…END_IF 语句执行时，永远是和上一个扫描周期的值比较。因为 IF…ELSE…END_IF 语句执行完成后，会执行赋值语句"DataTemp:= Data;"，即使变量 Data 的值发生变化，也只是在一个扫描周期内，变量 Data 和 DataTemp 的值才不相同。因此，必须捕捉 IF…ELSE…END_IF 语句在一个扫描周期内的运行结果，即捕捉变量 xDataChange 从低电平到高电平变化的瞬间，程序代码如下：

```
VAR
```

```
        Data                : INT;              //监控的变量
        DataTemp            : INT;              //监控变量上一个扫描周期的值
        xDataChange         : BOOL;             //变量的值改变
        xDataChangeDone     : BOOL;
        diChangeNum         : DINT;             //改变次数
        R1                  : R_TRIG;
    END_VAR
    IF Data <> DataTemp THEN
        xDataChange := TRUE;
    ELSE
        xDataChange := FALSE;
    END_IF
    R1(CLK := xDataChange);
    IF R1.Q THEN
        xDataChangeDone    := TRUE;
        diChangeNum        := diChangeNum + 1;  //计算变量改变的次数
    END_IF
    DataTemp := Data;
```

这段程序代码捕捉的是变量 DataChange 从低电平到高电平的变化，即使它的结果只保留一个扫描周期，也可以被捕捉到。当检测到变量 Data 的变化时，就可以执行相应的 POU 了。当然，POU 执行完毕后，需要将变量 DataChangeDone 的值变为 FALSE，以便捕捉下次变化。

变量 diChangeNum 用来记录变量 Data 的变化次数。"diChangeNum := diChangeNum + 1;"是数学运算语句，将在下一章介绍，该语句把变量 diChangeNum 的值加 1，并将结果赋值给变量 diChangeNum。

如果把 IF…ELSE…END_IF 语句的判断条件改为>或<，还可以判断变量的值是在增大还是在减小，读者可自行编程验证。

由于 PLC 是自上而下扫描的，必须要先比较再赋值，才能捕捉到变量的变化，如果把语句"DataTemp := Data;"放到 IF…ELSE…END_IF 语句的前面，是无论如何也捕捉不到变量 Data 的变化的。理解这段程序以及 5.2.2 节的单按钮启停程序，对 PLC 的扫描周期以及边沿触发的概念和意义会有更深刻的认识，这也是熟练掌握 PLC 编程技巧的理论基础。希望读者能认真领会。

6.4.2　密码锁

密码锁一般用来保护重要的工艺参数，确保设备的正常运转。通常情况下，可以利用上位机或者触摸屏来实现密码锁功能。当然，也可以利用 PLC 程序实现密码锁，和上位机以及触摸屏一起，实现双保险。

最简单的密码锁就是在上位机或触摸屏输入特定的字符，和 PLC 程序中特定的字符比较，如果相等则密码输入正确，允许进行下一步操作；否则密码输入错误，不允许下一步操作。如果密码输入错误的次数过多，则锁定程序。程序代码如下：

```
VAR
    sPwdSet      : STRING;                    //用户输入的密码
    sPwdPreSet   : STRING;                    //预置密码
    xRight       : BOOL;                      //密码输入正确
    xWrong       : BOOL;                      //密码输入错误
    iWrongNum    : INT;                       //密码输入错误的次数
    xError       : BOOL;                      //错误过多
    xEnter       : BOOL;                      //确认输入
    R1           : R_TRIG;
END_VAR
R1(CLK := xEnter );                           //确认密码输入
IF (sPwdSet = sPwdPreSet) AND R1.Q  THEN
    xRight := TRUE;                           //密码输入正确
    xWrong := FALSE;
    iWrongNum := 0;
END_IF
IF (sPwdSet <> sPwdPreSet) AND R1.Q  THEN
    xRight := FALSE;                          //密码输入错误
    xWrong := TRUE;
    iWrongNum := iWrongNum + 1;
END_IF
IF iWrongNum >= 5 THEN                        //输入错误超过 5 次,锁定设备
    xError := TRUE;
END_IF
```

为了增强密码的复杂性,密码定义为字符串型变量,可以使用数字和字母组成的密码。每当输入密码后,就进行比较:如果输入的字符串和预置的字符串相等,则密码正确;如果不相等,则密码错误,并对错误的次数进行记录。当错误次数过多时,则置位变量 xError。由于字符串型变量严格区分大小写,所以使用时需要注意。

第 7 章

数 学 运 算

使用 ST 语言进行数学运算,在 PLC 编程中有着无可比拟的优势。很多读者也是从使用 ST 语言进行数学运算开始接触 ST 语言的。

在 ST 语言中,数学运算分为两种,一种是普通数学运算,即加减乘除运算;另一种是函数运算,即绝对值、平方根、对数、乘方及三角函数等运算,它们的实现方式不同。

数据类型是进行数学运算的基础,对数据类型还不熟悉的读者可回顾 2.3 节和 2.4 节的相关内容。

7.1　加、减、乘、除运算

加、减、乘、除运算通过赋值操作取得运算结果。回顾前面介绍的赋值运算的规则,参与加、减、乘运算的变量的数据类型可以不同,只要保证运算结果的取值范围大于参与运算的变量的取值范围即可。除法运算比较特殊,参与运算的变量的数据类型直接决定结果的正确性。

7.1.1　加法运算

加法运算的注意事项通过以下两行代码介绍,如图 7-1 所示。

```
wData 20290    :=wData1 47931    + wData2 37895  ;
dwData 4294918551 :=diData1    -75639    + diData2    26894    ;
```

图 7-1　不同数据类型的加法运算

图 7-1 中的运算结果显然是错误的,造成错误结果的原因是:赋值运算符左边变量的取值范围小于运算结果的取值范围。

看第一行代码,WORD 型变量的取值范围为 0～65535,两个 WORD 型变量相加,运算结果很有可能超过 65535,所以 WORD 型变量相加,其结果变量一定要使用 DWORD 型甚至 LWORD 型。第二行代码中,有符号数和无符号数相加,运算结果有可能是有符号数,也有可能是无符号数,如果运算结果变量的数据类型仍然是无符号数,则不能保证运算结果的正确性。

时间(TIME)型变量也可以进行加法运算,其意义是时间的累积,并会自动进行时间单位之间的换算，如图 7-2 所示。

tData T#1d23h14m700ms :=tData1 T#19h34m400ms +tData2 T#1d3h40m300ms ;

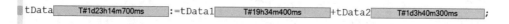

图 7-2　时间型变量的加法运算

时间型变量支持的加法运算以及运算结果的数据类型如表 7-1 所示。

表 7-1　时间型变量的加法运算

数据类型	TIME	TOD	DATE	DT
TIME	TIME	TOD	不支持	DT
TOD	TOD	不支持	不支持	不支持
DATE	不支持	不支持	不支持	不支持
DT	DT	不支持	不支持	不支持

表 7-1 中，第一行和第一列分别表示参与加法运算的时间型变量的数据类型，行列交叉处是加法运算的结果的数据类型。从表 7-1 可以看出，时刻型变量和时间型变量相加，会得到一个新的时刻。例如，上午 9:00(TOD＃9:00:00.0)启动电机，30s(T＃30000ms)后电机停止，将这两个变量相加，会得到一个新的时刻 TOD＃9:00:30.0，记录了电机的启动时刻、停止时刻和运行时长。

7.1.2　减法运算

无符号数和有符号数的加法运算也可以认为是减法运算，减法运算一定要把结果赋值给有符号数，除非可以保证计算的结果一定是正数。时间型变量也可以相减，但必须确保是大的时间减去小的时间，否则没有实际意义，如图 7-3 所示。

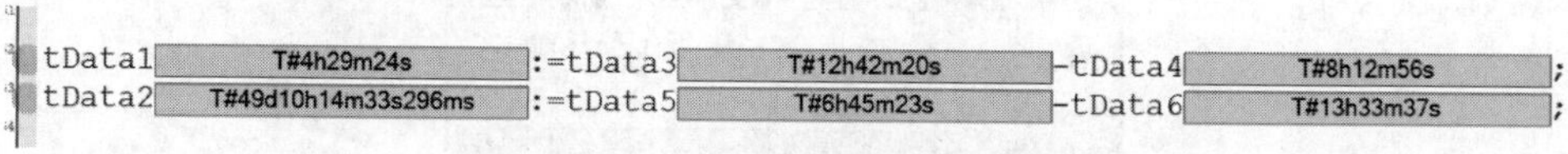
tData1 T#4h29m24s :=tData3 T#12h42m20s -tData4 T#8h12m56s ;
tData2 T#49d10h14m33s296ms :=tData5 T#6h45m23s -tData6 T#13h33m37s ;

图 7-3　时间型变量相减

图 7-3 的第一行代码中，大的时间减去小的时间可以得出正确的结果；第二行代码的结果显然不正确，因为时间型变量是以 32 位无符号数的形式存储的，不能表示负数，而负的时间没有实际意义。

表示时刻的变量可以进行减法运算，它的结果是两个时刻之间的时间差，其结果为时间型变量。显然，只有当前的时刻减去过去的时刻才有意义，如图 7-4 所示。

表示时间的所有数据类型支持的减法运算以及运算结果的数据类型如表 7-2 所示。

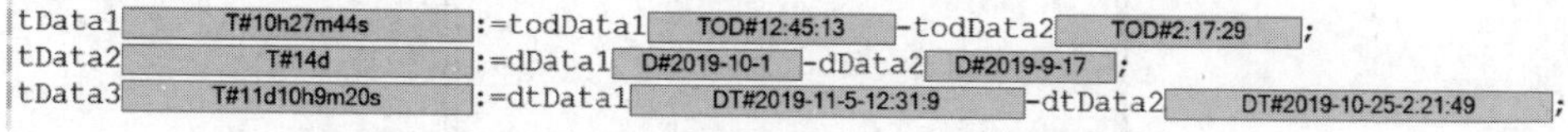
tData1 T#10h27m44s :=todData1 TOD#12:45:13 -todData2 TOD#2:17:29 ;
tData2 T#14d :=dData1 D#2019-10-1 -dData2 D#2019-9-17 ;
tData3 T#11d10h9m20s :=dtData1 DT#2019-11-5-12:31:9 -dtData2 DT#2019-10-25-2:21:49 ;

图 7-4　表示时刻的变量的减法运算

表 7-2　时间型变量的减法运算

数据类型	TIME	TOD	DATE	DT
TIME	TIME	TOD	不支持	DT
TOD	TOD	TIME	不支持	不支持
DATE	不支持	不支持	TIME	不支持
DT	DT	不支持	不支持	TIME

表 7-2 中的第一行和第一列，表示参与减法运算的数据类型，行列交叉处是减法运算结果的数据类型。可以看出，时刻型变量相减会得到一个时间型变量，表示两个时刻的时间差；时刻型变量和时间型变量相减会得到一个新的时刻。其计算结果与加法运算类似，读者可自行仿真验证。

7.1.3　乘法运算

乘法是特殊的加法，所以乘法运算的注意事项和加法运算一样，一定要保证运算结果的变量数据类型的取值范围大于参与运算的变量的数据类型的取值范围。时间型变量是不能进行乘法运算的，因为没有实际意义。

7.1.4　除法运算

除法运算中，最重要的是保证除数不能为 0，否则 PLC 运行时会报错，大多数 PLC 能自动复位除数为 0 的错误。可以在除法运算中增加语句，如果除数为 0，就把除数赋值为 1，防止出错。SoMachine 中有隐含检查的 POU，会自动解决此问题，但需要手动添加。在应用程序树的对话框中，选择"Application（MyController：TM241CEC24T/U）"，如图 7-5 所示。

图 7-5　选择 Application

右击弹出快捷菜单,选择"添加对象"|"用于隐含检查的 POU"命令,如图 7-6 所示。

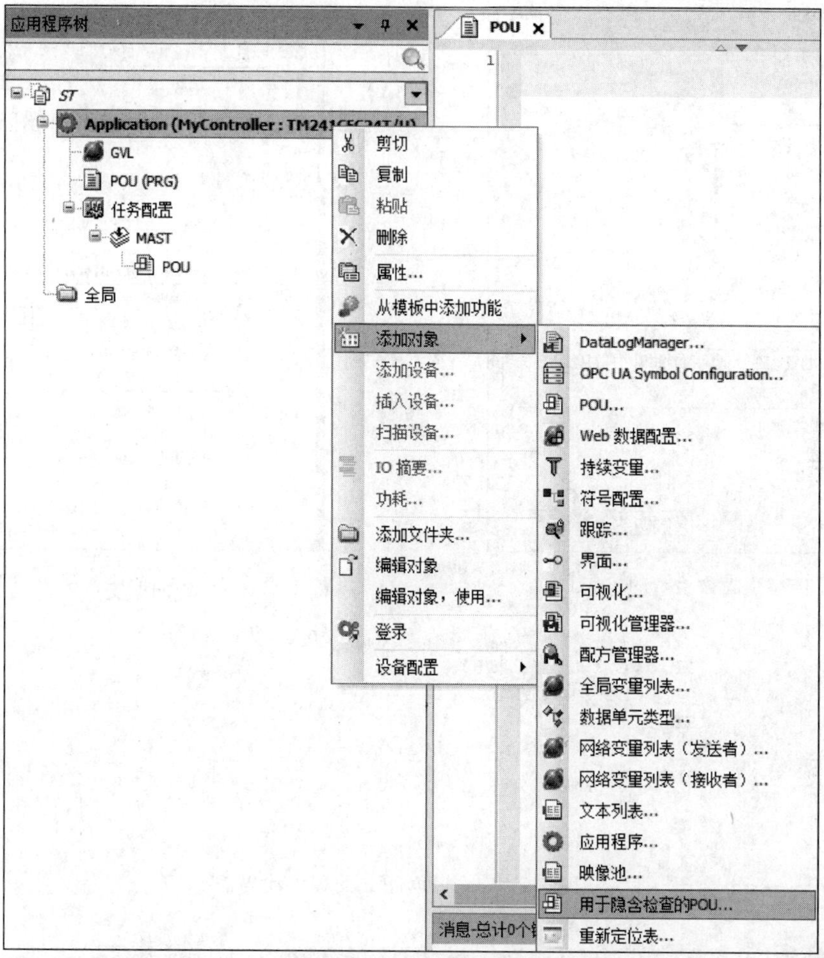

图 7-6　添加隐含检查的 POU

弹出"添加用于隐含检查的 POU"的对话框,如图 7-7 所示。

从图 7-7 可以看到,CODESYS 内置很多隐含检查的 POU,勾选 CheckDivDInt、CheckDivLInt、CheckDivReal、CheckDivLReal,这 4 个 POU 的作用都是检查除数是否为 0。单击"添加"按钮,这些 POU 就添加到程序中,如图 7-8 所示。

添加这些 POU 后,如果程序中出现除数为 0 的情况,这些 POU 会自动处理。双击打开 POU,可以查看代码。CheckDivDInt 的程序代码如图 7-9 所示。

从图 7-9 可以看出,CheckDivDInt 其实就一段 IF…ELSE…END_IF 语句,作用是当除数为 0 时把除数赋值为 1。

ST 语言中的除法运算,运算结果如果不赋值给 REAL 型变量,则运算结果不会进行四舍五入计算,而是舍弃小数部分,直接取整数。来看下面的例子,如图 7-10 所示。

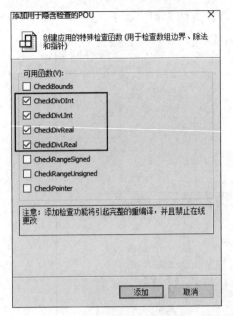

图 7-7　隐含检查的 POU

图 7-8　添加的隐含检查的 POU

```
//隐含生成的代码：这里只是对代码实现的建议
IF divisor = 0 THEN
    CheckDivDInt:=1;
ELSE
    CheckDivDInt:=divisor;
END_IF;
```

图 7-9　CheckDivDInt 的程序代码

```
diData        1        := diData1        10        /diData2        6        ;
nData     0     := nData1     6     /nData2     10     ;
```

图 7-10　除法运算

图 7-10 中的运算结果，很显然是错误的。要想获得正确的结果，只需要把运算结果的变量定义为 REAL 型。只要参与运算的变量中，有一个变量为 REAL 型或者有一个值为 REAL 型的常量，计算结果也会自动转换为 REAL 型，如图 7-11 所示。

注意：如果参与除法运算的所有变量都是整型，则运算结果会取整数，并不会四舍五入。

在如图 7-11 中的第一行代码，虽然变量 nData1 是 INT 型，但除数是常量 3.0，运算结果 rlData1 也定义为 REAL 型，所以最终的运算结果为 REAL 型。第二行代码中，虽然除数赋值为 3，但变量 rlData3 定义为 REAL 型，所以最终的结果仍然是 REAL 型。

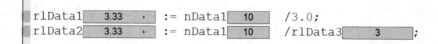

图 7-11　REAL 型除法运算

ST 语言中的数学运算支持加、减、乘、除混合运算，其运算规则与数学中的一致，先"乘、除"后"加、减"，可以增加括号，强制改变运算顺序。对参与运算的变量的数量，原则上没有限制。为了程序的可读性，不宜过多，应尽量避免复杂的加、减、乘、除四则混合运算。

7.1.5　取余运算

取余运算又称取模运算，指取两个变量相除后的余数，使用运算符"MOD"。只能在整数变量之间进行取模运算，可以是有符号数和无符号数，但不能用于整数和小数、小数和小数之间，如图 7-12 所示。

图 7-12　取余运算

在如图 7-12 的程序代码中，三个变量属于三种数据类型，但仍然可以进行取余运算。由于取余运算是获取除法运算的余数，所以不能对 0 取模。

总之，在进行数学运算时，一定要注意变量的取值范围。如果要使用数据类型转换，则务必确保转换后不损失精度。PLC 的编译器也会根据参与运算的变量的数据类型，来检查是否合理。2.5.2 节介绍过数据类型的隐式转换，在进行数学运算时，PLC 会把计算结果自动进行数据类型的隐式转换，如果编译出现错误时会报警，如图 7-13 所示。

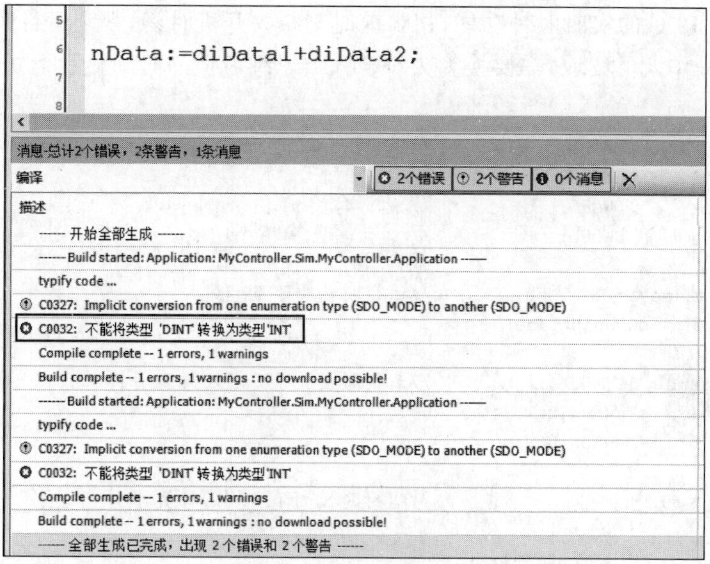

```
5
6    nData:=diData1+diData2;
8
```

消息-总计2个错误，2条警告，1条消息

| 编译 | ▼ | ⊗ 2个错误 | ⚠ 2个警告 | ❶ 0个消息 | ✕ |

描述

----- 开始全部生成 -----

------ Build started: Application: MyController.Sim.MyController.Application ------

typify code ...

ⓘ C0327: Implicit conversion from one enumeration type (SDO_MODE) to another (SDO_MODE)

⊗ C0032: 不能将类型 'DINT' 转换为类型 'INT'

Compile complete -- 1 errors, 1 warnings

Build complete -- 1 errors, 1 warnings : no download possible!

------ Build started: Application: MyController.Sim.MyController.Application ------

typify code ...

ⓘ C0327: Implicit conversion from one enumeration type (SDO_MODE) to another (SDO_MODE)

⊗ C0032: 不能将类型 'DINT' 转换为类型 'INT'

Compile complete -- 1 errors, 1 warnings

Build complete -- 1 errors, 1 warnings : no download possible!

----- 全部生成已完成，出现 2 个错误和 2 个警告 -----

图 7-13　错误的数学运算

在如图 7-13 中，两个 DINT 型变量相加，但运算结果是 INT 型，显然运算结果有很大概率会超过 INT 型变量的取值范围，PLC 会编译报错。因为两个 DINT 型变量相加的结果，PLC 会将运算结果隐式转换为 DINT 型，但变量 nData 定义成了 INT 型，因此报错"不能将类型 'DINT' 转换为类型'INT'"。其他数据类型，例如 REAL 型和 DINT 型运算，运算结果定义成 DINT 型，PLC 也会编译报错。

注意：数学运算是针对数值进行的，因此部分 PLC 不支持 WORD 型、DWORD 型等变量的数学运算。参与数学运算的变量的数据类型直接决定运算结果的正确性。笔者建议，方便起见，只要不是除法运算，可以把参与运算的变量一律定义为 DINT 型；参与除法运算的变量，一律定义为 REAL 型。PLC 的运算能力已经非常强大，内部存储空间也足够大，不必担心定义为 DINT 型或 REAL 型会影响 PLC 的性能。如果 PLC 资源紧张，则应根据实际情况决定参与运算的变量的数据类型，但一定要保证运算结果的取值范围大于参与运算的变量的取值范围。

7.2 加、减、乘、除运算的应用

下面通过几个实际应用例子加深对数学运算的理解。

7.2.1 计算设备的持续运行时间

设备开机后，需要计算设备的累积运行时间，在触摸屏或上位机上显示运行了多长时间。通常做法是，通过秒脉冲不断累积计算秒数，然后转换为"时、分、秒"形式的时间。当然，也可以利用 PLC 的实时时钟功能，用当前时刻减去开机时刻，得到运行时间。但直接显示秒数不利于操作人员读取，需要换算为符合人类思维习惯的时间显示形式，代码如下：

```
VAR
    dwRunintTime : DWORD;            //累积运行时间,单位:秒
    dwSecond     : DWORD;            // 运行时长,单位:秒
    dwMinute     : DWORD;            // 运行时长,单位:分钟
    dwHour       : DWORD;            // 运行时长,单位:小时
END_VAR
IF  dwRunintTime <= 59 THEN          //运行时长小于 59 秒
    dwSecond := dwRunintTime ;
END_IF
IF dwRunintTime > 59 THEN            //运行时长大于 60 秒,计算分钟
    dwMinute    := dwRunintTime  / 60;
    dwSecond    := dwRunintTime  MOD 60;
END_IF
IF dwMinute > 59 THEN                //运行时长大于 60 分,计算小时
    dwHour      := dwMinute   /  60;
    dwMinute    := dwMinute MOD 60;
END_IF
```

通过这段代码,就把以秒为单位的持续时间转换为符合日常生活习惯的小时、分钟、秒。假设设备运行了 63987s,这段代码的运行结果如图 7-14 所示。

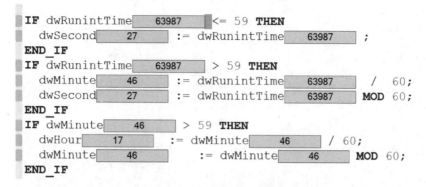

```
IF dwRunintTime   63987   <= 59 THEN
    dwSecond   27   := dwRunintTime   63987   ;
END_IF
IF dwRunintTime   63987   > 59 THEN
    dwMinute   46   := dwRunintTime   63987   / 60;
    dwSecond   27   := dwRunintTime   63987   MOD 60;
END_IF
IF dwMinute   46   > 59 THEN
    dwHour   17   := dwMinute   46   / 60;
    dwMinute   46   := dwMinute   46   MOD 60;
END_IF
```

图 7-14　计算运行时间

从如图 7-14 的代码运行结果可以看出,该设备运行了 17h　46min　27s,可以在上位机上显示运行时间,便于设备操作人员分析记录。

在这段代码中,参与除法运算的变量被定义为 DWORD 型,在进行除法运算时舍弃了小数部分。第二个 IF…END_IF 语句将设备运行时长的秒数转换为分钟数,运行时长与 60 进行取余计算,就把不足 60 秒的部分取出来。计算的实质,就是把秒数换算成 60 倍的数值和不够 60 倍的数值相加,这正是余数的数学意义。还可以用此方法继续计算,超过 24 小时产生的天数,超过 30 天产生的月数,读者可自行思考如何实现。

这个例子旨在说明:虽然整型的变量进行除法运算时不能得到准确的结果,但可以充分利用这种特性实现其他功能。

7.2.2　伺服计算

伺服在自动化系统中扮演着重要的角色,也是 PLC 最主要的控制对象之一。在伺服控制中,需要大量的计算,应用最多的是工程单位和伺服脉冲数之间的换算。最典型的伺服驱动系统如图 7-15 所示。

在如图 7-15 所示的简要系统中,伺服电机通过减速机驱动滚珠丝杆。伺服电机的位置和速度是通过脉冲数和脉冲频率来控制的;而伺服的各种功能

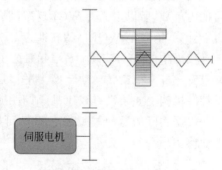

图 7-15　伺服驱动系统

块,例如定位速度和定位位置,在 PLCopen 运动规范中,要求使用 DINT 型变量,并且直接使用脉冲频率和脉冲数。在传统 PLC 中,例如三菱 PLC 中,定位指令分 16 位和 32 位两种,分别表示使用 INT 型和 DINT 型变量。

然而,在实际调试和使用过程中,直接使用毫米、度这样的工程单位更有意义。这就需

要把实际的物理量和脉冲数以及脉冲频率进行换算，换算关系与机械的参数密切相关，程序代码如下：

```
VAR
    rlScrew    : REAL;                //导程
    rlRatio    : REAL;                //减速比
    GEARratio  : WORD;                //伺服的每转脉冲数
    diPosition : DINT;                //脉冲数
    rlPosition : REAL;                //定位位置
    diVel      : DINT;                //脉冲频率
    rlVel      : REAL;                //定位速度
END_VAR
IF rlScrew = 0 THEN
    rlScrew := 360;                   //旋转机构,自动设置导程为360°
END_IF
IF rlRatio = 0 THEN
    rlRatio := 1;                     //没有减速机,减速比自动设置为1
END_IF
diPosition := REAL_TO_DINT(rlPosition/rlScrew * rlRatio * GEARratio);
diVel      := REAL_TO_DINT(rlVel/rlScrew * rlRatio * GEARratio);
```

变量 rlPosition 和变量 rlVel 分别表示实际定位的位置和速度，假设需要让工件以 1mm/s 的速度运行 10mm，该程序会自动把伺服电机进行定位运行需要的脉冲数和脉冲频率计算出来，即变量 diPosition 和变量 rlVel，并直接赋值给定位功能块的引脚。可以将上述代码自定义为功能块或者函数，反复使用，根据不同的机械结构只需要改变减速比和导程即可。

参与计算的变量定义为 REAL 型，运算完成后，把结果转换为功能块所需要的 DINT 型，这样能最大可能地保持精度。变量 GEARratio 表示伺服的每转脉冲数，显然此参数不可能为负数，所以定义为 WORD 型，但部分 PLC 不支持 WORD 型和 REAL 型变量之间的直接计算，需要把 WORD 型转换为 DINT 型。

代码中的 IF…END_IF 语句是为了适应不同的机械结构，提高这段代码的适用性。如果没有丝杆等把旋转运动转换为平移运动的机构，则认为导程是 360°，这样就自动转换为了旋转机构。如果没有减速机，则不用设置减速比，默认减速比为 1。

根据实际的脉冲数和脉冲频率，可以计算出工件的实际距离和实际速度，读者可自行思考如何实现。

7.2.3　生成随机数

随机数在工程技术中有着重要的意义，随机的意义在于无法预测，无法通过规律准确预测下一个数是什么。

生成随机数的方法有很多，其中，线性同余法是最方便、最简单的方法，它根据下式实现。

$$N_{i+1} = (a \times N_i + b) \bmod c$$

式中：N_{i+1}——本次产生的随机数；

　　　N_i——上次产生的随机数；

　　　a、b、c——均为质数。

通过上式可以发现，随机数的产生与上一次运算结果有着直接关系。第一次使用的数称为种子，给定特定的种子，产生的随机数序列是一定的。为了让随机数更随机，可以利用 PLC 的 RTC 功能，把当前时刻的分钟数或者秒数当作种子。a、b、c 均为质数，有很多关于这三个数取值的方案，读者可查阅相关资料，这里分别取 2273、1、32767。由于各个 PLC 读取 RTC 的实现方法差异较大，读者可自行参考各 PLC 的手册，示例程序中省略。程序代码如下：

```
R1(CLK := SM01);                          //秒脉冲
IF R1.Q THEN
  iData       := (iData * 2273 + 1) MOD 32767;
  iRandom[I]  := iData;                   //将随机数放入数组
  I           := I + 1;
END_IF
```

程序运行后，每隔 1s 触发一次，产生一个随机数，并将随机数放入数组 iRandom[I]中。

7.2.4　模拟量计算

模拟量是指连续变化的量，在工业中使用最多的是 0～10V 模拟电压和 4～20mA 模拟电流两种形式，也有 0～5V、-5～+5V、0～20mA 等形式。模拟，可以理解成用 0～10V 模拟电压或者 4～20mA 模拟电流的连续变化，来模拟自然界一些连续变化的物理量，比如温度、压力、流量、速度、电机电流、长度、速度、PH 等。这些物理量在工业控制中有着广泛的应用，称为工程量。它们在一定范围内连续变化，正好对应 0～10V 模拟电压或 4～20mA 模拟电流的连续变化的特性。模拟的目的是量化这些工程量，然后由 PLC 进行处理。一般来说，模拟量输入主要是接收各种传感器的测量值和各种元器件的反馈，比如温度传感器、流量传感器、变频器的状态输出（比如转速、扭矩、电流）等；模拟量输出主要用来控制各种元件，比如变频器频率、阀门开度等。

PLC 不能直接处理模拟量，需要转换为数字量才能处理。模拟量的处理，在 PLC 中是一个线性转换的过程，PLC 是怎么样完成这个线性转换呢？下面通过例子来说明。某化工反应釜需要实时监控它的温度，温度变化范围在 20～90℃。考虑到安全冗余，选用测量范围 0～100℃的温度传感器，该温度传感器自带变送器，输出 0～10V 模拟电压。如果温度传感器检测到温度为 100℃，会输出 10V 模拟量；如果检测到温度为 0℃，会输出 0V 模拟量；同理，如果温度传感器检测到温度为 50℃，会输出 5V 模拟量。温度传感器的检测值和它输出的模拟量是线性关系，这种关系是由传感器和变送器自行处理实现。由此可见，温度传感器就是把温度量化成 0～10V 模拟电压，并反馈给 PLC 的模拟量输入模块。

PLC 会给模拟量输入通道分配一个 16 位的存储空间，并自动把模拟输入通道的模拟量转换成数字量。在 PLC 内定义一个变量，然后把模拟量通道的地址分配给这个变量，只需要读取该变量的值,便可以获取到模拟量对应的数字量的值。在 SoMachine 和西门子博途中,模拟量分配的地址是符合 IEC 61131-3 的寻址方式,比如％IW2,具体可以从 SoMachine 和博途的硬件组态中查看。在三菱 GXWorks3 中,分配的是特殊寄存器 SD,可以在 PLC 手册中查看相应模块的通道地址。模拟量通道的数据类型,一般为 INT 型,之所以用 INT 型,是因为需要处理负模拟量,比如−5～+5V。也有的 PLC 使用 WORD 型,具体可参考 PLC 编程手册。

　　PLC 如何把模拟量转换成数字量呢？在 PLC 模拟量模块的组态中,可以定义模拟通道的类型和模拟量对应的数字量。在本例中,需要配置模拟量通道为 0～10V,模拟量对应的数字量,一般 0V 对应的数字量为 0；10V 对应的数字量在大部分 PLC 中都可以自由设定,一般 PLC 都会有个默认值,比如西门子博途中该值为 27648。为了方便计算,一般取整数值,比如设定为 10000。经过如上设定,当 PLC 的模拟量模块监测到模拟量为 0V,会自动转换成数字量 0；当 PLC 的模拟量模块监测到模拟量为 10V,会自动转换为数字量 10000；同理,PLC 的模拟量模块检测到模拟量为 5V,会自动转换为数字量 5000。这样,PLC 的模拟量模块就完成了模/数转换的过程,对于使用者来说,只需要用程序处理数字量的值,便可以获取反应釜的实际温度。由此可见,所谓的模拟量转换为数字量,其实是由 PLC 自动完成的。对于 PLC 编程来说,模拟量到数字量的转换,实质就是获取模拟量所传递的信息。在本例中就是反应釜的温度,因为这个温度,正是 PLC 编程所需要的数据。模拟量与数字量的线性关系如图 7-16 所示。

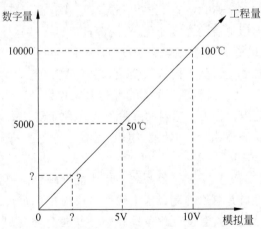

图 7-16　模拟量与数字量的线性关系

　　所以 PLC 模拟量处理的实质就是数学中的一元一次方程,对于模拟量输入来说,可以认为是已知数字量求工程量。在 PLC 中处理模拟量,需要添加模拟量模块,有的 PLC 本体会自带模拟量输入/输出口。理解了模拟量处理的实质,就可以写出 PLC 程序了。实时监控反应釜温度的程序代码如下：

```
VAR
    rlReactorTemp        : REAL;                // 反应釜实际温度
```

```
    iDigital              : INT;              //模拟量输入模块,通道自动转换的数字量
    xReactorTempAlarm     : BOOL;
END_VAR
rlReactorTemp := INT_TO_REAL(iDigital)/10000.0 * 100.0;
IF rlReactorTemp > 90.0 THEN
    xReactorTempAlarm := TRUE;                //反应釜温度过高报警
ELSE
    xReactorTempAlarm := FALSE;
END_IF;
```

变量 rlReactorTemp 就是反应釜的实际温度,而它的值正是来源于温度传感器的检测,该值在 HMI 或者上位机实时显示,便于操作人员监控生产。程序运行结果如图 7-17 所示。

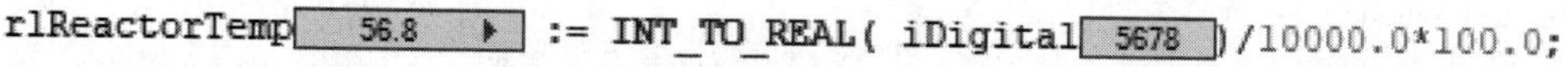

rlReactorTemp[56.8 ▶] := INT_TO_REAL(iDigital[5678])/10000.0*100.0;

图 7-17　模拟量输入程序运行结果

此刻温度传感器检测到反应釜的温度并输出对应的模拟电压,PLC 模拟量输入模块自动将模拟量转换成数字量 5678,通过程序计算可以得知,此时反应釜的温度为 56.8℃。对应的模拟量输入值是多少,读者可根据线性关系自行计算。

下面来分析一下程序,程序的核心就是把模拟量通道获取的数值,也就是把变量 iDigital 的值转换为反应釜的温度。语句"iDigital/10000.0 * 100.0",可以这样理解,同样是检测温度,传感器按 0～100 度划分,而 PLC 模拟量模块按 0～10000 划分,其实就是把范围放大,而且是按照线性关系放大。所以,语句完整的写法应该是"iDigital/(10000.0 - 0.0) * (100.0 - 0.0)",表示 iDigital 在这 10000 份中的比例,然后把这个比例再乘以(100.0 - 0.0),就可以知道它在 0～100 份里的位置,这样就知道实际的温度了,这也是线性转换的实际意义。由于数字量和模拟量都从 0 开始,所以程序代码中忽略了减去 0 的运算步骤。

变量 iDigital 是 INT 型,根据前面学习的除法运算的规则,变量 iDigital 除以 10000,运算结果只会保留整数部分,这显然是错误的。在本例中要想获取正确的结果,参与除法运算的变量,必须有一个是 REAL 型,即可以用 10000.0,也可以把变量 iDigital 通过显示转换运算转换成 REAL 型,程序中这两种方法都有使用,如果读者觉得冗余,也可以用下面的代码:

```
rlReactorTemp := iDigital/10000.0 * 100.0;
```

下面再来看模拟量的输出,模拟量的输出和模拟量的输入是一个相反的过程,通过程序设定数字量的值,模拟量模块会自动输出相应的模拟量。下面来看一个例子,某设备中输送链的速度需要根据生产情况进行实时更改,由操作人员通过操作加速按钮和减速按钮实现。PLC 根据按钮信号,调整模拟量的输出。只要实时更改数字量的值,PLC 模拟里输出模块会自动转换为模拟量,从而改变变频器的输出频率。变频器的输出频率范围为 0～50Hz,对应 0～10V 模拟量,PLC 模拟里模块组态中,10V 对应的数字量为 10000,程序代码如下:

```
VAR
    rlFrequency           : REAL;             //变频器输出频率
    iDigital              : INT;              //模拟量输出模块,通道自动转换的数字量
```

```
    xAcc                  : BOOL;              //加速按钮
    xDec                  : BOOL;              //减速按钮
END_FAR
IF xAcc and NOT xDec THEN
    rlFrequency : = rlFrequency + 0.1;        //按下加速按钮,频率依次增加 0.1Hz
END_IF;
IF xDec and NOT xAcc THEN
    rlFrequency : = rlFrequency - 0.1;        //按下减速按钮,频率依次减少 0.1Hz
END_IF;
IF rlFrequency > = 50.0 THEN
    rlFrequency : = 50.0;                     //频率上限限定
END_IF;
IF rlFrequency < = 0.0 THEN
    rlFrequency : = 0.0;                      //频率下限限定
END_IF;
iDigital : = REAL_TO_INT(rlFrequency/50.0 * 10000.0);
```

为了防止加/减速过快,加/减速信号也可以使用上升沿触发,读者可自行编写,以巩固第 5 章学习的内容。变量 rlFrequency 表示变频器的实际输出频率,程序运行结果如图 7-18 所示。

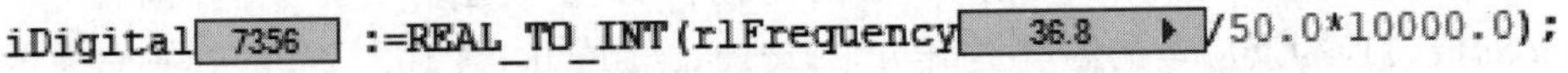

iDigital `7356` **:=REAL_TO_INT(rlFrequency** `36.8` ▶ **/50.0*10000.0);**

图 7-18　模拟量输出程序运行结果

按下加速按钮后,变量 rlFrequency 的值会一直增加,同时 PLC 的模拟量输出也一直增加,变频器的输出频率就会增大。当松开加速按钮,此时变量 rlFrequency 的值为 36.8,根据程序计算,此时应该输出的模拟量对应的数字量是 7356,PLC 会把 7356 自动转换成相应的模拟量输出,变频器的频率也稳定在 36.8Hz。此时的模拟量输出值是多少,读者可根据线性关系自行计算。

PLC 的模拟量处理,转换不是目的,获取数据并处理数据才是目的。比如上述反应釜的例子,最终的目的不是模拟量的转换,而是获取反应釜的温度,对温度进行监测,根据温度来处理各种工艺。模拟量输出的例子,最终的目的也是控制变频器的输出频率。在过程控制中,模拟量的应用非常广泛,比如 PID 控制温度,就需要温度传感器把温度转换为模拟量传输给 PLC,而 PLC 则通过模拟量控制各种温控元件的功率输出,来调节温度。读者可以把模拟量的转换做成自定义功能块,对于模拟量输入来说,就是把数字量转换为工程量,最典型的应用就是获取传感器的测量值;对于模拟量输出来说,就是把工程量转换为数字量,最典型的应用就是控制变频器的频率。工程现场一般使用 4～20mA 模拟电流,除了抗干扰能力比模拟电压强外,还具备断线检测功能,同时还可以为两线制变送器提供工作电流。

7.2.5　设备车速计算

在 7.2.4 节讲的变频器控制生产线的例子中,变频器的输出以 Hz 为单位,但在实际生产中,生产线的车速一般以 m/min(米/分)或者 m/s(米/秒)作为车速单位,这样更直观,更方便现场操作人员。这跟 7.2.2 章节讲述的伺服计算意义是一致的。

生产线由减速电机通过链轮驱动,实际生产中,操作人员需要实时调节生产线速度,由 HMI 输入所需的速度后,生产线会自动运行到所需的速度,生产线速度单位一般为 m/min,如图 7-19 所示。

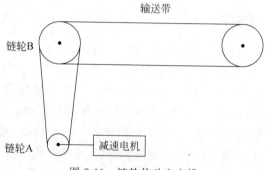

图 7-19　链轮传动生产线

因此需要编写程序,把输入的 m/min 的用户单位,转换为变频器的频率,程序代码如下:

```
VAR_GLOBAL CONSTANT
    PI                 : REAL := 3.1415926;
    rlRatio1           : REAL := 10.0;        //减速电机速比
    rlRatio2           : REAL := 15.0;        //链路速比
    wDiameter          : WORD := 1200;        //主动辊直径,单位 mm
END_VAR
VAR
    rlFrequency        : REAL;                //变频器输出频率
    wSpeed             : WORD;                //车速单位 m/min
END_VAR
rlFrequency := WORD_TO_REAL(wSpeed)/(PI * wDiameter/1000.0) *
                rlRatio1 * rlRatio2 * 50/1450;
```

变量 wSpeed 表示给定车速,是用户的输入参数;变量 rlFrequency 是对应的变频器频率,是控制目标。车速实际就是链轮 B 的线速度,首先要转换成链轮 B 的角速度,然后通过减速比就可以转换成电机的角速度。主动辊的直径单位是毫米(mm),车速单位是米/分(m/min),注意程序代码中的单位换算。由于异步电机有转差,变频器 50Hz 输出时电机速度达不到 1500r/min(仅对应四极电机)。一般取三相异步电动机的额定转速,可以通过电机铭牌获取,程序中取 1450r/min。实际运行时,由于各方面的原因会有一定的差异,可能线性度不好,如果需要提高精度,可以用转速表测量实际转速和变频器频率的关系,增加修正。

通过计算,便可以得出所需要的频率,如果变频器是模拟量控制,那么根据 7.2.4 节的内容,转换为相应的模拟量即可;如果变频器为通信控制,则根据通信控制变频器频率的规则,转换为相应的过程值即可。因为直径和车速不可能是负值,所以定义它们为 WORD 型变量,但有些 PLC 中,WORD 型表示一种存储方式,不能参与数学运算,需要定义为 INT 型。传动系统的速比、主动辊的直径只要机械结构确定,一般不会更改。跟圆周率一样,这些值在程序中会大量使用,可以定义为全局常量,当然也可以直接使用数值,不用定义为变量。

7.2.6　码垛与拆垛

码垛是指把物料按规则堆放,比如化肥、粮食、瓷砖、电子元器件、周转箱等;拆垛正好相反,是把码放整齐的物料依次放到指定的地点。在工业现场,有大量物料需要拆垛与码垛,可以使用码垛机器人或者通用机器人实现。但在一些追求性价比的场合,特别是体积大、重量大的物料,对码垛速度又没有要求,就可以使用自行搭建的桁架机械手或者其他输送机构实现。机械手一般具备 X、Y、Z 三个自由度再加一个可以旋转的 A 轴夹爪即可,驱动方式可以综合生产节拍和项目成本,使用伺服电机、步进电机或者三相异步电机配合编码器和 PLC 的高速计数实现。大多数情况下使用伺服电机来实现。

码垛和拆垛最核心的技术点就是伺服电机的路径计算,也就是它的定位位置,如图 7-20 所示。

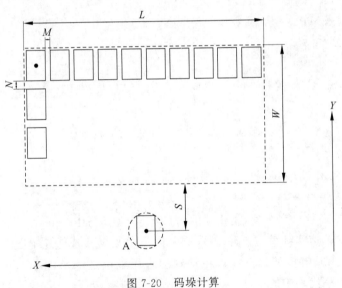

图 7-20　码垛计算

如图 7-20 为托盘俯视图,虚线表示托盘,长度为 L 宽度为 W。物料放置在 A 点,机械手回零后,夹爪在 A 点的正上方。伺服使用绝对定位,Z 方向往下为正方向,X 方向往左为正方向,Y 方向往前为正方向,如图 7-20 中的箭头所示。物料在托盘上码放时,会有一定的间隙,X 方向的间隙为 M,Y 方向的间隙为 N。间隙大小与物料种类有关系,也可以紧密码放不用留间隙。物料上的黑点为抓手抓取位置,位于物料的中心点。

下面分析一下码垛的过程,机械手下降后从 A 点抓取物料,抓取后上升,沿 X 方向和 Y 方向运行至托盘的左上角,下降后码放,码放完成后上升并返回到 A 点;然后下降抓取第二个物料,抓取后上升,沿 X 方向和 Y 方向运行至第一个物料的右侧,下降后码放,码放完成后上升并返回到 A 点,继续重复上述动作码放下一个物料,直至码放完第一行。在码放第一行的过程中,码放下一个物料时 X 方向的定位位置要在上一个物料的基础上依次递减,而 Y 方向的定位位置不变。由于 X 方向伺服的零点在托盘长度的中线上,因此 X 方向伺服的定位距离在托盘中线右侧时,定位位置为负数。

　　码放完第一行后,按同样的方法码放第二行;在码放第二行的过程中,X 方向的定位位置跟码放第一行相同,而 Y 方向的定位位置要在第一行的基础上递减;码放完第二行后,继续按同样的方法码放第三行;在码放第三行的过程中,X 方向的定位位置跟码放第一行和第二行相同,而 Y 方向的定位位置要在第二行的基础上递减。以此类推,直至码放完第一层,然后继续码放第二层;码放第二层时,X 方向和 Y 方向的定位位置跟第一层完全一样,而 Z 方向的定位位置要在第一层的基础上,减去物料的高度。

　　以上就是码垛的过程,最直接的程序编写方法就是每码垛一次,就写三行程序,执行 X、Y、Z 三个电机的绝对定位指令,很显然这是非常麻烦的。比如要码放 10 行 8 列 5 层,那就至少需要写 $3\times10\times8\times5$ 共 1200 行程序,还不包括返回 A 点的程序,这样写程序显然是不现实的,该如何优化呢?

　　从码垛的过程可以分析出,X、Y、Z 方向的伺服定位位置,跟物料尺寸、码放间隔、已码放的行数列数、当前码放的行数列数存在数学关系,只要找到这个关系,然后用公式来表达,就可以简化计算。先来看 Z 方向,如图 7-21 所示。

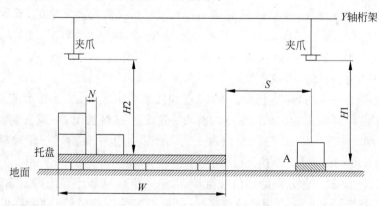

图 7-21　码垛 Z 方向计算示意

　　如图 7-21 为托盘左视图,夹爪取料下降的距离,为 $H1$ 减去物料的高度,$H1$ 可以通过实际测量获取;夹爪放料下降的距离为 $H2$ 减去已码放物料的高度,也就是已码放层数乘以物料的高度,$H2$ 同样可以通过实际测量获取。

　　重点是 X 方向和 Y 方向的计算,先来看 X 方向,通过机械调整使 A 点在托盘长度的中线上。放置第一个(也就是第一列)物料时,此时托盘是空的,放置第一个物料的运行距离是托盘长度的一半,减去物料宽度的一半(假定物料靠托盘边码放);放置第二个物料时,此时托盘上已经有一个物料,运行距离是托盘长度的一半,减去第一个物料的宽度,再减去物料

间隙 M，再减去第二个物料宽度的一半；放置第三个物料时，托盘上已经有两个物料，运行距离是托盘长度的一半，减去第一个物料的宽度，再减去间隙 M，再减去第二个物料的宽度，再减去间隙 M，再减去第三个物料宽度的一半。以此类推，所以每一行码放第 n 个物料的运行距离就是 $L/2-(n-1)*$ 物料宽度 $-(n-1)*$ 物料 X 方向间隙—物料宽度/2，如图 7-22 所示。

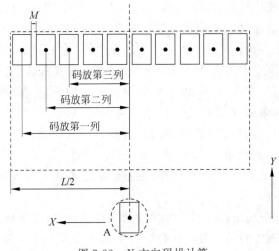

图 7-22　X 方向码垛计算

再来看 Y 方向，放置第一个（也就是第一行）物料时，此时托盘是空的，放置第一个物料的运行距离是 A 点到托盘的距离 S，加上托盘的宽度 W，再减去物料长度的一半；放置第二个物料时，托盘上已经有一个物料，运行距离是 A 点到托盘的距离 S，加上托盘的宽度 W，再减去第一个物料长度，再减去物料的间隙 N，再减去物料长度的一半；放置第三个物料时，托盘上已经有两个物料，运行距离是 A 点到托盘的距离 S，加上托盘的宽度 W，再减去第一个物料长度，再减去物料的间隙 N，再减去第二个物料长度，再减去物料的间隙 N，再减去物料长度的一半。以此类推，所以每一列码放第 n 个物料的运行距离就是 $S+W-(n-1)*$ 物料长度 $-(n-1)*$ 物料纵向间隙—物料长度/2，如图 7-23 所示。

解决完了 X、Y、Z 三个方向的定位位置计算，下一步就需要计算托盘上能码多少行、多少列、多少层。托盘的长度除以物料的宽度，托盘的宽度除以物料的长度，就可以计算出每行、每列允许的最大码垛数。比如托盘长度 1100mm，宽度是 1000mm，物料宽度 70mm，长度是 120mm，假设物料紧密码放没有间隔，那么托盘上最多允许码放 15 列，也就是每行最多允许码放 15 个（1100/70＝15.714）。因此码放第 16 个、第 31 个、第 46 个、第 61 个、第 76 个、第 91 个物料的时候，就要码放下一行，Y 方向的距离就要递减。同理，托盘上最多允许码放 8 行，也就是每列最多允许码放 8 个（1000/120＝8.333333）。当码放完第 8 行的第 15 个物料后，表示码放完一层，就需要码放第二层了。每码放成功一次就计一次数，这样就可以计算出：什么时候码放下一列；什么时候码放下一行；什么时候码放下一层，如图 7-24 所示。

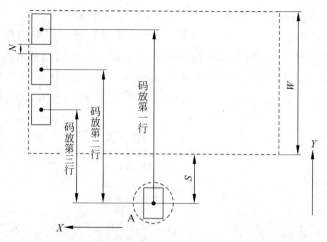

图 7-23　Y 方向码垛计算

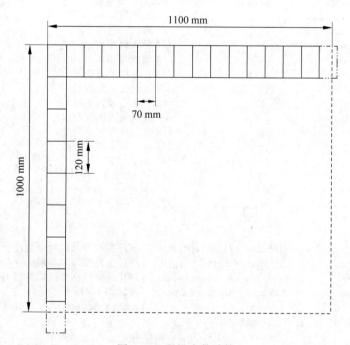

图 7-24　码垛个数计算

从图 7-24 中可以看出,第一行码放完 15 个物料后,第 16 个物料因为空间不足,无法码放;托盘也只能码放 8 行物料,第 9 行因为空间不足,无法码放。行数和列数计算完成,再看允许码放层数的计算。可以认为托盘是一个虚拟的立体空间,托盘的虚拟高度是机械手的高度减去安全距离,虚拟高度除以物料的高度就是允许的码垛层数。如果计算出来的码垛层数超过了物料的堆码层数极限,码垛层数就取物料的堆码层数极限,该参数在物料的包装上有标识。

　　PLC 中整数的除法运算结果不会四舍五入,只保留整数部分,正好利用这个特点计算最大码垛数,因为不可能码放零点几个物料,这显然违背常识。如果物料之间有间隔,可以把间隔加在物料的尺寸上,也就是物料的宽度加上宽度方向的间隔被看作物料的宽度,这样方便计算。大多数情况下,物料之间的间隔都很小,可以忽略不计。

　　通过以上分析,就可以得出 X、Y、Z 方向的计算公式,程序代码如下:

```
VAR
    iMatterLength        : INT;              //物料长度
    iMatterWidth         : INT;              //物料宽度
    iMatterHeight        : INT;              //物料高度
    iPalletLength        : INT;              //托盘长度
    iPalletWidth         : INT;              //托盘宽度
    iPalletHeight        : INT;              //托盘虚拟高度
    iDistance            : INT;              //A 点到托盘的距离 ,S
    iTakeHeight          : INT;              //取料点高度 ,H1
    iPlaceHeight         : INT;              //放料点高度 ,H2
    iXPlacePosition      : INT;              //X 轴放料距离
    iYPlacePosition      : INT;              //Y 轴放料距离
    iZTakePosition       : INT;              //Z 轴取料距离
    iZPlacePosition      : INT;              //Z 轴放料距离
    iXPlacedNum          : INT;              //X 方向已放置数量
    iYPlacedNum          : INT;              //Y 方向已放置数量
    iZPlacedNum          : INT;              //Z 方向已放置数量
    iXPlacedNumMax       : INT;              //X 方向最大码放数量
    iYPlacedNumMax       : INT;              //Y 方向最大码放数量
    iZPlacedNumMax       : INT;              //Z 方向最大码放数量
    iXInterval           : INT;              // X 方向间隔 ,M
    iYInterval           : INT;              // Y 方向间隔 ,N
    xPutOk               : BOOL;             //码放完一个物料
    xPallet              : BOOL;             //码垛完成
    R1                   : R_TRIG;
END_VAR
iXPlacedNumMax  := iPalletLength/iMatterWidth;      //托盘长度除以物料宽度计算每行码放数量
iYPlacedNumMax  := iPalletWidth/iMatterLength;      //托盘宽度除以物料长度计算每列码放数量
iZPlacedNumMax  := iPalletHeight/iMatterHeight;     //托盘虚拟高度除以物料高度计算码放层数
iZTakePosition  := iTakeHeight - iMatterHeight;     //Z 方向取料下降距离
iZPlacePosition := iZPlacePosition - iZPlacedNum * iMatterHeight; //Z 方向放料下降距离
iXPlacePosition := iPalletLength/2 -
                   (iXPlacedNum - 1) * iMatterWidth -
                   (iXPlacedNum - 1) * iXInterval -
                   iMatterWidth/2;                  //X 方向放料运行距离
iYPlacePosition := iDistance + iPalletWidth -
                   (iYPlacedNum - 1) * iMatterLength -
                   (iYPlacedNum - 1) * iYInterval -
                   iMatterLength/2;                 //Y 方向放料距离
( * 每码放完一个物料做一次判断,判断各方向已码放数量,用于确定什么时候
码放下一行,下一列,下一层 * )
R1(CLK:= xPutOK);
( * 每码放完一个物料,X 方向已码放数量增加 1 * )
IF R1.Q THEN
```

```
        iXPlacedNum : = iXPlacedNum + 1;
    END_IF
( * 当 X 方向码放数量到达最大值时,表示已经码放完一行 * )
IF iXPlacedNum > =  iXPlacedNumMax THEN
        iXPlacedNum : = 0;                              //码放第二行,X 方向又从 0 开始
        iYPlacedNum : = iYPlacedNum + 1;
    END_IF
    ( * 当 Y 方向码放数量到达最大值时,表示已经码放完一层 * )
IF iYPlacedNum > =  iYPlacedNumMax THEN
        iYPlacedNum : = 0;                              //码放第二层,Y 方向又从 0 开始
        iZPlacedNum : = iZPlacedNum + 1;
    END_IF
    ( * 当 Z 方向码放数量到达最大值时,表示已经码放完成 * )
IF iZPlacedNum > =  iZPlacedNumMax THEN
        xPallet : = TRUE;
    END_IF
```

　　程序中牵涉到除法运算,由于除数不能为 0,建议 PLC 初始化的时候,就赋值默认参数,包括物料、托盘的尺寸以及物料到托盘的距离,以及 Z 方向放料和取料的距离。程序调试完成后,获取到实际的数值,再写入 PLC 的掉电保持区。如果不赋值,上电后除数为 0,PLC 会报错。

　　程序中所有的计算都以 mm 为单位,mm 是机械工程中的默认单位,这样不仅方便与现场人员沟通,还可以避免出现浮点数运算。使用 1100×1000 的托盘,如果以米为单位,计算就会出现浮点数 1.1 和 1.0,这必然牵涉到浮点数计算,使得程序变复杂,而且容易出错。如果物料尺寸和托盘尺寸,通过 HMI 或者上位机传输,那么浮点数的通信传输也会更烦琐,还会降低通信效率。所以 PLC 的数学计算,应该尽量避免浮点数的计算,通过计量单位将数据的小数点去除而且不损失精度,是最常用的方法。

　　通过寻找规律计算码垛路径的距离,可以使程序非常简单。如果不寻找规律,按照码垛顺序一个一个计算,那程序规模是相当庞大和复杂的,这也使得自行搭建码垛机构失去了经济意义。找出了规律,桁架机器人的编程就简单了,使用 IF 语句就可以实现,读者可自行编程验证,后续章节学习 CASE 语句以后,编程会变得更加简单直观。当然这个码放过程只是理想的码放过程,具体应用还要根据实际情况修改。为了码垛的可靠性,需要像砌墙一样,让物料交错放置,通常第二层让物料换个方向,第三层和第一层一样即可。机械手的 A轴,通常就是实现这个功能的。取料点 A 的位置也有可能不在中线上,但码垛计算的原理不变。比如粮食会被挤压,尺寸会有变化,需要增加修正;而周转箱则不存在这个问题。如果一行或一列的物料码放,剩余的空间不足以码放一个物料,并且剩余的空间较大,可以适当地让第一个物料向右或向下移动,尽量将物料放在托盘的中央。

　　拆垛刚好是一个相反的过程,从右上角开始,先去托盘取第一个物料放到 A 点,搬运机构把物料取走;然后取第二个物料放到 A 点,如此往复,直到把托盘上的物料全部取走。如果是单纯的拆垛,为了提高效率,可以把机械手的零点放在要取的第一个物料的上方。拆垛分析方法同码垛的一样,读者可自行分析,并仿真验证。

7.2.7 配方计算

配方就是一系列工艺参数,一条生产线会生产不同的产品,生产不同的产品设备参数是不一样的。比如饮料生产线,可以生产绿茶、红茶、柠檬茶等不同的产品,生产这些产品所需要的配料不一样,配比也不一样,每种配料所需要的数量也不一样,生产线运行速度不一样,包装件数不一样。这些不同之处,对操作人员来说,都可以通过修改参数来确定。再比如某设备更换产品时,伴随着夹具和工艺的更改,这时候就需要修改大量的数据。如果每次更换产品,都由操作人员手动输入数据,显然是不现实的。通常的做法是由操作人员在 HMI 或者上位机一键调用,而无须关心 PLC 内部如何处理。

具体到 PLC,配方其实就是保存在 PLC 存储区的一系列数据,然后根据需要调用。在PLC 中,可以使用数组来实现配方功能,简化 PLC 程序。7.2.6 节讲述的码垛和拆垛计算,就可以用配方思想实现更强大的功能,适配更多的物料和托盘。如果更换物料和托盘,其尺寸必定发生变化,那么现有的程序将不能适用,因为伺服电机定位位置计算依赖托盘和物料的尺寸,更换物料后,现有的 PLC 程序就不能使用,这样的设备柔性不好。如果把物料和托盘的尺寸看作是配方,那么更换物料和托盘只需要调用相应的配方即可。不难看出,配方的最终目的,就是一套程序适配多种产品。可以使用二维数组来定义托盘和物料的尺寸,第一维表示序号,也就是配方号,用于识别不同的物料和托盘;第二维表示物料和托盘的尺寸,也就是长、宽、高,定义如下:

```
VAR
    iMatterSize: ARRAY[0..99, 0..2] OF INT;        //物料尺寸
    iPalletSize: ARRAY[0..99, 0..2] OF INT;        //托盘尺寸
END_VAR
```

第一维从 0~99,可以表示 100 种托盘和物料;第二维从 0~2,表示长、宽、高三个尺寸。比如变量 iMatterSize[45,2]表示第 46 种物料的高度(数组下标从 0 开始,45 表示数组内的第 46 个元素)。二维数组对初学者来说,理解起来可能比较抽象,可以借助西门子博途来理解,博途的 DB 块中建立二维数组后,可以更直观地表达数组内元素的组成关系,如图 7-25 所示。

在西门子博途中新建 DB 块并命名为 Recipe,然后在该 DB 块内新建二维数组iMatterSize,并编译通过。用鼠标选择 iMatterSize 旁边的三角箭头,就可以展开数组。变量 iMatterSize[0,0]、变量 iMatterSize[0,1]、变量 iMatterSize[0,2]分别表示第 0 个物料的长、宽、高。变量 iMatterSize[1,0]、变量 iMatterSize[1,1]、变量 iMatterSize[1,2]分别表示第 1 个物料的长宽高。读者可复习 2.4.4 节中数组的介绍或参考其他资料。

只需要用数组变量替代原程序中相应的变量即可实现配方功能,比如 X 方向的路径,替代后,程序代码如下:

```
VAR
    iMatterSize    : ARRAY[0..99, 0..2] OF INT;     //物料尺寸
    iPalletSize    : ARRAY[0..99, 0..2] OF INT;     //托盘尺寸
```

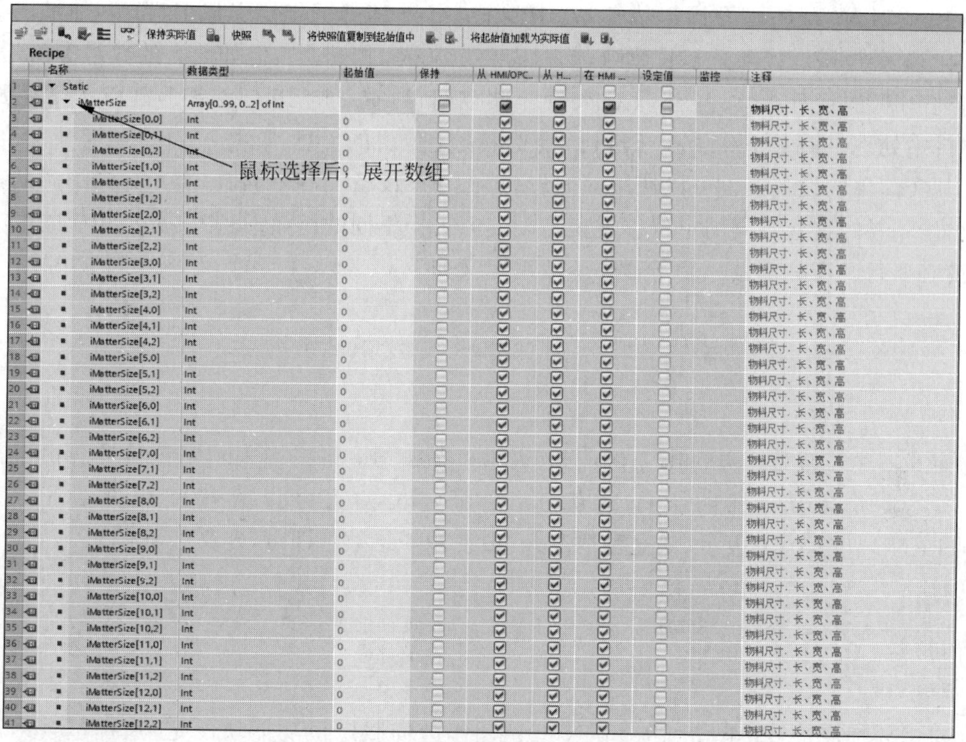

图 7-25 西门子博途中的二维数组

```
    iRecipeNumber   : INT; //配方号
END_VAR
iXPlacePosition := iPalletSize[iRecipeNumber,0]/2 -
            (iXPlacedNum - 1) * iMatterSize[iRecipeNumber,1] -
            (iXPlacedNum - 1) * iXInterval -
            iMatterSize[iRecipeNumber,1]/2;
```

　　只需要在 HMI 或上位机做配方选择功能，就可以适配 100 种物料和托盘。比如用户要码放 46 号物料，只需要在 HMI 或上位机选择物料，直接修改或通过脚本把变量 iRecipeNumber 的值更改为 45(数组内元素从 0 开始，配方号从 1 开始)即可。在本例中，默认物料和托盘使用相同的配方号，所以只定义了一个变量。在实际应用中，大多数情况下物料的种类要远远大于托盘的种类，托盘通常选用标准托盘，种类比较少，可以再定义一个变量表示托盘的种类。

　　以上就是 CODESYS 中，数组替代变量实现配方功能的程序代码，在西门子博途中使用数组，需要增加 DB 块的名称，比如""Recipe".iMatterSize[0,2]"，具体可参考西门子博途的相关手册或 4.6 节的介绍。

　　数组的实质是相同数据类型的组合，因此定义 INT 型数组，数组中的每个元素也都是 INT 型。数组的数学计算，实际是数组内的元素参与计算，而不是数组本身。X 方向和 Y 方向的间隔，也可以做成配方，实现更大的设备柔性。数组的下标可以为负数，所以下标定义为 INT 型,有些 PLC 允许定义成 WORD 型;有些 PLC 只能定义成 INT 型,如果定义成 WORD 型会报错。如果是超长数组,下标需要定义成 DINT 型,但如此大的数组参与运算,会超过 PLC 的运算能力,占用 PLC 大量存储空间,严重影响 PLC 性能。建议大数组放到上位机中处理。PLC 只作为执行机构,接受来自上位机的信息。

其实简单的设备上也可以使用配方思想,比如某设备上有个伺服,生产不同的产品其定位位置不一样,这些不同的定位位置就是配方。更换不同的产品,只需要选择相应的配方即可,没必要每个产品都做一个子程序。数组定义如下:

```
VAR
    iPosition    : ARRAY[0..99, 0..0] OF INT;      //定位位置
    iRecipeNumber: INT;                            //配方号
END_VAR
```

定义一个二维数组 iPosition,第一维表示产品编号;第二维表示定位位置。由于只有一个元素,所以第二维的下标只有 0。伺服定位位置可以直接使用变量 iPosition[iRecipeNumber,0]来表示,像这种情况,一般使用一维数组即可,定义如下:

```
VAR
    iPosition       : ARRAY[0..99] OF INT;      //定位位置
    iRecipeNumber   : INT;                      //配方号
END_VAR
```

只需要把变量 iPosition[iRecipeNumber]作为伺服定位功能块的定位位置实参,改变配方号即可自动改变定位位置,适配不同的产品。当然,配方号不一定就是区分不同的产品,比如设备中只生产一种产品,但伺服有多个定位位置,也可以使用配方数组。把伺服的定位位置放到数组中,配方号表示不同的定位位置;只需要更改配方号,就可以触发不同的定位,实现设备功能。一维数组只能保存一套数据,而二维数组可以保存多套数据,具体使用一维数组还是二维数组,由需要处理的数据决定。

以上介绍的配方功能,在 PLC 中有着广泛的应用,可以简化 PLC 程序,提高设备柔性。当然这种方法是有局限性的。有些场合,比如医药设备需要满足 GMP 规范,生产过程需要可追溯,而且要有操作权限管理,这些功能用 PLC 就很难实现。而且数据量如果太多的话,PLC 处理效率低下,这就必须使用满足 GMP 认证的 HMI 或上位机软件实现。PLC 如果是接受来自 HMI 或者上位机的配方数据,还是可以用上述方法实现的。有些 PLC 还有专门的配方指令,利用存储卡实现对配方的存储和处理,方便与上位机和 HMI 交互。

注意: 在使用数组的时候,一定不要让数组越界,也就是不能让数组的下标值超过数组的长度。比如定义数组"iPosition : ARRAY[0..99] OF INT;",那么数组的下标不能大于 99,如果程序中出现 iPosition[100],则 PLC 会报错,甚至崩溃。如果数组下标是用变量表示,在编译的时候,PLC 编译器无法发现这种错误,一旦程序运行中出现该错误,是十分致命的。比如变量 Position[II],一旦在程序中出现语句"II := 100;"并运行,将会出现十分严重的后果,这种错误 PLC 编译器是不会发现的。所以在使

用数组的时候,一定要注意不能让数组越界。可以增加如下语句:

```
IF II > = 100 THEN
    II: = 99;
    xError : = TRUE;
END_IF;
```

也就是当数组下标越界时,需要把数组下标设置为允许范围内的值,并报错。

7.2.8 高低字节交换

4.5.7 节讲述过,数据在 PLC 内有两种存储模式,分别是大端模式和小端模式,这是由 PLC 系统决定的,使用者无法更改。大端模式、小端模式不是 PLC 独有的,只要是计算机系统就存在此现象。在工程实际中,大量场合需要在不同 PLC 之间交互数据,也需要在上位机和 PLC 之间交互数据,甚至需要在 PLC 和单片机系统、各种第三方控制系统、仪器仪表等多种系统之间交互数据。如果大端模式和小端模式之间直接交互数据,必定是错误的,所以在进行数据交互的时候,必须要统一格式。

有些 PLC 提供 SWAP 函数用于实现此功能,如果 PLC 没有类似的函数,那就需要自行编写程序实现。只需要把数据的高低字节交换一下位置即可。比如十六进制数 16#ABCD,高低字节交换一下位置就是 16#CDBA。高字节部分向右移 8 位,生成一个新变量 A,低字节部分向左移 8 位,生成另一个新变量 B,然后把变量 A 和变量 B 相加即可,如图 7-26 所示。

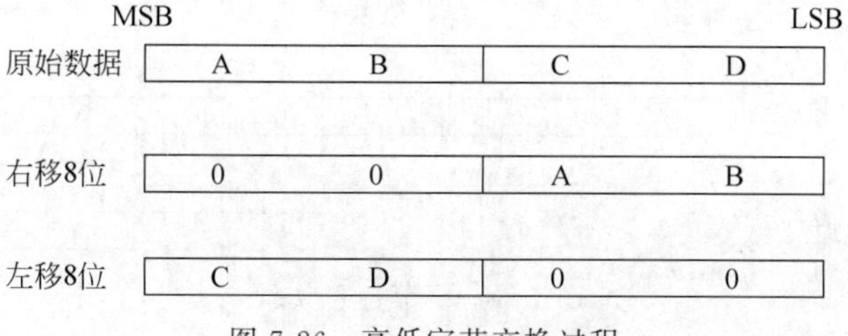

图 7-26 高低字节交换过程

移位可以使用函数 SHL 和函数 SHR 实现,读者可以查看 2.6.3 节的内容或查阅 PLC 相关手册。一个无符号数向左移动 n 位,相当于乘以 2 的 n 次方,一个无符号数向右移动 n 位,相当于除以 2 的 n 次方,程序代码如下:

wWord2 : = wWord1 * 256 + wWord1/256;

运行结果如图 7-27 所示。

图 7-27 高低字节交换运行结果

如图 7-27 可以看出,变量 wWord1 的值为 16#ABCD,程序运行后变为 16#CDBA,实现了高低字节的交换。使用该方法,也可以对 32 位数据的高 16 位和低 16 位交换。变量高低部分交换只针对无符号数，也就是 WORD、DWORD 型变量。对于有符号数，也就是 INT、DINT 型变量，由于其最高位是表示符号，所以交换高低部分没有工程意义。关于 WORD 和 INT 的区别，2.4.2 节有讲述，也可以参考相关资料。

7.2.9　字节组合成字

工业 4.0 时代的到来，PLC 不可避免地要同第三方设备交互数据，这就牵涉到不同系统的数据处理。除了 7.2.8 节讲述的高低字节交换，不同长度的数据交互也是经常发生的。比如 PLC 与单片机 MODBUS 通信，从单片机中读取 100 个字节的数据，放到寄存器中。在 PLC 中就需要把这 100 个字节的数据合并成 50 个字或者 25 个双字，这样方便 PLC 处理，因为大部分 PLC 的功能块和函数都是针对 16 位和 32 位数据。最简单的办法，就是利用 PLC 的寄存器寻址功能。比如把这 100 个字节的数据放入从％MB0 开始的 100 个字节中，也就是％MB0～％MB99 中，％MW0 就是由％MB0 和％MB1 组成的，在 PLC 中定义一个变量 A，该变量分配地址％MW0，在 PLC 中直接使用变量 A，就相当于把两个字节合并成字，具体可参考 PLC 的系统手册。

由于牵涉到物理地址，就无法方便地在不同 PLC 中移植，如果 PLC 对寻址功能支持不好，实现起来就比较麻烦。最好的办法还是用算法写出与物理地址无关的程序。如何实现呢？可以把要合并的两个字节分别变成两个字，一个高 8 位是 0，一个低 8 位是 0，然后相加即可，如图 7-28 所示。

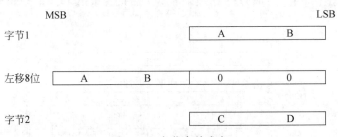

图 7-28　字节合并成字

比如字节 1 和字节 2 的值分别是 16＃AB 和 16＃CD，可以把它们的高位补 0 变成 16＃00AB 和 16＃00CD，高位补 0 并不会改变数据的值，比如 100 和 00100 是相同的；然后把字节 1 左移 8 位变成 16＃AB00，和字节 2 相加，就变成了 16＃ABCD，这样字节 1 和字节 2 就合并成了一个字，程序代码如下：

```
Word1 := BYTE_TO_WORD(Byte1) * 256 + BYTE_TO_WORD(Byte2);
```

程序仿真运行结果如图 7-29 所示。

Word1 16#ABCD := BYTE_TO_WORD(Byte1 16#AB)*256+BYTE_TO_WORD(Byte2 16#CD); RETURN

图 7-29　字节合并成字仿真运行结果

从图 7-29 可以看出，字节变量 Byte1 和字节变量 Byte2 的值分别为 16＃AB 和 16＃CD，程序运行后组成一个字变量 Word1，变量 Word1 的值为 16＃ABCD。一个无符号数向左移动 8 位,相当于乘以 2 的 8 次方也就是 256。字节组合成字的时候,要注意使用的 PLC 是大端模式还是小端模式,注意两个字节的位置。两个字组合成双字也可以使用此方法,读者可自行编程验证。

　　既然可以把字节组成字,那也可以把字拆分成两个字节。利用数据类型转换的原理,16位数据类型转换成 8 位数据类型,会自动舍弃高 8 位,程序代码如下:

```
Byte1 := WORD_TO_BYTE(Word1);
Byte2 := WORD_TO_BYTE(Word1/256);
```

　　直接用 WORD_TO_BYTE 函数把字转换成字节,就拆分出低 8 位,而高 8 位就自动舍弃了。把高 8 位右移 8 位,放到低 8 位,再用 WORD_TO_BYTE 函数,把字转换成字节就拆分出高 8 位,程序仿真运行如图 7-30 所示。

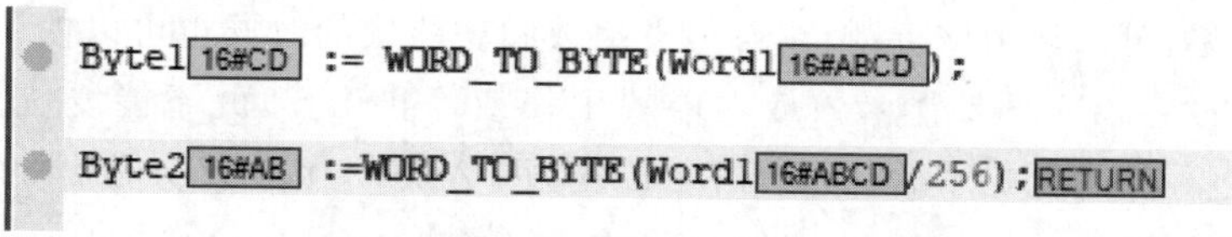

图 7-30　字拆分成字节程序仿真运行结果

　　从图 7-30 看出,字变量 Word1 的值为 16#ABCD,程序运行后,拆分成两个字节变量 Byte1 和 Byte2,这两个变量的值分别为 16#CD 和 16#AB。一个无符号数向右移动 8 位,相当于除以 2 的 8 次方也就是 256。利用此方法,还可以把双字拆分成字。当然也可以利用 PLC 的寄存器寻址,把字拆分成字节。把字变量放到%MW0,那么%MB0 和%MB1 就是组成%MW0 的两个字节。

　　由以上几个例子可知,PLC 中的数学计算,如果只是单纯的计算,仍然无法发挥出 ST 语言的作用,应该根据工艺和需求仔细分析,找出其中的规律,总结出公式,利用变量的思想来解决问题。PLC 中的数学计算,跟日常的数学计算最大的区别就是要注意变量的数据类型,否则即使公式和方法是对的,也会得到错误的运算结果。比如除法运算,要注意什么时候需要四舍五入,什么时候需要舍弃小数,以确定参与除法运算的变量的数据类型。

7.3　函数运算

　　这里的函数与数学中学习的函数类似,指除了加、减、乘、除、取余以外的计算,这些运算没有专门的运算符,需要调用函数来实现。

7.3.1　乘方

　　乘方运算又称幂运算,是指求多个相同数的乘积。在数学中,采用符号"^"表示。例如,a^n 指 a 的 n 次方或者 a 的 n 次幂,即 n 个 a 相乘。其中,a 为底数,n 为指数,运算的结果叫幂。在三菱 GX Works3 或西门子博途中,可以使用运算符"**"表示,看下面的代码。

```
rlData := rlData1 ** rlData2;
```

这行代码计算的是变量 rlData1 的 rlData2 次方，即"rlData＝rlData1^rlData2"（注：该算式是数学中的表达方式，并不是 ST 语言语句）。但在 CODESYS 中，并不支持运算符"**"，需要调用函数来实现乘方运算。在前面讲述数据类型转换的时候，多次提到过函数调用，下面就正式学习 ST 语言中的函数调用。先看梯形图中如何实现乘方运算，如图 7-31 所示。

图 7-31 是 CODESYS 中实现乘方运算的梯形图，使用 EXPT 函数实现乘方运算，EXPT 是英文单词"Exponent"的缩写。EN 是使能引脚，ENO 是使能输出引脚。类似伺服驱动器的使能信号，只有 EN 引脚为高电平时该函数才工作，正常情况下，ENO 输出高电平。这就是 PLC 中函数和功能块的 EN/ENO 机制，在 FBD 和 LD 中广泛使用。为了提高 PLC 的执行效率，可以禁用该机制，在自定义函数和功能块的时候也可以使用 EN/ENO 机制。需要注意的是，EN 只是让函数或功能块工作或停止工作，并不能复位它的输出。当 EN 引脚从高电平变为低电平后，即从 TRUE 变为 FALSE，函数或功能块的输出并不会清零，而是保持当前值。

要实现乘方运算直接在引脚填写变量即可，左边的引脚为底数和指数：靠上的引脚为底数；靠下的引脚为指数，右边的引脚为运算结果。乘方函数的输入变量可以是数值型的任意数据类型，但是输出变量必须为 REAL 型或 LREAL 型，如图 7-32 所示。

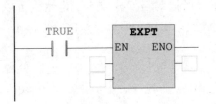

图 7-31　梯形图中的乘方运算指令

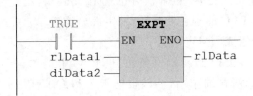

图 7-32　梯形图实现乘方运算

图 7-32 中的梯形图是计算变量 rlData1 的 diData2 次方，并把结果赋值给变量 rlData，使用 ST 语言表示如下：

```
VAR
  rlData   : REAL;
  rlData1  : REAL;
  diData2  : DINT;
END_VAR
rlData := EXPT(rlData1, diData2);
```

该代码与 7-32 中的梯形图是等价的。对照梯形图不难看出，ST 语言中函数的调用格式如下：

变量 := 函数名(输入参数 1,输入参数 2,输入参数 n);

由此可见，调用函数时，只需要依次填入函数"输入参数"，并使用","隔开即可。调用函数的目的是获得函数的运算结果，因此需要使用赋值语句把函数运算的结果即函数的返回值赋值给变量。被赋值的变量的数据类型必须和函数返回值的数据类型保持一致。函数调用时,不支持 EN/ENO 引脚,无须填写。如果想在 ST 语言中使用 EN/ENO 机制,可以通过增加 IF…END_IF 语句实现,代码如下:

```
IF xEnable then
  rlData := EXPT(rlData1, diData2);
END_IF
```

如果底数是自然常数 e,还可以调用指数函数 EXP,该函数是求自然常数 e 的任意次方,例如下面的代码。

```
rlData1 := EXPT(2.71828,rlData3);
rlData2 := EXP(rlData3);
```

上面两行代码是等价的,都是以自然常数 e 为底数、变量 rlData3 为指数的乘方运算。第一行代码使用 2.71828 近似代替了自然常数 e,显然精度不如第二行代码。因此,在计算自然常数 e 的乘方运算时,应该使用函数 EXP。

7.3.2　绝对值

计算变量的绝对值通过调用函数 ABS 实现,ABS 是英文单词"absolute value"的缩写。整数和小数都可以取绝对值。由于绝对值的计算结果为无符号数,因此必须把 ABS 的运算结果赋值给 WORD 型或 DWORD 型变量。CODESYS 中对此要求比较宽松,可以把结果赋值给 INT 型变量,只需要保证计算结果没有超出 INT 型变量的取值范围即可。在三菱 GX Works3 中,如果把绝对值运算的结果赋值给有符号数,编译会报错。

绝对值运算最容易出错的地方是结果溢出,如图 7-33 所示。

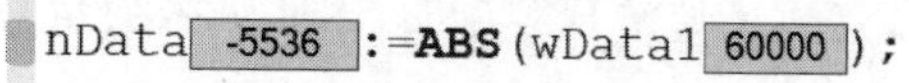

nData -5536 :=**ABS**(wData1 60000);

图 7-33　错误的 ABS 运算

如图 7-33 中的绝对值运算显然是错误的。因为 WORD 型变量的取值范围为 0～65535,对 WORD 型变量取绝对值计算,其结果的取值范围也应该是 0～65535。而 INT 型变量的取值范围为 −32768～32767,如果对大于 32767 的 WORD 型变量进行 ABS 运算,就会发生错误。如图 7-33 中的程序代码,在 CODESYS 中是可以编译通过的,所以要格外注意。在进行 ABS 运算时,其结果变量一定要定义为无符号数。

7.3.3　三角函数

三角函数包含正弦(SIN)、余弦(COS)、正切(TAN)及反正弦(ASIN)、反余弦(ACOS)、反正切(ATAN),由于正切与余切(COT)为倒数关系,所以没有专门的余切函数。

三角函数运算中,角度的单位采用弧度(rad)而非角度(°)。其输入/输出也必须定义为 REAL 型或 LREAL 型变量。常用角度和弧度的对应关系如表 7-3 所示。

表 7-3　角度和弧度对应表

角度	0°	30°	45°	60°	90°	135°	180°	270°	360°
弧度	0	$\pi/6$	$\pi/4$	$\pi/3$	$\pi/2$	$3\pi/4$	π	$3\pi/2$	2π

Windows 10 系统自带的计算器也可以进行角度和弧度的换算。从表 7-3 可以看出，由于 π 的存在，大部分弧度值都为小数，因此必须定义为 REAL 型或 LREAL 型变量。反三角函数的输入/输出也必须定义为 REAL 型或 LREAL 型变量，但要注意输入变量的取值范围，与数学中的要求是一致的。函数 ASIN 和 ACOS 的输入变量的取值范围为 −1～1，而函数 ATAN 的取值范围不限。

计算三角函数的 ST 语言代码如下：

```
rlData1 := SIN(PI/2);                 //PI 是定义的表示 π 的常量
rlData2 := COS(rlData3 + rlData4);
```

三角函数涉及的数学知识比较多，读者可以参考相关的资料，本书不再赘述。

7.3.4　对数

对数（logarithm）是幂运算的逆运算。对数运算有两种，分别是自然对数 LN 和常用对数 LOG，自然对数以常数 e 为底数，常用对数以 10 为底。看下面的代码。

```
rlData1 := LN(wData);
rlData2 := LOG(diData);
```

上面两行代码分别计算变量 wData 的自然对数以及变量 diData 的常用对数。函数 LN 和函数 LOG 的输入变量可以是任意数值型的数据类型，输出必须为 REAL 或 LREAL 型变量。但在实数范围内，负数和 0 是没有对数的，因此输入变量一般定义为无符号数且不能为 0。

7.3.5　平方根

平方根又称二次方根，通过调用函数 SQRT 实现，SQRT 是英文 "Square Root Calculations" 的缩写。平方根函数的输入变量可以是任意数值型的数据类型，但必须确保它不能小于 0，而输出变量必须为 REAL 型或 LREAL 型。看下面的代码。

```
rlData := SQRT(diData);
```

上述代码计算变量 diData 的平方根，并把计算结果赋值给变量 rlData。虽然变量 diData 定义为 DINT 型，但取值为负数时，该表达式没有意义。因此，计算平方根时，应该把输入变量定义为无符号数。

平方根函数和对数函数对输入变量的取值范围都有要求，而在 CODESYS 中，对变量的数据类型要求都比较自由，但一定要注意它的取值范围，保证运算在数学上有意义。而部分 PLC 对变量的数据类型，尤其是输入变量的数据类型，要求比较严格，一定要注意 PLC 的函数说明。如果编译时出错，一般编译信息中都会指出错误的原因。

加减乘除运算以及取余运算,有的 PLC 采用调用函数的方式实现。例如加运算,在三菱 GX Works3 中就可以调用函数 ADD 来实现,看下面代码。

```
rlData := ADD(nData,diData,rlData2);
rlData := nData + diData + rlData2;
```

以上两行代码在三菱 GX Works3 中是完全等价的,都是计算 3 个变量的和。第一行代码调用函数 ADD 实现;第二行代码使用数学运算式实现,读者可根据自己的习惯选择不同的方式。需要注意的是,有些 PLC 并不提供实现加减乘除运算的函数。

加减乘除运算和调用函数实现的运算,可以在同一个表达式中进行,实现混合运算。例如下面的代码。

```
rlData1 := diData/rlData2 + ABS(nData) * SIN(rlData3);
rlData1 := SQRT(rlData2 * (rlData3 - rlData4)) + COS(diData1 MOD diData2);
```

混合运算的运算规则与数学中的运算规则一致,有括号的先算括号,先函数后乘/除,最后算加/减。将在后续介绍优先级的章节详细讲解。

在 ST 语言中,调用数学函数需要注意以下几点。

(1) 输入/输出变量的数据类型,不同的 PLC 略有不同。

(2) 一定要保证数学函数有意义,注意输入变量和输出变量的取值范围。

(3) 不同的 PLC 支持的数学函数略有不同。

7.4　如何调用函数

在 ST 语言中,调用函数的格式如下:

变量 := 函数名(输入变量 1,输入变量 2,输入变量 n);

无论是 PLC 的内置函数,还是自定义的函数,都采用此方法调用。函数名和括号之间可以有空格,但尽量不要增加空格。如果自定义的函数没有输入变量,直接用函数名加括号即可,格式如下:

变量 := 函数名();

函数可以这样调用的前提是:PLC 支持在自定义函数时不用定义输入/输出变量。有些 PLC,例如三菱 GX Works3,要求在自定义函数时必须定义输入变量。

调用函数不需要实例化,也就是不需要分配存储空间。由于函数只有一个输出,可以把函数看作是一种类似赋值或比较的运算。这样,在混合运算中,函数就可以按运算符来处理,例如 7.3 节提到的数学计算和数学函数的混合运算。函数的调用支持嵌套,原则上可以嵌套无数层,但从程序的可读性考虑,嵌套不宜过多。当存在函数的多层嵌套时,先计算最里层的函数,例如下面的程序代码。

```
rlData := MAX(SQRT(LN(ABS(REAL_TO_DINT(rlData1)))),rlData2 ) + rlData3;
```

上述代码用于获取两个变量中的较大值,然后和另一个变量相加。它的计算过程可以用下面的几行代码来描述。

```
a := REAL_TO_DINT(rlData1);
b := ABS(a);
c := LN(b);
d := SQRT(c);
e := MAX(d, rlData2);
rlData := e + rlData3;
```

首先，计算函数 REAL_TO_DINT(rlData1)，得到结果 a；然后计算函数 ABS(a)，得到结果 b；再计算函数 LN(b)，得到结果 c；接着计算函数 SQRT(c)，得到结果 d；计算函数 MAX(d, rlData2)，得到结果 e；最后计算表达式"e + rlData3"，并把计算结果赋值给变量 rlData。由此可见，使用嵌套可以简化程序代码，但嵌套过多又会使程序的可读性变差。读者可根据实际情况掌握嵌套深度，选择合适的方式。笔者建议，应该循序渐进，刚开始使用时，先一行一行地编写，不能因贪图简便而导致错误。

不同的 PLC 中函数的调用方式略有不同，这与函数在梯形图中的表示形式有关。例如，求最大值的 MAX 函数，在 SoMachine 和西门子博途中的梯形图实现，分别如图 7-34 和图 7-35 所示。

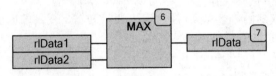

图 7-34　SoMachine 中的 MAX 函数

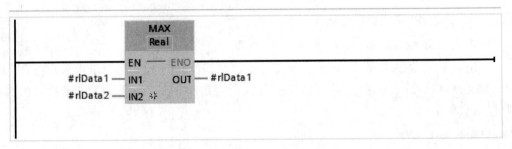

图 7-35　西门子博途中的 MAX 函数

通过对比图 7-34 和图 7-35 可以看出，西门子博途中 MAX 函数的输入引脚和输出引脚有标识符 IN1、IN2、OUT，而在 CODESYS 中是没有任何标识符的。所以，在西门子博途中，调用 MAX 函数，应当用如下的代码。

```
#rlData := MAX(IN1 := #rlData1,IN2 := #rlData2);
```

而在 SoMachine 中，调用的代码如下：

```
rlData := MAX(rlData1, rlData2);
```

通过对比不难看出，ST 语言中调用函数的方法与函数的梯形图表示方法息息相关。

由此可见,不同的 PLC 之间,ST 语言还是有细微差异的。不过,这些差异都是在书写形式上和对数据类型的限制上,语法之间的差异几乎是没有的。

　　本章节介绍的函数的调用方法适合 IEC 61131-3 标准中的标准函数,即有且仅有一个输出的函数。由于 IEC 61131-3 是推荐标准,而非强制标准,所以有些品牌的 PLC 的函数有多个输出,尤其是自定义函数,这种函数就不能用本章节介绍的方法调用。因为多个输出无法用赋值表达式进行赋值。关于这些函数的调用方法,将在后续章节讲解。

第8章

运算优先级

优先级是指各种运算符的运算顺序,如同数学中的四则混合运算,有括号的先算括号内的,没有括号的,先算乘/除后算加/减。ST 语言中的运算可以分为逻辑运算、比较运算、数学运算三种。它们之间有优先级,内部也有优先级。括号可以强制改变优先级,ST 语言中只有圆括号,没有中括号和大括号,括号可以嵌套,但一定要成对出现。

8.1 优先级的意义

在 ST 语言中,括号和函数的优先级最高,其次是数学运算,然后是比较运算,最后是逻辑运算,如表 8-1 所示。

表 8-1 ST 语言运算符的优先级

运　算　符	符　号　表　示	优　先　级
括号	( )	最高
函数	函数名(参数);	
取反	NOT	
乘法运算	×	
除法运算	/	
取模运算	MOD	
加法运算	+	
减法运算	−	
比较运算	<、<= 、>、>=	
相等	=	
不等于	<>	
与	AND	
异或	XOR	
或	OR	
赋值	:=	最低

从表 8-1 可以看出，ST 语言运算符的优先级有如下规律。

（1）括号的优先级最高。

（2）在运算中，数学运算优先级最高，其次是比较运算，逻辑运算优先级最低。

（3）NOT 和它后面的变量是一个整体，它的优先级高于其他运算符。

（4）数学运算的优先级和数学中的四则混合运算一致，先乘/除后加/减。如果 PLC 支持乘方运算符"**"，它的优先级高于乘除运算。

（5）比较运算中，大于运算符"＞"和小于运算符"＜"的优先级高于相等运算符"＝＝"和不等于运算符"<>"。

（6）逻辑运算中，运算符 AND 的优先级高于运算符 OR。

（7）优先级相同的运算符，按照从左到右的顺序，依次计算。

（8）赋值运算的优先级最低，所有的运算完成后，才会把结果赋值给相应的变量。

不用记忆表 8-1，在实际编程中，如果无法确定运算符之间的优先级，可以通过使用括号的方式强制改变优先级，这对初学者来说尤为重要，完全可以在使用过程中，逐步熟悉这张表。

在第 7 章的介绍中，笔者反复强调括号的重要性。括号不仅能强制改变优先级，还能提高程序的可读性，所以对于初学者来说，勤加括号并不是错误，而是一个非常好的习惯。

8.2　优先级的应用

在 ST 语言中，最难掌握的是逻辑运算的优先级，下面通过具体的例子来加深理解。

8.2.1　不能进行连续比较运算

6.3 节介绍过，在 ST 语言中，不能进行连续比较运算，例如下面的程序代码。

```
IF   5.6 < pH < 7.3 THEN
    xReady := TRUE;
ELSE
    xReady := FALSE;
END_IF
```

这段代码是无法编译通过的，错误信息为"不能比较类型 'BOOL'和类型'LREAL'"。下面分析错误信息，比较运算表达式"5.6 < pH < 7.3"中两个"<"的优先级相同，因此按照从左到右的顺序依次计算。首先，计算表达式"5.6 < pH"，计算结果为 BOOL 型，假设该 BOOL 型变量为 a；然后，计算"$a < 7.3$"，显然这是错误的，因为 BOOL 型变量不能和数值型变量进行比较运算，所以会报错"不能比较类型 'BOOL'和类型'LREAL'"。这正是无法进行连续比较运算的原因。

ST 语言中的各种表达式，按照优先级的高低，依次计算。如果优先级相同，则按照从左到右的顺序计算。

8.2.2 启保停程序中的括号

PLC 编程中，应用最广泛也是最基础的"启动保持停止"程序，使用 ST 语言表示如下：

```
xRun := (xStart OR xRun) AND xStop;
```

程序代码中使用括号，是为了让逻辑关系更清晰，便于理解程序结构。其实，括号还有更重要的意义，就是提高安全性。

为什么上述代码中的括号不能省略呢？如果不加括号，根据逻辑运算符的优先级，AND 运算符的优先级大于 OR 运算符，需要先计算表达式"xRun AND xStop"，然后再把它的运算结果与变量 xStart 进行 OR 运算。因此，如果不加括号，这行代码的实质就是 OR 运算，相当于下面的代码。

```
xRun := xStart OR (xRun AND xStop);
```

这样就与预期不同了。结合实际分析这行代码，假设操作人员按住停止按钮，再按下启动按钮，变量 xStart 就变为 TRUE，由于是 OR 逻辑，无论表达式"(xRun AND xStop)"的运算结果是否为 TRUE，只要变量 xStart 为 TRUE，变量 xRun 都会变为 TRUE，相当于停止按钮失去了作用，这是很危险的。虽然在实际操作中，这样的情况不太可能出现，但是作为工业设备，安全可靠必须放在第一位，除了从操作规程上保证设备的安全性，还必须在程序中保证设备的安全性，达到双保险。仿真结果如图 8-1 所示。

```
xRun TRUE := xStart TRUE OR ( xRun TRUE AND xStop FALSE ) ;
```

图 8-1 错误的"启动保持停止"程序运行结果 1

从图 8-1 的运行结果可以看出，按下停止按钮，再按下启动按钮后，设备仍然会启动，这是绝对不允许的。其实，对于图 8-1 中的程序代码，是否有括号，运算结果都是一样的，如图 8-2 所示。

```
xRun TRUE := xStart TRUE OR xRun TRUE AND xStop FALSE ;
```

图 8-2 错误的"启动保持停止"程序运行结果 2

注意：实际项目中，为了确保设备的安全性，停止按钮应当使用常闭点。所以，按下停止按钮后，变量 xStop 的值变为 FALSE。

如果在语句中增加括号，程序代码如下：

```
xRun := (xStart OR xRun) AND xStop;
```

这样，就不会出现上述情况。这行代码的实质是 AND 运算，是表达式"(xStart OR xRun)"和变量 xStop 进行 AND 运算，只要按下停止按钮，xStop 就变为 FALSE，变量 xRun 就永远为 FALSE，运行结果如图 8-3 所示。

xRun FALSE := (xStart TRUE OR xRun FALSE) AND xStop FALSE ;

图 8-3 正确的"启动保持停止"程序运行结果

从图 8-3 的运行结果可以看出,如果操作人员同时按下启动和停止按钮,设备不会启动。这就保证了设备的安全性,即使工人误操作,也不会引发生产事故。对于正常的操作,是否加括号没有实质影响,但是工业控制中必须把安全可靠放在第一位。

不加括号,还有另外一种隐患:如果启动按钮发生故障,粘连在一起,那么启动信号就会一直为 TRUE,由于整个语句的核心是 OR 运算,即使按下停止按钮,设备也不会停止,这是相当危险的。读者可自行仿真模拟。

运算优先级体现了梯形图和 ST 语言的不同。在梯形图中,有能流的概念,把梯形图想象成电路,左母线是正极,右母线是负极。因此,梯形图的执行过程可被看作是电流的流动,所以逻辑运算并无优先级的概念。而 ST 语言则不同,它是按照优先级来执行的,改变运算符的位置并不能改变它的优先级,例如下面的代码。

```
xRun := xStart OR xRun AND xStop;
```

不能因为 AND 运算符在 OR 运算符的后面,就先计算 OR 逻辑。各种运算符参与的混合运算,一定要注意优先级。如果初学者对优先级一时无法熟练掌握,括号就是最好的利器。

第 9 章

IF 语句的嵌套

5.2.2 节介绍过的单按钮启停控制的程序代码如下:

```
R1(CLK := xIN);
IF ( R1.Q XOR xOUT ) THEN
  xOUT := TRUE;
ELSE
  xOUT := FALSE;
END_IF
```

也可以用另外的形式实现,代码如下:

```
R1(CLK := xIN);
IF R1.Q THEN
  IF xIN XOR xOUT THEN
    xOUT := TRUE;
  ELSE
    xOUT := FALSE;
  END_IF
END_IF
```

这就是本章要学习的 IF 语句的嵌套。单按钮启停,需要在按下按钮的瞬间,取它的上升沿,判断变量 xIN 和变量 xOUT 的值是否相等,相当于有两个判断条件,或者说需要进行两次判断。当判断的条件不止一个时,需要在 IF 语句中再增加 IF 语句,这就是 IF 语句的嵌套。嵌套可以简化复杂的 IF 语句,使程序更简洁高效,但是过多的嵌套,会使程序变得更复杂。

9.1 嵌套的执行流程

嵌套的意义可以通过一段梯形图程序来理解,如图 9-1 所示。

在图 9-1 中的梯形图,第一行是点动功能,可以用如下代码表示。

```
IF  xLabel1 THEN
    xResults1 := TRUE;
ELSE
    xResults1 := FALSE;
END_IF
```

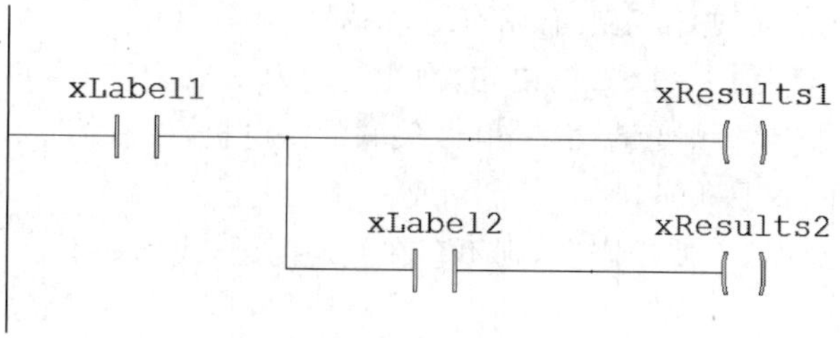

图 9-1 梯形图中的嵌套

梯形图的第二行也是一个点动功能,但是需要变量 xLabel1 变为 TRUE 后,它才会被执行。这就是嵌套,即满足一个条件后,再满足另一个条件才执行相关语句,因此图 9-1 中的梯形图使用 ST 语言的实现代码如图 9-2 所示。

```
23  IF xLabel1 THEN
24      xResults1 := TRUE;
25      IF xLabel2 THEN
26          xResults2 := TRUE;
27      ELSE
28          xResults2 := FALSE;
29      END_IF
30  ELSE
31      xResults1 := FALSE;
32      xResults2 := FALSE;
33  END_IF
```

图 9-2 ST 语言的 IF 语句的嵌套

从图 9-2 可以看出,在 IF…ELSE…END_IF 语句内又使用了 IF…ELSE…END_IF 语句,这就是嵌套。在嵌套时,同一层级的关键字要对齐,可以使用 Tab 键让关键字和语句对齐,既能提高程序的可读性,后期阅读代码也能快速知道嵌套层级。在图 9-2 中,第 23 行的关键字 IF、第 30 行的关键字 ELSE 以及第 33 行的关键字 END_IF 是对齐的;第 25 行的关键字 IF、第 27 行的关键字 ELSE 和第 29 行的关键字 END_IF 是对齐的,它们之间的嵌套关系一目了然。通过分析图 9-1 的梯形图不难发现,如果变量 xLabel1 为 FALSE,即使变量 xLabel2 变为 TRUE,第 25～29 行的 IF 语句也不执行;只有当变量 xLabel1 为 TRUE 时,这段 IF 语句才会执行,这就是 IF 语句的嵌套。

这段代码中还有一点需要注意,就是第 32 行的代码,如果不加这行代码会怎么样呢?当变量 xLabel1 和 xLabel2 都为 TRUE 时,变量 xResults1 为 TRUE,嵌套的 IF…ELSE…END_IF 语句也会执行,变量 xResults2 也为 TRUE。此时,如果变量 xLabel1 为 FALSE,那么嵌套的 IF…ELSE…END_IF 语句就失去了执行条件,即从 25 行开始的 IF…ELSE…END_IF 语句不再执行。因此,变量 xResults2 永远为 TRUE,无法实现图 9-1 中的梯形图逻辑。

这也反映了 IF 语句和梯形图的一些不同,如果使用逻辑运算表达式,则不存在这种问题。所以，在使用 IF 语句时，一定要有始有终，特别是对 BOOL 型变量的控制，一定要有让它变为 TRUE 和让它变为 FALSE 的语句，而让它变为 FALSE 的语句，一定要确保在任何时候都可以触发。试想，如果变量 xResults2 关联的是电机，没有第 32 行的语句，那么电机一旦运行将无法停止，这是很危险的。

当然，如果换个思路，不使用嵌套，则不存在上述问题，代码如下：

```
IF  xLabel1 THEN
    xResults1 := TRUE;
ELSE
    xResults1 := FALSE;
END_IF
IF  xLabel1 AND xLabel2 THEN
    xResults2 := TRUE;
ELSE
    xResults2 := FALSE;
END_IF
```

这引出另外一个问题，ST 语言中的逻辑运算与梯形图并不存在一一对应的关系。因此，对照梯形图，再转换成 ST 语言并不是长久之计，一旦读者对 ST 语言的 IF 语句和逻辑运算有了一定的认识，就应该尝试直接使用 ST 语言编写程序。虽然梯形图时代积累的一些经验可以沿用，但必须抛弃梯形图的一些思维方式。完全可以使用 IF 语句，把复杂的逻辑关系变得更简单。有很多读者坚持认为 ST 语言在处理逻辑上不如梯形图有优势，正是由于把 ST 语言处理逻辑和梯形图进行了一一对应的原因。在使用 ST 语言编写程序时，应当尽量避免很复杂的嵌套。

9.2　嵌套的应用

9.2.1　伺服电机的控制

伺服电机是工程项目中经常用到的驱动器件，伺服电机必须在使能的状态下，才能进行各种操作，例如回零、点动、相对定位、绝对定位等。而伺服在运动过程中，是不允许回零操作的。要进行绝对定位，必须完成回零，这就形成了一系列的嵌套关系。对于伺服的控制，PLC 厂家都提供了符合 PLCopen 标准的功能块，例如 MC_Power（使能）、MC_Home（使能）、MC_MoveAbsolute（绝对定位）等。凡是符合 IEC 61131-3 标准的 PLC，都提供这些功能块。在控制伺服时，可以把这些标准功能块做成一个控制伺服的大功能块，在控制伺服的时候，只需要给出触发条件并读取结果即可，如图 9-3 所示。

从图 9-3 中自定义的伺服功能块的输入/输出引脚可以看出，功能块可以实现对伺服的绝大部分控制功能。配合 2.4.4 节定义的结构体变量，就可以方便地实现对伺服的控制。

例如，某项目需要对伺服进行绝对定位控制。首先，伺服要处在使能状态下才能进行操作，所以先判断伺服处在使能状态下；然后，给出回零指令，等待伺服完成回零；待伺服完成回零后，才能进行绝对定位的控制。这就构成了一系列的嵌套逻辑，代码如下：

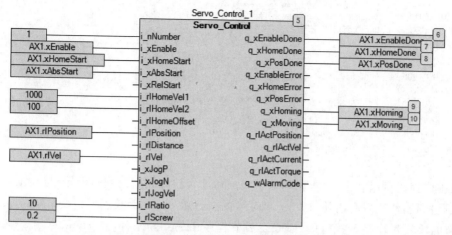

图 9-3　自定义的伺服功能块

```
IF AX1.xEnableDone THEN
    IF NOT AX1.xMoving THEN                //运行时,禁止回零
        AX1.xHomeStart : = TRUE;
        IF AX1.xHomeDone THEN
            AX1.xHomeStart : = FALSE;      //回零完成后,清除回零条件
        END_IF
    END_IF
    IF AX1.xHomeDone THEN                   //伺服回零完成,才允许绝对定位
        IF AX1.xAbsStart THEN
            IF AX1.xPosDone THEN           //等待定位完成信号,清除绝对定位触发信号
                AX1.xAbsStart : = FALSE;
            END_IF
        END_IF
    END_IF
ELSE
    AX1.xHomeStart : = FALSE;              //切断使能后,清除所有动作条件
    AX1.xAbsStart  : = FALSE;
END_IF
```

对伺服的绝对定位控制,可以用很多种逻辑实现,不一定非要用本例中的嵌套语句。例如,完成回零后进行绝对定位以及清除定位触发信号的嵌套,也可以用逻辑运算实现,这样可避免多重嵌套,本例重点向读者阐述 IF 语句嵌套的意义。显然,嵌套语句如果没有正确的书写规范,阅读起来是非常困难的,相同层级的嵌套语句的关键字要对齐,这样就可以清晰地知道嵌套关系,更利于程序的调试和维护。

9.2.2　密码锁

6.4.2 节介绍过密码锁的程序。每次输入密码后,就和预置的密码进行比较,并判断输入的密码是否正确。只有输入完成后才进行比较,所以该程序可以用嵌套语句来优化,程序代码如下:

```
R1(CLK := xEnter );                        //确认密码输入
```

```
IF R1.Q THEN
 IF sPwdSet = sPwdPreSet THEN
    xRight      := TRUE;                    //密码输入正确
    xWrong      := FALSE;
    iWrongNum   := 0;
 ELSE
    xRight      := FALSE;                   //密码输入错误
    xWrong      := TRUE;
    iWrongNum   := iWrongNum + 1;
 END_IF
END_IF
```

从程序代码可以看出，每当密码输入完成后才会执行相应的判断语句，与 6.4.2 节中的程序代码比较，使用嵌套语句可以提高 PLC 的执行效率。因为检测不到变量 xEnter 的上升沿，所有的比较程序是不执行的，而 6.4.2 节程序中的判断条件"IF（sPwdSet = sPwdPreSet）AND R1.Q THEN"一直在执行。这就是嵌套语句的优势，不但可以简化程序结构，更能提高 PLC 的执行效率。特别是当 PLC 的程序非常复杂时，对于减少 PLC 的扫描周期，提高运行效率有一定的作用。

9.3　嵌套的注意事项

通过上面的例子可以看出，使用嵌套会使程序变得更简洁，但代码的层次结构会变得复杂，特别是嵌套过多的时候，代码的可读性会变差。因此，在使用 IF 语句嵌套时，应遵循以下原则。

1. 相同层级的嵌套要对齐

在 3.4 节介绍 ST 语言书写规则时，要求对齐与缩进以增强程序的可读性，这在嵌套语句中意义重大。相同层级的嵌套语句的关键字一定要对齐，这样无论是调试程序，还是后期的维护，都会方便很多。相反，如果不注意书写规则，信马由缰地任意书写，对于程序后期的维护和升级是十分不利的。

2. 嵌套不宜过深

IF 语句的嵌套并没有嵌套层级的限制，但过多的嵌套会大大增加 PLC 的扫描周期，占用大量的资源。所以，不能无限制嵌套，嵌套越深，出问题的概率就越大，程序的可靠性就会降低，为后期的维护带来麻烦。因此，笔者建议，嵌套深度控制在五层以内，最好是三层以内。当嵌套过深时，就应当重新考虑完善程序的整体框架和设计思路。

9.4　IF…ELSIF…END_IF 语句

9.4.1　执行流程

当 IF 语句嵌套过深，会带来一系列的麻烦，可以使用 IF…ELSIF…END_IF 语句，格式如下：

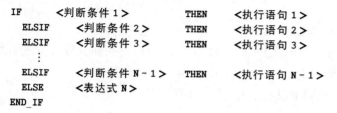

```
IF          <判断条件1>        THEN      <执行语句1>
   ELSIF    <判断条件2>        THEN      <执行语句2>
   ELSIF    <判断条件3>        THEN      <执行语句3>
      ⋮
   ELSIF    <判断条件N-1>      THEN      <执行语句N-1>
   ELSE     <表达式N>
END_IF
```

它的执行流程如下：满足条件1时，执行语句1；否则，满足条件2时，执行语句2；满足条件3时，执行语句3……；满足条件N-1时，执行语句N-1；如果以上条件都不满足，则执行表达式N。执行语句可以是单行，也可以是多行，也可以调用各种POU、功能块和函数，执行流程如图9-4所示。

如图9-4中只展示了IF…ELSIF…END_IF语句的部分流程，只要条件满足，可以不断地扩展下去，该语句有以下几点注意事项。

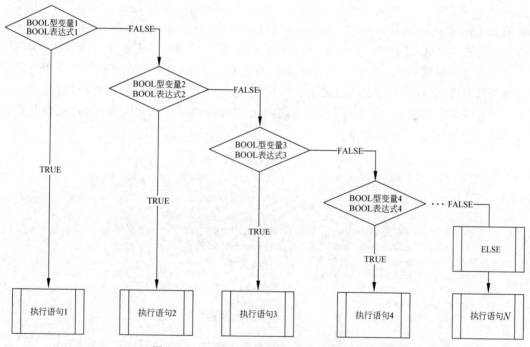

图9-4 IF…ELSIF…END_IF语句执行流程

（1）如果条件1为TRUE，执行语句1，则整个语句结束，后面的语句不再执行。如果不满足条件1，但满足条件2，则执行语句2，后面的语句不再执行。IF…ELSIF…END_IF语句的各个执行部分是互斥的，是不能同时执行的。

（2）虽然该语句可以不断地扩展下去，但是不建议扩展太多，扩展太多对执行效率和程序的可读性都有影响。

（3）分支条件的关键字是"ELSIF"，而不是"ELSEIF"；最后的分支条件关键字是"ELSE"，而不是"ELS"。

（4）关键字 ELSE 部分不是必需的，可以没有这个分支。

（5）在 CODESYS 平台的 PLC 中，关键字 END_IF 后面可以不用加分号"；"，其他大多数 PLC 都需要加分号，具体可参考 PLC 的编程手册，或自行编译验证。

（6）执行语句可以有多行，原则上没有限制，也可以是 POU、功能块或函数。

9.4.2　IF…ELSIF…END_IF 语句的应用

下面通过例子加深对 IF…ELSIF…END_IF 语句的理解。伺服电机在运行时会发热，当伺服电机的温度超过一定的限度时，伺服电机的性能会下降，甚至会烧毁电机。因此，必须实时监控伺服电机的温度。一般来说，伺服电机都有感热元件来检测电机的温度，所以可以通过电机不同的温度来提醒巡检人员。

在 2.4.4 节中，定义了关于伺服的结构体变量 SERVO，但并没有表示电机温度的变量。因此，需要增加 1 个关于电机温度的变量 rlMotorTemp，同时还要增加 3 个 BOOL 型变量 xMototTempOK、xMototTempWarn、xMototTempAlarm，分别表示电机温度正常、电机温度警告、电机温度报警。随着项目的推进，许多不可预知的因素都会对项目产生影响，当初并没有预想到需要实时监控电机的温度，现在有了要求，只需要在结构体中增加关于温度的变量即可，所有参与项目调试的工程师都可以共享，这正体现了结构体变量的优势。

当电机温度超过 120℃，发出报警；当电机温度超过 80℃ 时发出警告；当电机温度低于 80℃ 时，则电机正常。代码如下：

```
IF   AX1.rlMotorTemp <= 80 THEN          //电机温度正常
     AX1.xMototTempOK      := TRUE;
     AX1.xMototTempWarn    := FALSE;
     AX1.xMototTempAlarm   := FALSE;
ELSIF
     AX1.rlMotorTemp > 80 AND AX1.rlMotorTemp < 120 THEN
     AX1.xMototTempWarn    := TRUE;        //电机温度过热警告
     AX1.xMototTempOK      := FALSE;
     AX1.xMototTempAlarm   := FALSE;
ELSIF
     AX1.rlMotorTemp >= 120 THEN
     AX1.xMototTempAlarm   := TRUE;        //电机温度过热报警
     AX1.xMototTempOK      := FALSE;
     AX1.xMototTempWarn    := FALSE;       //电机温度超过120℃时,同时发出过热警告
END_IF
```

程序仿真结果如图 9-5 所示。

从图 9-5 中的仿真结果可以看出，当电机温度为 100℃ 时，只执行了电机温度在 80～120℃ 的语句，其他两部分语句并没有被执行。这是 IF…ELSIF…END_IF 语句最需要注意的地方，无论它的分支有多少，只执行满足判断条件的那部分语句；如果判断条件之间有冲突，则执行第一个满足判断条件的分支，如图 9-6 所示。

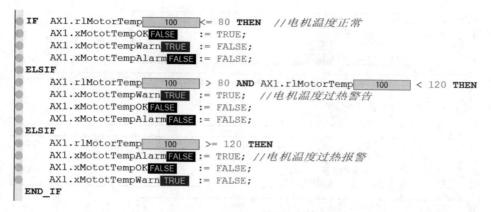

图 9-5　电机温度检测处理程序

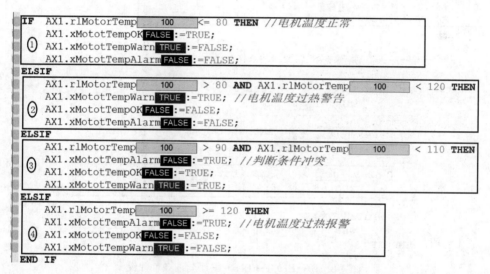

图 9-6　判断条件冲突的执行结果

观察图 9-6 中程序的执行结果,方框 2 和方框 3 的判断条件明显有冲突,因为当电机温度为 100℃时,两部分条件都满足,但是只执行了方框 2 的语句,方框 3 的语句并没有执行。可以把方框 2 和方框 3 的判断条件互换一下,再来看运行结果,如图 9-7 所示。

从图 9-7 中可以看出,虽然方框 2 和方框 3 的条件都满足,但只执行了方框 2 的语句,方框 3 的语句并没有执行。

注意: IF…ELSIF…END_IF 语句只会执行第一个满足判断条件的部分,无论判断条件是否有冲突,各执行语句是互斥的,只会执行第一个满足条件的部分,不会各个部分同时执行。

如果读者对此还有疑惑,可以通过简单的例子来加深理解,如图 9-8 所示。

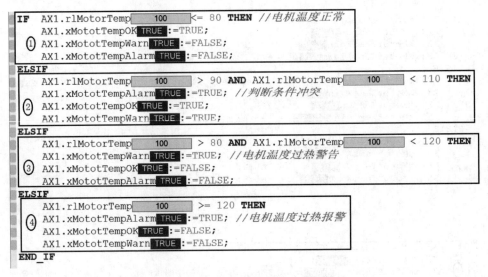

图 9-7　改变判断条件顺序后的执行结果

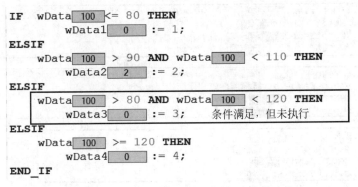

图 9-8　IF…ELSIF…END_IF 语句的条件冲突

　　从图 9-8 中可以清楚地看到，当变量 wData 的值为 100 时，只执行了满足第一个判断条件的语句"wData2 := 2;"。

　　至此，学习完了三种 IF 语句，细心的读者也许已经发现，三种 IF 语句可以相互替代，只是它们的侧重点和优势不同。IF 语句是 ST 语言最常用的语句，也是实现逻辑控制和程序跳转的重要手段，因此必须掌握 IF 语句的用法，才能继续下一步学习。后续章节讲解的各项知识点都离不开 IF 语句的支持。IF 语句的嵌套是难点，如果读者对此理解还比较模糊，不必急于求成，可以使用笨办法，将逻辑条件进行细分，多使用简单的 IF 语句，这样既能加强对 IF 语句的理解，还能锻炼思维能力。熟练掌握了简单的 IF 语句后，再逐步使用 IF 语句的嵌套。笔者建议，应该慎用 IF 语句的嵌套。后续章节介绍的 CASE 语句就是替代 IF 语句嵌套的利器。

第 10 章

定时器与计数器

定时器和计数器在 PLC 中应用非常广泛,也是 IEC 61131-3 标准制定的标准功能块。本章介绍定时器和计数器的 ST 语言实现。功能块可以理解成传统 PLC 指令的标准化和延伸,在 ST 语言中 PID 控制、伺服控制、通信控制等都是通过调用功能块实现的。

10.1 定时器

10.1.1 定时器的调用

在 IEC 61131-3 标准中,制定了脉冲定时器(TP)、通电延时定时器(TON)、断电延时定时器(TOF)和实时时钟(RTC)4 种标准定时器。其中,使用最多的是通电延时定时器。在 ST 语言中,如何调用定时器呢? 它在梯形图中的调用如图 10-1 所示。

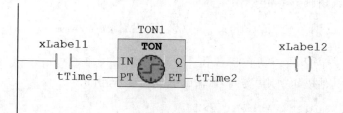

图 10-1 定时器在梯形图中的调用

定时器是通过调用功能块来实现的。回顾 5.1.1 节学习过的上升沿触发,在 ST 语言中调用功能块是通过实例名来实现的。在 CODESYS 中,实例名俗称功能块型变量,在西门子博途中称为背景数据块。它们的实质都是为调用的功能块分配存储空间。首先,定义一个功能块型变量,然后引用功能块的输入引脚和输出引脚,即可完成功能块的调用。

因此,ST 语言调用定时器的代码如下:

```
VAR
    TON1    : TON;                //定时器实例名
    xLabel1 : BOOL;
    xLabel2 : BOOL;
    tTime1  : TIME;
```

```
    tTime2    : TIME;
END_VAR
TON1(IN := xLabel1,PT := tTime1,
      Q =>xLabel2,ET =>tTime2);      //定时器调用
```

在 PLC 编程中,调用功能块的实质是为它的输入引脚赋值,然后获取输出引脚的值。所以,ST 语言调用功能块的实质是对输入引脚和输出引脚的赋值操作,它们之间使用","隔开。对输入引脚,采用的是赋值语句;对于输出引脚,是特殊的赋值语句。"Q =>xLabel2"的含义是把输出引脚 Q 赋值给变量 xLabel2。运算符"=>"也是赋值的意思,用于引用功能块的输出引脚,它是一个整体,中间不能有空格,否则编译时会报错。

在 ST 语言中,功能块的调用非常灵活,以下几种用法都是可以的。

（1）全部引脚使用赋值语句引用。

```
TON1(IN := ,PT := ,Q =>,ET =>);
TON1.IN := xLabel1;
TON1.PT := tTime1;
xLabel2 := TON1.Q;
tTime2   := TON1.ET;
```

（2）功能块调用时,引脚可以省略。

```
TON1();
TON1.IN := xLabel1;
TON1.PT := tTime1;
xLabel2 := TON1.Q;
tTime2   := TON1.ET;
```

（3）部分引脚用赋值语句引用。

```
TON1(IN := xLabel1,Q =>xLabel2);      //不使用的引脚,可以省略
TON1.PT := tTime1;
tTime2   := TON1.ET;
```

（4）直接在其他语句中用"实例名.输出引脚"的形式引用。

```
TON1(IN := xLabel1,PT := tTime1,Q =>);
IF TON1.Q THEN
    xLabel2 := TRUE;
END_IF
```

（5）直接在其他语句中用"实例名.输入引脚"的形式引用。

```
TON1(PT := tTime1,           //输入/输出的调用部分,可以换行
      ET =>tTime2,            //不要漏掉","
      Q =>xLabel2);           //最后不要加","
IF xLabel1 THEN
    TON1.IN := TRUE;
END_IF
```

（6）自动触发定时器,并自动复位。

```
TON1(IN := NOT TON1.Q,PT := tTime1);
```

由此可见,使用 ST 语言调用功能块非常灵活,只需要实现对输入引脚和输出引脚的一系列赋值操作。读者可根据自己的习惯,选择喜欢的方式。但是在同一工程项目中,尽量采用统一的风格,最好不要混搭。

在 IEC 61131-3 标准中,定时器的用法不同于传统的定时器,它是通过 TIME 型变量的方式确定定时时间的。例如,要实现 10s 的延时,直接为 TIME 型变量 tTime1 赋值 T♯10000,或者直接填入 T♯10000 即可。关于 TIME 型变量,读者可回顾 2.4 节的相关介绍。

10.1.2　应用定时器的注意事项

定时器的触发是通过它的输入引脚 IN 来实现的,可以通过直接使用 BOOL 型变量、IF 语句或者逻辑语句的方式触发定时器,例如下面的代码。

```
IF xLabel1 AND xLabel2 THEN
  TON1(IN := TRUE,PT := T♯5S,
      Q => xLabel3,ET => tTime1);
END_IF
```

上述代码使用 IF 语句触发定时器,很多初学者习惯采用这种方式,但这种方式是不正确的。仿真结果如图 10-2 所示。

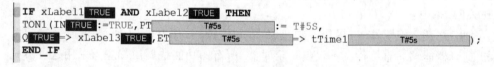

图 10-2　IF 语句触发定时器的执行结果

从图 10-2 中可以看出,定时器执行正常,未出现异常问题。复位定时器,如图 10-3 所示。

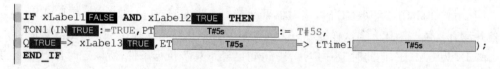

图 10-3　复位定时器的执行结果

从图 10-3 中的执行结果可以看出,虽然 IF…END_IF 语句的判断条件已经为 FALSE,但是定时器并没有复位,为什么呢? 因为此时 IF…END_IF 语句的判断条件"xLabel1 AND xLabel2"为 FALSE,定时器不再执行,也就无法复位。4.5.2 节介绍过 IF 语句和逻辑运算式的异同,IF 语句相当于置位和复位,当 IF 语句的判断条件从 TRUE 变为 FALSE 后,如果没有相关的语句进行复位,执行 IF 语句内的语句后,状态将保持不变。此定时器的例子更加形象地说明了这点,这也是很多初学者容易出错的地方。希望读者能认真理解这个例子,掌握 IF 语句和定时器的应用。

让定时器复位的唯一方式是使它的输入引脚 IN 为低电平,上述代码并没有让定时器输入引脚 IN 变为低电平的相关语句,只是让定时器不再继续执行而已。因此,它永远不会复位。如下的代码执行结果与此类似。

```
IF xLabel1 AND xLabel2 THEN
    xFLag := TRUE;
    TON1(IN := xFlag,PT := T#5s,
         Q => xLabel3,ET => tTime1);
ELSE
    xFLag := FALSE;
END_IF
```

执行上面的这段代码，定时器也是无法复位的，读者可自行仿真验证。因此，笔者建议对于定时器的调用，应该无条件执行，通过控制定时器的触发条件 IN 来达到控制定时器的目的，程序代码如下：

```
IF xLabel1 AND xLabel2 THEN
    xFLag := TRUE;
ELSE
    xFLag := FALSE;
END_IF
TON1(IN := xFlag,PT := T#5s,
     Q => xLabel3,ET => tTime1);
```

这样就可以复位定时器了，也可以使用逻辑语句"xFlag := xLabel1 AND xLabel2; "替代 IF…ELSE…END_IF 语句。

因此，在调用定时器时，尽量不要在 IF 语句内调用，而是使用 IF 语句控制它的触发条件，让定时器能够一直执行。不仅仅是定时器，所有的功能块调用都应当采用这种方式。如果读者对此还不太理解，来看下面这段简短的代码。

```
IF xLabel1 THEN
    TON1(IN := xLabel1,PT := T#5s,Q => xLabel2,ET => tTime1);
END_IF
```

当变量 xLabel1 为 TRUE 时，定时器开始执行；当变量 xLabel1 的值为 FALSE 时，定时器并没有复位。为什么会这样呢？因为当变量 xLabel1 的值为 FALSE 时，虽然定时器的输入引脚 IN 为 FALSE，但此时 IF…END_IF 语句已经不具备执行条件，所以定时器已经不再执行，即使改变输入引脚 IN 的值，定时器也不会复位。这就好比电视机，只有开机的时候操作遥控器，它才会执行相应的操作；当电视机处于关机状态，无论如何操作遥控器，电视机都不会有任何反应。读者可自行仿真验证此程序代码。此代码做如下修改，便可正常使用。

```
IF xLabel1 THEN
    xLabel2 := TRUE;
ELSE
    xLabel2 := FALSE;
END_IF
TON1(IN := xLabel2,PT := T#15s,Q => xLabel3,ET => tTime1);
```

笔者建议，初学者使用定时器或者计数器时，在 ST 语言中调用功能块，应尽量让功能块能够一直执行，不要让功能块嵌套在各种条件语句内，应通过控制它的引脚来实现对功能块的控制，以防止出现各种错误，导致设备运作异常。

10.2 计数器

计数器在 PLC 编程中应用也非常广泛,在 IEC 61131-3 标准中有加计数器(CTU)、减计数器(CTD)以及加减计数器(CTUD)3 个标准功能块。其中,应用最多的是加计数器。它在梯形图中的调用方法如图 10-4 所示。

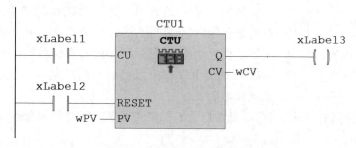

图 10-4 梯形图中的计数器

计数器也是功能块,与定时器的用法类似,ST 语言中调用计数器的代码如下:

```
VAR
    CTU1      : CTU;                 //定时器实例名
    xLabel1   : BOOL;
    xLabel2   : BOOL;
    xLabel3   : BOOL;
    wPV       : WORD;
    wCV       : WORD;
END_VAR
CTU1(CU := xLabel1,
    Q => xLabel3,
    PV := wPV,
    RESET := xLabel2,
    CV => wCV);
```

从上述代码可以看出,ST 语言调用功能块的灵活性,引用输入/输出引脚时,可以不按照顺序任意排列。

定时器和计数器是 PLC 编程中必不可少的功能,只要熟悉它们的应用,就能掌握 ST 语言中调用功能块的技巧。同时,定时器和计数器一般不单独使用,需要与其他语句配合,实现各种控制功能。

10.3 定时器和计数器的应用

10.3.1 累积定时器

累积定时器,又被称为积算定时器,是指可以保存当前定时时间的定时器。对于普通定时器,当触发信号由高电平变为低电平时,定时时间会变为 0,相当于定时器复位;当触发信

号再次变为高电平时,定时时间会从 0 开始重新计时。累积定时器则不同,当触发信号再次

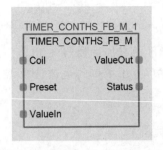

图 10-5 三菱 GX Works3 中
的累积定时器

变为高电平时,当前定时时间不会丢失,定时器会继续工作,只有给它复位信号,当前定时时间才会被清除。有的 PLC 会提供专门的累积定时器,直接调用即可。例如,三菱 GX Works3 提供的累积定时器功能块 TIMER_CONTHS_FB_M,如图 10-5 所示。

如图 10-5 中的累积定时器功能块是三菱 GX Works3 特有的累积定时器,在 ST 语言中的调用方法和定时器一样,只需要实例化功能块,然后引用输入引脚和输出引脚即可。每个品牌的 PLC 几乎都有自己独特的功能块,这些功能块是无法实现移植的。

有的 PLC 并没有累积定时器,需要自己编写相关程序。可以利用毫秒脉冲的计数来实现累积定时器功能,代码如下:

```
VAR
    CTU1        : CTU;
    BLINK1      : BLINK;
    wPV         : WORD;
    wCV         : WORD;
    xIN         : BOOL;                        //累积定时器触发
    xReset      : BOOL;                        //累积定时器复位
    rlSetTime   : REAL;                        //定时时间,单位: s
    rlActTime   : REAL;                        //当前时间,单位: s
END_VAR
BLINK1(ENABLE := TRUE,TIMELOW := T#50ms,TIMEHIGH := T#50ms);
CTU1(CU := ( Blink1.OUT AND  (NOT CTU1.Q)) AND xIN,
     PV := wPV,
     RESET := xReset,
     CV => wCV);
wPV := REAL_TO_WORD(rlSetTime * 10);
rlActTime := wCV/10.0;
```

上述代码采用的是 100ms 脉冲,因此该累积定时器的精度为 0.1s。如果要实现 9.4s 的累积定时,只需要为变量 rlSetTime 赋值 9.4 即可。

BLINK 是产生脉冲信号的功能块,利用它产生 100ms 的脉冲,并对此脉冲进行计数,实现累积定时功能。在调用 BLINK 功能块时,并没有引用它的输出引脚 OUT,而是在调用计数器时,直接使用 BLINK1.OUT 来引用功能块 BLINK 的输出引脚。BLINK1.OUT 等同于连接到 BLINK 功能块输出引脚 OUT 的变量。在调用计数器功能块时,它的触发条件使用了逻辑表达式。

该程序的最后一行是获取当前时间,读者可回顾第 7 章学过的除法运算,思考为什么要用"wCV/10.0"而不是"wCV/10"。

可以将以上代码做成自定义功能块,在不提供累积定时器的 PLC 中使用。需要注意的是,并不是所有的 PLC 都支持 BLINK 功能块,可以使用 PLC 提供的特殊寄存器来替代。

注意：定时器的定时时间依赖 PLC 的扫描周期，所以有一定的误差。使用此方式实现累积定时器，也会有一定的误差，对于要求比较高的场合，应该使用 PLC 的定时中断实现定时器。

10.3.2　星形-三角形启动

星形-三角形启动是三相异步电动机性价比非常高的启动方式，有着广泛的应用，也是很多 PLC 初学者必备的入门程序，下面就用 ST 语言来实现三相异步电动机的星形-三角形启动。关于星形-三角形启动的原理，读者可查阅相关资料。

星形-三角形启动的电气原理图如图 10-6 所示。

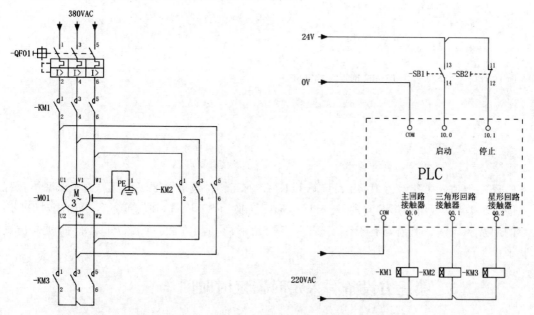

图 10-6　星形-三角形启动的电气原理图

图 10-6 是星形-三角形启动的电气原理图，这只是简图，不能用于实际工程。实际应用中，接触器 KM2 和接触器 KM3 还应该增加机械互锁。

首先，分配 PLC 的输入/输出，并定义变量，如表 10-1 所示。

表 10-1　星形-三角形启动变量与元件分配

输　　入			输　　出		
输入点	元件名	意　　义	输出点	元件名	意　　义
％IX0.0	SB1	启动	％QX0.0	KM1	主回路接触器
％IX0.1	SB2	停止	％QX0.1	KM2	三角形回路接触器
—	—	—	％QX0.2	KM3	星形回路接触器

为简单起见，直接使用元件名作为 PLC 的变量名。在 PLC 中，变量定义如下：

```
VAR_GLOBAL
    SB1 AT %IX0.0 : BOOL;                //启动
    SB2 AT %IX0.1 : BOOL;                //停止
    KM1 AT %QX0.0 : BOOL;                //主回路接触器
    KM2 AT %QX0.1 : BOOL;                //三角形回路接触器
    KM3 AT %QX0.2 : BOOL;                //星形回路接触器
    T1 : TON;
    R1 : R_TRIG;
END_VAR
```

程序代码如下：

```
R1(CLK := SB1);
IF (R1.Q OR KM1) AND SB2 THEN
    KM1 := TRUE;                         //主接触器启停
ELSE
    KM1 := FALSE;
END_IF
IF (SB1 OR KM3) AND SB2 AND NOT T1.Q THEN
    KM3 := TRUE;                         //星形接触器启停
ELSE
    KM3 := FALSE;
END_IF
T1(IN := KM1,PT := T#3S);                //星形-三角形转换时间
KM2 := T1.Q AND SB2 AND NOT KM3;         //三角形接触器启停
```

程序中加入了接触器 KM2 和接触器 KM3 的互锁。读者如果一时无法理解 ST 语言程序的逻辑，可尝试用梯形图实现，然后把梯形图转换为 ST 语言，在转换过程中加深对 ST 语言的理解。当然，ST 语言有很多实现星形-三角形启动的方法，读者也可自行编写并仿真验证。

10.3.3 第三方设备写入定时器定时时间

定时器在 PLC 编程中的应用非常广泛，也是实现很多控制工艺的重要手段。很多定时时间需要操作人员通过触摸屏或者上位机来设置，以适应不同工艺的需求。传统的定时器，直接写入数字即可。在 IEC 61131-3 标准的 PLC 中，定时时间是 TIME 型变量，无法直接写入。在使用第三方设备进行数据交互时，就存在 TIME 型变量的写入问题。在 2.5 节介绍数据类型时讲过，不同的数据类型，即使数字相同其实质也是不同的。例如 TIME 型变量 1000 和 DINT 型变量 1000 是不同的，虽然它们的数值都是 1000，但 TIME 型变量表示的是时间，而 DINT 型变量表示的是具体数值，无法直接运算。大多数触摸屏以及上位机软件是不支持直接写入 TIME 型变量的，这就需要进行转换，转换的目的就是给 DINT 型的变量加上单位，使它可以被写入定时器的 ET 引脚，因为该引脚对输入变量的要求就是 TIME 型变量。

假设星形-三角形的切换时间需要在上位机中设置，单位为 s，精度保留 1 位小数点，代

码如下：

```
VAR
  tTime : TIME;                          //写入定时器的 TIME 型变量
  wTime : WORD;                          //上位机写入的时间
END_VAR
tTime := REAL_TO_TIME(WORD_TO_REAL(wTime)/10 * 1000);
```

由于延时时间带小数点，而小数点在 PLC 编程中是非常容易出错的，并且通过通信传输实数也非常麻烦。因此，可以约定把时间扩大 10 倍，例如要延时 3.5s，用 35 表示，只需要接收到数据后，在程序中再缩小 1/10 即可。这种方法在 PLC 编程中经常使用，可以大大简化程序的编写，并减少出错的概率。此程序仿真结果如图 10-7 所示。

```
tTime  T#3s500ms  := REAL_TO_TIME(WORD_TO_REAL(wTime 35 )/10*1000);
```

图 10-7　写入定时器时间的仿真结果

从图 10-7 中的仿真结果可以看出，只需要在上位机或触摸屏中，把 3.5s 扩大 10 倍，变为 35，发送到 PLC，然后 PLC 接收到数据后再缩小 1/10。这样，就通过传送 WORD 型变量实现了 TIME 型变量的写入。

如果需要在上位机或触摸屏中监控延时时间，也可以采用此种方法，代码如下：

```
VAR
  tTime : TIME;                          //定时器的当前定时时间
  wTime : WORD;                          //传递给上位机的当前定时时间
END_VAR
wTime := REAL_TO_WORD(TIME_TO_REAL(tTime)/1000 * 10);
```

上述代码仿真结果如图 10-8 所示。

```
wTime 12 :=REAL_TO_WORD(TIME_TO_REAL(tTime  T#1s200ms )/1000*10);
```

图 10-8　读取定时器当前时间的仿真结果

从图 10-8 中的仿真结果可以看出，当定时器的定时时间为 1s200ms 即 1200ms 时，传递给上位机的时间为 12s，上位机接收到数据后再缩小 1/10，就得到当前的定时时间。

使用此种方法巧妙地避开了小数点带来的一系列问题，简化了程序。需要注意的是，有些 PLC 可能不支持 REAL_TO_TIME 函数，可以先使用 REAL_TO_DINT 函数，再使用 DINT_TO_TIME 函数去实现。

10.4　如何调用功能块

通过前面定时器与计数器的用法讲解以及代码示例，相信读者已经掌握了 ST 语言中功能块调用的方法。在调用功能块之前，需要先定义功能块型变量即实例名，与定义

BOOL 型、INT 型等类型变量一样，然后通过实例名调用功能块，标准格式如下：

实例名(VAR_IN := <变量或表达式>， VAR_OUT => <变量或表达式>);

与函数调用一样，如果自定义的功能块没有输入变量和输出变量，采用如下格式调用。

实例名();

实例名和括号之间可以增加空格，但尽量不要增加。不使用的输入引脚和输出引脚可以省略。既可以在括号内调用，也可以在括号外调用，也可以部分在括号外，部分在括号外。在括号内调用时，变量之间用"，"隔开。调用形式既可以是变量，也可以是表达式，但表达式的运算结果，必须是输入引脚和输出引脚支持的数据类型。

注意：引用输入引脚，使用"：="；引用输出引脚使用"=>"。

本节介绍的是 CODESYS 中调用功能块的方式，虽然 ST 语言是跨平台的编程语言，但由于众所周知的原因，各家 PLC 不可能做到完全一样。下面就以西门子博途和三菱 GX Works3 为例进行讲解。

10.5　西门子博途中的定时器调用

调用功能块是给功能块分配存储空间，在西门子博途中称为分配背景数据块。虽然与 CODESYS 中功能块实例化的实质是一样的，在操作上还是有些差别。下面介绍西门子博途中使用 SCL 调用定时器的方法以及注意事项。

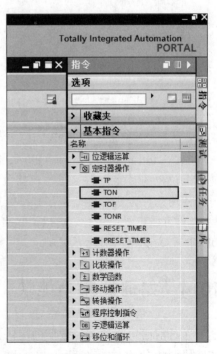

10.5.1　调用方法

与 5.1.3 节中调用边沿触发的方法一样，可以直接把定时器拖拽到编辑区，如图 10-9 所示。

把"TON"拖拽到编辑区，会弹出"调用选项"对话框，如图 10-10 所示。

默认为"单个实例"，系统会给背景数据块分配一个默认名称"IEC_Timer_0_DB"，这里改成"T1"，也可以为其他任意名字，只需要符合博途的命名规则即可，单击"确定"按钮。这样，系统就在编辑区自动建立调用格式，只需要填入相应的变量或表达式即可，如图 10-11 所示。

在自动生成的格式中，含有数据类型提示，例如

图 10-9　西门子博途中的定时器功能块

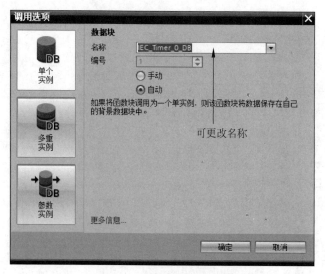

图 10-10 "调用选项"对话框

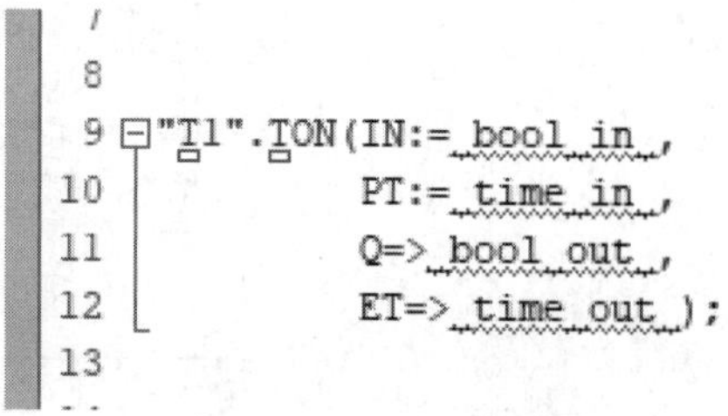

```
 7
 8
 9 ☐"T1".TON(IN:=_bool_in_,
10           PT:=_time_in_,
11           Q=>_bool_out_,
12           ET=>_time_out_);
13
```

图 10-11 博途创建的定时器调用格式

"_bool_in_"表示此处为输入变量,应填入 BOOL 型变量或运算结果为 BOOL 型的表达式。填入变量后,程序代码如下:

```
"T1".TON(IN := #xLabel1,
        PT := #tTime1,
        Q =>#xLabel2,
        ET =>#tTime2);
```

与调用边沿触发的方式略有不同,调用定时器时,使用了"背景数据块.功能块名称"的形式,即"T1".TON。通过调用形式可以看出,在调用定时器时,博途把定时器的背景数据块当作 DB 块中的变量,所以背景数据块可以看作是特殊的 DB 块。如果要引用输入引脚和输出引脚,直接使用"背景数据块.输入/输出"的形式即可,也可以采用如下代码。

```
"T1".TON(IN := #xLabel1,
        PT := #tTime1);
#xLabel2 := "T1".Q;
#tTime2  := "T1".ET;
```

需要注意的是,在博途中调用定时器时,输入参数必须在括号内,在括号外引用时编译会报错,如图 10-12 所示。

从图 10-12 中可以看出,错误的调用语句会用红色波浪线提示,编译时也会报错。但是,调用边沿触发时,是可以在括号外引用输入参数的如图 10-13 所示。

调用计数器的方法和注意事项与定时器一样,读者可自行编程验证。其他功能块以及自定义功能块,都可以用此种方法调用。

10.5.2 如何减少背景数据块

每调用一次定时器或计数器,都会自动创建一个背景数据块,在 PLC 编程中,一般会大

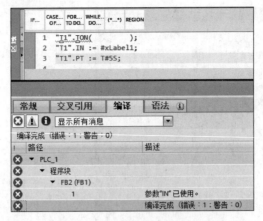

图 10-12　博途中调用定时器的错误方法

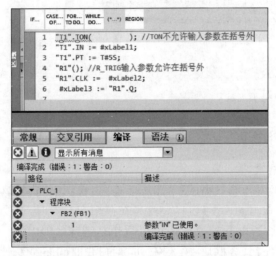

图 10-13　博途中边沿触发和定时器的调用对比

量使用定时器和计数器,就会建立大量背景数据块,造成资源浪费。可以使用多重实例来解决此问题,定时器或计数器多重实例的用法与边沿触发一样,可参考 5.1.3 节的相关介绍。本节介绍另外一种方法实现多重实例——利用 DB 块存储数据。

　　首先,建立 DB 块 TON1 用于存储定时器的数据。双击项目树窗口中的"添加新块"按钮,如图 10-14 所示。

　　弹出的"添加新块"对话框,如图 10-15 所示。

　　系统会把新建的数据块命名为"数据块_1",这里修改为"TON1",然后在 TON1 块中建立多个 IEC_TIMER 型的变量,分别命名为 T1、T2、T3 等,如图 10-16 所示。当然,也可以根据变量命名规则命名为其他名称。也可以建立 IEC_TIMER 型数组。

　　调用多少个定时器就建立多少个变量,这样,就可以使用 T1、T2、T3 等作为定时器的背景数据块名称了。在调用定时器然后弹出"调用选项"对话框时,可以直接使用 TON1. T1、TON1. T2、TON1. T3 作为定时器的名称,如图 10-17 所示。

图 10-14 博途中的项目树窗口

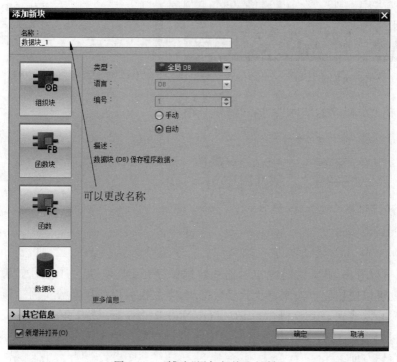

图 10-15 博途"添加新块"对话框

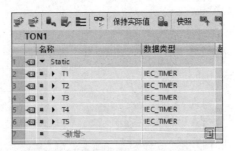

图 10-16　新建 IEC_TIMER 型变量

单击"确定"按钮后，系统会自动建立调用格式，如图 10-18 所示。

```
14 ⊟"TON1.T1".TON(IN:= _bool_in_ ,
15                PT:= _time_in_ ,
16                Q=> _bool_out_ ,
17                ET=> _time_out_ );
18
```

图 10-17　使用数据块中的变量命名定时器的背景数据块　图 10-18　博途自动建立的定时器调用格式

只需要填入变量或表达式即可，代码如下：

```
"TON1".T1.TON(IN := #xLabel1,
              PT := #tTime1);
              #xLabel2 := "TON1".T1.Q;
              #tTime2  := "TON1".T1.ET;
(***************************** )
"TON1".T2.TON(IN := #xLabel3,
              PT := #tTime3);
              #xLabel4 := "TON1".T2.Q;
              #tTime4  := "TON1".T2.ET;
```

从代码可以看出，此方法是把定时器的数据保存在 DB 块 TON1 中。如果在 FC 中调用定时器，就可以使用此方法来减少背景数据块，当然也可以使用参数实例。调用计数器的方法相同，只是需要在 DB 块中建立 IEC_COUNTER 型变量，读者可自行验证。如果在 FB 中调用定时器，参考 5.1.3 节中介绍的调用边沿触发减少背景数据块的方式，可直接利用 FB 本身的存储空间。

10.6　三菱 GX Works3 中的函数和功能块调用

下面介绍 GX Works3 中的调用方法。

10.6.1　函数调用

与前面介绍的方法类似,首先看梯形图中函数是如何调用的,以 MIN 函数为例,如图 10-19 所示。

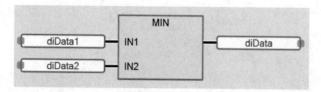

图 10-19　GX Works3 中的 MIN 函数调用

如图 10-18 是 MIN 函数使用梯形图的调用方法,在 ST 语言中,用以下程序代码实现。

`diData := MIN(IN1 := diData1,IN2 := diData2);`

在 GX Works3 中也可以用以下代码实现。

`diData := MIN(diData1,diData2);`

GX Works3 中对于函数的调用是很灵活的,输入引脚可以有标识符,也可以没有标识符。读者可根据自己的习惯决定使用哪种方式,只是在向其他 PLC 移植的时候需要注意。笔者建议,风格要统一,在同一个项目中,遵循统一的方式。例如,在一段程序中,写了如下的代码,无论是对程序的可读性还是后期维护都是不利的。

```
diData := MIN(IN1 := diData1,IN2 := diData2);
rlData := MIN(rlData1,rlData2);
```

以上是三菱 GX Works3 中标准函数的调用方式。三菱 GX Works3 中还有众多的官方函数,它们的调用方法略有不同,例如下面这行代码。

`ADPRW(TRUE,H2,H1,K100,K8,D0,M10);`

读者也许会感到疑惑,这段代码是什么意思?这个调用方式为什么这么像功能块调用,其实,这是三菱 GX Works3 中的函数调用,找到函数的用法说明,明白每个引脚的意义,就能理解这段代码。

在手册中找到 ADPRW 函数的说明,就能理解这段代码是三菱 GX Works3 中实现 MODBUSRTU 通信功能的,该函数在梯形图中的用法如图 10-20 所示。

与 ST 语言的代码对比,就可以明白"ADPRW(TRUE,H2,H1,K100,K8,D0,M10);"的意义。在三菱 GX Works3 中,有大量的系统函数都是采用这种方式调用,省略输入引脚和输出引脚的标识符,直接填入变量并用","隔开。需要注意的是,在 ST 语言中不支持引用 ENO 引脚。

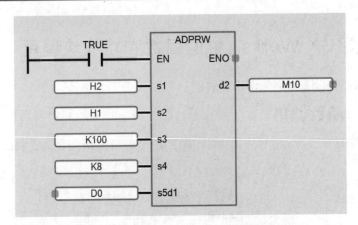

图 10-20　ADPRW 函数的梯形图用法

由于这些系统函数不严格符合 IEC 61131-3 标准，所以不能使用 7.3 节介绍的方式来调用。函数 ADPRW 的 ENO 引脚只表示这个函数正常运行，意义不大，真正有意义的是引脚 s5d1，它表示通信时读取或写入的数据。在三菱 GX Works3 中，系统函数和自定义函数的调用方式与功能块类似，只是不用分配存储空间，格式如下：

函数名(参数 1，参数 2，参数 3，参数 n);

只需要在括号内填入与引脚相对应的变量或表达式。如果是没有输入变量和输出变量的自定义函数，则可以不用填写参数。

在编写代码时，GX Works3 也提供了便利的方式，下面以 ADPRW 函数为例讲解。在 GX Works3 中，新建的 ST 语言开发环境如图 10-21 所示。

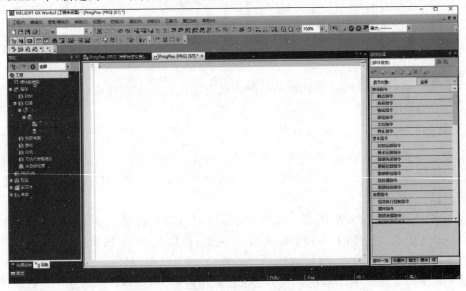

图 10-21　GX Works3 的 ST 语言开发环境

其右侧是部件库窗口，这里有 GX Works3 所有的函数和功能块，并按实现的功能进行分类，可以在上方输入名称搜索，如图 10-22 所示。

图 10-22　GX Works3 中的部件库窗口

从图 10-22 中可以看出，GX Works3 仍然沿用了三菱 PLC 的传统，没有刻意区分功能块和函数，均称为指令。在搜索框输入"ADPRW"后，按 Enter 键自动搜索，搜索到的 ADPRW 函数会被高亮显示，如图 10-23 所示。

图 10-23　搜索到的 ADPRW 函数

把函数拖拽到编辑区,系统会自动建立调用格式,如图 10-24 所示。

```
ADPRW( ?BOOL_EN? , ?ANY16_s1? , ?ANY16_s2? , ?ANY16_s3? , ?ANY16_s4? ,
       ?ANY_ELEMENTARY_s5d1? , ?ANYBIT_ARRAY_d2? );
```

图 10-24　GX Works3 中自动建立的函数调用格式

从图 10-24 中可以看出,自动建立的调用格式有输入提醒。"?BOOL_EN?"表示填入的是函数的 EN 引脚并且为 BOOL 型变量;"?ANY16_s1?"表示填入的是函数的 s1 引脚,可以为任意 16 位的变量,即 INT 型或 WORD 型变量;"?ANY_ELEMENTARY_s5d1?"表示填入的是函数的 s5d1 引脚,它支持的数据类型比较广,BOOL 型、INT 型、WORD 型等均可;"?ANYBIT_ARRAY_d2?"表示填入的是函数的 d2 引脚,位变量和数组变量都可以。也就是说,两个问号之间的是提示部分,提示这里该填入的是函数的哪个引脚,及是什么类型的变量。这些数据类型的表示方式,读者可参考 GX Works3 的手册。

为了便于理解程序,提高程序的可读性,在调用输入参数比较多的函数时,可以把输入引脚也填入。因此,ADPRW 函数还可以使用如下代码。

```
ADPRW(EN := TRUE,S1 := H2,S2 := H1,S3 := K100,S4 := K8,s5d1 := D0,d2 := M10);
```

这行代码和"ADPRW(TRUE,H2,H1,K100,K8,D0,M10);"是完全等价的。需要注意的是,无论采用哪种方式,所有的输入参数不能省略,否则编译会报错,因为编译器是按顺序识别每一个输入参数的。

注意：在本节的讲解中,并没有使用变量,而是直接使用三菱 GX Works3 中的物理地址,例如 D10、M10 等。因为大多数使用三菱 PLC 的读者都不习惯使用变量,而是使用物理地址。笔者建议,应尽量使用变量(GX Works3 中称之为标签)。有些引脚会要求使用连续的寄存器地址,可以用数组的方式来表示。H2 表示十六进制数 2,K100 表示十进制数 100。

10.6.2　功能块调用

GX Works3 中功能块的调用与函数一样,直接拖拽到编辑区,同样也会自动建立调用格式,并且会弹出建立功能块实例的对话框。下面以定时器调用为例来说明。首先,在部件库里搜索"TON",如图 10-25 所示。

把定时器拖拽到编辑区,弹出的"未定义标签登录"对话框如图 10-26 所示。

系统自动分配标签名"TON_1",也可以自行修改,只需要符合 GX Works3 中的命名规范即可。单击"确定"按钮,系统自动建立调用格式,如图 10-27 所示。

因此,定时器使用以下代码实现。

```
TON_1(IN := xEnable,PT := T#5s,Q => xDone,ET => tTime);
```

在 GX Works3 中,功能块的调用和函数调用一样,输入/输出引脚是可以省略的。因此,定时器的调用也可以使用以下代码实现。

图 10-25　在部件库里搜索"TON"

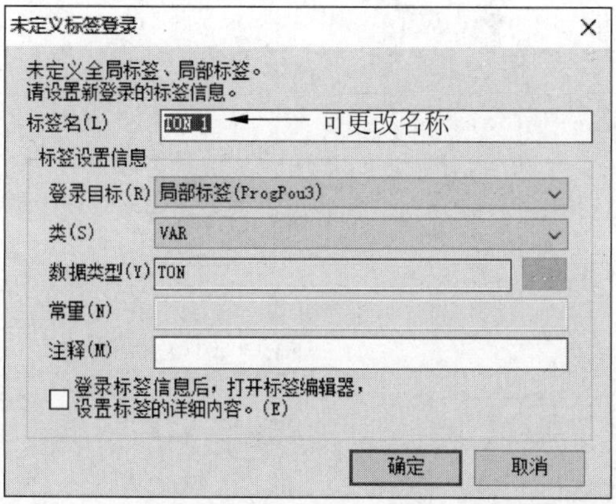

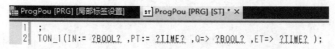

图 10-26　"未定义标签登录"对话框

```
ProgPou [PRG] [局部标签设置]        ST ProgPou [PRG] [ST] * ×
1  ;
2  TON_1(IN:= ?BOOL? ,PT:= ?TIME? ,Q=> ?BOOL? ,ET=> ?TIME? );
```

图 10-27　GX Works3 自动建立的定时器调用格式

```
TON_1(xEnable, T#5s, xDone,tTime);
```

在调用功能块时,对于输出的引用,可以使用赋值运算符,代码如下:

```
TON_1(IN := xEnable,PT := T#5s,Q := xDone,ET := tTime);
```

可以看出,对于输出引脚的引用,使用了和引用输入引脚相同的符号":=",但输入的引用是不能使用"=>"的,例如下面的用法是不允许的。

```
TON_1(IN => xEnable,PT => T#5s,Q := xDone,ET := tTime);
```

    通过本节的介绍可以发现，在三菱 GX Works3 中，对于功能块和函数（也就是指令）的调用还是非常灵活的。但灵活的调用也带来了风险，一定要严格遵守使用规范。笔者建议，应尽量使用相同的风格，特别是在同一个项目中，不要各种风格混搭，这对程序的调试和后期维护升级是非常不利的。

第11章

功能块和函数

在 IEC 61131-3 标准中,功能块和函数是对传统 PLC 中指令的标准化和延伸。在第 10 章中,笔者反复提及功能块和函数,想必读者已经掌握并理解了功能块和函数的概念。为什么要反复提及功能块和函数? 因为在 ST 语言编程中,功能块和函数发挥着重要的作用,也是实现 PLC 控制的重要手段。正是功能块和函数以及各种语句的配合使用,才实现了复杂多样的工业控制。本章就对功能块和函数进行系统地梳理。

11.1 功能块和函数的意义

前面几章介绍的定时器、计数器及边沿触发等,都是通过功能块调用实现的;而数学运算以及三菱 GX Works3 中的伺服控制和 MODBUS 通信,都是通过函数调用实现的,由此可见,功能块和函数在 PLC 编程中有着广泛的应用。功能块和函数分为标准和自定义两种。标准功能块和函数即定时器、计数器、边沿触发等,不同 PLC 的用法相同。自定义功能块和函数分为两种,一种是 PLC 厂家开发的,适合自家产品的各种功能块和函数;另一种是由用户自己定义的功能块和函数。自定义功能块和函数始终贯穿 PLC 项目开发的整个环节,是实现结构化编程的重要手段。即使是传统的线性编程模式,使用自定义功能块和函数也能大大简化程序,提高效率。

不同品牌的 PLC 自定义功能块和函数的操作不同,但大同小异,读者可参考相关的 PLC 手册。功能块和函数的实质是一段封装好的程序及相关的变量,对于用户来说,它就是黑盒子,无须关心其构造和原理,只关心它能实现什么功能即可,如图 11-1 所示。

图 11-1 功能块和函数的意义

图 11-1 展示的是功能块和函数的意义,只
要给定输入,然后获取输出即可,无须关心它是如何处理输入的。以定时器为例,只需要给定定时时间和触发信号,定时器到了定时时间就会有输出,并能实时输出定时时间。用户根本不需要知道定时器是如何实现定时功能的,只需要引用定时器的输出引脚即可。

11.2　功能块与函数中的变量

11.2.1　形参和实参

对于 PLC 自带的功能块和函数，只能调用不能修改，因此本章节着重讨论自定义功能块和函数。在自定义功能块和函数中，定义变量时需要指定相应的属性。2.3.2 节介绍过变量属性，其中，输入变量（VAR_IN）、输出变量（VAR_OUT）、输入输出变量（VAR_IN_OUT）、临时变量（VAR_TEMP）、静态变量（VAR_STAT）就是专门为自定义功能块和函数服务的（POU 中也可以使用 VAR_STAT 和 VAR_TEMP）。下面详细介绍这些属性在功能块和函数中的应用。

在开始之前先来了解两个概念：形参和实参。为了便于说明，以定时器调用为例，调用定时器功能块的代码如下：

```
TON1(IN := xLabel1,PT := tTime1,Q => xLabel2,ET => tTime2);
```

调用定时器的目的是把变量 xLabel1 和变量 tTime1 赋值给定时器的输入引脚，并获取定时器输出引脚的值，然后赋值给变量 xLabel2 和变量 tTime2。这是通过形参和实参之间的传递实现的。

形参是形式参数的简称，是功能块和函数的输入引脚和输出引脚。在定时器 TON 中，它的引脚 IN、PT、ET、Q 就是形参。实参是实际参数的简称，调用功能块和函数时，分配给引脚的变量及各种表达式就是实参，例如，调用定时器时，分配给定时器输入/输出引脚的变量 xLabel1、tTime1、xLabel2、tTime2 就是实参。实参和形参的数据类型必须一致，若形参为 DINT 型，那么实参也必须为 DINT 型。在 2.5.2 节介绍过数据类型的隐式转换，虽然实参定义为 INT 型，可以被 PLC 编译器自动转换为 DINT 型，但尽量不要这样做，以避免出错。功能块和函数内部的程序决定了功能块和函数能把接收到的实参，变成什么样的输出。

功能块的引脚是形参，它只是标识符号，就好比机场、车站的各种指引牌，指引用户在编程的时候，应该分配什么样的实参。而调用功能块和函数时，给引脚赋的值就是实参，实参让形参有了具体的意义。定时器是 PLC 提供的标准功能块，形参和实参的概念同样适用于自定义功能块和函数。自定义功能块和函数的实质是一段封装的程序，这段程序中所使用的变量，在定义时就需要指定它的属性。

11.2.2　变量属性

1. 输入变量

输入变量（VAR_IN）是功能块和函数的形参，它的目的是在调用功能块和函数时接收实参。形参只有在调用功能块和函数时，才分配存储空间，一旦调用完毕立即释放存储空间。

对于功能块和函数来说，输入变量是局部变量并且是只读变量。在功能块和函数中，无法改变输入变量的值,只能接收它的值。因此,只能由实参传递给形参,即使通过强制的方式改变输入变量的值,也仅仅是改变了形参的值,并不会影响实参。比如通过某种方式更改定时器输入引脚 IN 的值,但是并不能改变变量 xLabel1 的值。形参只是个标识,并不为形参分配存储空间;实参是变量,会为实参分配存储空间。

2. 输出变量

输出变量(VAR_OUT)是功能块和函数的形参,它的目的是把功能块和函数的运算结果传递给实参。定时器功能块中的输出引脚 Q 就是输出变量,它把运算结果赋值给实参 xLabel2。获取功能块和函数的运算结果才是调用功能块和函数的目的。输出变量是局部变量而且是可读可写的,同输入变量一样,输出变量离开了功能块和函数也就失去了意义。在功能块和函数中,既可以读取输出变量的值,也可以改变输出变量的值,并由形参传递给实参。但是实参无法传递给形参,即使通过强制的方式,改变了实参的值,但是形参的值不会因此改变。例如,在定时器中,通过强制的方式改变了变量 xLabel2 的值,但是定时器的输出引脚 Q 并不会因此而改变。

也许读者会疑惑,不是只能实参传递给形参,为什么输出变量作为形参,可以传递给实参? 因为虽然输出变量是形参,但是在功能块和函数内部,已经把运算结果传递给输出变量,也就是把实参传递给了形参;然后由输出变量传递给功能块外部的变量。所以归根结底,是实参传递给了实参,在这里输出变量不过是起了中间变量的角色。

3. 输入输出变量

输入输出变量(VAR_IN_OUT)融合了输入变量和输出变量的特点,它既可以读又可以写,因此它的使用比较自由。输入输出变量是只能用于功能块和函数的局部变量,必须分配实参,否则编译会报错。

调用功能块和函数时,实参先传递给输入输出变量,然后功能块和函数会把运算结果传递给实参。因此,调用功能块和函数时,是一个先读取输入输出变量后写入输入输出变量的过程。

4. 局部变量

局部变量(VAR)是在功能块和函数内部使用的变量。对于系统功能块和系统函数,用户无须关心,因为它既不能读也不能写。在自定义功能块和函数中,它就是普通的局部变量,只能在功能块和函数内部使用,外部无法访问。

因此,VAR_IN、VAR_OUT、VAR_IN_OUT、VAR 的区别如下:

(1) VAR_IN 是功能块和函数的输入变量,它的值只能由实参改变,并传递给功能块和函数。

(2) VAR_IN_OUT 是功能块和函数的输入输出变量,它的值可以被功能块和函数改变,也可以被实参改变,是双向的。

(3) VAR_OUT 是功能块和函数的输出变量,它的值只能被功能块和函数改变,然后传递给实参。

(4) VAR 是局部变量,只能在功能块和函数内部使用。

功能块和函数的调用以及参数传递的过程是这样的：首先，在 POU（在其他功能块中也可以调用）中调用功能块和函数，并指定实参，实参的值传递给 VAR_IN 和 VAR_IN_OUT；当功能块和函数满足调用条件，就执行内部封装的程序，并把运算结果赋值给 VAR_OUT 和 VAR_IN_OUT，然后再传递给实参。

注意：对于 VAR_IN_OUT 变量，先读取它的值，然后再写入。

为了便于跨平台移植，减少对硬件的依赖，自定义功能块和函数时，应当尽量减少使用和硬件有关的变量。尽量不要为 VAR_IN、VAR_OUT、VAR_IN_OUT 分配物理地址。如果确实需要使用跟物理地址有关的变量，可以使用实参来传递。

图 9-3 的 Servo_Control 功能块就是典型的自定义功能块。其中，i_xEnable 是 VAR_IN，q_xEnableDone 是 VAR_OUT，它们是形参；而连接到该引脚上的变量 AX1.xEnable 和变量 AX1.xEnableDone 是实参；在功能块内部使用而没有反映到输入输出引脚上的变量，就是 VAR。

严格意义上讲，在自定义功能块和函数时，必须定义输入变量和输出变量，输入输出变量的定义不是强制的。大部分系统的功能块和系统函数并没有输入输出变量。绝大多数 PLC 对此都比较宽容，即使不定义输入变量或输出变量也是可以的。例如，在西门子博途中，就大量使用没有输入变量和输出变量的 FB 和 FC 来充当 POU 的角色。

5. 临时变量

临时变量（VAR_TEMP）是指在程序运行中临时存储运算结果的变量或者中间值，当程序运行结束时临时变量保存的数据将丢失。

6. 静态变量

静态变量（VAR_SATA）的值在 PLC 运行期间始终保存，只有功能块有静态变量，函数内无法定义静态变量。

关于临时变量和静态变量，将在 11.3 节详细讲解。

11.2.3 如何区分功能块和函数

前面几章陆续介绍了函数和功能块的调用，它们的调用方式是不同的。虽然 IEC 61131-3 标准制定了函数和功能块的标准，但各家 PLC 略有不同，区分函数和功能块的意义重大。由于功能块每调用一次，就会分配一块存储空间。一套系统会牵涉大量的控制，会大量调用功能块，这是对 PLC 资源的极大浪费。因此，在调用功能块时，应该尽量减少调用次数，最典型的应用就是西门子博途中的多重背景。那么如何区分功能块和函数呢？可根据它们的特点：是否分配存储空间，如图 11-2 所示。

从图 11-2 中可以看出，BLINK 和 MAX 虽然都只有一个输出，但 BLINK 有实例名，而 MAX 无实例名，所以 BLINK 是功能块，而 MAX 是函数。

绝大多数 PLC 的控制功能都是通过调用功能块实现的，函数只占很少一部分。与 CODESYS 和西门子等 PLC 不同，三菱 GX Works3 中，只有少量的功能块，大部分都是函

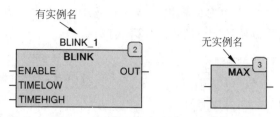

图 11-2　函数和功能块的直观区别

数。例如 MODBUSRTU 的实现，在 CODESYS 和西门子博途中都是调用功能块，而在 GX Works3 中，是调用函数实现的，即 ADPRW 函数，伺服的定位、PID 等功能，也都是通过调用函数实现的。在 GX Works3 中，常用的功能块只有定时器、计数器、上升沿及下降沿，其他绝大部分控制功能都是通过调用函数来实现的。在调用时，一旦系统为它分配了存储空间，那么它一定是功能块，否则它一定是函数。由于无法定义实例名，对于函数的输出，必须通过赋值给变量的方法进行引用。

既然函数和功能块都是封装好的 POU 和变量，那么在 PLC 编程中，它们有什么区别和联系呢？下面分析函数和功能块的实质。

11.3　函数的实质

11.3.1　静态变量与临时变量

函数类似 C♯语言中的方法，在 PLC 中可以认为它就是数学中的函数。它和功能块最大的区别是：函数没有存储空间，因此不需要分配实例名，甚至可以认为函数名就是实例名。提到函数，离不开变量的两个重要属性，临时变量（VAR_TEMP）和静态变量（VAR_STAT）。函数是没有静态变量的 POU，函数中的变量是临时变量；而功能块中的变量既可以定义成静态变量，也可以定义成临时变量，默认为静态变量。那么这两种属性的变量有什么不同呢？在理解这两个属性之前，首先介绍变量的两个重要特征——生命周期和作用域。

生命周期是指变量存在的时间。一旦定义了变量，系统就会给变量分配一块存储空间，意味着变量的诞生；系统把分配给变量的存储空间释放掉，就意味着变量生命的结束。"释放"并不意味着清零，而是把它的存储空间给其他变量使用。作用域是指变量可以使用的范围，全局变量和局部变量，就是根据作用域对变量进行的分类。全局变量可以在所有的 POU 中使用，而局部变量只能在当前的 POU 中使用。

静态变量的存储空间永远不会被释放，即它的生命周期是永久的。静态变量的"静态"，是指变量存储空间的分配方式。一旦定义了变量，系统就会分配固定的存储空间，在程序运行期间，分配的存储空间是不变的。系统对存储空间的分配，处于静止状态，这就是"静态"的意义。如果为每个变量都分配固定的存储空间，一旦 PLC 程序中的变量增多，则会出现资源的浪费。在 PLC 程序中，有些变量是无须永久占用存储空间的，特别是程序运行时产生的一些中间变量。例如，对 PLC 的模拟量做滤波处理，最简单的方法是计算多个模拟量的和，然后取平均值。可以使用下面的程序代码实现。

```
rlSum := rlAI1 + rlAI2 + rlAI3 + rlAI4 + rlAI5;        //计算 5 个模拟量的和
rlAve := rlSum/5;                                      //取平均值
```

在上面两行程序代码中，真正有意义的变量是 rlAve，即平均值。而变量 rlSum 仅仅是一个中间值，对于用户来说意义不大，类似这种变量就可以定义为临时变量。例如，定义临时变量 a，当程序中使用它时，就为它分配存储空间，而一旦不再使用它就把它的存储空间释放。它的值会在存储空间中保留，但这块存储空间已经与临时变量 a 没有关系。所以，临时变量并不能保存自己的值，在每个扫描周期它都会被重新赋值。临时变量的值取决于分配给它的存储空间中的值。在 PLC 中，临时变量一般存储在临时分配的堆栈中。下面通过具体的例子加深对临时变量和静态变量的理解，程序代码如下：

```
( ** 关键字 VAR_TEMP 和关键字 END_VAR 之间定义的变量为临时变量 ** )
VAR_TEMP
  diData1 : DINT;                                      //临时变量
END_VAR
( *********** POU 中定义的局部变量，默认为静态变量 *************** )
VAR
  diData2 : DINT;                                      //静态变量
  diData3 : DINT;                                      //静态变量，用于捕捉临时变量 diData1
END_VAR
diData1 := diData1 + 1;
diData3 := diData1;
diData2 := diData2 + 1;
```

分别定义一个临时变量 diData1 和一个静态变量 diData2，让它们进行自加运算。由于临时变量在每个扫描周期的值是无法保存的，无法实时监控，所以定义静态变量 diData3 来捕捉临时变量在每个扫描周期的值。当然，也可以通过断点调试的方式让 PLC 单步运行，来监控临时变量的值。程序的运行结果如图 11-3 所示。

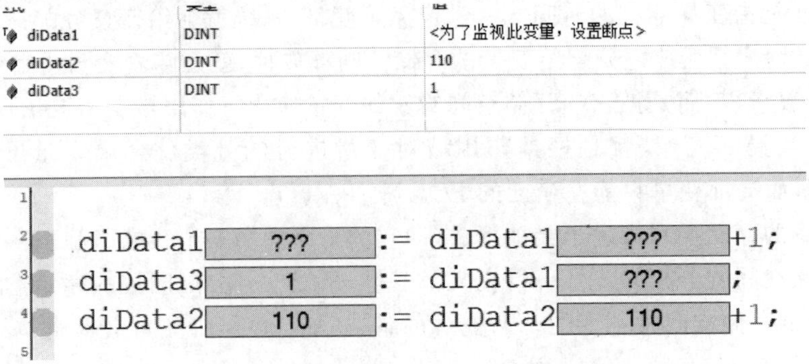

diData1	DINT	<为了监视此变量，设置断点>
diData2	DINT	110
diData3	DINT	1

```
1
2  diData1 [  ???  ] := diData1 [  ???  ] +1;
3  diData3 [   1   ] := diData1 [  ???  ] ;
4  diData2 [  110  ] := diData2 [  110  ] +1;
5
```

图 11-3 临时变量和静态变量自加运算的运行结果

从图 11-3 的运行结果可以看出,静态变量 diData2 的值一直在增加,而临时变量 diData1(也就是变量 diData3)的值却一直是 1,为什么呢?分析程序的运行过程。首先,定义静态变量 diData2 和 diData3,PLC 会为它们分配固定的存储空间。由于变量 diData1 是临时变量,系统会为它分配临时空间,假设分配的空间是%LM0(不同 PLC 的寻址方式不同,这里仅仅示例说明)。当程序运行时,先执行语句"diData1 := diData1 + 1;",临时变量 diData1 的值为 1;当执行完语句"diData3 := diData1;",系统就释放了临时变量 diData1 的存储空间,而存储空间%LM0 中的值为 1。然后,继续执行语句"diData2 := diData2 + 1;",变量 diData2 值变为 1,这样就完成了此段程序代码的第一次扫描。进入下一次扫描,再次执行语句"diData1 := diData1 + 1;",系统再次为临时变量 diData1 分配存储空间,但无法保证会把%LM0 再次分配给临时变量 diData1。一般来说,系统会优先分配没有使用过的存储空间,这样在每个循环扫描周期开始时,变量 diData1 的值就会变为 0;而静态变量 diData2 的存储空间一直是固定的,所以它可以保留上个扫描周期的运算结果,并且它的值一直累加。

以上 PLC 分配临时变量的过程是笔者根据使用经验推测的,并不能代表所有 PLC 的工作过程,有的 PLC 在每个循环扫描周期开始或者结束时,会把临时变量的存储空间全部清零。但是,无论 PLC 如何处理临时变量,临时变量只在一个扫描周期内有效,只需要记住临时变量要遵循"先赋值,后使用"的原则即可。例如,在程序中增加语句"diData1 := diData3;",在每次使用临时变量之前,把上个扫描周期的运行结果用静态变量保存并重新赋值给它,运行结果如图 11-4 所示。

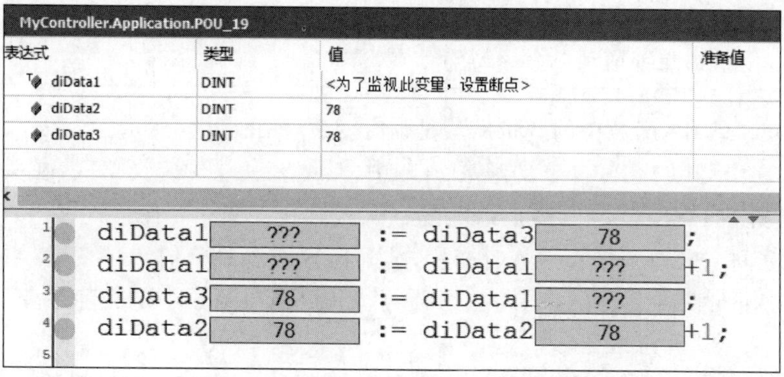

图 11-4 临时变量先赋值,后使用

从图 11-4 中可以看出,临时变量 diData1(即 diData3)的数值一直在增加。在每个扫描周期,首先执行语句"diData1 := diData3",相当于保存了临时变量 diData1 在上一个扫描周期的值,并重新赋值。这样,无论系统为临时变量 diData1 分配的是哪块存储空间,都能保证临时变量 diData1 的值是上一个扫描周期的值。

上面的程序只有三行代码,PLC 的资源绰绰有余。如果编写的程序代码量非常大,使用的变量也非常多,同时使用了大量的临时变量,就需要特别注意了。由于程序调用的关系,在一个扫描周期内会有大量临时变量的地址分配和地址释放。例如,在某 PLC 程序中,定义了 FC1、FC2、FC3、FC4 等函数,每个函数内部又有许多临时变量,在某个扫描周期内,函数 FC1 内的临时变量刚刚释放了地址,此地址可能马上就被分配给函数 FC3 内的某个临时变量使用;而在下一个扫描周期内,函数 FC2 内临时变量刚刚释放的地址,可能又被分配给 FC3 内的临时变量使用。这样,会导致临时变量的值在每个扫描周期内都不确定,使程序发生混乱。

如果读者对临时变量的用法还比较模糊,可以通过具体的例子加深理解。假设甲、乙、丙、丁 4 位工程师去某地出差,但酒店只有 3 个房间。酒店就把甲安排在 1 号房间,让他一直居住,那么直到最后退房,甲的房间都不变,甲就是静态的。而剩下的房间,按需要分配给乙、丙、丁。乙需要出门办事,暂时不用分配房间,就把丙安排在 2 号房间,丁安排在 3 号房间。当乙办完事情回来时,丙刚好要出门,就把乙安排在 2 号房间。但是 2 号房间并没有打扫,丙的行李还在 2 号房间,当丙办完事情回来时,丁刚好要出门,就把丙安排在 3 号房间,房间同样没有打扫,丁的行李还在 3 号房间。乙、丙、丁三人总是根据 2 号和 3 号房间的情况临时安排住宿,如果房间没有打扫,三人的行李就会发生混乱。如果既想节省房间资源,又不发生物品混乱,就需要在每次入住之前,把房间打扫干净,各自带走自己的行李物品。

注意：使用临时变量可以有效节约 PLC 的系统资源,一定要先赋值,再使用。临时变量第一次出现在程序中时,一定是一个赋值语句,临时变量就是被赋值的对象,也就是赋值运算符"﹕="左边的变量,这样它就有了确定的数值。由于临时变量无法保存上个扫描周期的运行结果,所以不能取它的上升沿和下降沿,因为上升沿和下降沿的实质是和上个扫描周期的运行结果进行比较。

在 CODESYS 中,函数中的变量默认是临时变量,如图 11-5 所示。

从图 11-5 中可以看出,自定义函数 FC1 中,系统有默认的定义格式,在关键字 VAR_INPUT 和关键字 END_VAR 之间定义的变量就是输入变量;在关键字 VAR 和关键字 END_VAR 之间定义的变量就是临时变量,准确地说应该是临时局部变量,它同时具有临时变量和局部变量两种属性。在 CODESYS 中,也允许在函数中定义静态变量,如图 11-6 所示。

从图 11-6 中可以看出,只需要在函数中增加关键字 VAR_STAT 和关键字 END_VAR,它们之间定义的变量就是静态变量。这意味着 CODESYS 中的函数可以使用静态变量存储数据,但不意味着函数拥有存储空间。在西门子博途中,是不允许在函数中定义静态变量的,在跨平台移植时需要注意。

11.3.2 自定义函数的使用

各个品牌的 PLC 都提供了大量的系统函数供用户使用,同时也可以根据控制工艺的需求自定义函数。使用函数时,特别是在自定义函数时,有以下几点需要注意。

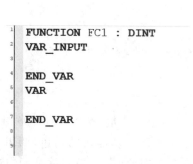

图 11-5　CODESYS 自定义函数中的变量属性

```
1  FUNCTION FC1 : DINT
2  VAR_INPUT
3
4  END_VAR
5  VAR
6
7  END_VAR
8
9  VAR_STAT
10
11 END_VAR
```

图 11-6　CODESYS 自定义函数中定义静态变量

（1）函数可以有多个输入变量，但只能有一个输出变量，输出变量就是它的返回值。调用函数的目的是获取它的返回值。在编程时，可以把函数名当作运算符来使用。

（2）自定义函数时，可以不用定义 VAR_IN 和 VAR_OUT，例如在 CODESYS 和西门子博途中是完全可以不用定义的。但在三菱 GX Works3 中，自定义函数至少需要定义一个 VAR_IN，否则编译会报错。

（3）函数可直接调用，无须实例化，也无法实例化。

（4）函数中可以调用函数，但不能调用功能块，也不能调用 POU，不过在有些 PLC 中可以调用功能块和 POU。

（5）由于函数没有存储空间，在调用时必须为每个 VAR_IN 指定参数，即必须为所有的形参分配实参。函数的所有输入引脚必须填写变量或表达式，否则编译会报错。函数的输出可以赋值给相应的变量，用来保存函数的运算结果。

（6）自定义函数时，可以巧妙利用 VAR_IN_OUT 的特性实现类似静态变量的作用。因为函数运行结束后，VAR_IN_OUT 的值将会由它的实参保存，再次调用函数时，它的值就是确定的。

以上对于函数的介绍是基于 IEC 61131-3 标准的。在 10.6 节中介绍过三菱 GX Works3 中的函数（其实就是传统 PLC 中的指令）包罗万象，几乎能实现所有的功能。西门子博途中的函数更像是子程序，但是增加了返回值，既兼容了自家的产品，又符合 IEC 61131-3 标准，例如在自定义函数 FC1 中定义变量的窗口，如图 11-7 所示。

从图 11-7 中可以看出，西门子博途中的 FC，只能使用临时变量，无法使用静态变量，因为它的格式是固定的。Return 就是函数的返回值，默认是Void，即没有返回值，如果需要返回值，可以修改为

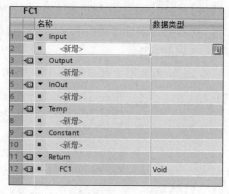

图 11-7　西门子博途中自定义函数的变量属性

相应的数据类型,例如 INT 型、BOOL 型等。

在西门子博途中,如果 FC 没有返回值,调用格式如下：

函数名(参数 1,参数 2,参数 n);

系统会自动在函数名上增加变量标识符,如果没有输入变量,参数可以省略。

如果 FC 有返回值,调用格式如下：

变量:= 函数名(参数 1,参数 2,参数 n);

系统同样会自动在函数名上增加变量标识符,如果没有输入变量,参数可以省略。

在西门子博途中,如果 FC 没有返回值,它充当的是子程序或功能块的角色,调用方法与调用功能块类似,只是不需要分配背景数据块;如果有返回值,它充当的就是函数的角色,需要使用赋值语句来获取它的返回值。

在 PLC 编程中,函数一般用于进行数学运算,也可以当作 POU 即子程序使用。读者可根据自己的习惯来选择,但一定要注意临时变量和静态变量的用法。

11.4　CODESYS 中常用系统函数介绍

IEC 61131-3 标准制定了大量的标准函数供用户编程使用,例如 MIN 函数和 MAX 函数等各种数学函数。下面介绍编程中常用的标准函数,这些函数以 CODESYS 平台为例,只要符合 IEC 61131-3 标准的 PLC,其用法和运算结果大同小异。

11.4.1　字符串处理函数

字符串在 PLC 编程中的应用并不多,因为 PLC 编程主要用于各种逻辑控制和工艺计算。随着工业 4.0 的到来以及物联网的兴起,工业设备已经走上了互联互通的道路,在工业现场,PLC 以及各种控制器经常需要和各种设备交换数据,例如机器人、工控机、工业相机等。字符串在其中发挥着越来越重要的作用,例如,交互的各种时间信息可能以字符串的形式进行传输;从工业相机接收到的各种坐标信息也可能是字符串。PLC 要想处理这些数据,就需要对字符串进行转换,或者把 PLC 中的数据转换为字符串发送给其他设备。

1. LEN 函数

LEN 函数用于获取字符串的长度,返回值为 INT 型,它的用法如图 11-8 所示。

```
1  iLength1  2   :=LEN('st');
2  iLength2  6   :=LEN('PLC_st');
3  iLength3  10  :=LEN('IEC61131-3');
4  iLength4  10  :=LEN('12 34 5678');
5  iLength5  7   :=LEN('清华大学出版社');
6  iLength6  25  :=LEN('Tsinghua University Press');
```

图 11-8　LEN 函数的使用示例

从图 11-8 中的运行结果可以看出,字符串的长度是指字符串包含的字符个数,无论数字、字母、空格还是汉字,都算一个字符。该函数用形参表示如下:

```
LEN(STR);
```

注意:LEN 函数返回的是字符个数,并不是它的字节数。

---

2. 取部分字符函数

字符串中的字符可以包含很多信息,如果需要特定的信息,就要取出字符串中特定的字符。有三个函数可以实现取出部分字符的功能,分别是 LEFT 函数(从左边取字符串)、RIGHT 函数(从右边取字符串)和 MID 函数(从左边取中间部分字符串)。例如,使用某测量仪测量某工件的尺寸,并把数据保存到字符串'123 3456 78'中,分别代表此工件的长、宽、高。而 PLC 无法直接处理接收到的字符串,就可以用这三个函数把相应的数据取出来,如图 11-9 所示。

```
11  sString1  '123'   :=LEFT('123 3456 78',3);
12  sString2  '78'    :=RIGHT('123 3456 78',2);
13  sString3  '3456'  :=MID('123 3456 78',5,4);
```

图 11-9 取部分字符函数的使用示例

LEFT 函数是从左边取若干字符,RIGHT 函数是从右边取若干字符,这两个函数的 2 个输入参数分别是被操作的字符串和取的字符的个数;而 MID 函数是从中间取字符,它的 3 个参数分别是被操作的字符串、从左边第几个字符开始取、取多少个字符。因此,字符串'123 3456 78'从左边取 3 个字符,组成新的字符串 sString1,就是'123';从右边取 2 个字符,组成新的字符串 sString2,就是'78';从左边第 5 个字符开始取 4 个字符,组成新的字符串 sString3,就是'3456'。

注意:字符串内的空格是字符串的一部分,也是字符。

这三个函数,用形参表示如下:

```
LEFT(STR,SIZE);
RIGHT(STR,SIZE);
MID(STR,LEN,POS);
```

其中,LEN 是 Length 的缩写,表示长度;POS 是 Position 的缩写,表示位置。这三个函数的返回值都是字符串型,取出的仍然是字符串,需要使用数据类型转换指令,把它们转换为数值,运行结果如图 11-10 所示。

从图 11-10 中的运行结果可以看出,通过提取字符串和转换函数就把一个字符串转换成了工件相关物理参数的具体数值,方便后续程序处理。

3. CONCAT 函数

CONCAT 函数用于把两个字符串合并成一个字符串,该函数用形参表示如下:

```
11  sString1    '123'       :=LEFT('123 3456 78',3);
12  sString2    '78'        :=RIGHT('123 3456 78',2);
13  sString3    '3456'      :=MID('123 3456 78',5,4);
14  iLength  123    :=STRING_TO_INT(sString1    '123'    );
15  iWidth   78     :=STRING_TO_INT(sString2    '78'     );
16  iHeight  3456   :=STRING_TO_INT(sString3    '3456'   );
```

图 11-10　提取字符串并转换为数值

```
CONCAT(STR1,STR2);
```

其中，STR1 是合并后字符串的前半部分，STR2 是合并后字符串的后半部分。该函数只能合并两个字符串，无法合并三个及以上的字符串。它的用法如图 11-11 所示。

```
sString1    '123'       :=CONCAT(' ','123');
sString2    '123456'    :=CONCAT('123','456');
```

图 11-11　CONCAT 函数的使用示例

从图 11-11 中可以看出，该函数把两个字符串合并成了一个字符串，它的返回值是字符串型。

4. INSERT 函数

INSERT 函数用于插入字符串，也是合并两个字符串。与 CONCAT 函数不同的是，它可以在字符串的中间插入其他字符串，如图 11-12 所示。

```
sString    '1245673'    :=INSERT('123','4567',2);
```

图 11-12　INSERT 函数的使用示例

从图 11-12 中的运行结果可以看出，两个字符串合并成了一个字符串，但并没有首尾相接，而是第二个字符串嵌在了第一个字符串内。它嵌在第一个字符串从左边开始的第 2 个字符的后面。该函数用形参表示如下：

```
INSERT(STR1,STR2,POS);
```

参数 POS 表示第二个字符串插入第一个字符串的位置，即第一个字符串从左边数起第 POS 个字符的后面插入。该函数的返回值是字符串型。

5. DELETE 函数

DELETE 函数用于删除字符串中的部分字符，如图 11-13 所示。

```
sString    '12378'    :=DELETE('12345678',3,4);
```

图 11-13　DELETE 函数的使用示例

从图 11-13 中的运行结果可以看出，字符串'12345678'经过 DELETE 函数运算后，变为了'12378'，中间的 3 个字符被删除了，实参 3 和 4 表示从第 4 个字符开始删除 3 个字符。DELETE 函数用形参表示如下：

```
DELETE(STR,LEN,POS);
```

上述表示从字符串 STR 的第 POS 个字符开始删除 LEN 个字符。该函数的返回值是字符串型。

6. REPLACE 函数

REPLACE 函数也是把两个字符串合并在一起，但并不是简单的合并，而是替换掉某些字符，如图 11-14 所示。

```
sString '12abcde56' :=REPLACE('123456','abcde',2,3);
```

图 11-14　REPLACE 函数的使用示例

从图 11-14 中的运行结果可以看出，字符串'123456'变成了'12abcde56'。从字符串'123456'的第 3 个字符开始，删除 2 个字符，并把字符串'abcde'放进去，也就是把字符串'123456'中的'23'，替换成了字符串'abcde'。

该函数用形参表示如下：

```
REPLACE(STR1,STR2,L,P);
```

上述表示从字符串 STR1 的第 P 个字符开始，删除 L 个字符，并填入字符串 STR2，形成一个新的字符串。其中，L 是 LEN 的缩写；P 是 POS 的缩写。该函数的返回值是字符串型。

7. FIND 函数

FIND 函数用于查找字符串中特定的字符，它的返回值是 INT 型，如图 11-15 所示。

```
iPos 2 :=FIND('IEC61131-3','EC');
```

图 11-15　FIND 函数的使用示例-1

从图 11-15 中可以看出，该函数返回值是 2，表示字符串'EC'的首个字符在字符串'IEC 61131-3'的第 2 个字符处。如果查找到多个位置，则只返回第一个位置值；如果没有查找到，则返回值为 0。需要注意的是，查找字符串是区分大小写的，如图 11-16 所示。

```
iPos1 2 :=FIND('Tsinghua University Press','si');
iPos2 0 :=FIND('Tsinghua University Press','A');
iPos3 0 :=FIND('Tsinghua University Press','press');
```

图 11-16　FIND 函数的使用示例-2

观察图 11-16 中的第一行程序代码，虽然字符串中有 2 处'si'，但函数只返回了第一次出现的位置；在第二行代码中没有找到字符串'A'，所以返回值是 0；在第三行代码中，同样没有找到字符串'press'，所以返回值也是 0。可以看出，字符串是严格区分大小写的。

11.4.2　数据类型转换函数

数据类型转换函数主要用于数据类型之间的转换，属于强制数据类型转换。转换时，一定要注意转换前后变量的取值范围，因为数据类型转换只负责转换数据类型，并不保证数据转换的正确性，如图 11-17 所示。

```
iData1 [ 361 ]:=DINT_TO_INT(diData1[  65897  ]);
iData2 [ 12 ]:=REAL_TO_WORD(rlData[  12.3  ]);
wData [65436]:=INT_TO_WORD(iData3[  -100  ]);
```

图 11-17　错误的数据类型转换示例

如图 11-17 中的转换结果显然是错误的，所以在使用数据类型转换时一定要注意取值范围。从 32 位数据类型转换为 16 位数据类型，它的高位将被舍弃；从实数转换为整数，它的小数部分会被舍弃；从有符号数转换为无符号数，有符号数的符号位将按数值位处理。

使用数据类型转换函数一定要确保转换后不丢失精度。理论上，所有的数据类型之间都可以进行转换，数据类型转换函数的返回值为转换后的数据类型。下面介绍一些常用的数据类型转换函数。对于使用最多的数值型数据之间的类型转换，所有的 PLC 都是一致的，就是只负责转换，不负责保留精度。

1. BOOL 型和数值型数据

BOOL 型数据的取值只有两个，即 TRUE 和 FALSE，在和数值型数据进行类型转换时，FALSE 相当于 0，TRUE 相当于除了 0 以外的任何数值，如图 11-18 所示。

```
xData1[TRUE ]:=DINT_TO_BOOL(diData[  123  ]);
xData2[FALSE]:=WORD_TO_BOOL(wData[ 0 ]);
rlReal[  0  ]:=BOOL_TO_REAL(xData3[FALSE]);
iData [ 1 ]:=BOOL_TO_INT(xData4[TRUE]);
```

图 11-18　BOOL 型与数值型数据的类型转换示例

2. BOOL 型和字符串型数据

字符串型数据转换为 BOOL 型数据，会直接把它的字符串 TRUE 和 FALSE 转换为相应的值。转换示例如图 11-19 所示。

```
xData1[FALSE]:=STRING_TO_BOOL(sString1[ 'FALSE' ]);
xData2[TRUE ]:=STRING_TO_BOOL(sString2[ 'TRUE' ]);
xData3[FALSE]:=STRING_TO_BOOL(sString3[ '1234' ]);
xData4[FALSE]:=STRING_TO_BOOL(sString4[ 'True' ]);
xData5[TRUE ]:=STRING_TO_BOOL(sString5[ 'true' ]);
xData6[FALSE]:=STRING_TO_BOOL(sString6[ 'False' ]);
```

图 11-19　字符串型数据转换为 BOOL 型数据

从图 11-19 中可以看出，虽然转换时不区分大小写，但只有字符串全部是大写或者全部是小写时，才能正确转换。也就是只有字符串 'TRUE' 和 'true' 才能转换成值为 TRUE 的 BOOL 型变量，其余的转换结果，全部为 FALSE。

BOOL 型数据转换为字符串型数据，直接把 TRUE 和 FALSE 当作字符串来处理，转换示例如图 11-20 所示。

3. 时间型和字符串型数据

时间型数据和字符串型数据之间的转换类似 BOOL 型和字符串数据之间的转换，如图 11-21 所示。

```
sString1  'TRUE'   :=BOOL_TO_STRING(xData1 TRUE );
sString2  'FALSE'  :=BOOL_TO_STRING(xData2 FALSE );
```

图 11-20　BOOL 型数据转换为字符串型数据

```
sString1 'T#360ms'  :=TIME_TO_STRING(tTime        T#360ms        );
sString2 'DT#2019-11 ▸' :=DT_TO_STRING(dtTime   DT#2019-11-25-10:13:56 );
```

图 11-21　时间型数据转换为字符串型数据

从图 11-21 中可以看出,时间型数据转换为字符串型数据时,会直接把它的书写形式变成了字符串。而从字符串型数据转换为时间型数据时也一样,也是书写形式的转换,所以,只有严格符合时间型变量书写形式的字符串,才能被正确转换,如图 11-22 所示。

```
tTime1        T#360ms        :=STRING_TO_TIME(sString1  'T#360ms'  );
tTime2  DT#2019-11-25-10:13:56  :=STRING_TO_DT(sString2 'DT#2019-11 ▸' );
                                                'DT#2019-11-25-10:13:56'
```

图 11-22　字符串型数据转换为时间型数据

如果不严格按照时间型变量的书写形式,将得不到正确的结果,如图 11-23 所示。

```
tTime1        T#67ms        :=STRING_TO_TIME(sString1    '360ms'   );
tTime2  DT#2019-11-25-0:0:0  :=STRING_TO_DT(sString2 'dt#2019-11 ▸' );
                                                'dt#2019-11-25-10-13-56'
```

图 11-23　错误的字符串型数据和时间型数据转换示例

不同的 PLC 之间,数据类型转换函数的运算结果略有差别。特别是字符串型、时间型等变量之间的数据类型转换,具体可参考相关 PLC 的编程手册。

11.5　功能块的实质

11.5.1　实例名的意义

功能块即"函数+存储空间",在西门子博途中,FB=FC+DB。而在 CODESYS 中,没有 DB 块的概念,是通过命名功能块型变量即实例化的方式,来分配存储空间。功能块中的变量默认都是静态变量。

功能块的调用,在 ST 语言中有着举足轻重的作用。ST 语言中的伺服控制以及 PID 控制等,都与功能块有着密切的关系。下面通过分析功能块的实质,来理解功能块的实例化。

功能块相当于建筑物的图纸,图纸是虚拟的,并不具备建筑物的各种属性。在 PLC 中,功能块并没有存储空间,是虚拟存在的。只有根据图纸建造出不同的实体建筑,图纸才真正有了实际意义。为了区分不同的建筑,可为建筑取不同的名字,例如科技大厦、未来大厦等,这些建筑的名字是区分不同大厦的重要依据,这些大厦都是实实在在存在的,具有建筑物属性。这就相当于利用功能块建立了不同被控对象的功能块,例如控制主轴电机、控制散热风机等。为了区分不同的被控对象，就要为这些建立的功能块取不同的名字。

因此，实例名是区分不同功能块的重要依据，而功能块的调用就是实例化。在 CODESYS 中，实例化就是定义功能块型变量；在西门子博途中，是分配背景数据块，把实例化的数据存储在背景数据块中。所以，无论是实例化还是背景数据块，都是为分配给功能块使用的存储空间取个名字，以区分不同的被控对象。

功能块的实质是复杂数据类型，其本质是数据类型，与 BOOL 型、DINT 型等数据类型是一样的。它并不存在 PLC 的存储空间中，不能被直接操作，所以需要先定义变量，并把变量的数据类型指定为该功能块所表示的复杂数据类型，即在 PLC 中为它分配一块存储空间，这样就可以在程序中对该功能块进行操作。功能块在使用之前必须为它分配一块存储空间，这称为功能块的实例化。其实就是把一个抽象的概念具体化，例如把控制变频器的功能块指向具体的变频器，这样每个变频器的启动/停止控制、调速等操作及实际速度、电机电流等状态，在 PLC 中都有相应的变量与之对应。有了变量才能编程，而编程就是对变量的各种操作。定时器、计数器在传统 PLC 中是指令，而在符合 IEC 61131-3 标准的 PLC 中它们都是功能块。无论是使用梯形图还是使用 ST 语言，使用功能块之前都必须实例化，也是把它们指向特定的被控对象。例如，编写控制 10 台三相异步电机的星形-三角形启动控制程序，从星形到三角形的延时是通过调用定时器来实现的，而每个定时器对应不同的电机。因此，需要为调用的 10 个定时器分别取个名字来区分是用于哪台电机的定时器。

11.5.2　功能块的特征

PLC 中的功能块也分两类，一类是 PLC 的自带功能块，它是由 PLC 厂家提供的，已经封装好；另一类是自定义功能块，可以把任何 POU 以及它的变量封装成功能块，在程序中调用。自定义功能块在 PLC 编程中的应用非常广泛。下面介绍有关自定义功能块的一些概念。

IEC 61131-3 标准的制定借鉴了计算机软件工程的很多先进思想和概念，功能块与面向对象程序设计（Object-Oriented Programming，OOP）中的类有着异曲同工之妙。

类是对现实生活中一类具有共同特征的事物的抽象，是面向对象程序设计实现信息封装的基础。在类中封装了属性、方法及字段，类具有封装、多态、继承三大特性。类的实例称为对象，所以从面向对象的角度理解，功能块实例化就是把它指向具体的被控对象。例如，把控制电机的功能块指向具体的电机，如主轴电机、输送电机等；把控制气缸的功能块指向具体的气缸，如顶升气缸、移栽气缸等。当然，在工业控制中，不仅仅是某个元件可以被认为是类，某个工位、某种工艺、某段生产线都可以认为是类，这就是面向对象编程中最核心的理念——一切皆对象。

属性的目的是保护字段，对字段的取值范围进行限定。字段就是类中定义的变量。属性最直观的表现是：功能块的输入变量只能读不能写；输出变量可以读可以写；输入/输出变量既可以读，又可以写。方法可以理解成功能块中的程序，它实现的是对被控对象的操作。在 PLC 编程中,一般通过编写程序和定义变量的数据类型来保证输入/输出变量的取值范围。例如,定义一个控制电机的功能块,显然,电机的运行频率需要控制在一定的范围内(0~50Hz),可以在功能块中增加代码保证电机的频率在合理范围内,程序代码如下:

```
VAR_INPUT
    rlMotorFre : REAL;                          //定义输入变量
END_VAR
VAR_OUTPUT
    xIN_MotorFreErr : BOOL;                     //定义输出变量
END_VAR
IF    rlMotorFre < 0 OR rlMotorFre > 50 THEN
    xIN_MotorFreErr := TRUE;                    //电机频率小于 0Hz 或大于 50Hz,报错
ELSE
    xIN_MotorFreErr := FALSE;
END_IF;
```

上面的代码中,当功能块接收到的输入变量不在范围内,功能块就会报错,以防止设备出现不可控的风险,确保安全。

封装是指把变量和程序融合为一个整体,只对外部提供接口,即 VAR_IN、VAR_OUT 和 VAR_IN_OUT 变量。对于用户来说,只需要给定功能块的输入信号,就可以获取输出信号,不必关心功能块内部的处理。方法就是功能块封装的 POU,也就是功能块中编写的程序。在自定义功能块中,既可以调用函数(例如各种数据类型转换函数),也可以调用功能块(例如定时器和计数器),但是不能调用其他的 POU。多态是指对于同一个功能块,给定不同的输入,作用于不同的被控对象,会产生不同的执行结果。例如,某设备上有 10 台伺服电机,只需要定义控制伺服的功能块,建立 10 个功能块型变量,即创建 10 个关于伺服的实例,就实现了对 10 台伺服的控制。不同的伺服调用的是同一个功能块,由于实参不同,运行结果也不同。继承是指对功能块的实现方法即程序进行扩展,原有的功能都会被保留下来。也可以把功能块导出,在另外的工程项目中导入并使用,会实现和原来一样的功能。以上是笔者结合计算机高级语言对 PLC 功能块的理解,最新的 CODESYS 支持 IEC 61131-3 扩展的 OOP 功能,有专门的关键字和工具来实现 OOP 的思想。最新的 IEC 6113-3 标准中增加了 OOP 的许多概念,例如方法、属性、扩展、接口等,读者可以查阅相关手册,进一步了解学习。

以上仅是笔者对 PLC 中功能块的理解,PLC 中并没有对象的概念,甚至 PLC 并没有提供各种面向对象的工具和实现的方法。ST 语言源于 Pascal 语言,而 Pascal 语言又是一种典型的面向过程的编程语言。无论是面向对象还是面向过程,都是一种编程思想,一种解决问题的思路和方法。在编写程序时,可以参照面向对象的思路来编程。例如,多轴的伺服控制系统,其控制就非常复杂。在调试阶段,一般采用手动控制,以保护机械设备并验证编写的程序。在自动运行模式下,伴随着生产工艺的改变,伺服又有各种各样的控制模式。具体到程序中,是伴随着大量的绝对定位以及相对定位的功能块。这其实是一种面向过程的编程思路,在小型项目中它的优势明显。但当设备的控制工艺更复杂的时候,或是控制的轴数增多的时候,就非常麻烦。例如每更换一种产品,伺服的各种定位位置就要发生改变,动作

顺序也会发生相应的改变,如果每更换一种产品就编写一套程序,那工作量将非常大。而且,一旦生产工艺改变,程序的升级维护工作也是非常烦琐。更麻烦的是,面对如此复杂的控制工艺,编程人员往往思路不够清晰,以至于编写出的程序有很多错误,想要修改却又无从下手。

因此,不妨换一种思路来看问题。无论多么复杂的控制工艺,最终的目的就是对伺服电机的控制,而对伺服电机的控制,无非就是定位控制(包含绝对定位和相对定位)、速度控制、转矩控制、点动控制等。如果把伺服看作被控对象,把它的各种功能编写出来,然后封装成功能块,就可以在使能状态下,接收速度和位置信号,实现定位控制。这样,只需要考虑不同工艺下的控制逻辑和时序,不同的控制工艺也封装成功能块,只需要实现不同功能块之间的信号传递就可以完成整个控制程序。这其实就是一种面向对象的思想,编程面向的是伺服,而不是面向各种控制流程。所以,面向对象仅仅是一种编程思想,它与任何编程语言无关,即使是梯形图也可以实现面向对象编程。ST语言方便、灵活的特性,使得实现面向对象编程更加容易。无论是面向对象还是面向过程,都是一种很好的解决问题的思路。在PLC编程中,应当充分利用这两种思路,结合具体的生产工艺,才能发挥ST语言的优势。例如多轴的伺服控制系统,把伺服抽象为对象,而把生产工艺的实现看作是过程,这样就比单纯地按过程处理更加简单。

11.5.3 如何减少功能块的调用

每调用一次功能块,就会为它分配一块存储空间,当大量调用功能块时,势必会对PLC的资源造成浪费,也会使程序变得复杂。因此,必须在满足需求的情况下尽量减少功能块的调用。在5.1.3节和10.5节介绍了如何在西门子博途中减少背景数据块,正是此目的。

注意：减少功能块调用的目的是节约PLC资源,提高执行效率,不能为了减少而减少。要在满足控制需求的前提下,尽量减少功能块的调用。

为了减少功能块的调用,可以采用只调用一次功能块,改变实参的方式。仍以伺服为例,某项目中,某伺服需要进行多次定位,如果每定位一次就调用一次定位功能块,势必会造成PLC资源的浪费,程序代码如下：

```
MC_MoveAbsolute_LXM_1(
    Axis        := A1,                    //第一次定位
    Execute     := AX1xStart1,
    Position    := AX1diPosition1,
    Velocity    := AX1diVelocity1,
    Done =>,
    Busy =>,
    CommandAborted =>,
    Error => );
MC_MoveAbsolute_LXM_2(
```

```
    Axis       := A1,                //第二次定位
    Execute    := AX1xStart2,
    Position   := AX1diPosition2,
    Velocity   := AX1diVelocity2,
    Done =>,
    Busy =>,
    CommandAborted =>,
    Error => );
MC_MoveAbsolute_LXM_3(
    Axis       := A1,                //第三次定位
    Execute    := AX1xStart3,
    Position   := AX1diPosition3,
    Velocity   := AX1diVelocity3,
    Done =>,
    Busy =>,
    CommandAborted =>,
    Error => );
MC_MoveAbsolute_LXM_4(
    Axis       := A1,                //第四次定位
    Execute    := AX1xStart4,
    Position   := AX1diPosition4,
    Velocity   := AX1diVelocity4,
    Done =>,
    Busy =>,
    CommandAborted =>,
    Error => );
```

　　MC_MoveAbsolute 是标准的 PLCopen 运动控制功能块,实现对伺服的绝对定位控制功能。MC_MoveAbsolute_LXM 是 SoMachine 根据 PLCopen 规范针对施耐德 LXM 系列伺服而出的绝对定位功能块。

　　从上述代码可以看出,一共进行了四次定位,共调用了四次功能块。如果项目工艺复杂,调用次数还会增多。如果只调用一次功能块,通过改变实参的方式,可以减少 PLC 资源的浪费,提高效率,程序代码如下:

```
MC_MoveAbsolute_LXM_AX1(
    Axis := A1,
    Execute := AX1.xStart,
    Position := AX1.diPosition,
    Velocity := AX1.diVelocity,
    Done =>,
    Busy =>,
    CommandAborted =>,
    Error => );
```

　　定位功能块 MC_MoveAbsolute_LXM 只调用一次,只需要改变实参,即变量 AX1. diPosition 和变量 AX1. diVelocity,就可以实现不同的定位位置和定位速度。无论项目中

定位控制多么复杂，只需要调用一次功能块即可完成，大大简化了程序的编写。这也是 PLC 面向对象编程的具体体现。在调用功能块时，应当尽量采用此种方法，即功能块只调用一次，通过改变实参来实现控制目的，这样可以有效节约 PLC 的资源，同时也可以使程序更简洁。

11.6 功能块和函数在编程中的应用

面向对象仅仅是一种编程思想，即使不使用 ST 语言，也可以实现面向对象编程。面向对象的核心和实质，是一切皆对象。复杂的项目可以按照各种方式拆分成不同的对象，并把相关的控制程序以及变量封装为功能块或函数。功能块和函数都是封装实现特定功能的程序以及变量，唯一的区别是功能块有自己的存储空间，而函数没有自己的存储空间。所以，封装为功能块简单方便，但会占用 PLC 的资源；封装为函数不额外占用 PLC 资源，但需要使用外部变量来保存数据。读者可根据自己的习惯，决定是封装为功能块还是函数。

在 PLC 编程中，功能块和函数既可以是单个的被控对象，例如将对伺服、变频器、气缸等的控制定义为功能块和函数，在程序中对其调用实现控制；也可以是某个大型生产线的某个单元或者某个工位；也可以是实现某种产品的生产工艺。还可以根据不同编程语言的长处来划分对象，例如梯形图相对于 ST 语言更适合逻辑控制，那么就可以把逻辑控制部分定义为对象，并用梯形图封装成逻辑控制功能块或函数。对于复杂的算法部分，用 ST 语言编写程序，封装成算法控制功能块或函数。可以把一切对象封装为功能块或函数，来实现控制。可以说，功能块和函数是实现面向对象编程的重要手段和方法，例如，自定义 FB_Defined 功能块，如图 11-24 所示。

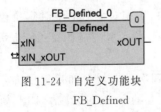

图 11-24 自定义功能块
FB_Defined

假设此功能块实现对设备中某个工位的控制，对外只有一个输入变量 xIN、一个输入输出变量 xIN_xOUT 和一个输出变量 xOUT；内部封装了一段程序，实现对工位的控制。在编写程序时，只需要调用此功能块，并给定实参，即可实现对此工位的控制。而调用此工位控制功能块的程序，就可以使用更擅长逻辑控制的梯形图来编写，当然，也可以封装为功能块。把不同的对象封装为功能块的好处是显而易见的，可以使程序更加简洁。特别是在调试程序时，只需要判断功能块之间交互的数据在哪个环节出现问题，就可以重点监控某个功能块，从而发现程序中的错误。

所以，功能块和函数是实现高效编程的基础。相对于传统 PLC 中的指令，功能块和函数的应用更加广泛，特别是自定义功能块和函数的使用，使程序的编写更加灵活。标准功能块和函数、各品牌 PLC 提供的官方功能块和函数以及自定义的功能块和函数，配合各种语句，实现了 PLC 对机器设备的控制。而调用功能块的灵活多变，也为程序的编写带来了极大的便利。因此，必须熟练掌握 ST 语言中功能块和函数的调用。

第 12 章

循 环 语 句

　　循环语句也称迭代语句,迭代即重复某些过程,以得到需要的结果。循环语句用于处理需要重复执行的语句,可以使程序结构更简单。梯形图中也有循环指令,例如 FOR…NEXT 语句,由于梯形图的天然属性,使用循环指令非常烦琐。ST 语言中的循环语句可以使程序结构一目了然,更加简洁。

　　使用循环语句需要注意,不能让程序陷入无限循环。循环语句大多配合指针、数组及结构体使用。

12.1　循环的实质

　　循环就是把一些需要重复执行的动作,使用一条或多条语句实现,然后重复执行这些语句。例如,某项目中有 100 个电机需要控制,如果不采用循环语句,就需要写 100 段控制电机的语句,代码如下:

```
( ************** 1 号电机启停控制 **************** )
IF  ( xStart1  OR  xRun1 ) AND   xStop1 THEN
    xRun1 := TRUE;
ELSE
    xRun1 := FALSE;
END_IF
( ************** 2 号电机启停控制 **************** )
IF  ( xStart2  OR  xRun2 ) AND   xStop2 THEN
    xRun2 := TRUE;
ELSE
    xRun2 := FALSE;
END_IF
( ************** 3 号电机启停控制 **************** )
IF  ( xStart3  OR  xRun3 ) AND   xStop3 THEN
    xRun3 := TRUE;
ELSE
    xRun3 := FALSE;
END_IF
( ************** 4 号电机启停控制 **************** )
IF  ( xStart4  OR  xRun4 ) AND   xStop4 THEN
```

```
    xRun4 := TRUE;
ELSE
    xRun4 := FALSE;
END_IF
( ************** 5 号电机启停控制 **************** )
IF  ( xStart5  OR  xRun5 ) AND   xStop5 THEN
    xRun5 := TRUE;
ELSE
    xRun5 := FALSE;
END_IF
```

以上只列出了控制 5 个电机的程序代码，如果编写 100 个电机的控制程序，是非常烦琐的。仔细观察发现，这 5 段代码其实是一样的，都是对电机的启停控制，不同的是，控制每个电机启动、停止的变量不一样。因此，可以只写一段程序代码，让这段代码执行 100 次，每次执行时使用不同的变量即可，这就是循环语句的意义。

在 ST 语言中，有 FOR、WHILE、REPEAT 三种循环语句。

12.2　FOR 循环语句

12.2.1　FOR 循环执行流程

FOR 循环语句的格式如下：

```
FOR <循环控制变量> := <循环开始时变量值> TO <循环结束时变量值>
BY <步长控制变量> DO
  <执行语句>
END_FOR
```

FOR 是英文"以…"为目的、"向…、往…"的意思，因此 FOR 循环从字面理解，就是控制循环变量从初始值到达目标值，循环变量每改变一次，语句执行一次。

可以通过下面的程序代码来理解 FOR 循环。

```
VAR
    II    : INT;            //定义循环控制变量
    wData : WORD;
END_VAR
wData := 0;
FOR II := 0 TO 10 BY 1 DO
    wData :=  wData + II;
END_FOR
```

这段代码的含义是，变量 II 的值从 0 递增到 10，每次递增值为 1。这样，变量 II 总共取了 11 个值（0～10），赋值语句"wData := wData + II;"执行了 11 次。这就是循环语句的意义，根据条件让同一段语句反复执行，执行完成后，变量 wData 的值为 55，如图 12-1 所示。

如果还不理解，再看一下具体执行过程。

在开始循环之前，执行赋值语句"wData := 0;"。

```
  wData  55  :=0;
  FOR II  11  :=0 TO 10 BY 1 DO
      wData  55  :=wData  55  +II  11  ;
  END_FOR
```

图 12-1 FOR 循环语句的执行结果

第 1 次循环：首先，执行语句"II := 0"，此时变量 II 的值为 0，未达到循环结束条件"TO 10"，因此循环继续进行。变量 wData 的值为 0，执行语句"wData := wData + II;"后，变量 wData 的值变为 0。然后，步长即变量 II 的值加 1。

第 2 次循环：变量 II 的值为 1，未达到循环结束条件"TO 10"，因此循环继续进行。变量 wData 的值为 0，执行语句"wData := wData + II;"。执行完成后，变量 wData 的值变为 1。然后，变量 II 的值加 1。

第 3 次循环：此时变量 II 的值为 2，未达到循环结束条件"TO 10"，因此循环继续进行。变量 wData 的值为 1，执行语句"wData := wData + II;"。执行完成后，变量 wData 的值变为 3。然后，变量 II 的值加 1。

第 4 次循环：此时变量 II 的值为 3，未达到循环结束条件"TO 10"，因此循环继续进行。变量 wData 的值为 3，执行语句"wData := wData + II;"。执行完成后，变量 wData 的值变为 6。然后，变量 II 的值加 1。

第 5 次循环：此时变量 II 的值为 4，未达到循环结束条件"TO 10"，因此循环继续进行。变量 wData 的值为 6，执行语句"wData := wData + II;"。执行完成后，变量 wData 的值变为 10。然后，变量 II 的值加 1。

第 6 次循环：此时变量 II 的值为 5，未达到循环结束条件"TO 10"，因此循环继续进行。变量 wData 的值为 10，执行语句"wData := wData + II;"。执行完成后，变量 wData 的值变为 15。然后，变量 II 的值加 1。

第 7 次循环：此时变量 II 的值为 6，未达到循环结束条件"TO 10"，因此循环继续进行。变量 wData 的值为 15，执行语句"wData := wData + II;"。执行完成后，变量 wData 的值变为 21。然后，变量 II 的值加 1。

第 8 次循环：此时变量 II 的值为 7，未达到循环结束条件"TO 10"，因此循环继续进行。变量 wData 的值为 21，执行语句"wData := wData + II;"。执行完成后，变量 wData 的值变为 28。然后，变量 II 的值加 1。

第 9 次循环：此时变量 II 的值为 8，未达到循环结束条件"TO 10"，因此循环继续进行。变量 wData 的值为 28，执行语句"wData := wData + II;"。执行完成后，变量 wData 的值变为 36。然后，变量 II 的值加 1。

第 10 次循环：此时变量 II 的值为 9，未达到循环结束条件"TO 10"，因此循环继续进行。变量 wData 的值为 36，执行语句"wData := wData + II;"。执行完成后，变量 wData 的值变为 45。然后，变量 II 的值加 1。

第 11 次循环：此时变量 II 的值为 10，刚好达到循环结束条件"TO 10"，但此次循环会继续进行。变量 wData 的值为 45，执行语句"wData := wData + II;"。执行完成后，变量 wData 的值变为 55。然后，变量 II 的值加 1。

第 12 次循环：此时变量 II 的值为 11，不满足继续循环的条件"TO 10"，因此循环结束。实际上，FOR 循环内的语句未被执行，并不存在第 12 次循环。

可能读者对第 11 次循环比较疑惑，此时变量 II 的值是 10，而判断条件是"TO 10"，为什么还会继续执行呢？"II := 0 TO 10 BY 1"的含义是，变量 II 的值从 0～10，每次增加 1，0 表示循环开始时的变量值，10 表示循环结束时的变量值。从 0～10，循环一共进行了 11 次。

这 11 次循环，在 PLC 的一个扫描周期内完成。图 12-1 是第 11 次循环执行后的结果，此时变量 II 的值为 11，语句"wData := wData + II;"并没有被执行。

由此可见，FOR 循环可使同一段语句执行多次，执行的次数由循环控制变量的开始值、结束值以及步长控制这三个要素决定。FOR 循环语句的执行流程如图 12-2 所示。

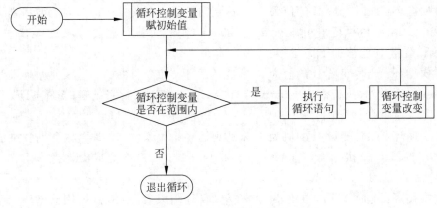

图 12-2　FOR 循环流程图

12.2.2　使用 FOR 循环的注意事项

使用 FOR 循环有以下注意事项。

（1）可以增加条件语句，作为 FOR 循环的触发条件。

（2）为了增强程序的可读性，关键字 FOR 和关键字 END_FOR 要对齐。循环体的语句可以缩进一格或者两格，也可以与关键字 FOR 和关键字 END_FOR 对齐，但在整个程序中，格式要保持一致。

（3）循环语句可以嵌套，即循环语句中包含循环语句，但不宜嵌套过多。相同层级的嵌套，关键字 FOR 和关键字 END_FOR 要对齐。

（4）循环控制变量必须定义为整型（INT 型、WORD 型、DINT 型、DWORD 型以及它们的衍生类型，BYTE 型也可以），不能定义为 REAL 型。

（5）在 2.4.2 节介绍过 WORD 型和 UINT 型的区别，部分 PLC 对此很严格。循环次数是具体数值，所以一些 PLC 不能使用 WORD 型。例如在三菱 GX Works3 中，循环次数只能定义成 INT 型和 DINT 型。而在西门子博途中，只能使用有符号数，不能使用 UINT

型等无符号数。不同 PLC 对控制变量的要求可能不同,需要查阅相关 PLC 的编程手册,或者自行编程验证。

（6）循环结束时的变量值,不能大于循环控制变量的取值范围。例如图 12-1 中的代码,循环控制变量 II 为 INT 型,其取值范围为 $-32768 \sim 32767$,如果循环条件写成"FOR II := 0 TO 40000 BY 1 DO",就会陷入无限循环导致 PLC 看门狗动作,触发异常报警,因为 40000 超过了变量 II 的取值范围。

（7）在计算机高级语言中,循环控制变量一般使用 i、j、k 表示,但在 PLC 中,这些字母可能有特殊含义,有些 PLC 不允许使用单个字母命名变量。例如字母 i,一般用于表示 PLC 的数字量输入。为了避免引起麻烦,本书中使用 II、JJ 及 KK 替代。从计算机高级语言移植算法时需要注意这一点。CODESYS 的 PLC 允许将循环控制变量定义为 i、j、k。有些 PLC,例如三菱 GX Works3,则是不允许的。

（8）如果步长控制变量是 1,可以省略"BY <步长控制变量>"。语句"FOR II := 0 TO 10 BY 1 DO"和语句"FOR II := 0 TO 10 DO"是等价的。

（9）步长可以增加,也可以减少,例如"FOR II := -10 TO 10 BY 1 DO"和"FOR II := 100 TO 10 BY 1 DO"都是可以的。步长也可以使用变量来表示。

（10）在 CODESYS 中,关键字 END_FOR 后面可以加";",也可以不加。但在有些 PLC 中,必须加。例如三菱 GX Works3 和西门子博途中,如果关键字 END_FOR 后面不加";",编译会报错。

（11）循环语句在 PLC 的一个扫描周期内完成,如果循环次数过多,会使 PLC 的扫描周期变长,甚至触发看门狗报警。

（12）每个扫描周期,都会执行一次循环语句。这正是图 12-1 的程序中语句"wData := 0;"的意义。

如果去掉语句"wData := 0;",程序的执行结果如图 12-3 所示。

```
//wData:=0;
FOR II 11 :=0 TO 10 BY 1 DO
    wData 15015 :=wData 15015 +II 11 ;
END_FOR
```

图 12-3　错误的 FOR 循环语句

如图 12-3 中的 FOR 循环语句,其运行结果显然不符合预期。读者如果使用 PLC 仿真,就会发现,变量 wData 的值一直在增加,当达到最大值时会溢出,然后又从 -32768 开始,如此往复。因此,语句"wData := wData + II;"一直在执行。这正是 PLC 循环扫描导致的结果。

下面分析出现这种现象的原因。

在 PLC 的第一个扫描周期,执行循环语句,执行完成后,变量 wData 的值变为 55；在 PLC 的第二个扫描周期,再次执行循环语句,执行完成后,变量 wData 的值变为 110；在 PLC 的第三个扫描周期,再次执行循环语句,执行完成后,变量 wData 的值变为 165。

　　每个扫描周期，PLC 都会自动执行一次循环语句，而每次执行时，变量 II 的值都是从 0 开始的，因为语句"FOR II := 0 TO 10 BY 1 DO"已经把变量 II 赋值为 0。而变量 wData 的值，是上一个扫描周期的运行结果，因此变量 wData 的值会不断增大。在循环语句前增加语句 "wData := 0"，在每个扫描周期执行循环语句时，变量 II 和变量 wData 的值都为 0，这样能够保证在每个扫描周期，循环语句的执行结果都一样。语句"wData := 0"的作用，是在每次循环语句执行前，确保变量 wData 的值为 0。仅仅在定义变量的时候为变量赋初值为 0，是无效的，因为为变量赋初值，只在 PLC 上电时，执行一次。

　　也可以增加条件语句，让循环语句在执行完成后，不再继续执行，代码如下：

```
VAR
   II    : INT;              //定义循环控制变量
   wData : WORD;
   R1    : R_TRIG;
   xStart : BOOL;           //循环开始
END_VAR
R1(CLK := xStart);          //取上升沿
IF R1.Q THEN
  FOR II := 0 TO 10 DO      //步长为1,省略 BY 语句
     wData := wData + II;
  END_FOR
END_IF
```

这段代码的执行结果如图 12-4 所示。

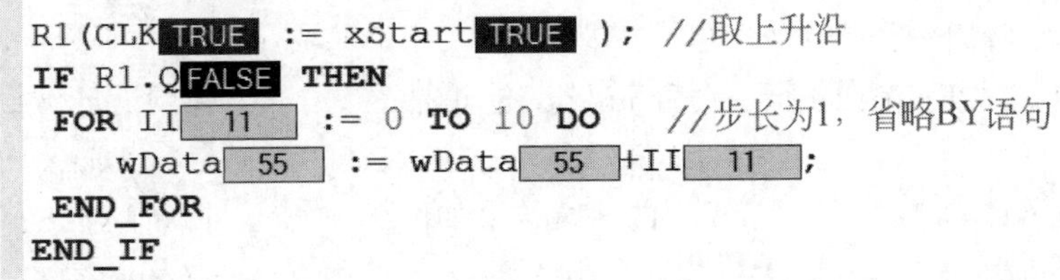

图 12-4　增加控制条件的 FOR 循环语句执行结果

　　如图 12-4 所示，在变量 xStart 的上升沿，执行循环语句。当循环语句执行完成后，变量 II 的值变为 11，变量 wData 的值变为 55。在下一个扫描周期，循环语句并不具备运行条件，因此不再运行，变量 wData 的值也就不再增加。

12.3　FOR 循环的应用

　　下面通过具体的应用实例，加深对循环语句的理解。

12.3.1　FOR 循环实现多个电机的启停控制

　　下面使用循环语句实现对 100 个电机的启停程序控制，需要注意的是，程序中停止功能使用了按钮的常闭点。代码如下：

```
VAR
  II     : INT;                          //定义循环控制变量
  xRun   : ARRAY[1..100] OF BOOL;        //数组下标从 1 开始
  xStart : BOOL;                         //启动信号
  xStop  : BOOL;                         //停止信号
END_VAR
IF (xStart OR xRun[II - 1]) AND xStop THEN
  FOR II := 1  TO 100 DO
    xRun[II] := TRUE;                    //电机启动
  END_FOR
ELSE
  FOR II := 1  TO 100 DO
    xRun[II]  := FALSE;                  //电机停止
  END_FOR
END_IF
```

xRun[II]是定义的数组变量,用于存储 100 个电机的运行信号。考虑工程实际和使用习惯,数组下标从 1 开始。循环语句的目的是使数组内的每个元素变为 TRUE,即 xRun[1]~xRun[100]都为 TRUE,这样 100 个电机就全部进入运行状态。

该程序共有两个循环语句,根据 IF…ELSE…END_IF 语句执行的结果,选择不同的循环语句执行。变量 II 的值从 1 递增至 100,语句中省略了步长,因为步长为 1。当按下启动按钮,变量 II 的值从 1 递增至 100。当变量 II 的值为 1 时,执行语句"xRun[1] := TRUE;";当变量 II 的值为 2 时,执行语句"xRun[2] := TRUE;"…当变量 II 的值为 100 时,执行语句"xRun[100] := TRUE;"。执行完成后,此时变量 II 的值为 101,不再满足"TO   100"的条件,因此循环语句执行完毕。按下停止按钮时,执行过程相同,读者可自行分析。

循环语句共执行 100 次,每执行一次都会启动或停止一个电机。程序执行完成后,100 个电机会全部启动或者全部停止。这段循环程序的实际意义是重复执行控制电机的"启动、保持、停止"语句。当执行完循环语句,变量 II 的值为 101,因此 IF 语句的条件"(xStart OR xRun[II - 1]) AND xStop"中,应当使用 xRun[II-1],即 xRun[100]。因为数组 xRun[II]只有 100 个元素,xRun[101]并不存在,默认为 FALSE,如果出现 xRun[101]就无法实现自锁。

也可以使用如下代码实现。

```
FOR II := 1  TO 100 DO
    IF (xStart OR xRun[II]) AND xStop THEN
        xRun[II] := TRUE;              //电机启动
    ELSE
        xRun[II] := FALSE;             //电机停止
    END_IF
END_FOR
```

该程序只使用一个 FOR 循环实现,读者可自行仿真,并分析执行过程。

这段代码只能同时启动和停止所有电机,并不能单独控制每个电机。如果要实现对指定电机的启停控制,就需要如下代码:

```
FOR JJ := 1  TO 100 DO
    II := Index[JJ];                  //需要启动的电机编号
    IF (xStart OR xRun[II]) AND xStop THEN
      xRun[II] := TRUE;               //电机启动
    ELSE
      xRun[II] := FALSE;              //电机停止
    END_IF
END_FOR
```

在这段程序中，增加了数组变量 Index[JJ]，用于存储需要控制的电机编号，数组变量 Index[JJ] 起到了类似指针的作用。通过执行语句"II:= Index[JJ];"，变量 II 的值是数组 Index[JJ] 中的值。如果需要启动或停止相应的电机，只需要把编号写入数组变量 Index[JJ] 即可。例如，要启动 1 号、5 号、14 号、19 号、21 号电机，只需要为相应的变量赋值，即让变量 Index[1]、Index[2]、Index[3]、Index[4]、Index[5] 的值分别为 1、5、14、19、21。仿真结果如图 12-5 所示。

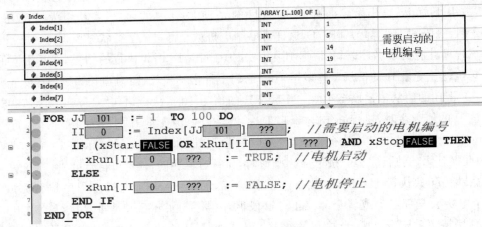

图 12-5　电机编号赋值

从图 12-5 中可以看出，需要启动的电机编号已经赋值给变量 Index[JJ]，监控电机运行的变量 xRun[II] 如图 12-6 所示。

从图 12-6 可以看出，相应编号的电机已经启动，而其他电机并没有启动。

以上程序不仅可以控制多个电机的启动和停止，更适合对气缸、阀门的控制。可以把这部分程序封装为功能块反复利用。这也是面向对象编程中，一切皆对象理念的体现。

12.3.2　PLC 的 I/O 点放入数组

在 12.3.1 节中讲述了如何使用 FOR 循环语句控制多个电机的启停，要想最终实现对电机的控制，需要变量 xRun[II] 关联 PLC 的输出点才可以，这就需要把变量 xRun[II] 的地址分配为数字量输出点，在不同的 PLC 中实现方法不一样，下面分别讲述。

1. SoMachine

在 CODESYS 中，一个 BOOL 型变量会分配一字节的存储空间，所以在 SoMachine 中，

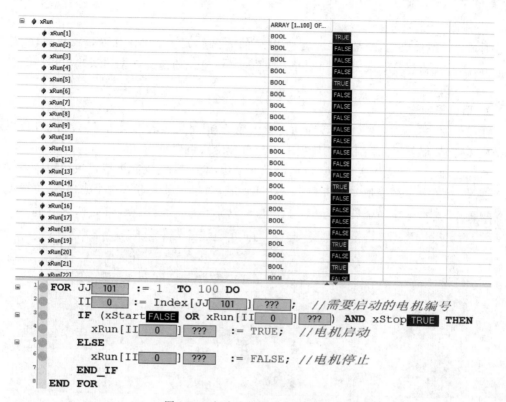

图 12-6　相应电机的运行情况监控

给数组分配一个位地址是不允许的,因此无法通过分配地址的方式把 PLC 的 I/O 点放入数组中,这就需要用其他办法解决,最简单最直观的办法就是通过赋值语句实现,程序代码如下:

```
VAR
    xRun : ARRAY[0..15] OF BOOL;
END_VAR
%QX0.0 := xRun[0];
%QX0.1 := xRun[1];
%QX0.2 := xRun[2];
%QX0.3 := xRun[3];
%QX0.4 := xRun[4];
%QX0.5 := xRun[5];
%QX0.6 := xRun[6];
%QX0.7 := xRun[7];
%QX1.0 := xRun[8];
%QX1.1 := xRun[9];
%QX1.2 := xRun[10];
%QX1.3 := xRun[11];
%QX1.4 := xRun[12];
%QX1.5 := xRun[13];
%QX1.6 := xRun[14];
```

```
%QX1.7 := xRun[15];
```

通过以上赋值语句,变量 xRun 就和 PLC 的输出点关联了。比如变量 xRun[10]的值为 TRUE,输出点%QX1.2 也为 TRUE;变量 xRun[10]的值为 FALSE,输出点%QX1.2也为 FALSE。

2. 西门子博途

西门子博途变量表内定义的变量可以分配地址,但是变量表内无法定义数组,却可以定义结构体变量,那就可以使用结构体把 I/O 点分配给数组变量。

首先新建一个结构体变量 OUT(西门子博途中称为 PLC 数据类型),该结构体内仅有一个变量,就是数组型变量 OUTPUT,该数组的长度,决定能关联多少个输出点,可根据实际情况确定,这里建立一个长度为 64 的数组,可以放入 64 个输出点,如图 12-7 所示。

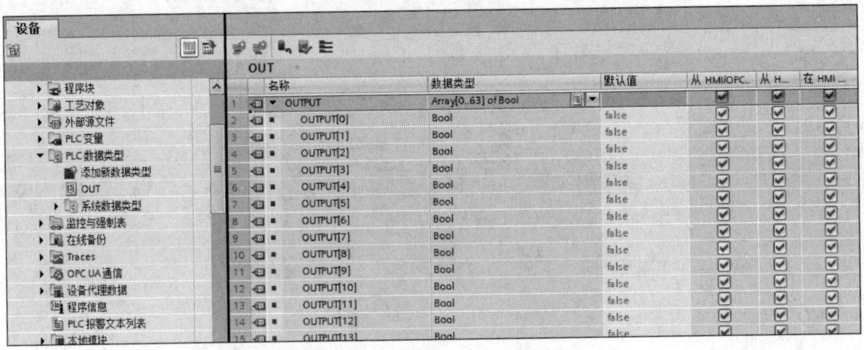

图 12-7　博途中新建结构体变量 OUT

然后新建一个变量表 IQ(也可以不用新建变量表,直接在默认变量表中操作),并在变量表 IQ 中新建一个变量 OutStatus,该变量的数据类型为 OUT,地址为%Q0.0,如图 12-8所示。

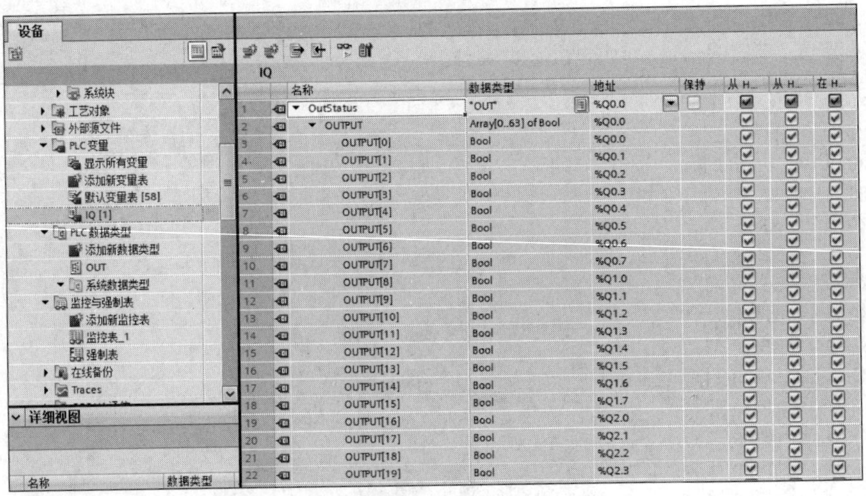

图 12-8　博途中新建数值型变量

经过以上操作，就建立了数组型变量"OutStatus". OUTPUT，该变量的首地址为
％Q0.0。换一种说法就是，把 PLC 从％Q0.0 开始的 64 个输出点，放到数组"OutStatus".
OUTPUT 中。使用 FOR 循环语句，程序代码如下：

```
FOR "DB1".II := 0 TO 63 DO
    "OutStatus".OUTPUT["DB1".II] := TRUE;
END_FOR;
```

本例中放入了 64 个输出点，使用时，可根据实际情况确定数组"OutStatus". OUTPUT
的长度。再次强调一下，在西门子博途中，END_FOR 后面一定要加分号，否则编译会报错。

3. 三菱 GX Works3

三菱 GX Works3 的实现比较简单，直接给数组型变量分配地址即可，如图 12-9 所示。

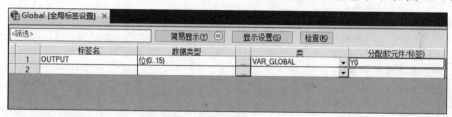

图 12-9　GX Works3 中定义数组

从图 12-9 中可以看出，在三菱 PLC 中建立数组型标签 OUTPUT，该变量的首地址为
Y0，换一种说法就是，把 PLC 从 Y0 开始的 16 个输出点，放到数组 OUTPUT 中。使用
FOR 循环语句，程序代码如下：

```
FOR II:= 0 TO 15 DO
    OUTPUT[II] := TRUE;
END_FOR;
```

注意：在三菱 GX Works3 中，全局标签才能分配地址，需要在详细模式下才能显示分配（软
元件/标签）选项。END_FOR 后面一定要加分号，否则编译会报错。

以上介绍了三种常见 PLC 把输出点放入数组的方法，其他 PLC 读者可参考相关 PLC
手册。也可以自行验证，如果无法给数组型变量分配 I/O 点，那么使用赋值语句是最好的
办法。对于输入点，以上方法也同样适用。需要注意的是，PLC 编程是读取输入点的状态，
而输出点既可以读取也可以写入。使用赋值语句时，需要注意赋值对象。PLC 中定义的数
组，默认数组下标从 0 开始，读者可根据自己的习惯，决定下标是从 0 开始还是从 1 开始。
一般情况下，如果有实际的被控对象对应，比如电机、气缸等，数组下标可以从 1 开始，这样
比较符合正常的思维习惯。

12.3.3　位组合成字

位组合成字是把 16 个 BOOL 型变量，组合成 1 个 WORD 型变量。在 4.5.8 节讲述的

PLC输入/输出点按字寻址,实质就是位组合成字,比如 16 个 BOOL 型的输入点,组成 1 个字。不过这种组合是 PLC 自动完成的,而且需要连续的输入点或输出点。

位组合成字在 PLC 中应用非常广泛,最大的用处还是优化程序,提高效率。比如在使用通信传输 BOOL 型变量的时候,如果按位传输,不但程序复杂而且会使通信效率低下。通常的做法是,把 16 个 BOOL 型变量组合成 1 个 WORD 型变量,一次传输 1 个 WORD 型变量,相当于传输了 16 次 BOOL 变量,上位机接收到 WORD 型变量后,再把 WORD 型变量,拆分成 BOOL 型变量即可。其实质就是通信两端的 PLC,对数据进行打包和解包。把繁重的活交给两端的 PLC 完成,轻松的活交给中间的数据传输,这有点类似集装箱运输,把零散货物装入集装箱打包处理,提高物流效率。程序代码如下:

```
VAR
    wWORD       : WORD;
    II          : WORD;
    xBit        : ARRAY[0..15] OF BOOL;
    wWord_temp  : ARRAY[0..15] OF WORD;
    xEnable     : BOOL;
    R1          : R_TRIG;
END_VAR
R1(clk := xEnable);
IF R1.Q THEN
    wWORD := 0;
    FOR II := 0 TO 15 DO
        wWord_temp[II] := SHL(BOOL_TO_WORD(xBit[II]),II);
        wWORD       := wWORD + wWord_temp[II];
    END_FOR
END_IF
```

先来理解位组合成字的原理,比如 3 个 BOOL 型变量 1、0、1 组合成字就是 2#101。先把这 3 个 BOOL 型变量高位补 0 变成 2#001、2#000、2#001。第 1 个"1"是组合后字变量的第 2 位,把 2#001 中的"1"向左移 3 位,变成 2#100;第 2 个"0"是组合后字变量的第 1 位,把 2#000 中的"0"(中间的那个 0)向左移 2 位,还是 2#000;第 3 个"1"是组合后字变量的第 0 位,把 2#001 中的"1"向左移 0 位,也就是不移动,最后这 3 个数相加,也就是 2#100＋2#000＋2#001,结果为 2#101。其实质就是把 BOOL 型变量看作是二进制数,然后向左移动到组合成字后的相应的位上,相加即可。也就是第 0 位向左移动 0 位,第 1 位向左移动 1 位,第 2 位向左移动 2 位,第 3 位向左移动 3 位,第 n 位向左移动 n 位,最后相加即可,由于是重复操作,可以使用循环语句完成。实现原理如表 12-1 所示。

表 12-1　位组合成字原理

要组合的位	移动位数	移动后的数值	组合成字后的位置
1	0	0000000000000001	0
0	1	0000000000000000	1
1	2	0000000000000100	2

续表

要组合的位	移动位数	移动后的数值	组合成字后的位置
0	3	0000000000000000	3
1	4	0000000000010000	4
1	5	0000000000100000	5
0	6	0000000000000000	6
0	7	0000000000000000	7
1	8	0000000100000000	8
0	9	0000000000000000	9
1	10	0000010000000000	10
1	11	0000100000000000	11
0	12	0000000000000000	12
0	13	0000000000000000	13
1	14	0100000000000000	14
1	15	1000000000000000	15

  下面来分析一下程序,首先把要组合的 BOOL 型变量,放到数组 xBit 中,然后依次对相应的元素进行移位处理即可。该程序中使用了 SHL 函数,它是 IEC 61131-3 中制定的标准函数,实现了向左移位的功能。

  程序的运行结果如图 12-10 所示。

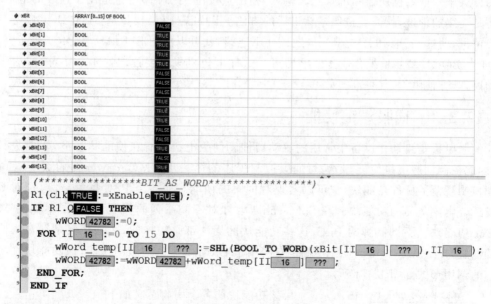

图 12-10 位组合成字程序仿真运行结果

  数组变量 xBit[II]中,元素的值分别为 0、1、1、1、1、0、0、0、1、1、1、0、0、1、0、1,它表示了 16 个 BOOL 型变量,假设它代表了 16 个元件的状态。这样把 16 个 BOOL 型变量,组合成了 WORD 型变量 42782,当上位机收到数据 42782 后,就可以知道 16 个元件的状态,这样通信效率显然比传输 16 个 BOOL 型变量要高许多。

这就是在 SoMachine 中，BIT_AS_WORD 功能块的实现代码，如果读者使用的 PLC 没有类似功能块，可以把上述代码封装为功能块。功能块输入是 16 个 BOOL 型变量，输出是 1 个 WORD 型变量。该功能块实现了把任意 16 个 BOOL 型变量组合成一个 WORD 型变量。

4.2.2 节讲述的 WORD_AS_BIT 程序，也就是字拆分成位的程序，也可以使用 FOR 循环语句实现，程序代码如下：

```
R1(clk := xEnable);
IF R1.Q THEN
  FOR II := 0 TO 15 BY 1 DO
    xBit[II] := WORD_TO_BOOL(SHR(wWord , INT_TO_WORD(II)) AND 2#1);
  END_FOR
END_IF
```

程序运行后就把变量 wWord 的每一位，存储在数组 xBit[II]中。使用此程序代码，也可以把 PLC 的输入/输出点，内部 BOOL 型变量放入数组中。如果读者使用的 PLC 没有类似 WORD_AS_BIT 的功能块，也可以把程序代码封装为功能块。方便把任意 WORD 型变量拆分成 16 个 BOOL 型变量。

位组合成字、字拆分为位的实质跟数据按位、字、字节寻址的实质是一样的，都是按照不同的方式来获取数据所表示的信息。输入/输出点按位、字、字节寻址适用于连续的地址，如果不是连续的地址，就需要按照本章讲述的方法。比如某 PLC 要传输 64 个 BOOL 型变量给上位机，而这 64 个 BOOL 型变量地址并不连续，就可以使用 BIT_AS_WORD 功能块，把这 64 个 BOOL 型变量组合成 4 个字即可。这样上位机只需要读取这 4 个字，读取后再拆分即可，既方便编程，又提高了效率。

12.3.4　伺服一键使能

伺服电机是自动化设备中常用的驱动器件。伺服电机只有在使能状态下，才能进行控制，因此控制伺服电机使能，是编写伺服控制程序的第一步。MC_Power 是符合 PLCopen 运动控制规范的标准功能块，它可以实现对伺服的使能。而各个 PLC 厂家，都会针对规范开发适合自家产品的功能块。在 SoMachine 中针对不同系列的伺服，提供了不同的 MC_Power 功能块。不同品牌的 PLC，这些功能块的用法都是一样的，区别仅仅是针对不同系列的伺服，比如 MC_Power_LXM 就是专门用于 LXM32 系列伺服的使能，该功能块在梯形图中的调用形式如图 12-11 所示。

图 12-11　SoMachine 中 LXM32 系列
伺服使能功能块

该功能块的各个引脚意义如下：

（1）Axis 轴号，要操作的伺服电机的名称，实质是一个指向伺服轴的指针。

（2）Enable 使能信号，该引脚接收到高电平，功能块被执行。

（3）Status 输出状态，伺服使能成功，输出高电平。

（4）Error 输出状态，伺服使能失败，输出高电平。

如果伺服轴数较少，可以按部就班依次调用该功能块实现伺服的使能；如果轴数较多，程序将会很复杂，就类似本章开始提出的控制 100 个电机的启停。因此可以使用 FOR 循环语句，实现多轴伺服的一键使能。

比如某项目中有 6 个伺服电机需要使能，就可以使用如下代码，实现一键使能。

```
VAR
MC_POWER     : ARRAY[1..6] OF MC_Power_LXM;      //伺服使能功能块实例数组
II           : WORD;
xEnable      : BOOL;
xEnableDone  : ARRAY[1..6] OF BOOL;              //伺服使能完成
END_VAR
MC_POWER[1](AXIS := A1);
MC_POWER[2](AXIS := A2);
MC_POWER[3](AXIS := A3);
MC_POWER[4](AXIS := A4);
MC_POWER[5](AXIS := A5);
MC_POWER[6](AXIS := A6);
IF xEnable THEN
  FOR II := 1 TO 6 DO
    MC_POWER[II].Enable := TRUE;                 //伺服使能
    xEnableDone[II] := MC_POWER[II].Status;      //伺服使能完成
  END_FOR
END_IF
```

A1、A2、A3、A4、A5、A6 是伺服轴的名字，其实质也是变量。不同 PLC 中轴的表示方式不同，读者可查阅相关 PLC 资料。运行以上程序就可以实现 6 个伺服的一键使能功能，而伺服的使能状态存储在数组 xEnableDone[II]中。此程序代码没有断开使能的功能，读者可自行思考如何增加，并可结合第 5 章讲过的单按钮启停功能，实现伺服的单按钮使能控制。

如果要判断伺服是否全部使能，只需要判断数组 xEnableDone[II]内的所有元素是否都为 TRUE 即可，程序代码如下：

```
FOR II := 1 TO 6 DO
   IF xEnableDone[II] THEN
       xAllServoEnableDone := TRUE;              //伺服使能完成判断
   ELSE
       xAllServoEnableDone := FALSE;
   END_IF
END_FOR
```

不过此程序有个很明显的错误，就是只要变量 xEnableDone[6]为 TRUE，变量 xAllServoEnableDone 便为 TRUE。因此只要最后一个伺服有使能完成信号，就会认为所有的伺服使能完成，这显然是不对的，为什么会这样？这是因为 FOR 循环语句只是每条语句都执行一下，而判断伺服是否使能，需要判断每次循环执行的结果是否都为 TRUE，显然以上程序代码只是对每个伺服的使能状态进行了判断，并没有判断所有的状态是否都为 TRUE。只需要换个思路即可，程序代码如下：

```
xAllServoEnableDone := TRUE;                    //假定伺服使能完成
FOR II := 1 TO 6 DO
  IF xEnableDone[II] = FALSE THEN
    xAllServoEnableDone := FALSE;               //只要有一个伺服没使能,使能状态为 FALSE
  END_IF
END_FOR
```

首先假定伺服全部使能，然后对每个伺服的状态进行判断，只要有一个伺服没有使能完成信号，则认为伺服没有全部使能。也就是说伺服全部使能了，那么 FOR 循环里面的 IF 语句并没有执行，因为变量 xEnableDone[II] 的值不可能为 FALSE。

伺服一键使能的实质，就是把功能块实例也就是功能块型变量放入数组中。12.3.1 节实现 100 个电机控制，是把变量放入数组。由此可见，只要是操作相同的功能，并且可以放入数组，都可以使用 FOR 循环语句。有些 PLC 可能不支持功能块型变量放入数组，只需要把伺服使能信号放入 BOOL 型数组即可，程序代码如下：

```
VAR
    MC_POWER1     : MC_Power_LXM;               //伺服使能功能块实例
    MC_POWER2     : MC_Power_LXM;
    MC_POWER3     : MC_Power_LXM;
    MC_POWER4     : MC_Power_LXM;
    MC_POWER5     : MC_Power_LXM;
    MC_POWER6     : MC_Power_LXM;
    II            : WORD;
    xServoEnable  : BOOL;                        //伺服使能
    xEnable       : ARRAY[1..6] OF BOOL;         //伺服使能信号
    xEnableDone   : ARRAY[1..6] OF BOOL;         //伺服使能完成
END_VAR
MC_POWER1(AXIS := A1,Enable := xEnable[1],Status => xEnableDone[1]);
MC_POWER2(AXIS := A2,Enable := xEnable[2],Status => xEnableDone[2]);
MC_POWER3(AXIS := A3,Enable := xEnable[3],Status => xEnableDone[3]);
MC_POWER4(AXIS := A4,Enable := xEnable[4],Status => xEnableDone[4]);
MC_POWER5(AXIS := A5,Enable := xEnable[5],Status => xEnableDone[5]);
MC_POWER6(AXIS := A6,Enable := xEnable[6],Status => xEnableDone[6]);
IF xEnable THEN
    FOR II := 1 TO 6 DO
        xEnable[II]:= TRUE;                      //伺服使能
    END_FOR
END_IF
```

运行以上代码，即可对伺服一键使能，而伺服使能状态已经放入数组 xEnableDone[II] 中。

在 PLC 编程中，如果要对实参不同的大量功能块进行处理，都可以使用 FOR 循环语句，简化程序。有些 PLC 控制脉冲型伺服，使能信号不使用功能块，直接使用 PLC 输出，可以参照 12.3.1 节控制 100 个电机启停的方式实现伺服的一键使能。也可以参照 4.5.8 节

WORD 型变量的方式实现。

12.3.5 冒泡排序

同 IF 语句可以嵌套使用一样，FOR 语句也可以嵌套使用。2.6.3 节讲过 MAX 和 MIN 函数，它们用来找出多个输入值的最大值和最小值。这两个函数，也可以使用 FOR 循环语句来实现。要找出多个数值的最大值和最小值，可以把这些数值按照从小到大或是从大到小的顺序排列，这样首末值就是最小值或者最大值。

冒泡排序是常用的排序算法。该算法依次比较两个相邻的数，如果满足要求，就继续比较；如果不满足要求，就交换位置。这样越大或越小的数，就会慢慢移动到队首或队尾，就如同水中的气泡慢慢上浮一样。实现冒泡排序需要两层循环，外层循环实现比较的次数，内层循环找出最大值或最小值，并依次往后移动，代码如下：

```
VAR
  II           : WORD;
  JJ           : WORD;
  xEnable      : BOOL;
  rlReal       : ARRAY[0..9] OF REAL;       //数组下标从 0 开始
  rlReal_temp  : REAL;
END_VAR
IF xEnable THEN
  FOR II :=  0 TO 8 DO                      //外循环
    FOR JJ :=  II + 1 TO 9 DO               //内循环,依次比较相邻的两个数值
      IF rlReal[II] < rlReal[JJ] THEN
        rlReal_temp := rlReal[II];          //交换数值
        rlReal[II]  := rlReal[JJ];
        rlReal[JJ]  := rlReal_temp;
      END_IF
    END_FOR
  END_FOR
END_IF
```

该程序使用 IF 语句作为触发条件，控制 FOR 循环语句的执行。注意程序代码中相同层级关键词的缩进关系。下面通过例子，来说明排序的实际应用。在某项目中，有 10 个电机在工作，采集每个电机的运行时间，放在数组中，如图 12-12 所示。

rlReal	ARRAY [0..9] OF REAL	
rlReal[0]	REAL	48.3
rlReal[1]	REAL	38.9
rlReal[2]	REAL	65.3
rlReal[3]	REAL	15.6
rlReal[4]	REAL	28.8
rlReal[5]	REAL	18.9
rlReal[6]	REAL	23.6
rlReal[7]	REAL	51.7
rlReal[8]	REAL	27.7
rlReal[9]	REAL	45.1

图 12-12　电机运行时间存入数组

从图 12-12 中可以看出，10 个电机的运行时间长短不一，运行程序后，就被按从大到小的顺序在数组中重新排列，执行结果如图 12-13 所示。

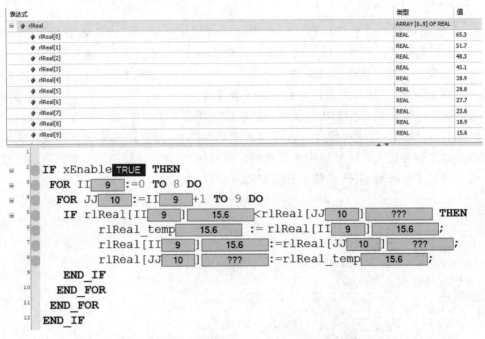

图 12-13　FOR 循环排列电机运行时间的执行结果

变量 rlReal[0] 为最大值，只需要比较哪个电机的运行时间跟变量 rlReal[0] 的值相等，便知道哪个电机的运行时间最长。为了便于对比，可以把数组复制到另外一个数组中，程序代码如下：

```
VAR
    II          : WORD;
    JJ          : WORD;
    R1          : R_TRIG;
    xEnable     : BOOL;
    rlReal      : ARRAY[0..9] OF REAL;
    rlReal_temp : ARRAY[0..9] OF REAL;
END_VAR
R1(CLK := xEnable);
IF R1.Q THEN
    FOR II := 0 TO 9 DO
        rlReal_temp[JJ] := rlReal[II];
        JJ    := JJ + 1;
    END_FOR
END_IF
```

通过上面的程序，就把数组 rlReal[II] 的值，复制到了数组 rlReal_temp[JJ] 中。这样进行排序操作的时候，就使用数组 rlReal_temp[JJ]，从而保留了 rlReal[II] 数组中元素原有的排列顺序。

当然以上程序只是向读者演示 FOR 循环嵌套在 ST 语言中的应用,在实际应用中,可以直接使用 MAX 函数来实现以上功能。实现排序的算法很多,读者可自行寻找算法并编程验证。

12.3.6　指针与数组

通过前面几节的例子可以看出,使用循环语句必须配合数组,所以如何方便、快速地把数据放到数组中,是使用循环语句的关键。12.3.2 节讲述了如何把 PLC 的 IO 点放入数组中,大多数情况下,循环语句都是处理 PLC 内部数据。最简单的办法,就是给数组分配地址。只需要分配首地址,PLC 会根据数组的数据类型自动分配一片连续的地址。还有一种方法,就是使用指针,把数据赋值给指针。

指针的实质就是地址。指针型变量的值,就是它指向的变量的地址。比如定义一个 WORD 型变量 wWord1,再定义一个指向变量 wWord1 的指针型变量 p1Word,可以认为变量 p1Word 的值就是变量 wWord1 在内存中的地址。指针不但可以指向任意数据类型的变量(包括自定义数据类型),还可以指向功能块、函数、POU。不同的 PLC,指针的用法差别较大,读者可查阅相关资料。但指针的实质就是地址,这一点在任意 PLC 中都是适用的。

在 CODESYS 中内存以字节(BYTE)为基本单位。指针型变量的值增加一个偏移量,就指向了下一字节的地址,这种方式称为指针的索引访问。这样就可以使用指针,来访问任意的寄存器,并获取该寄存器中存储的数值。控制指针的偏移量,就可以方便、快速地访问连续地址。很显然如果访问 WORD 型变量,指针需要增加 2 个偏移量,才能指向下一个 WORD 型变量的地址,因为一个 WORD 型变量占用了 2 字节;如果访问 REAL 型变量,需要增加 4 个偏移量,才能指向下一个 REAL 型变量的地址,因为一个 REAL 型变量占用了 4 字节,如图 12-14 所示。

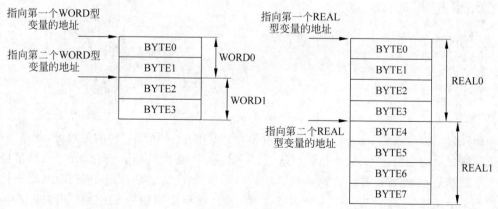

图 12-14　CODESYS 中指针的索引访问示意

所以,指针指向不同的数据类型,要想指向下一个变量,指针的偏移量是不同的。在使用指针之前,先来了解两个函数,ADR 函数和 SIZEOF 函数。ADR 函数用来获取变量的地址,SIZEOF 函数用来计算变量在 PLC 内存中占用的字节数。

下面通过具体的例子，来阐述指针和循环语句的应用。某设备中有 10 个电机，通过计算得到了 10 个电机的持续运行时间，为了让电机合理运行，降低设备运行成本，每次启动，都要优先启动持续运行时间短的电机，这就需要对电机的运行时间进行排序，为了排序就需要把它们放到数组中。首先定义 10 个 REAL 型变量，并分配一块连续的存储空间（％MD100～％MD109）；然后定义 10 个元素的 REAL 型数组。这样就可以通过指针配合循环语句，在寄存器和数组之间传递数据。

程序代码如下：

```
VAR
    II                      : WORD;
    xEnable                 : BOOL;
    rlReal_ARR              : ARRAY[0..9] OF REAL;
    rlReal_R0 AT % MD100    : REAL;
    rlReal_R1 AT % MD101    : REAL;
    rlReal_R2 AT % MD102    : REAL;
    rlReal_R3 AT % MD103    : REAL;
    rlReal_R4 AT % MD104    : REAL;
    rlReal_R5 AT % MD105    : REAL;
    rlReal_R6 AT % MD106    : REAL;
    rlReal_R7 AT % MD107    : REAL;
    rlReal_R8 AT % MD108    : REAL;
    rlReal_R9 AT % MD109    : REAL;
    p1Real                  : POINTER TO REAL;          //定义指针型变量
    p2Real                  : POINTER TO REAL;
    R1                      : R_TRIG;
    wOffset                 : WORD;
END_VAR
wOffset := SIZEOF(rlReal_R0);                            //计算 REAL 型变量的偏移量
R1(CLK := xEnable);
IF R1.Q THEN
  FOR II := 0 TO 9 DO
    p1Real := ADR(rlReal_R0) + wOffset * II;            //指针指向寄存器
    p2Real := ADR(rlReal_ARR[0]) + wOffset * II;        //指针指向数组
    p2Real^:= p1Real^;                                  //把 % MD100 开始的 10 个寄存器的值赋值给数组
  END_FOR
END_IF
```

指针分别指向数组 rlReal_ARR 和寄存器（％MD100～％MD109）的首地址，通过 ADR 函数获取变量的地址，并赋值给指针。每经过一次循环，指向数组和寄存器的指针，都会增加 1 个偏移量，并把寄存器的值赋值给数组。由于 REAL 型变量占用 4 字节，因此指针需要增加 4 个偏移量，才会指向下一个 REAL 型变量，在程序中使用 SIZEOF 函数计算偏移量。"^"是内容运算符，它的作用是获取指针指向的寄存器的值。比如指针 p1Real 指向寄存器％MD103，那么运算式"p1Real^"就获取寄存器％MD103 中的值。程序运行后，从％MD100 开始的 10 个％MD 寄存器中的值，就放入了数组 rlReal_ARR 中。读者可能会疑惑，如此大费周章意义何在？直接把数组 rlReal_ARR 的地址分配给％MD100 不就可以？

使用指针的意义,就是实现双向传递,如果想把数组中的数据复制到寄存器中,只需要把赋值语句"p2Real^ :=p1Real^"改为"p1Real^ :=p2Real^"即可。还可以根据需要,把任意寄存器中的值,放入数组中,比如定义指针指向％MD200,就可以把％MD200开始的寄存器的值写入数组中。

12.3.7 指针实现冒泡排序

在 12.3.5 节讲述冒泡排序的时候,把电机的运行时间放到数组里,然后进行比较,并重新排列。还可以利用指针,实现冒泡排序。其实质就是把连续地址当作数组,改变指针的偏移量指向不同的地址,这就类似改变数组的下标。

定义 10 个 REAL 型变量并分配连续地址,定义两个指针,分别指向第 1 个变量和第 2 个变量,通过指针取得两个相邻的变量的值,依次比较也可以实现排序,代码如下:

```
VAR
    II                          : WORD;
    JJ                          : WORD;
    xEnable                     : BOOL;
    R1                          : R_TRIG;
    wOffset                     : WORD;
    rlReal_temp                 : REAL;
    rlReal_R0 AT % MD100        : REAL;            //电机运行时间存入连续地址
    rlReal_R1 AT % MD101        : REAL;
    rlReal_R2 AT % MD102        : REAL;
    rlReal_R3 AT % MD103        : REAL;
    rlReal_R4 AT % MD104        : REAL;
    rlReal_R5 AT % MD105        : REAL;
    rlReal_R6 AT % MD106        : REAL;
    rlReal_R7 AT % MD107        : REAL;
    rlReal_R8 AT % MD108        : REAL;
    rlReal_R9 AT % MD109        : REAL;
    p1Real                      : POINTER TO REAL;    //定义指针变量
    p2Real                      : POINTER TO REAL;
END_VAR



wOffset := SIZEOF(rlReal_R0);                         //计算 REAL 型变量的偏移量
R1(CLK := xEnable);
IF R1.Q THEN
    FOR II :=  0 TO 8 DO
        FOR JJ := II + 1 TO 9 DO
            p1Real := ADR(rlReal_R0) + wOffset * II;   //指向第一个变量,并递增
            p2Real := ADR(rlReal_R1) + wOffset * JJ;   //指向第二个变量,并递增
            IF p1Real^< p2Real^ THEN
                rlReal_temp := p1Real^;                //交换数值
                p1Real^     := p2Real^;
                p2Real^     := rlReal_temp;
            END_IF
```

```
        END_FOR
      END_FOR
END_IF
```

程序运行后,存储在地址％MD100～％MD109 中的 10 个 REAL 型变量,就会按从大到小的顺序排列。需要注意的是,只是寄存器中的值会按顺序排列,寄存器的顺序不会变化。如图 12-15 和图 12-16 所示。

rlReal_R0	REAL	76.9	%MD100
rlReal_R1	REAL	36.1	%MD101
rlReal_R2	REAL	54.7	%MD102
rlReal_R3	REAL	77.9	%MD103
rlReal_R4	REAL	53.8	%MD104
rlReal_R5	REAL	47.1	%MD105
rlReal_R6	REAL	39.8	%MD106
rlReal_R7	REAL	27.6	%MD107
rlReal_R8	REAL	88.9	%MD108
rlReal_R9	REAL	64.8	%MD109

图 12-15　程序运行前寄存器中的数据

rlReal_R0	REAL	88.9	%MD100
rlReal_R1	REAL	77.9	%MD101
rlReal_R2	REAL	76.9	%MD102
rlReal_R3	REAL	64.8	%MD103
rlReal_R4	REAL	54.7	%MD104
rlReal_R5	REAL	53.8	%MD105
rlReal_R6	REAL	47.1	%MD106
rlReal_R7	REAL	39.8	%MD107
rlReal_R8	REAL	36.1	%MD108
rlReal_R9	REAL	27.6	%MD109

图 12-16　程序运行后寄存器中的数据

如图 12-15 是程序运行前寄存器中的数据,如图 12-16 是程序运行后寄存器中的数据,由此可见,数据按照从大到小的顺序重新排列,只是由于数据更换了存放的寄存器,寄存器的顺序并没有改变。PLC 内的寄存器是系统设定并固化在 PLC 内部的,作为使用者,无法通过 PLC 编程的方式改变。

在程序中使用指针,尤其是使用的指针数量较大时,难免会出错,为此 CODESYS 提供了指针校验函数 CheckPointer Function,检查程序中的指针是否正确,也就是检查它是否指向正确的地址。该函数属于隐含检查 POU,具体添加方法参照 7.1.4 节。其他 PLC 使用指针同样要注意该问题。

12.3.8　批量传送数据

数据传送是 PLC 最基本的操作,所谓数据传送,就是把数据从源地址传送到目标地址,一般通过 MOVE 指令或者赋值语句实现。对于批量数据传送,PLC 提供了批量传送指令,比如 BMOVE、FMOVE 等。使用 ST 语言,可以调用批量传送指令实现批量传送数据,还可以使用指针、数组配合循环语句实现批量传送数据。

比如把从％MD10开始的100个寄存器的值，放入从％MD350开始的100个寄存器中。程序代码如下：

```
VAR
    II                    : WORD;
    p1Dint                : POINTER TO DINT; //指向源地址的指针
    p2Dint                : POINTER TO DINT; //指向目标地址的指针
    R1                    : R_TRIG;
    xEnable               : BOOL;
END_VAR
R1(CLK := xEnable);
IF R1.Q THEN
  FOR II:= 0 TO 99 DO
    p1Dint   := ADR( % MD10) + 4 * II;      //指向第1个变量，并递增
    p2Dint   := ADR( % MD350) + 4 * II;     //指向第2个变量，并递增
    p2Dint^:= p1Dint^;                      //指针P1指向的寄存器值赋值给指针P2指向的寄存器
  END_FOR
END_IF
```

从指针的索引访问可知，DINT型数据的偏移量是4，熟悉了不同数据类型的偏移量之后，可以不用SIZEOF函数计算。把两个指针分别指向源数据和目标数据的首地址，然后依次偏移指针，并使用赋值语句传输数据即可。程序运行后，从％MD10开始的100个寄存器中的值，会传送到从％MD350开始的100个寄存器中，如图12-17所示。

xEnable	BOOL	TRUE	
MD10	DINT	1	%MD10
MD11	DINT	2	%MD11
MD12	DINT	3	%MD12
MD13	DINT	4	%MD13
MD14	DINT	5	%MD14
MD15	DINT	6	%MD15
MD16	DINT	7	%MD16
MD17	DINT	8	%MD17
MD18	DINT	9	%MD18
MD19	DINT	10	%MD19
MD350	DINT	1	%MD350
MD351	DINT	2	%MD351
MD352	DINT	3	%MD352
MD353	DINT	4	%MD353
MD354	DINT	5	%MD354
MD355	DINT	6	%MD355
MD356	DINT	7	%MD356
MD357	DINT	8	%MD357
MD358	DINT	9	%MD358
MD359	DINT	10	%MD359

图 12-17　批量传送数据运行结果

如图 12-17 只展示了前 10 个寄存器的运行结果，在变量 xEnable 的上升沿循环语句执行，完成数据传送。改变指针指向的地址，可以实现任意寄存器之间的数据传输，也可以实现反向传输，更改赋值语句即可。

如果不使用指针，直接使用数组，那就需要定义两个数组并分配地址，程序代码如下：

```
VAR
    II      : WORD;
    R1      : R_TRIG;
    xEnable : BOOL;
    dDint1 AT    % MD10  : ARRAY[0..99] OF DINT;      //源地址
    dDint2 AT    % MD350 : ARRAY[0..99] OF DINT;      //目标地址
END_VAR
R1(CLK := xEnable);
IF R1.Q THEN
    FOR II:= 0 TO 99 DO
        dDint2 [II] := dDint1[II];
    END_FOR
END_IF
```

程序运行后，数组 dDint1 内的数据会传送到数组 dDint2 中。FOR 循环语句中的循环开始和循环结束如果用变量，可以控制传送的数据量，程序代码如下：

```
FOR II:= Num1 TO Num2 DO
    dDint2 [II] := dDint1[II];
END_FOR
```

如果变量 Num1 的值为 20，变量 Num2 的值为 39，程序运行后，就会把 dDint1[20]～dDint1[39]的值传送给 dDint2[20]～dDint2[39]。

一对多传送，就是把一个寄存器的值传送给多个寄存器，程序代码如下：

```
VAR
    II      : WORD;
    R1      : R_TRIG;
    xEnable : BOOL;
    dDint1  AT   % MD10  : DINT;                      //源地址
    dDint2  AT   % MD350 : ARRAY[0..99] OF DINT;      //目标地址
END_VAR
R1(CLK := xEnable);
IF R1.Q THEN
    FOR II:= 0 TO 99 DO
        dDint2 [II] := dDint1;
    END_FOR
END_IF
```

由此可见，使用数组、指针配合循环语句可以方便地实现批量数据传送。如果只是 PLC 内部传送，不跟上位机或其他系统交互数据，也可以不分配地址，让系统自动分配。

12.3.9　三菱 PLC 变址寻址

变址寻址，就是给实际地址加上一个偏移量，生成一个新的地址，也就是改变地址的寻址方式。变址寻址通过使用变址寄存器实现,在三菱 PLC、台达 PLC 等日系风格的 PLC 中有着广泛的应用。理解了变址寻址的原理后,完全可以使用数组和循环语句实现,不但不需要理解烦琐的变址寄存器,还能让程序更加简洁。

先来看一个变址寻址的例子,三菱 FX5U 使用 MOVE 指令实现变址寻址,如图 12-18 所示。

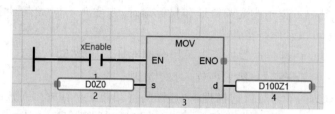

图 12-18　三菱 FX5U 变址寻址梯形图

如图 12-18 中的程序,寄存器 Z0 和 Z1 的值为 0,程序运行后,D0 的值会传送给 D100。如果更改变址寄存器 Z0 和 Z1 的值,就会改变源地址和目标地址。比如 Z0 的值设为 25,Z1 的值改为 45,程序运行后,D25(0+25)的值会传送给 D145(100+45)。

使用 ST 语言实现,变量定义如图 12-19 所示。

	标签名	数据类型		类	
1	iData1	字[有符号](0..99)	...	VAR	▼
2	iData2	字[有符号](0..99)	...	VAR	▼
3	II	字[有符号]	...	VAR	▼
4	JJ	字[有符号]	...	VAR	▼
5			...		▼

图 12-19　三菱 FX5U 变址寻址 ST 语言变量定义

程序代码如下:

```
iData2[II] := iData2[JJ];
```

只需要改变变量 II 和变量 JJ 的值,就可以实现变址寻址的功能。

来看一个使用变址寻址进行批量传送的例子,如图 12-20 所示。

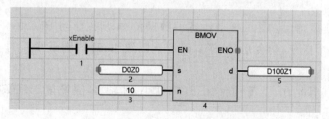

图 12-20　三菱 FX5U 变址寻址实现批量传送

如图 12-20 中的程序运行后,从 D0 开始的 10 个寄存器的值会传送到 D100 开始的 10 个寄存器中,改变寄存器 Z0 和 Z1 的值,就可以改变源地址和目标地址的起始地址。传送数量可以用变量表示,这样就可以控制批量传送的数据的数量。程序代码如下:

```
FOR KK:= 0 TO nQuantity DO
```

```
        iData1[II + KK] := iData2[JJ + KK];
    END_FOR;
```

变量 II 和变量 JJ 分别表示两个数组的起始下标，变量 nQuantity 表示传送的数量。比如变量 II 的值为 10，变量 JJ 的值为 350，变量 nQuantity 的值为 20，程序运行后，iData2[350＋0]～iData2[350＋20]的值会传送到 iData1[10＋0]～iData1[10＋20]的数组内。

由此可见，变址寻址就是改变源地址和目标地址，来实现不同寄存器之间的数据传送。变址寻址的实质也可以看作是指针。

如果是三菱 PLC 内部传送数据可以不用分配地址。如果需要与第三方系统交互数据，可以先把数据放入内部寄存器，然后再放入数组处理。

从前面几个章节的学习可以这样理解，连续的寄存器如果存放相同数据类型的变量，可以看作是数组，因为它们跟数组的实质是一样的，都是相同数据类型的变量集合。所以 ST 语言适合数据处理的原因就在于此，可以使用数组、指针、循环语句用简单的语句实现大量数据的快速处理，如果使用梯形图也是可以实现的，只是更加烦琐。

12.3.10　配方处理

7.2.7 节讲述过配方的使用，使用配方可以简化程序，提高设备的柔性。指针、数组、循环语句的配合，可以实现大批量数据的便捷处理，特别是上位机和 PLC 之间交互配方数据。得益于 ST 语言的处理方式，以往需要几百几千行甚至上万行梯形图实现的数据处理，使用几十行甚至十几行 ST 语言就可以轻松实现。

配方一般是允许用户修改的，如果因为操作不当或其他原因修改的配方出现问题，就需要把配方参数恢复出厂设置。如果配方是一维数组，假设该数组的长度是 100，程序代码如下：

```
IF xReset then
    FOR II := 0 TO 99 DO
        Recipe[II] := DefaultRecipe[II];        //默认配方写入当前配方
    END_FOR
END_IF
```

程序代码的实质，就是 12.3.8 节讲述的数据传送，所以学习 PLC 的目的不是为了学会几个例子，学会几个指令，学会几个语句，而是学以致用，理解例子背后的实质，在实际应用中解决问题。

如果是多维数组配方，就需要使用 FOR 循环的嵌套，假设该二维数组的长度分别是 100 和 3，程序代码如下：

```
IF xReset then
    FOR II := 0 TO 99 DO
        FOR JJ := 0 TO 2 DO
            Recipe[II,JJ] := DefaultRecipe[II,JJ];        //默认配方写入当前配方
        END_FOR
    END_FOR
END_IF
```

默认配方可以在定义数组的时候,直接分配初始值,也可以在设备调试完成后,写入 PLC 的掉电保持寄存器中。

数组只能是相同的数据类型,如果配方中的数据有多种数据类型,比如为了便于和上位机交互,配方号使用字符串类型,配方中包含一些传感器的状态、伺服的定位位置、电机电流的报警阈值等参数,这就包含了多种数据类型,很显然这无法用数组来实现配方,那就要配合结构体实现了。定义结构体及定义配方需要的元素,变量定义如下:

```
TYPE Recipe :
STRUCT
    Name            : STRING;          //配方号
    Status          : BOOL;            //状态
    wQuantityA      : WORD;            //物料 A 的数量
    wQuantityB      : WORD;            //物料 B 的数量
    wQuantityC      : WORD;            //物料 C 的数量
    rlPositionX     : REAL;            //x 方向距离
    rlPositionY     : REAL;            //y 方向距离
    rlPositionZ     : REAL;            //z 方向距离
END_STRUCT
END_TYPE
```

然后再定义结构体型数组即可,定义如下:

```
VAR
    Matter: ARRAY[0..99] OF Recipe;
END_VAR
```

比如,要把物料 A 的数量恢复到出厂设置,程序代码如下:

```
FOR II:= 0 TO 99 DO
    Matter[II].wQuantityA := DefaultRecipe[II].wQuantityA;
END_FOR
```

使用结构体数组,需要厘清结构体数组的组织关系,它是由多个结构体变量组成的数组,而组成该数组的每个元素,又包含多个元素,调用的时候由外到内,先调用数组内的元素,然后调用该元素的组成变量。读者可通过 PLC 仿真加深理解。

循环语句的优势就是:配合数组、结构体实现数据处理,尤其是大规模重复数据的处理。

12.3.11 模拟量滤波

模拟量特别是 0~10V 模拟量,在传输过程中极易受到干扰,这就需要进行滤波。常用的滤波算法很多,比如平均值滤波、限幅滤波、一阶滤波等,读者可查阅相关资料详细了解。下面讲述最简单、最常用的平均值滤波法。

滤波分两个阶段,首先要采集数据,然后对数据进行处理。可以使用 PLC 的定时中断功能,每隔一定时间采集模拟量的值,然后放入数组中。比如每 1ms(采集周期取决于 PLC 性能以及模拟里的干扰情况,建议小于或等于扫描周期)采集一次模拟量,采集 10 个模拟量作为一组，放到数组中；然后在循环扫描任务中，对这一组数据进行处理。平均值滤波法就是剔除这 10 个数据中最大值和最小值，然后对剩下的 8 个数据求平均值，这样每 10 个数据就进行了平均滤波处理。

把数组里的数据往前移动，其后把最新采集的数据放到数组的末尾，然后再把数组里的数据往前移动，如此往复。最早采集的数据就被踢出数组，最新采集的数据就放入数组的末尾。这就是先进先出（First In First Out，FIFO）的数据缓存器。

把数据采集到数组内，就可以方便处理了。首先要找出其中的最大值和最小值，可以假定数组内第一个元素既是最大值，也是最小值，并分别赋值给变量 wMax 和变量 wMin，然后和数组内的元素依次进行比较。如果变量 wMax 小于数组内的某个元素，很显然变量 wMax 不是最大值，就用这个元素替换变量 wMax；如果变量 wMin 大于数组内的某个元素，很显然变量 wMin 不是最小值，就用这个元素替换变量 wMin。同数组内所有的元素比较完之后，就找出了数组中的最大值和最小值。也可以使用 MIN 函数和 MAX 函数来找出最大值和最小值，也可以使用冒泡排序或者其他排序算法计算出最大值和最小值。

程序代码如下：

```
( * 模拟量采集，每采集 10 个放入数组，程序建议放入定时任务中，比如每 1ms 执行一次 * )
FOR II:= 0 TO 8 DO
    acquisitionAI[II] := acquisitionAI[II + 1];
END_FOR
acquisitionAI[9] := wAI;                    //需要滤波的模拟量，这里直接取转换后的数字量
( * 模拟量采集完成 * )
( * 对最大值、最小值、总和进行初始化 * )
wSum:= 0;
wMax := acquisitionAI[0];
wMin := acquisitionAI[0];
( * 找出最大值，最小值，并计算总和 * )
FOR II:= 0 TO 9 DO
    IF wMax < acquisitionAI[II] THEN
        wMax := acquisitionAI[II];
    END_IF
    IF wMin > acquisitionAI[II] THEN
        wMin := acquisitionAI[II];
    END_IF
    wSum := wSum + acquisitionAI[II];
END_FOR
wFilterAI := REAL_TO_WORD( (wSum - wMin - wMax)/8.0);
```

程序运行后，数组 acquisitionAI 是空的，所以此时的滤波并不准确，需要采集 10 次后，把数组填满，才算正式开始滤波。由于采样周期很短，所以数组很快就会被填满并开始滤波，影响可以忽略不计。对于模拟量滤波，没有直接使用转换后的模拟量，而是直接使用模拟量模块自动转换后的数字量，这样就避免了浮点数的运算，不但程序简洁不容易出错，还提高了效率。对于 PLC 中的数学计算，在不影响计算结果的情况下，应该尽量避免浮点数运算。

关于模拟量的滤波，有一点需要明确，那就是为什么要滤波，也就是滤波的目的和原因

是什么？使用平均值滤波法，每10个模拟量就会过滤掉其中最大值和最小值，但最大值和最小值就一定是干扰吗？而保留的8个模拟量，就一定是没有受到干扰的初始值？使用滤波的目的，是信号中掺杂了干扰信号需要过滤，所以滤波必须是先判断哪些是干扰信号，然后过滤，而这样不问青红皂白就过滤掉最大值和最小值，未必正确。平均值滤波法，需要每10个模拟量计算一次，会使信号有延迟，如果是用于普通的外部信息检测，影响不大。如果用于PID调节，需要注意延迟带来的影响。

就笔者个人经验来看，一般可以在PLC硬件组态中设置模拟量滤波参数，或者使用模拟量隔离栅、采用4～20mA模拟电流、优化布线、规范接地等方式，降低模拟量的干扰。在PLC程序中增加程序实现模拟量滤波，是最后考虑的解决方案。滤波算法有很多，不同的滤波算法，针对的工况不同，如果要使用软件滤波，就要根据现场的模拟量变化情况、受干扰情况等各种因素，综合考虑，选择合适的滤波算法。

各种滤波算法，不仅仅适用于模拟量，更适用于任何需要滤波的场合，由于PLC是循环扫描机制，如果从其他高级语言移植算法要特别注意这一点。

12.4　WHILE 循环语句

12.4.1　WHILE 循环执行流程

WHILE循环和FOR循环最大的区别是，WHILE循环不指定循环次数，根据判断条件决定循环什么时候结束，WHILE循环的格式如下：

```
WHILE <判断条件> DO
    <语句>
END_WHILE
```

只要判断条件为TRUE，就一直执行循环语句，直到判断条件为FALSE才退出循环。这里的WHILE，是英文"直到""在…期间"的意思，因此，WHILE循环从字面理解就是在判断条件为TRUE的期间，一直执行语句。

下面通过具体的程序理解WHILE循环，程序代码如下：

```
WHILE wData < 100 DO        //注意"wData < 100"末尾不加";"
    wData := wData + 1;
END_WHILE
```

这段代码的执行过程是这样的，首先执行判断语句"wData < 100"，如果语句"wData < 100"的运算结果为FALSE，退出循环。如果语句的运算结果为TRUE，则执行语句"wData := wData + 1;"，然后再次判断语句"wData < 100"的运算结果，来决定是否执行语句"wData := wData + 1;"，如此往复，直到语句"wData < 100"的运算结果为FALSE，退出循环。该程序在判断条件"wData < 100"运算结果为TRUE的期间，一直运行语句"wData := wData + 1;"因此，WHILE循环在执行的时候，首先判断执行条件是否为TRUE，如果为TRUE，则执行语句，否则循环结束。循环语句的执行流程如图12-21所示。

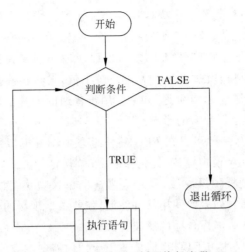

图 12-21　WHILE 循环执行流程

FOR 循环和 WHILE 循环并没有实质的不同。例如 11.3.1 节中的 FOR 循环也可以使用 WHILE 循环实现，程序代码如下：

```
VAR
    II    : INT;              //循环控制变量
    xRun  : ARRAY[1..100] OF BOOL;
    xStart : BOOL;           //启动信号
    xStop  : BOOL;           //停止信号
END_VAR
IF (xStart OR xRun[II - 1]) AND xStop THEN
    II := 1;
    WHILE II < 101 DO
        xRun[II]  := TRUE;
        II        := II + 1;
    END_WHILE
ELSE
    II := 1;
    WHILE II < 101 DO
        xRun[II]  := FALSE;
        II        := II + 1;
    END_WHILE
END_IF
```

在程序中，每一次循环使变量 II 的值增加，通过判断它的值决定何时结束循环。这样，就用 WHILE 循环实现了 FOR 循环。每次循环执行之前，都需要执行一次"II := 1;"，这是因为，WHILE 循环结束后，变量 II 的值已经变为 101，当再次执行 WHILE 循环的时候，WHILE 循环的执行条件"II < 101"永远为 FALSE，WHILE 循环永远不会被执行，因此需要把变量 II 重新赋值。

由于 PLC 的循环扫描机制，一旦机器上电，程序中的 WHILE 循环将会不停被执行。按下启动按钮，IF 语句满足执行条件，因此下面的程序代码会被反复执行。

```
    II := 1;
```

```
WHILE II < 101 DO
    xRun[II - 1] := TRUE;
    II          := II + 1;
END_WHILE
```

首先,执行语句"II := 1;",变量 II 的值变为 1,满足 WHILE 循环的执行条件,WHILE 循环执行完毕后,变量 II 的值变为 101;然后,又执行语句"II := 1;",如此往复。如果程序中的循环语句过多,或循环次数过多,会大大增加 PLC 的扫描周期。因此,只需要让 WHILE 循环执行一次即可,可以增加如下代码。

```
VAR
    R1 : R_TRIG;
    F1 : F_TRIG;
END_VAR
R1(CLK := xStart);
F1(CLK := xStop);
IF R1.Q OR F1.Q THEN
    II := 1;
END_IF
```

通过增加这段代码,只在变量 xStart 的上升沿和变量 xStop 的下降沿执行语句"II := 1;",当 WHILE 循环执行完后,不具备再次执行的条件,所以不再继续执行。只有再次按下启动或停止按钮时,WHILE 循环才具备执行条件。

12.4.2 使用 WHILE 循环的注意事项

使用 WHILE 循环,有以下注意事项。

(1) WHILE 循环的判断条件,可以是 BOOL 型变量,也可以是表达式,但表达式的运算结果必须是 BOOL 型变量。

(2) 如果 WHILE 循环的判断条件是表达式,一定要注意格式。例如"WHILE II < 101 DO"千万不能写成"WHILE II < 101;DO"。判断条件是表达式时,WHILE 循环需要的是这个表达式的运算结果,而不是这个表达式本身。

(3) 关键字 WHILE 和关键字 END_WHILE 要对齐。循环语句缩进一格或两格,也可以与关键字 WHILE 和关键字 END_WHILE 对齐。

(4) 只要 PLC 处于运行状态,WHILE 循环语句就会被执行,因此需要增加条件语句作为触发条件,以控制 WHILE 循环。

(5) WHILE 循环也可以嵌套,但嵌套层数不宜过多。相同层级的嵌套,关键字 WHILE 和 END_WHILE 要对齐。

(6) WHILE 循环根据循环条件来判断是否执行,因此无法确定循环次数,一定要注意循环条件,否则将陷入无限循环。WHILE 循环一旦陷入无限循环,将触发 PLC 报警。

(7) 在 CODESYS 中,关键字 END_WHILE 后面可以加";",也可以不加。但在有些 PLC 中必须加。例如在三菱 GX Works3 和西门子博途中,如果关键字 END_WHILE 后面不加";",编译时会报错。

（8）WHILE 循环在一个扫描周期内完成，如果循环次数过多，会延长 PLC 的扫描时间，如果陷入无限循环，会触发 PLC 看门狗报警。

（9）即使是无限循环，PLC 也会编译通过，所以一定要注意，千万不能陷入无限循环。

FOR 循环和 WHILE 循环最大的不同是：FOR 循环是按照预定的循环次数执行；而 WHILE 循环是按照判断条件执行。这两个循环语句并没有本质不同，如果预先知道循环次数，可以使用 FOR 循环；如果不知道循环次数，则可以使用 WHILE 循环。使用 WHILE 循环时，务必确保 WHILE 循环能正常结束，不陷入无限循环，例如下面的代码。

```
VAR
    Wdata : WORD;
END_VAR
WHILE wData < 600000 DO
    wData := wData + 1;
END_WHILE
```

上面这段代码是典型的无限循环，因为 WORD 型变量的取值范围是 0～65535，因此语句"wData < 600000"永远不可能为 FALSE，WHILE 循环将会一直执行下去，直到触发 PLC 的看门狗报警。需要注意的是，这种无限循环错误，PLC 的编译器并不会发现，因为这种错误不属于语法错误，一般都会编译通过。只有在程序运行时才会触发，所以需要特别注意。再来看一段代码。

```
WHILE NOT xEnable DO
    wData := wData + 1;
END_WHILE
```

上面这段代码，编译并无错误，但同样会触发 PLC 的看门狗报警，因为循环语句"wData := wData + 1;"无论如何执行，都不可能使变量 xEnable 变为 TRUE，WHILE 循环的判断条件永远为 TRUE。因此，需要在程序中增加结束循环的语句，程序代码如下：

```
WHILE NOT xEnable DO
    wData := wData + 1;
    IF wData > 30000 THEN
        xEnable := TRUE;
    END_IF
END_WHILE
```

这样，当变量 wData 的值大于 30000 时，就可以退出循环。当然，让 WHILE 循环退出也可以在其他 POU 中实现。

注意：使用 WHILE 循环时，一定不要陷入无限循环。

12.5　REPEAT 循环语句

12.5.1　REPEAT 循环执行流程

FOR 循环和 WHILE 循环，都是先判断条件是否满足，再执行循环语句，也就是先判断再执行,如果条件不满足,不执行循环语句。下面介绍另一种循环,REPEAT 循环。它和 FOR 循环以及 WHLE 循环最大的不同之处是:先执行一次循环语句,然后再判断循环条件,如果条件为 TRUE 则退出循环;如果条件为 FALSE 则继续循环。REPEAT 循环的格式如下:

```
REPEAT
    <执行语句>
UNTIL
    <判断条件>
END_REPEAT
```

REREAT 是英文"重复"的意思,UNTIL 是英文"直到……为止"的意思,因此 REPEAT 循环从字面理解就是,重复执行语句,直到判断条件为 TRUE,退出循环。来看具体的例子,程序代码如下:

```
REPEAT
    wData := wData + 1;
UNTIL
    wData = 10      // 注意,此处是判读条件,并非语句,所以末尾不加";"
END_REPEAT
```

这段程序的执行过程是这样的,首先运行语句"wData := wData + 1;";然后判断表达式"wData = 10"的运算结果是否为 TRUE,如果为 TRUE,退出循环。如果为 FALSE,则继续运行语句"wData := wData + 1;";然后再次判断表达式"wData = 10"的运算结果是否为 TRUE,来决定是否运行语句"wData := wData + 1;";如此往复,直到表达式"wData = 10"的运算结果为 TRUE,退出循环。该程序首先执行一次语句,然后根据判断条件来决定是否继续执行语句,如果为 FALSE 就继续执行语句,直到判断条件运行结果为 TRUE,退出循环。

WHILE 循环和 REPEAT 循环都是通过条件来控制循环,它们的循环次数都是未知的。不同的是,WHILE 循环是先判断条件,再执行语句;而 REPEAT 循环是先执行语句,再判断条件。所以,REPEAT 循环至少会执行一次,而 WHILE 循环要么执行、要么不执行,这是 REPEAT 循环和 WHILE 循环最大的区别。

REPEAT 循环的执行流程如图 12-22 所示。

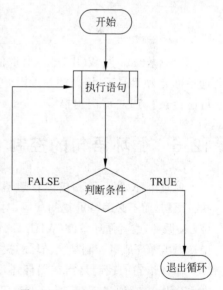

图 12-22 REPEAT 循环的执行流程

12.5.2 使用 REPEAT 循环的注意事项

使用 REPEAT 循环,有以下注意事项。

（1）REPEAT 循环的判断条件，可以是 BOOL 型变量，也可以是表达式，但表达式的运算结果必须是 BOOL 型变量。如果是表达式，末尾不能加";"，同 WHILE 循环一样，REPEAT 循环的判断条件需要的是这个表达式的运算结果而不是表达式本身。

（2）为了程序的可读性，关键字 REPEAT、UNTIL、END_REPEAT 要对齐。REPEAT 循环也可以嵌套，嵌套时相同层级的关键字要对齐。

（3）判断条件如果是表达式，末尾不需要加";"，循环语句的判断条件获取的是表达式的运算结果，而不是表达式本身。

（4）在 CODESYS 中，关键字 END_REPEAT 后面可以加";"，也可以不加。但在有些 PLC 中，必须加";"，否则编译会报错。

（5）只要 PLC 处于运行状态，REPEAT 循环语句就会一直执行。因此，需要增加条件语句作为触发条件，以控制 REPEAT 循环。

（6）REPEAT 循环同样也在一个扫描周期内完成，如果循环次数过多，会延长 PLC 的扫描时间，如果陷入无限循环，会触发 PLC 看门狗报警。

（7）REPEAT 循环也要避免陷入无限循环，一旦进入无限循环，会触发 PLC 看门狗报警，导致 PLC 报警停机，例如下面的代码：

```
wData:WORD;
REPEAT
    wData := wData + 1;
UNTIL
    wData < 0
END_REPEAT
```

变量 wData 为 WORD 型，其取值范围为 0～65535，因此语句"wData < 0"的运算结果永远不可能为 TRUE，该循环为无限循环。但该代码并无语法错误，PLC 编译正常，但运行后可能会触发 PLC 看门狗报警。

12.6 循环语句的控制

通过上面的例子，相信读者已经对循环语句有了一定的认识。循环语句的实质是重复执行语句，而不必编写重复的代码，对于简化程序结构有着重要的意义。通过控制循环次数（FOR 循环）或者循环条件（WHILE 循环和 REPEAT 循环），决定循环什么时候结束。如果要中途退出循环或者控制某次循环的执行语句该怎么办呢？那就需要用到循环控制语句。

循环语句的控制是指在循环还没有结束时，强制结束循环或者改变循环的执行过程。在 ST 语言中，通过 EXIT 和 CONTINUE 来实现循环的控制。

12.6.1 EXIT

EXIT 的作用是强制退出当前的循环语句，例如下面的代码。

```
FOR II := 0 TO 100 DO
```

```
        II := II + 1;
        IF II > 50 THEN
            EXIT;
        END_IF
END_FOR
```

运行结果如图 12-23 所示。

从图 12-23 可以看出,FOR 循环语句在变量 II 的值
为 51 时就不再执行了,这正是执行了语句"EXIT;"的结
果,它在变量 II 的值为 51 时,强制退出了循环。

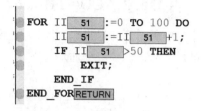

图 12-23　循环语句的强制退出

11.3.1 节中介绍了启动 100 个电机的循环程序,如
果在循环程序中增加 EXIT 语句,就可以中途退出程序,
程序代码如下:

```
IF (xStart OR xRun[II - 1]) AND xStop THEN
    FOR II := 1 TO 100 DO
        xRun[II] := TRUE;              //电机启动
        IF II > 49 THEN                //只启动前 50 个电机
            EXIT;
        END_IF
    END_FOR
ELSE
    FOR II := 1 TO 100 DO
        xRun[II] := FALSE;             //电机停止
    END_FOR
END_IF
```

当启动完第 50 个电机后,变量 II 的值变为 50,此时会执行 EXIT 语句,从而退出 FOR
循环,其余电机不再启动。由于循环语句,特别是循环次数过多的语句,会使 PLC 的扫描周
期过长,因此可以利用 EXIT 语句,在知道某些结果的情况下提前结束循环语句。例如,某
项目中有 32 根轴,在设备启动前,需要对伺服进行使能,可以使用循环语句对伺服进行使
能。当检测到某台伺服使能失败或者报警时,就可以退出循环,因为继续运行循环语句,已
经没有意义。例如 12.3.4 节介绍的伺服一键使能程序,可以增加中间退出的语句,程序代
码如下:

```
IF xEnable THEN
  FOR II := 1 TO 6 DO
    MC_POWER[II].Enable := TRUE;            //伺服使能
    xEnableDone[II] := MC_POWER[II].Status; //伺服使能完成
    IF xEnableDone[II] = FALSE THEN
        EXIT;                               //当前伺服使能不成功,退出循环
    END_IF
  END_FOR
END_IF
```

使用 EXIT 语句,有以下注意事项。

(1) 必须在循环语句内部使用,EXIT 后面必须加";"。

（2）它退出的是当前循环，如果是循环语句嵌套，则只退出包含 EXIT 语句的循环。

（3）可以利用 EXIT 语句，作为退出循环的条件，特别是用于 WHILE 循环，可以避免无限循环的产生。

12.6.2　CONTINUE

中断循环与退出循环不同，中断循环指忽略本次循环，即不执行当前循环语句，而直接执行下一次循环。下面通过例子介绍 CONTINUE 语句，程序代码如下：

```
VAR
  II : WORD;
  wData1 : ARRAY [1..5] OF WORD;
  wData2 : ARRAY [1..5] OF WORD;
END_VAR
FOR II := 1 TO 5 DO
    wData1[II] := II;
    wData2[II] := II;
END_FOR
```

该程序的循环部分由两条语句组成，作用是为两个数组赋值，程序的执行结果如图 12-24 所示。

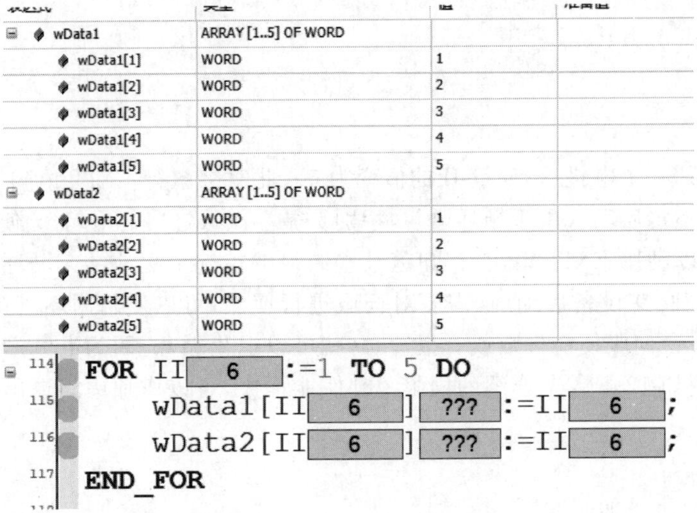

图 12-24　数组赋值程序的执行结果

从图 12-24 可以看出，程序执行后两个数组内的所有元素都被赋值。如果在程序中增加 CONTINUE 语句，执行结果如图 12-25 所示。

观察图 12-25 的执行结果，变量 wData[3] 的值为 0，这正是 CONTINUE 语句的作用。当变量 II 的值为 3 时，执行了 CONTINUE 语句，此次循环中 CONTINUE 后面的语句便不再执行，直接跳到下一个循环。因此，第三次循环只执行了"wData1[II] := II;"这一条语句，而其他循环均执行了"wData1[II] := II;"和"wData2[II] := II;"这两条语句。

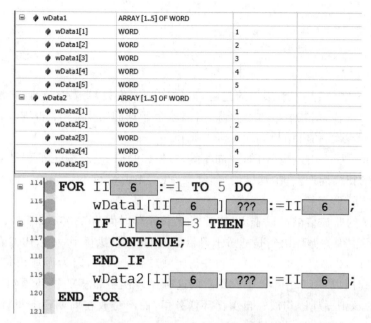

图 12-25 循环语句中增加 CONTINUE 语句的执行结果

12.7 循环语句的注意事项

通过前面的学习,相信读者已经掌握了循环语句的使用。PLC 毕竟不同于计算机,它的长处是控制而不是数学计算。所以,在实际工程项目中,对循环语句的使用要慎重,尽量不要做一些循环次数很多的运算。如果因为循环语句导致 PLC 的循环扫描时间过长,影响控制功能,那将得不偿失。下面就通过具体的例子介绍循环语句对 PLC 扫描周期的影响。

圆周率在数学中有着重要的意义,它是无限不循环小数。圆周率的计算方法非常多,其中莱布尼茨公式是最简单的方式之一,莱布尼茨公式如下所示。

$$\pi/4 = 1/1 - 1/3 + 1/5 - 1/7 + 1/9 - \cdots$$

式中,π 为圆周率。

公式越长,得到的结果越接近圆周率,使用 FOR 循环语句计算圆周率的程序代码如下:

```
R1(CLK := xEnable);
IF R1.Q THEN
    KK := 1;
    FOR II := 1 TO 1000000 DO
        IF (II MOD 2) <> 0 THEN          //判断是奇数次还是偶数次
            JJ := 1;
        ELSE
            JJ := -1;
        END_IF
```

```
        PITemp := PITemp + JJ/KK;
        KK      := KK + 2;
    END_FOR
END_IF
PI := PITemp * 4;
```

莱布尼茨公式其实是不断累加的过程，偶数次是加负数，奇数次是加正数。变量 II 用于判断次数的奇偶性，偶数可以被 2 整除，所以取余运算的结果是 0；否则是奇数。循环一共进行了 1000000 次，仿真结果如图 12-26 所示。

从图 12-26 可以看出，计算出的圆周率为 3.14159513，已经满足工程计算的需要。然而，监控 PLC 的扫描周期发现，这样的循环，对 PLC 来说是得不偿失的。PLC 的循环扫描时间如图 12-27 所示。

从图 12-27 的监控结果可以看出，PLC 的最长循环时间为 5806μs，即 5.8ms，而最短循环时间仅仅 2μs。因为循环语句是通过上升沿触发的，仅仅执行了一次，PLC 的大部分时间是在执行语句"R1(CLK := xEnable);"和"PI := PITemp * 4;"，因为循环语句，PLC 的扫描时间大大增加。所以，PLC 中，尽量不要使用这种循环次数很多的循环语句。如果因为控制工艺需要，应该把循环语句放在自由循环任务里，而不是放在周期任务里，防止因为扫描周期过长而触发 PLC 的看门狗报警。

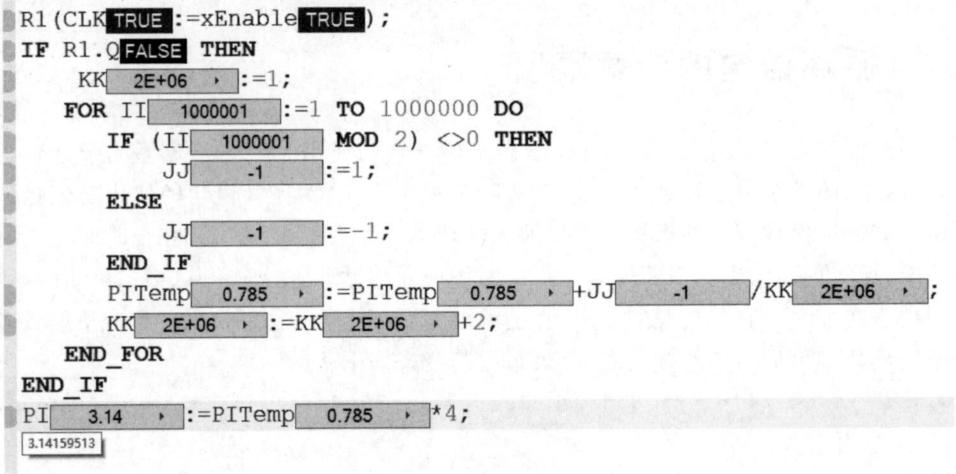

图 12-26　FOR 循环计算圆周率

任务	状态	IEC-循环计数	循环计数	最后循环时间(μs)	平均循环时间(μs)	最大循环时间(μs)	最小循环时间(μs)	抖动(μs)
MAST	有效的	26122	26349	4	5	5806	2	-915

图 12-27　FOR 循环语句的扫描周期监控

第 13 章

CASE 语句

当逻辑过于复杂时,IF 语句会变得非常复杂,特别是嵌套层数过多时,会使程序非常冗长,使程序的可读性变差,增加人工调试负担和后期维护的难度。CASE 语句可以很好地解决 IF 语句的上述不足。

CASE 语句是多分支选择语句。IF 语句只用 TRUE 和 FALSE 两种选择,CASE 语句可以有很多种选择,在某种意义上甚至有无数种选择。因此,使用 CASE 语句替代 IF 语句,可以处理更复杂的条件,同时使程序编写变得容易,调试也更方便。

13.1 CASE 语句的执行流程

CASE 语句中,根据判断条件的值从多个分支语句中选择要执行的分支语句。CASE 语句的格式如下:

```
CASE <判断条件> OF
    <数值 1> :   <语句 1>
    <数值 2> :   <语句 2>
    <数值 3> :   <语句 3>
    <数值 n> :   <语句 n>
ELSE
    <语句 m>
END_CASE
```

数值 1、数值 2、数值 3、……、数值 n,为 CASE 语句的标号。标号不能是浮点数,也不能是 BOOL 型变量。如果判断条件的值与对应的数值即标号相等,就会执行相应的语句。

下面通过例子介绍 CASE 语句的用法,程序代码如下:

```
CASE wData OF
    0:                              //单个标号
    xLabel1 := TRUE;                //语句
    1:
    xLabel2 := TRUE;
    2,5,7,8:                        //多个标号
    xLabel3 := TRUE;
    10..15:                         //区间标号
    xLabel4 := TRUE;
```

```
    ELSE
        xLabel5 := TRUE;
    END_CASE
```

从这段程序可以看出，标号有多种形式，既可以是单个数值，例如程序中的 0 和 1；也可以是多个数值，例如“2,5,7,8”；还可以是一个区间，即指定取值范围，例如“10..15”。取值范围“10..15”表示连续的整数，它和“10,11,12,13,14,15”是等价的。CASE 语句的执行过程是这样的，首先判断变量 wData 的值，变量的值是多少，就执行相应标号后面的语句；如果判断变量的值与所有的标号都不相等，就执行关键字 ELSE 后面的语句。

不难看出，CASE 语句其实是特殊的 IF 语句，也可以认为 IF 语句是特殊的 CASE 语句。上述代码也可以用 IF 语句实现，代码如下：

```
IF wData = 0 THEN                              //等同于标号 0
   xLabel1 := TRUE;
END_IF
IF wData = 1 THEN                              //等同于标号 1
   xLabel2 := TRUE;
END_IF
( ***** 等同于标号 2,5,7,8 ****** )
IF (wData = 2) OR (wData = 5) OR (wData = 7) OR (wData = 8) THEN
   xLabel3 := TRUE;
END_IF
( ***** 等同于标号 10..15 ****** )
IF (wData = 10) OR (wData = 11) OR (wData = 12) OR
   (wData = 13) OR (wData = 14) OR (wData = 15) THEN
   xLabel4 := TRUE;
END_IF
( ***** 等同于关键字 ELSE 部分 ****** )
IF (wData <> 0) AND (wData <> 1) AND (wData <> 2) AND
   (wData <> 5) AND (wData <> 7) AND (wData <> 8) AND
   (wData <> 10) AND (wData <> 11) AND (wData <> 12) AND
   (wData <> 13) AND (wData <> 14) AND (wData <> 15) THEN
  xLabel5 := TRUE;
END_IF
```

由此可见，CASE 语句比 IF 语句更灵活，更简洁。

CASE 语句的执行流程如图 13-1 所示。

使用 CASE 语句有以下注意事项。

（1）与循环语句一样，只要 PLC 处于运行状态，CASE 语句就会被扫描并执行。因此，需要增加各种语句控制 CASE 语句的执行。

（2）判断条件可以是变量，也可以是表达式。变量必须是整型，表达式的运算结果也必须是整型，即 INT 型、WORD 型、DINT 型以及它们的衍生类型，不能是 REAL 型和 BOOL 型。

（3）在 2.4.2 节介绍过 WORD 型和 UINT 型的区别，部分 PLC 对此很严格。有些 PLC，对标号的数据类型要求更严格，例如在三菱 GX Works3，只能使用 INT 型和 DINT 型。在西门子博途中，也不允许使用 WORD 型及其衍生类型。虽然 CASE 语句的标号是具体数值，但与 FOR 循环不同，在 CASE 语句中允许使用 UINT 型。

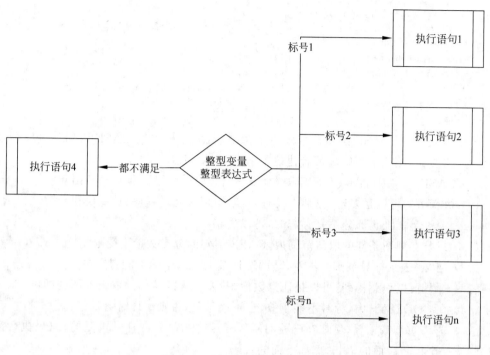

图 13-1　CASE 语句的执行流程

（4）在 CODESYS 中，关键字 END_CASE 后面可以加"；"，也可以不加。但在有些 PLC 中，必须加。例如，三菱 GX Works3 和西门子博途，如果关键字 END_CASE 后面不加"；"，编译时会报错。

（5）标号后面的"："不能省略，否则编译时会报错。标号必须为整数或常量，不能是变量。CASE 语句中标号为常量，实质是固定的数值。有些 PLC，例如三菱 GX Works3，标号不能为常量。

（6）为了程序的可读性，关键字 CASE 和关键字 END_CASE 要对齐，标号和语句缩进一格或两格，标号也可以单独占一行。

（7）CASE 语句可以嵌套，同一层级的关键字 CASE 和 END_CASE 要对齐。例如下面的代码：

```
CASE wData OF
    0:
    xLabel1 := TRUE;
    1:
( ********** CASE 语句的嵌套,标号 1 中又有 CASE 语句 ***** )
    CASE wData2 OF
    0:
    xLabel2 := TRUE;
    1:
    xLabel3 := TRUE;
    END_CASE
```

```
( *********** CASE 语句的嵌套 *********** )
    2,5,7,8:
    xLabel4 := TRUE;
    10..15:
    xLabel5 := TRUE;
ELSE
    xLabel6 := TRUE;
END_CASE
```

可以看出，外层 CASE 语句在标号为 1 时，执行的是另一段 CASE 语句。这样会使程序结构非常复杂，不便于理解。笔者建议，尽量不要使用嵌套。

（8）CASE 语句内可以嵌套循环语句，循环语句内也可以嵌套 CASE 语句。

（9）执行语句可以是多行，原则上没有限制，也可以是子程序、功能块和函数。

（10）关键字 ELSE 部分不是必需的，可以省略。

（11）只要在判断条件的取值范围内，CASE 语句的分支数量不受限制。

（12）用".."表示标号范围。注意，是两个连续的"."，中间不能有空格。

（13）标号可以任意排列，可以是任意数值，只要在判断条件的取值范围内即可。

（14）在 CODESYS 中，标号不能重叠，也不能重复，否则编译时会报错。但在有些 PLC 中，允许标号有重复或重叠，例如在三菱 GX Works3 中，是允许标号重复的，但只执行满足条件的第一个标号后面的语句，例如下面的代码。

```
CASE diData OF
    1:
    xLabel1 := TRUE;
    7:                                          //标号重复
    xLabel2 := TRUE;
    2,5,7,8:                                    //标号重复
    xLabel3 := TRUE;
    10..15:
    xLabel4 := TRUE;
END_CASE;
```

可以看出，上述代码存在重复标号。但是，当变量 diData 值为 7 时，仅执行语句"xLabel2 := TRUE;"，如图 13-2 所示。

如果把标号的顺序换一下，执行结果如图 13-3 所示。

对比图 13-2 和图 13-3 可以看出，如果标号重复或重叠，只执行第一个满足条件的标号后面的语句，与 9.4 节介绍的 IF…ELSIF…END_IF 语句类似。CASE 语句的分支语句是互斥的，只能执行其中的一个分支语句，不能同时执行多个分支语句。

（15）同 IF 语句一样，如果标号改变，程序会保持当前状态。比如标号 5 中的程序，变量 A 的值为 TRUE，如果此时标号变为其他值，例如变为 10，变量 A 的值仍然为 TRUE，不会变为 FALSE。除非标号 10 中或其他程序让变量 A 的值变为 FALSE。

```
IF xEnable THEN
   diData:=7;
END_IF;
CASE diData OF
   1:
   xLabel1:=TRUE;
   7:    //标号重复
   xLabel2:=TRUE;
   2,5,7,8:  //标号重复
   xLabel3:=TRUE;
   10..15:
   xLabel4:=TRUE;
END_CASE;
```

```
IF xEnable THEN
   diData:=7;
END_IF;
CASE diData OF
   1:
   xLabel1:=TRUE;
   2,5,7,8:  //标号重复
   xLabel3:=TRUE;
   7:    //标号重复
   xLabel2:=TRUE;
   10..15:
   xLabel4:=TRUE;
END_CASE;
```

图 13-2　标号重复的 CASE 语句执行结果　　图 13-3　更换重复标号顺序后的执行结果

注意：使用 CASE 语句时，应避免标号互相冲突。三菱 GX Works3 允许标号重叠，可以编译通过；西门子博途也允许标号重叠，但编译时会警告，系统也会以黄色波浪线提示重叠的标号。无论是三菱 GX Works3 还是西门子博途，仅执行满足条件的第一个标号后面的语句。而在 CODESYS 中，标号重叠或重复，编译时会报错。

13.2　CASE 语句的意义

　　CASE 语句可以用简洁明了的语句实现复杂的控制，特别是顺序控制。ST 语言是面向过程的语言，CASE 语句就是体现面向过程的最直观的工具。所谓面向过程控制，就是把复杂的控制任务，按照需要处理的问题的过程，按步骤实现。CASE 语句类似状态梯形图，是 PLC 的重要编程方法，是顺序控制最直观的体现，特别是在处理中小型控制任务时有着得天独厚的优势。当然，也可以借鉴面向对象的编程思想，将处理问题的过程封装成对象。把顺序控制封装成工艺功能块，CASE 语句是最好的选择。

　　顺序功能图（Sequential Function Chart，SFC），是按 IEC 61131-3 标准制定的编程语言，它和步进梯形图（StepLadder，STL）是实现顺序控制较好的编程方式。顺序控制的实质，是逐步执行操作命令，CASE 语句采用文本的方式，实现了顺序功能图。在工业控制中，特别是对机械设备的控制，绝大多数为顺序控制，使用 CASE 语句，可以非常直观地实现整个控制流程。

　　CASE 语句还可以简化 IF 语句，特别是多重嵌套的 IF 语句。如果 IF 语句的嵌套过多，会使程序的可读性变差，也不利于调试。可以采用 CASE 语句替代多重嵌套的 IF 语句，简化程序。笔者建议，初学者应多使用 CASE 语句，尽量不要使用复杂的 IF 语句的嵌套。

　　CASE 语句把复杂的任务分割成多个子任务的组合，分别面向每个子任务进行编程，自然降低了编程难度。CASE 语句的应用，主要有两方面，一方面是顺序控制，另一方面是多重条件控制。

13.3 CASE 语句的应用

下面通过几个例子详细介绍 CASE 语句的应用。

13.3.1 周期脉冲输出

在 PLC 编程中，周期脉冲输出有着极其广泛的应用，PLC 一般以系统寄存器的模式提供。在 2.6.4 节介绍过的 BLINK 功能块，实现的就是周期脉冲输出功能。

周期脉冲输出就是周期性输出高低电平的过程。第一步，输出高电平，并持续一定时间；第二步，输出低电平，并持续一定时间；第三步，又输出高电平，并持续一定时间；如此往复。程序代码如下：

```
CASE wStep OF
  0:
    xOut := TRUE;
    T0(IN := NOT T0.Q,PT := T#1S);
    IF T0.Q THEN
      wStep := 1;                          //1s 后,执行标号 1 的程序
    END_IF
  1:
    xOut := FALSE;
    T1(IN := NOT T1.Q,PT := T#1S);
    IF T1.Q THEN
      wStep := 0;                          //1s 后,执行标号 0 的程序
    END_IF
END_CASE
```

运行上述代码，变量 xOut 就以 1s 的间隔，持续输出高低电平。当变量 wStep 的值为 0，会执行标号为 0 的分支语句。标号 0 中的定时器动作后，会执行 IF 语句，变量 wStep 的值就变为 1，因此会转向执行标号为 1 的分支语句。当标号 1 中的定时器动作后，会执行 IF 语句，变量 wStep 的值为 0，因此会再次执行标号为 0 的分支语句，如此往复。这就是这段 CASE 语句的执行过程，可以看出，它和 IF 语句是一样的，都是根据条件值来执行不同的语句，只不过 CASE 语句的条件值是数值，而 IF 语句的条件值是 BOOL 型变量。

如果把定时器的延时时间定义为变量，就可以通过改变变量的值来改变高低电平的持续时间。并且高低电平的持续时间可以不相等，这就比系统自带的特殊寄存器更加灵活。例如，在某设备上，需要开启油泵定期润滑，每隔一定的时间，就要开启油泵润滑设备，并在一定时间后自动停止润滑设备，就可以用如下代码实现。

```
R1(CLK := xStart);
IF R1.Q AND  xStop THEN
    wStep := 1;                          //启动油泵
END_IF
IF NOT xStop  THEN
    wStep := 0;                          //停止油泵
```

```
END_IF
CASE wStep OF
  0:                                    //停机状态
    xOilPumpRun := FALSE;
  1:                                    //油泵开启
    xOilPumpRun := TRUE;
    T1(IN := NOT T1.Q,PT := tOnTime);
    IF T1.Q THEN
      wStep := 2;
    END_IF
  2:                                    //油泵关闭
    xOilPumpRun := FALSE;
    T2(IN := NOT T2.Q,PT := tOffTime);
    IF T2.Q THEN
      wStep := 1;
    END_IF
END_CASE
```

在程序中,增加了启动和停止的控制处理,读者也可以使用"启动保持停止"程序来实现。只需要为变量 tOnTime 和 tOffTime 赋值,就能控制油泵的启动间隔和运行时长。

读者可以尝试用 IF 语句实现周期脉冲输出,然后对比 CASE 语句,就能体会两者的区别与联系。

13.3.2　星形-三角形启动

在 10.3.2 节介绍过三相异步电机的星形-三角形启动,其实星形-三角形启动也是一个典型的过程控制。第一步,电机星形启动,并运行一定的时间;第二步,切换到三角形运行。因此,10.3.2 节的程序代码,使用 CASE 语句实现如下:

```
R1(CLK := SB1);
IF R1.Q OR xRun AND SB2 THEN
    xRun := TRUE;                       //启动
ELSE
    xRun := FALSE;                      //停止
END_IF
IF  xRun THEN
 CASE wStep OF
    0:
    KM1 := TRUE;                        //主接触器启动
    KM3 := TRUE;                        //星形接触器启动
    IF KM1 AND KM3 THEN
        wStep := 1;
    END_IF
    1:
    T2(IN := NOT T2.Q,PT := T#5S);
    IF T2.Q THEN
      KM3 := FALSE;                     //星形接触器断开
      wStep := 2;
    END_IF
    2:
```

```
        KM2 := NOT KM3;                    //三角形启动
      END_CASE
    ELSE                                   //停止后,关闭所有输出,并把标号恢复初始值
      KM1 := FALSE;
      KM2 := FALSE;
      KM3 := FALSE;
      wStep := 0;
    END_IF
```

在 12.3.1 节中，CASE 语句的控制是通过对标号的控制来实现的。而星形-三角形启动的程序，是把 CASE 语句放到 IF 语句中，通过 IF 语句控制 CASE 语句。PLC 运行后，CASE 语句并不具备执行条件，只有按下启动按钮，运行"启动保持停止"程序，变量 xRun 变为 TRUE，CASE 语句才具备执行条件。

CASE 语句执行后，会按照标号执行相应的分支程序。这样，就按照顺序完成了三相异步电动机的星形-三角形启动，最终停留在标号 2 的分支程序。按下停止键后，变量 xRun 变为 FALSE，CASE 语句不再执行。IF 语句会执行关键字 ELSE 后面的部分，关断所有输出，并把变量 wStep 赋值为 0，为下一次启动作准备。关键字 ELSE 后面的部分非常重要，如果没有让 3 个接触器变为 FALSE 的相关语句，电机就永远无法停止，即使按下停止按钮，电机仍然运行。

把 CASE 语句嵌套在 IF 语句内，或者控制 CASE 语句的标号，是实现 CASE 语句流程控制的两种主要方式，读者可根据自己的习惯选择合适的方法，也可尝试摸索其他控制方式。

13.3.3 红绿灯控制

周期脉冲输出和星形-三角形启动的控制过程，其实就是 SFC。而每一步控制切换，是靠改变标号实现的。

下面看一个复杂的例子——交通红绿灯。交通红绿灯用于实现十字路口的交通控制，也是典型的顺序控制。相信大部分读者在入门学习 PLC 时，都尝试过使用梯形图实现交通灯。下面用 ST 语言来实现交通灯，如图 13-4 所示。

在某路口，东西和南北方向都有红绿灯，控制要求如下：

按下启动按钮后，东西南北方向红灯亮 3s；3s 后，东西方向绿灯亮，南北方向红灯持续亮；15s 后，东西方向绿灯灭，黄灯闪烁，南北方向红灯持续亮；3s 后，东西方向黄灯灭，红灯亮，南北方向红灯灭，绿灯亮；15s 后，南北方向绿灯灭，黄灯闪烁，东西方向红灯持续亮；3s 后，南北方向黄灯灭，红灯亮，东西方向绿灯亮；15s 后，东西方向绿灯亮，南北方向红灯亮；如此循环。当按下紧急按钮时，所有红灯以 1s 的频率持续亮灯，其他灯灭。任何时候按下停止按钮，所有灯不亮。

从控制要求可以看出，这是典型的顺序控制。只要控制 CASE 语句的标号，就可以让程序按照一定的流程顺序运行。

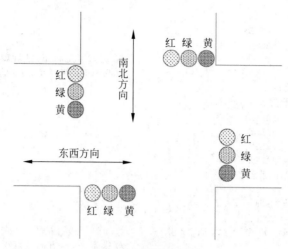

图 13-4　交通红绿灯

首先,分配 PLC 的输入和输出,并定义相关变量。关于接线,本书不再赘述。建立的 I/O 变量如表 13-1 所示。

表 13-1　红绿灯控制变量以及 I/O 分配

输　　入			输　　出		
输 入 点	变　　量	意　　义	输 出 点	变　　量	意　　义
％IX0.0	xStart	启动	％QX0.0	xEW_Red	东西方向红灯
％IX0.1	xStop	停止	％QX0.1	xEW_Green	东西方向绿灯
％IX0.2	xEmergency	紧急状态	％QX0.2	xEW_Yellow	东西方向黄灯
—	—	—	％QX0.3	xNS_Red	南北方向红灯
—	—	—	％QX0.4	xNS_Green	南北方向绿灯
—	—	—	％QX0.5	xNS_Yellow	南北方向黄灯

程序代码如下:

```
IF NOT xStop THEN                              //红绿灯停止
    wStep := 0;
END_IF
R1(CLK := xEmergency);                         //上升沿
IF R1.Q AND xStop AND NOT xStart THEN          //红绿灯紧急状态
    wStep := 1;
END_IF
R2(CLK := xStart);                             //上升沿
IF R2.Q AND xStop AND NOT xEmergency THEN      //红绿灯启动
    wStep := 2;
END_IF
CASE wStep OF
    0:                                         //所有灯关闭,红绿灯进入初始状态
    xEW_Red      := FALSE;
    xEW_Green    := FALSE;
    xEW_Yellow   := FALSE;
```

```
xNS_Red        := FALSE;
xNS_Green      := FALSE;
xNS_Yellow     := FALSE;
1:                                      // 进入紧急状态,红灯爆闪
xEW_Red := SM01;                        //调用 BLINK 函数,实现秒脉冲
xNS_Red := SM01;
(＊爆闪时,其他灯灭＊)
xEW_Green      := FALSE;
xEW_Yellow     := FALSE;
xNS_Green      := FALSE;
xNS_Yellow     := FALSE;
(＊启动后,东西南北红灯亮＊)
2:
xEW_Red        := TRUE;
xNS_Red        := TRUE;
T2(IN          := NOT T2.Q,PT := T#3S);
IF T2.Q THEN                            //3s 后,东西方向红灯灭
   xEW_Red     := FALSE;
   wStep       := 3;
END_IF
(＊3s后,东西方向绿灯亮,南北方向红灯亮＊)
3:
 xEW_Green     := TRUE;
 xNS_Red       := TRUE;
 T3(IN := NOT T3.Q,PT := T#15S);
 IF T3.Q THEN                           //15s 后,东西方向绿灯灭
     xEW_Green := FALSE;
wStep := 4;
 END_IF
(＊15s后,东西方向黄灯闪烁＊)
4:
xEW_Yellow := SM01;
T4(IN := NOT T4.Q,PT := T#3S);
IF T4.Q THEN                            //3s 后,东西方向黄灯灭
   xEW_Yellow := FALSE;
   wStep      := 5;
END_IF
(＊3s后,东西方向红灯亮,南北方向绿灯亮＊)
5:
xNS_Red        := FALSE;
xEW_Red        := TRUE;
xNS_Green      := TRUE;
T5(IN := NOT T5.Q, PT := T#15S);
 IF T5.Q THEN                           //15s 后,南北方向绿灯灭
    xNS_Green := FALSE;
    wStep      := 6;
 END_IF
6://15s 后,南北方向黄灯闪烁
xNS_Yellow     := SM01;
T6(IN          := NOT T6.Q,PT := T#3S );
IF T6.Q THEN                            //3s 后,南北方向黄灯灭
    xNS_Yellow:= FALSE;
```

```
        xEW_Red    := FALSE;
        wStep      := 3;                    //回到启动后状态，并持续运行
      END_IF
END_CASE
```

从代码可以看出,红绿灯的启停状态以及紧急状态是通过更改 CASE 语句的标号实现的。按下不同的按钮,更改相应的标号,实现不同的功能。

以上程序只是实现了简单的红绿灯控制,只有直行控制。如果后期红绿灯功能需要扩展,增加左转和右转的功能,就可以新增标号和分支语句实现功能的扩展。这体现了 CASE 语句的优势。不同的标号把整个项目程序分割成了不同单元,也就是结构化工程的编程模式。以后扩展功能时,现有的模块不需要更改,只需要添加新的功能模块即可。这大大提高了效率,降低了风险。程序模块化能降低编程复杂度,更为后续扩展提供了便利。

关于红绿灯程序,笔者给大家分享一些经验。程序中标号 3 的程序执行完成后,东西方向绿灯灭,然后会跳转到标号 4 的程序,东西方向黄灯亮。如果后续红绿灯功能提升,需要在绿灯灭和黄灯亮之间增加延时,那么就需要在标号 3 和标号 4 之间新增一段程序,并给它分配新的标号。由于标号只能是整数,所以新标号会破坏标号的连续性,对程序的调试以及后期维护都不利。因此,在编写程序时,为方便扩展,标号一般不连续,可以使用 0、5、10、15等。如果要增加程序,例如在标号 10 和标号 15 之间增加程序,使用 11 或 12 等标号即可。这样使标号按照程序的执行顺序排列,有利于程序的调试和维护,程序的可读性也会大大提高。

建议：在使用 CASE 语句时，不要使用连续的标号，以便后续扩展。

红绿灯程序体现了 ST 语言的便利性。复杂的逻辑控制可分解成多个简单的逻辑控制。CASE 语句最大的优势,就是把复杂任务分割成多个简单任务,然后分别实现。

13.3.4 桁架机械手

桁架机械手是一种简易的机器人,它建立在直角坐标系上,能够完成工件搬运、工位调整等各种动作,它结构简单、性价比高,在工业中有着广泛的应用。桁架机械手的各个自由度之间的夹角为直角,可以由异步电机、伺服电机、气缸等多种驱动方式驱动,也可以由以上几种方式混合驱动。一个简单的桁架机械手如图 13-5 所示。

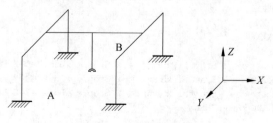

图 13-5 桁架机械手

　　如图 13-5 展示的是简单的龙门式桁架机械手,它可以实现工件的搬运。夹手在图示的位置,需要把 A 处的工件搬运到 B 处,程序该如何编写呢?

　　机械手有多种动力来源,根据生产节拍以及成本等各种因素考虑,可以由伺服电机、变频或者气缸等各种方式驱动。无论何种驱动方式,依据一切皆对象的程序设计思想,把它们看作对象,并定义成功能块,参数为启动信号、位置信号以及驱动机构的到位信号。定义的驱动机构的功能块如下:

```
FB_Driver(i_xExecute := ,i_xStop := , q_xDone =>);
```

　　需要注意的是:在实际应用中,定义的功能块应当实现尽可能多的功能。例如增加各种保护、状态显示及各种报警功能。对于气缸驱动,调节好速度后,一般不需要更改,气缸到位信号取自磁开。对于伺服驱动,需要给定速度和位置信号,位置信号通过功能块的定位完成或者 PLC 的特殊寄存器实现。对于变频器驱动,一般配合编码器或者高速计数器实现。对定位要求不高的设备,也可以不需要编码器,直接由接近开关或者限位开关实现。对于不同的驱动形式,功能块的程序是不同的,但是功能块对外提供的接口是一致的。这就是面向对象编程的好处,把实现工艺控制的部分和驱动部分分开,它们之间通过接口实现信息的交互。这种编程思想,称为面向对象、基于接口。

　　机械手的搬运过程是一个顺序控制过程。首先,X 轴向负方向移动,Y 轴向正方向移动,Z 轴向负方向移动,这样夹手就到达 A 点;抓取工件后,Z 轴向正方向移动,Y 轴向负方向移动;然后,X 轴向正方向移动,Z 轴向负方向移动,这样夹手就到达了 B 点,完成了工件的搬运。使用 CASE 语句实现搬运过程的程序编写。程序代码如下:

```
VAR
    FB_Driver_X : FB_Driver;            //定义 X 轴驱动功能块
    FB_Driver_Y : FB_Driver;            //定义 Y 轴驱动功能块
    FB_Driver_Z : FB_Driver;            //定义 Z 轴驱动功能块
    Step        : INT;
    xStart      : BOOL;                 //启动
    xStop       : BOOL;                 //停止
    xRun        : BOOL;                 //运行
    X_Start     : BOOL;                 //X 轴启动
    X_Stop      : BOOL;                 //X 轴停止
    X_Done      : BOOL;                 //X 轴到位
    Y_Start     : BOOL;
    Y_Stop      : BOOL;
    Y_Done      : BOOL;
    Z_Start     : BOOL;
    Z_Stop      : BOOL;
    Z_Done      : BOOL;
END_VAR
FB_Driver_X(i_xExecute := X_Start,i_xStop := X_Stop,q_xDone => X_Done);
FB_Driver_Y(i_xExecute := Y_Start,i_xStop := Y_Stop,q_xDone => Y_Done);
FB_Driver_Z(i_xExecute := Z_Start,i_xStop := Z_Stop,q_xDone => Z_Done);
IF (xStart OR xRun) AND xStop THEN
    xRun := TRUE;                       //启动
ELSE
```

```
        xRun := FALSE;                      //停止
    END_IF
    IF xRun THEN
        CASE Step OF
        0: //往 X 轴负方向移动
            X_Start := TRUE;
            IF X_Done THEN
                X_Start  := FALSE;
                Step  := 5;                 //到达预定点,停止运行,并跳转到下一步
            END_IF
        5: //往 Y 轴正方向移动
            Y_Start := TRUE;
            IF Y_Done THEN
                Y_Start  := FALSE;
                Step   := 10;
            END_IF
        10: // 往 Z 轴负方向移动
            Z_Start:= TRUE;
            IF Z_Done THEN
                Z_Start := FALSE;
                Step   := 15;
            END_IF
( ********** 其余步骤省略 ********** )
        END_CASE
    ELSE  //按下停止按钮后,关闭轴输出
        X_Stop := FALSE;
        Y_Stop := FALSE;
        Z_Stop := FALSE;
    END_IF
```

　　需要注意的是,以上程序重点在于介绍 CASE 语句的应用,给出类似设备控制的编程思路,并不具备工程意义。对于一个完整的桁架机械手程序,还应该包括手动模式、自动模式、用户自定义模式等。无论何种模式,实现的都是工件搬运功能,针对不同模式下的功能,定义不同的工艺功能块。工艺功能块的目的是实现各种控制工艺,当需要触发各轴驱动时,只需要调用驱动功能块,并触发相应的引脚即可。而 CASE 语句可以轻松实现各种控制工艺。本程序代码演示的是各轴单独运动,为了减少节拍,在机构允许的情况下,还可以各轴同时运动。如果使用伺服控制,还可以根据工件的尺寸自动生成运行距离,将不同的工件定义成不同的配方等。本节讲述的桁架机械手,可以配合 7.2.6 节的码垛与拆垛计算,来实现码垛机械手。

　　使用 ST 语言并结合面向对象的编程思想可以把复杂的控制问题划分为相对简单的、不同的单元,这样大大降低了程序的编写难度,也方便实现程序功能的扩充和升级。如果按照梯形图编程的思维习惯,使用 IF 语句实现该桁架机械手控制程序,其逻辑判断是非常复杂的,反而不如用梯形图方便。所以,对于 ST 语言编程,应该多使用 ST 语言的各种工具,不能照搬梯形图编程的思维方式。深入学习 ST 语言后,可以不再考虑梯形图,直接利用 ST 语言提供的工具及各种算法解决实际问题。

13.3.5　工艺的暂停处理

　　暂停是指在设备运行过程中,由于某种原因让设备暂时停止工作,再次按下启动按钮,设备会继续当前的动作。在动作复杂或者工艺复杂的设备中,设备的暂停处理非常重要。例如,某仓储设备中的五层六列货架,搬运机构要向货架上堆放货物。在向第三层第二列货架放置货物时,搬运机构出现故障,比如变频器报警或者搬运的货物因为某些原因出现倾斜被工人发现或者触碰到保护开关,设备就需要停止当前的工作,并由人工进行故障处理。当故障处理完成后,重新启动设备,搬运机构应该继续向第三层第二列货架放置货物。在很多非标自动化设备中,多个气缸按照一定的顺序完成工艺要求的动作,当某一动作出现故障时,设备需要停止动作;当故障处理完成后,再次启动设备,设备应当继续完成当前的动作。如果恢复到初始状态重新开始,会浪费工艺节拍,造成经济损失。特别是一些大型流水线,往往由多个这样的工艺组成,如果某个工艺出现问题,会使得整个生产线等待某一工艺。因此,设备的暂停功能非常必要。

　　CASE 语句可以轻松实现暂停功能,可以利用 CASE 语句的标号记忆设备的当前状态。例如,13.3.4 节的桁架机械手,在执行标号 5 的程序时,驱动机构报警,造成设备停止。处理好驱动机构的报警后,重新启动设备,CASE 语句就会直接执行标号为 5 的程序。如果不需要暂停功能,可以把标号赋值为 0,再次启动设备时,就会重新执行程序。

　　使用 CASE 语句实现暂停功能,暂停触发后,就停在当前的步骤,当再次按下启动按钮的时候,会继续执行当前的步骤。因此,步骤划分得越细,越能精确地实现暂停,所以每个标号后的程序应该越简单越好。一个简易的气缸驱动机构如图 13-6 所示。

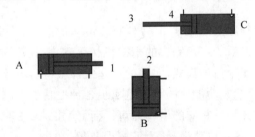

图 13-6　气缸驱动机构

　　如图 13-6 中的气缸驱动机构由 A、B、C 三个气缸组成。A 气缸和 B 气缸的初始状态是缩回,C 气缸的初始状态是伸出。该驱动机构的作用是把工件从点 1 输送到点 4。A 气缸把工件从点 1 输送到点 2;B 气缸把工件从点 2 输送到点 3;C 气缸把工件从点 3 输送到点 4。在搬运过程中,按下停止按钮,气缸停止动作;再次按下启动按钮时,气缸会继续动作。程序代码如下:

```
VAR
    Step        : INT;
    xStart      : BOOL;              //启动按钮
    xStop       : BOOL;              //停止按钮
```

```
        xRun        : BOOL;
        xMoveDone   : BOOL;
        R1          : R_TRIG;
        xYV_A       : BOOL;          //A气缸电磁阀
        xYV_B       : BOOL;          //B气缸电磁阀
        xYV_C       : BOOL;          //C气缸电磁阀
        xSM_A1      : BOOL;          //A气缸缩回状态磁开
        xSM_A2      : BOOL;          //A气缸伸出状态磁开
        xSM_B1      : BOOL;          //B气缸缩回状态磁开
        xSM_B2      : BOOL;          //B气缸伸出状态磁开
        xSM_C1      : BOOL;          //C气缸缩回状态磁开
        xSM_C2      : BOOL;          //C气缸伸出状态磁开
    END_VAR
    R1(CLK := xStart);
    IF (R1.Q OR xRun) AND xStop   THEN
        xRun := TRUE;               //启动
    ELSE
        xRun := FALSE;              //停止,暂停
    END_IF;
    (*动作流程*)
    CASE Step   OF
        0:                          //气缸 A 伸出,工件从点 1 到点 2
        xYV_A := xRun;
        IF xSM_A2 THEN              // 气缸 A 伸出到位
            Step := 5;
        END_IF
        5:                          //气缸 B 伸出,工件从点 2 到点 3
        xYV_B := xRun;
        IF xSM_B2 THEN              //气缸 B 伸出到位
            Step := 10;
        END_IF
        15:                         //气缸 C 缩回,工件从点 3 到点 4
        xYV_C := NOT xRun;
        IF xSM_B1 THEN              //气缸 C 缩回到位
            Step := 20;
        END_IF
        20:
        xMoveDone := TRUE;          //工件搬运完成
    END_CASE
```

以上程序只实现了搬运过程,要实现搬运还需要让气缸到达初始状态,即图 13-6 中的状态。只有在图 13-6 的状态,按照以上程序运行,才能实现搬运。

程序中每个标号的分支程序,实现的是单一的动作。当 PLC 程序运行后,CASE 语句就执行标号 0 的分支程序,气缸 A 等待启动信号;当按下启动按钮后,变量 xRun 的值为 TRUE,气缸 A 伸出;当变量 xSM_A2 为 TRUE 时,表明磁开检测到气缸杆上的磁石,说明气缸已经完全伸出,即工件从点 1 输送到点 2;然后,跳转到标号 5 的分支程序,气缸 B 伸出。如果此时按下停止按钮,变量 xStop 的值变为 FALSE,变量 xRun 的值也变为 FALSE (注:变量 xStart 和变量 xStop 均对应 PLC 的数字量输入,分别接启动按钮和停止按钮。

本例程中,没有分配物理地址。为了安全,停止按钮需要接常闭点),则此时气缸 B 会缩回,这样整个机构就停止动作。而 CASE 语句仍然在执行标号 5 的程序,只是条件不具备,气缸 B 不会伸出。再次按下启动按钮,变量 xRun 的值变为 TRUE,气缸 B 伸出,机构会继续当前的动作。

如果按下停止按钮后,把变量 Step 的值赋为 0,整个机构就没有暂停功能,再次按下启动按钮,会执行标号 0 的程序。此时,需要将气缸恢复到初始状态,才能重新启动,以防止气缸动作混乱,导致机构干涉。

此程序实现的是单次工件搬运,要想实现连续工件搬运,还需要增加程序段,让气缸回到初始状态。例如,气缸 B 将工件从点 2 搬运到点 3 后,气缸 A 就应当缩回,等待下一次搬运;也可以把工件从点 1 搬运到点 2 后立即缩回,等气缸 A 缩回后,再将气缸 B 伸出。读者可自行思考并完善程序。当然,本例程不具备工程意义,具体的项目中,还应该根据机构以及生产工艺进行程序的编写。

不同的驱动机构以及不同的工艺实现暂停的方式是有差别的,本例程旨在说明 CASE 语句实现暂停功能的原理。每个标号的分支程序越简单,实现暂停功能就越方便。

使用 CASE 语句可以清晰地展现工艺流程,便于设备的调试和后期维护。

除了实现顺序控制,CASE 语句还可以实现选择控制,即简化复杂的 IF 语句。

13.3.6　简化复杂的 IF 语句

如果 IF 语句的嵌套过多,会导致程序结构非常复杂。如果不使用嵌套,将所有的条件用 IF 语句进行遍历,程序将会非常烦琐,而且容易遗漏。特别是现场环境千差万别,操作方式因人而异,很容易出现各种未知的问题,导致后期维护工作量非常大。这种情况下,可以考虑使用 CASE 语句,它可以简化复杂的 IF 语句,使程序更简洁。

在 9.4.2 节介绍了根据电机温度输出电机状态的例子,也可以使用 CASE 语句实现,程序如下:

```
wMotorTemp := REAL_TO_WORD(10 * AX1.rlMotorTemp);
CASE wMotorTemp OF
    0..800:                      //电机温度正常
    AX1.xMototTempOK := TRUE;
    AX1.xMototTempWarn := FALSE;
    AX1.xMototTempAlarm := FALSE;
    801..1200:                   //电机温度过热警告
    AX1.xMototTempWarn := TRUE;
    AX1.xMototTempOK := FALSE;
    AX1.xMototTempAlarm := FALSE;
    1201..5000:                  //电机温度过热报警
    AX1.xMototTempAlarm := TRUE;
    AX1.xMototTempOK := FALSE;
    AX1.xMototTempWarn := FALSE;
END_CASE
```

由于 CASE 语句的判断条件必须为整数数值,但是电机的温度值可能是小数,可以定义无符号数 wMotorTemp，然后把电机的温度值乘以 10，赋值给变量 wMotorTemp。例如，电机温度为 89.3℃，乘以 10 变为 893，就可以根据 893 的值，来执行相应的语句。仿真结果如图 13-7 所示。

```
wMotorTemp  893  := REAL_TO_WORD(10*AX1.rlMotorTemp  89.3  );
CASE wMotorTemp  893  OF
    0..800 :        //电机温度正常
    AX1.xMototTempOK FALSE :=TRUE;
    AX1.xMototTempWarn TRUE :=FALSE;
    AX1.xMototTempAlarm FALSE :=FALSE;
    801..1200 :  //电机温度过热警告
    AX1.xMototTempWarn TRUE :=TRUE;
    AX1.xMototTempOK FALSE :=FALSE;
    AX1.xMototTempAlarm FALSE :=FALSE;
    1201..5000 :  //电机温度过热报警
    AX1.xMototTempAlarm FALSE :=TRUE;
    AX1.xMototTempOK FALSE :=FALSE;
    AX1.xMototTempWarn TRUE :=FALSE;
END_CASE
```

图 13-7　电机温度状态判断程序

由于 CASE 语句的判断条件必须是确定的数值，因此报警的温度上限取为 500℃。当然，这在实际中是不太可能发生的。

电机的温度，取整数或者四舍五入取整，对状态判断的结果影响不大，本例程的重点是希望读者掌握处理非整数实数的方法。在 PLC 编程中，由于实数的运算容易出错，所以可以用这种方式简化程序。

13.3.7　状态机编程法

状态机编程法是一种高效简洁的编程方法。状态机是指事物在不同阶段呈现出的不同状态。编程的目的是根据不同的条件切换状态，并在每种状态下执行不同的操作。状态机是一种表示事物状态的数学模型，它在计算机软件、嵌入式等领域有着举足轻重的意义，关联的研究成果颇多，读者可参阅相关资料。下面结合工业控制的特点，介绍状态机编程法在 PLC 编程中的应用。

任何事物都有各种状态。进行状态机编程的设备的状态必须是有限个，不能是无限个。如果被控对象有无数种状态，那么状态机编程法不适用。工业控制中常用的继电器，有吸合和释放两种状态，这两种状态之间可以切换；气缸有伸出和缩回两种状态，这两种状态同样也可以切换；各种机械设备也有各种状态，例如手动状态、自动状态、半自动状态等；伺服的状态就更多了，PLCopen 运动控制规范中定义了轴的八种状态。

（1）Disabled：未使能，此时轴处于自由状态。

（2）Errorstop：错误停止，此时必须对轴执行复位操作。

（3）Stopping：正在停止，轴在运行过程中接收到停止信号，会停止当前动作，停止后，轴会进入静止状态。

（4）Standstill：静止状态，有些控制命令必须在静止状态下才能触发。

（5）Homing：正在回零，绝对定位必须要回零，共制定了 35 种回零方式，实现轴的精准回零。

（6）DiscreteMotion：离散运动是指单轴运行，例如相对定位、绝对定位、单轴的电子凸轮运行等。

（7）Continuous_Motion：连续运动是指轴处于一直运行状态，例如速度控制、转矩控制等。

（8）Synchronized_Motion：同步运动是指多轴之间的配合运行，例如多轴同步、主从运行等。

对伺服的控制其实就是这几种状态的切换。这些状态对普通三相异步电机也适用。

对于状态机编程法，以下概念需要了解。

（1）状态(state)：指被控对象的状态。例如，伺服电机当前的状态，气缸是伸出还是缩回，继电器是释放还是吸合等。状态是稳定的，如果没有外部触发信号，会一直保持当前状态。

（2）事件(event)：指各种触发条件。例如，操作人员按下按钮，上位机发送信号，各种传感器检测到信号等。

（3）动作(action)：指事件发生后的动作。例如，按下自动按钮，设备便切换到自动状态；检测到气缸磁开信号，表明气缸伸出到位，执行下一步动作等。

以上三个概念并不是孤立的，相互之间存在联系。CASE 语句是实现状态机编程最好的方式，它的标号就是状态；每个标号内的程序，就是动作；改变标号的语句，就是事件。在 PLC 程序设计中，状态是最重要的。状态不能陷入无限循环，不能进入不可预知的状态。无论如何触发，只能进入一种状态，不能同时有多种状态。还要考虑到异常状态的处理，在任何状态中，都能快速转移到安全状态，也就是确保设备在紧急情况下可以停机。状态机编程法的核心是，用事件触发动作，或动作完成后触发不同的事件，切换不同的状态。状态是稳定的，没有事件，将一直保持当前状态。

单按钮启停控制就是典型的状态机。前几章节讲述过，单按钮启停功能可以用多种方式实现。其中，使用逻辑功能实现是最麻烦的，这也是传统 PLC 程序设计方法的不足，特别是对新手非常不友好，容易把简单问题复杂化。单按钮启停控制，就是在启动和停止两种状态之间切换，切换的事件是按下按钮，而动作就是输出状态的变化。程序如下：

```
R1(CLK := xIN);              //取按钮的上升沿
CASE wState OF
0:                           //停止状态
xOut := FALSE;
IF  R1.Q  THEN
    xOut   := TRUE;
    wState := 1;             //切换到运行状态
END_IF
1:                           //运行状态
xOut := TRUE;
IF  R1.Q   THEN
```

```
        xOut   := FALSE;
        wState := 0;                    //切换到停止状态
    END_IF
    END_CASE
```

由此可见,利用 CASE 语句实现状态机就是整个工作过程的体现,符合人们的思维习惯。"启动保持停止"程序也可以使用状态机实现,读者可自行思考并验证。当然,这种简单的控制,使用状态机编程法也会比较烦琐。读者可以利用这种简单的控制编程来理解状态机编程思想。前面章节介绍的周期脉冲输出、红绿灯控制、星形-三角形启动等,都可以认为采用状态机编程法实现。

对于伺服的控制,用状态机编程法是这样处理的。首先,判断伺服是否正常也就是有没有报警,该事件由伺服的数字量输出触发。如果伺服正常,则伺服进入使能状态。在使能状态下,伺服可以进行各种控制,例如点动、速度运行、相对定位、回零等。伺服要进行绝对定位,必须在回零完成状态下。以上各种状态,一旦出现错误就进入故障状态,等待复位信号。复位信号触发后,伺服解除故障,又进入使能状态,等待各种触发信号。

大多数设备中,编程的目的就是控制被控对象状态的转换,可以认为设备由若干个状态机组成。首先是设备层面或者操作层面的状态机,设备有手动、自动、故障等几种状态,自动状态下,又有回零(初始化)、运行、待机等几种状态。运行状态下又有等待启动信号、正在执行、执行错误处理等多种状态。而最低层面的状态机,就是各种被控对象,例如伺服、气缸等。状态机编程法的另一种思想是,把复杂的工艺流程进行细分,变成简单流程的组合,这又和 CASE 语句不谋而合。总之,状态机编程法,是一种非常好的编程方法,相对于传统的经验设计法、逻辑设计法、继电逻辑回路转换法等,更适合初学者,更符合正常的思维习惯。大多数 PLC 编程,其最终的目的就是根据条件控制气缸、伺服、异步电机等执行机构的状态。

13.3.8　伺服回零

伺服的零点又称伺服原点,伺服回零是非常重要的操作,伺服只有在零点才可以进行绝对定位操作。伺服电机如果不使用绝对值编码器,每次上电、急停操作、长时间运行后都要执行回零操作。伺服回零必须保证准确性和可重复性,伺服无论在任何状态、任何位置,每次回零都会回到同一个点(误差在允许范围内),这样才能保证伺服定位的准确性。

PLCopen 运动控制规范中,一共制定了 35 种回零方法(有些回零方法有保留,未规定具体的动作),支持 PLCopen 运动控制规范的 PLC 都把这些回零方法内置,只需要调用回零功能块即可。回零的功能块为 MC_Home,不同的 PLC 厂家功能块名字可能略有不同,回零过程也有可能有些差别,但基本原理不变,目的也不变,都是保证回零的准确性和可重复性。

在有些情况下,需要用户写伺服回零程序,比如使用的 PLC 不支持 PLCopen 运动控制规范,又不想熟悉该 PLC 的回零方法,或者很极端的情况,PLC 没有回零方法。就可以根据 PLCopen 中制定的回零方法编程实现。关于 PLCopen 运动控制规范的回零方法,读者可查阅相关资料，典型的伺服驱动机构如图 13-8 所示。

图 13-8　典型的伺服驱动机构

如图 13-8 所示，SQ1 为负限位，SQ2 为正限位，A 为零点，伺服往 SQ2 方向运行为正方向，往 SQ1 方向运行为负方向。通常 SQ1 和 SQ2 采用常闭的机械限位开关，零点为圆柱形常开接近开关。运行机构上安装有铁质挡片，来感应接近开关作为回零标志，A 到 SQ2 为伺服正常的运行区间，A 到 SQ1 是非正常区间，正常情况下，伺服不会运行到此区间。PLCopen 运动控制规范中，最常用的一种回零方法，过程如下：

第一步：伺服切换到速度模式，并以高速往负方向运行。

第二步：如果检测到零点，伺服停止，然后以低速往正方向运行，进入第四步；如果检测到负限位伺服停止，则进入第三步；如果检测到正限位，则报错，回零停止。

第三步：伺服以高速往正方向运行，如果检测到零点信号，切换为低速运行，进入第四步；如果检测到负限位，则报错，回零停止。

第四步：检测到零点信号的下降沿后，然后进入第五步。

第五步：检测到编码器 Z 信号后伺服停止，回零完成，当前点为伺服的零点。

通常寻找 Z 信号的过程可以省略，在第四步检测到零点信号的下降沿后，伺服停止回零完成。伺服经过上述的运行过程，无论回零之前，伺服是在正常区间还是在非正常区间，回零后都会在同一点，也就是接近开关靠近 SQ2 侧的点，如图 13-9 所示。

图 13-9　伺服机械结构俯视图

图 13-9 是伺服机械结构的俯视图，圆形接近开关旁边的长方形为挡片，理想情况下，回零后挡片跟接近开关仅有一点接触，也就是直线和圆的切点。当然理想情况不存在，但通过以上回零动作，可以保证误差在范围之内。在第四步，也就是伺服以低速往正方向运行的过程中，伺服一般以每分钟几十转甚至十几转、几转的速度低速运行，伺服的高响应性完全可以保证在检测到零点接近开关的下降沿后，在 ms 甚至 μs 级时间内停止。

很明显伺服的回零过程就是典型的状态机，伺服通过外部条件触发改变状态，可以用上节讲述的状态机编程方法实现，程序代码如下：

```
VAR
    wStep        : WORD;
    xHomeStart   : BOOL;        //触发回零
    xHomeStop    : BOOL;        //停止回零
    rlHomeVel1   : REAL;        //回零高速，一般每分钟几百转，以缩短回零时间
    rlHomeVel2   : REAL;        //回零低速，方便精确回零
```

```
    xHomeError     : BOOL;                   //回零错误
    xHomeDone      : BOOL;                   //回零完成
    SQ1            : BOOL;                   //负限位,常闭触点
    SQ2            : BOOL;                   //正限位,常闭触点
    xHomeSwitch    : BOOL;                   //原点开关,常开触点
    F1             : F_TRIG;
    FB_ServoVel    : MC_MoveVelicity;        //伺服速度运行功能块
END_VAR
F1(CLK:= xHomeSwitch);
IF xHomeStart THEN                           //触发回零
    xHomeDone      := FALSE;                 //清除回零完成信号
    xHomeError     := FALSE;                 //清除回零错误
    wStep := 5;
END_IF
IF xHomeStop THEN                            //回零停止
    wStep := 0;
    FB_ServoVel(xEnable := FALSE,rlVel := 0);
END_IF
CASE wStep OF
    5:                                       //伺服以高速往负限位方向运行
      (*给定速度负数表示反方向运行*)
    FB_ServoVel(xEnable := TRUE,rlVel := -1.0 * rlHomeVel1);
    IF NOT SQ2 THEN
        wStep :=100;                         //触碰正限位,触发报警
    END_IF
    IF NOT SQ1 THEN
        FB_ServoVel(xEnable := FALSE,rlVel := 0);
        wStep := 10;                         //触碰负限位,伺服停止然后反向,速度不变
    END_IF
    IF xHomeSwitch THEN
        wStep := 15;                         //触碰原点,伺服停止
    END_IF
    10: //伺服以高速往正方向运行寻找原点
    FB_ServoVel(xEnable := TRUE,rlVel := rlHomeVel1);
     IF NOT SQ1 THEN
        wStep :=100;                         //触碰负限位,触发报警
    END_IF
    IF xHomeSwitch THEN
    FB_ServoVel(xEnable := FALSE,rlVel := 0);
        wStep := 15;
    END_IF
    15://伺服往正方向低速运行,寻找脱离接近开关的点
    FB_ServoVel(xEnable := TRUE,rlVel := rlHomeVel2);
    IF F1.Q THEN
        FB_ServoVel(xEnable := FALSE,rlVel := 0);
        wStep := 20;
    END_IF
    20:
    xHomeDone := TRUE;                       //回零完成
    wStep := 0;
```

```
        100:
        xHomeError := TRUE;                   //回零错误
        wStep := 0;
    END_CASE
```

在回零过程中，如果按下停止或急停，伺服立即停止，同时把变量 wStep 赋值为 0。再次触发回零后，会再次执行回零流程。伺服回零过程运行在速度模式下，可以调用速度功能块或者点动功能块实现，不同的 PLC 实现方法不一样，具体可查阅相关 PLC 手册。有些 PLC 用速度的符号来决定运行方向，给定速度的类型是 DINT 型。比如伺服速度值为 100，伺服以 100r/min 的速度正方向运行；伺服速度值为 −100，伺服以 100r/min 的速度反方向运行。有些 PLC 用 Direction 型变量来决定，速度功能块的方向信号引脚赋不同的值，就可以改变方向。

伺服回零后，如果与工艺需求的零点还有差别，还可以让伺服运行一次绝对定位，到达工艺所需要的零点，并把当前点作为零点以方便各种工艺计算，这种操作称为回零偏置。比如伺服回零后，需要定位 10.37mm 才能到达工艺位置，那就让伺服在回零后执行一次绝对定位，定位距离为 0.37mm。这样伺服只需要定位 10mm 就可以到达工艺位置。可能读者会有疑问，直接把原点接近开关移动位置，也可以实现同样的功能，但是这种方法不灵活，首先不能保证移动接近开关 0.37mm，这样的精度基本是无法做到的；其次，一些设备受空间的限制，根本无法操作或者安装，回零偏置就是用程序来实现硬件的功能，灵活方便。可以把回零偏置功能做在回零程序中，通过设置参数的方式决定，是否采用回零偏置。比如 7.2.6 节讲述的拆垛和码垛，X 方向的伺服电机零点要在托盘的中线上，如果用调整零点接近开关的方式是非常麻烦的，可以通过设置回零偏置的方式，让 X 方向的伺服电机零点在托盘中线上。

13.3.9　步进抱闸控制

步进电机是把脉冲信号转换成电机角度的驱动装置，步进驱动器每接收一个脉冲，步进电机轴就会转过一个角度，这个角度就是步进电机的步距角。步进电机的控制原理和编程方法同伺服电机一样，都是通过脉冲数和脉冲频率来控制步进电机的定位位置和定位速度。

对于垂直负载，电机需要增加抱闸控制，防止失电后机械结构下滑，一般来说抱闸控制由步进电机驱动器完成。这就需要用到步进驱动器的输出点，但有些步进驱动器输出点比较少，如果是水平输送结构因为各种原因需要使用抱闸，比如某测试台由步进电机驱动，由于测试过程中会有机械振动，就需要抱闸将电机抱死，防止在测试过程中机构震动导致工件位置变化。由于是水平机构，对抱闸的配合要求不严格，就可以由 PLC 编程实现抱闸的控制。

抱闸的控制过程，也是典型的状态机。当触发步进定位时，首先打开抱闸然后延时 100ms，再触发步进电机定位命令。定位完成后延时 100ms，再关闭抱闸。如果急停触发，立即停止步进电机并关闭抱闸，程序代码如下：

```
VAR
    wStep_start    : WORD;              //启动步数
    wStep_stop     : WORD;              //停止步数
    xStart         : BOOL;              //触发步进运行
    xStop          : BOOL;              //步进停止
    xRun           : BOOL;              // 步进运行信号
    xBrake         : BOOL;              //步进抱闸线圈
    ESTOP          : BOOL;              //急停
    T0             : TON;
    T1             : TON;
END_VAR
CASE wStep_start OF  //启动抱闸处理
    0:
    IF xStart THEN
        xBrake := TRUE;                 //先打开抱闸
        wStep_start := 5;
    END_IF
    5:
    T0(IN := NOT T0.Q,PT := T#0.1S);
    IF T0.Q THEN
        wStep_start := 10;
    END_IF
    10:
    xRun := TRUE;                       //再触发步进运行
    wStep_start := 0;
END_CASE
CASE wStep_stop OF                      //停止抱闸处理
    0:
    IF xStop THEN                       //定位模式下,停止取步进的定位完成信号
        xRun := FALSE;                  //先停止步进
        wStep_stop := 5;
    END_IF
    5:
    T1(IN := NOT T1.Q,PT := T#0.1S);
    IF T1.Q THEN
        wStep_stop := 10;
    END_IF
    10:
    xBrake := FALSE;                    //再关闭抱闸
    wStep_stop := 0;
END_CASE
(*急停处理*)
IF NOT ESTOP THEN
    xRun := FALSE;
    xBrake := FALSE;
    wStep_start := 0;
    wStep_stop := 0;
END_IF
```

触发步进电机运行后,需要一定延时后步进电机才能运行,防止抱闸还未打开步进电机

就运行；步进电机停止运行后，需要一定延时后抱闸才能闭合，防止步进电机还未完全停止，抱闸抱死电机。如果是触发急停的话，一般需要立即抱死，以确保操作人员安全。从程序代码来看，虽然程序比较烦琐，但控制过程非常清晰，便于理解和维护。

该控制方法不但适合步进电机，也适合三相异步电动机的抱闸控制。对于垂直机构，建议使用驱动器自带的抱闸控制功能。如果使用 PLC 控制，由于响应的滞后，很容易出现溜钩事故。

13.3.10　MODBUS 轮询

MODBUS 是免费、开放的串行通信协议，在工业控制中有着广泛的应用。比如 PLC 与变频器之间、PLC 与 PLC 之间、HMI 或者上位机与 PLC 之间、PLC 与单片机之间的通信。MODBUS 协议采用请求应答的交互方式，主站发送通信请求，从站响应主站的请求。同一时刻只能有一个从站响应主站的请求，如果与多个从站通信，那就要采用轮询的方式。

轮询就是轮流询问，比如 PLC 与 6 个变频器进行 MODBUS 通信，PLC 定时发出询问，依次向每个变频器发送通信请求，询问完 6 个变频器后，继续下一轮询问。这类似于 PLC 的循环扫描。MODBUS 轮询的原则就是，在任意时刻只能有一个从站处于激活状态。从 PLC 程序的角度讲，就是任意时刻只有主站和一个从站在通信。轮询也是一个状态机，状态的切换是靠时间来完成的，程序代码如下：

```
FB_MODBUS1(xEnable := xA1ComStart,addr :=1);
FB_MODBUS2(xEnable := xA2ComStart,addr :=2);
FB_MODBUS3(xEnable := xA3ComStart,addr :=3);
FB_MODBUS4(xEnable := xA4ComStart,addr :=4);
FB_MODBUS5(xEnable := xA5ComStart,addr :=5);
FB_MODBUS6(xEnable := xA6ComStart,addr :=6);
CASE wStep OF
    5:
    xA1ComStart := TRUE;
    xA2ComStart := FALSE;
    xA3ComStart := FALSE;
    xA4ComStart := FALSE;
    xA5ComStart := FALSE;
    xA6ComStart := FALSE;
    10:
    xA1ComStart := FALSE;
    xA2ComStart := TRUE;
    xA3ComStart := FALSE;
    xA4ComStart := FALSE;
    xA5ComStart := FALSE;
    xA6ComStart := FALSE;
    15:
    xA1ComStart := FALSE;
    xA2ComStart := FALSE;
    xA3ComStart := TRUE;
    xA4ComStart := FALSE;
```

```
        xA5ComStart := FALSE;
        xA6ComStart := FALSE;
        20:
        xA1ComStart := FALSE;
        xA2ComStart := FALSE;
        xA3ComStart := FALSE;
        xA4ComStart := TRUE;
        xA5ComStart := FALSE;
        xA6ComStart := FALSE;
        25:
        xA1ComStart := FALSE;
        xA2ComStart := FALSE;
        xA3ComStart := FALSE;
        xA4ComStart := FALSE;
        xA5ComStart := TRUE;
        xA6ComStart := FALSE;
        30:
        xA1ComStart := FALSE;
        xA2ComStart := FALSE;
        xA3ComStart := FALSE;
        xA4ComStart := FALSE;
        xA5ComStart := FALSE;
        xA6ComStart := TRUE;
    END_CASE
    //BLINK功能块,用于产生脉冲,其他PLC可由系统寄存器实现
    B1(ENABLE := TRUE,TIMELOW := T#0.05S,
        TIMEHIGH := T#0.05S,OUT => SM10);
    R1(CLK:= SM10);                          //秒脉冲
    IF R1.Q THEN
        wStep := wStep + 5;
    END_IF
    IF wStep >= 35 THEN
        wStep := 5;
    END_IF
```

不同 PLC 实现 MODBUS 通信的功能块完全不一样,但原理是一样的,在这里用 FB_MODBUS 来表示。FB_MODBUS 把实现 MODBUS 通信的功能块进行封装,其输入引脚为 MODBUS 参数和读写数据,包括从站地址、读写从站寄存器的地址、写入/读取的数据等。输出引脚为 MODBUS 通信状态,包括通信成功、通信失败等。

程序使用时间控制的方式,每隔 10ms 更改一下变量 wStep 的值,CASE 语句执行不同的语句,这样就实现了轮询。CASE 语句不同的标号,改变 FB_MODBUS 功能块的触发状态。程序代码中直接使用赋值语句实现,也可以根据 4.5.7 节用 WORD 型变量来实现。轮询的核心是切换状态,本例中使用时间进行切换,也可以使用 FB_MODBUS 功能块的通信完成信号做状态切换,变频器通信成功后,FB_MODBUS 的通信成功输出引脚为 TRUE,利用该信号的上升沿更改标号,CASE 语句就会执行相应标号的程序。利用 CASE 语句,改变标号的值,就保证 6 个变频器的通信程序不会同时执行,实现了 MODBUS 轮询。这两种

方式各有利弊,使用时间控制,会影响 MODBUS 的通信效率,但某个从站掉线不会影响下一个从站;用通信状态切换,可以提高 MODBUS 通信效率,特别是每个从站读写的数据量不一样时,通信使用的时间也不一样,用通信状态控制轮询,可以节约时间,但是某个从站掉线,则永远不会有通信完成状态输出,那么轮询就会中断,无法读写下一个从站。实际使用时,可以两种方法结合,用通信状态控制轮询,如果超时就强制切换。

13.3.11　立库

立库是立体仓库的简称,是指采用几层乃至几十层的货架存储货物的装置,并由自动搬运机构(比如立库堆垛机)进行入库和出库操作,在港口、配送中心、图书馆、仓库、食品加工等各行各业有着广泛的应用。搬运机构一般由伺服电机驱动,也有使用三相异步电机,典型的立库如图 13-10 所示。

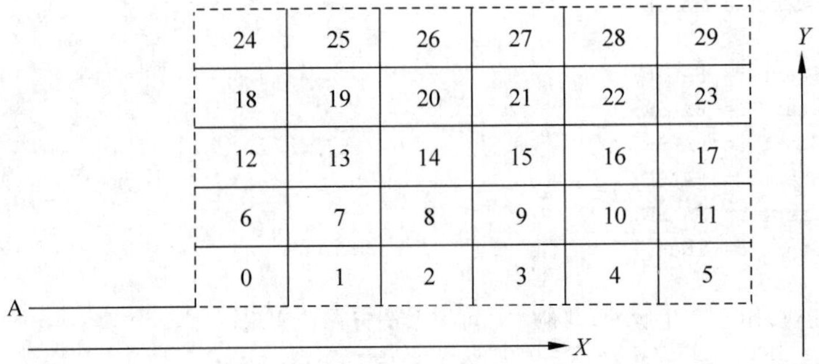

24	25	26	27	28	29
18	19	20	21	22	23
12	13	14	15	16	17
6	7	8	9	10	11
0	1	2	3	4	5

图 13-10　立库示意图

图 13-10 展示了一个简单的五层六列的立库,该立库共有 30 个货仓,每个货仓安装光电开关,用于检测货仓是否有货物。既可以把光电开关的信号放入数组,也可以对 PLC 输入点按字进行寻址,方便读取光电开关信号。入库时自动搬运机构把 A 点的货物放到货仓上,出库时自动搬运机构把货仓的货物放到 A 点。

下面分析一下入库过程,由自动导航车(Automated Guided Vehicle,AGV)或者其他机构把物料运送到 A 点后,操作人员按下启动按钮,如果检测到 A 点有物料,自动搬运机构上的货叉叉取物料;然后 X、Y 方向的伺服电机将物料输送至货仓;之后再次判断货仓内是否有物料,如果货仓为空货仓,货叉将物料送入货仓然后退出,沿 X、Y 方向回到 A 点待命,完成一次入库操作;如此往复,直到所有货仓装满货物,完成入库操作。

如果使用面向对象的思路来解决问题,就可以抽象出三个类也就是功能块 FB_Get、FB_Transport、FB_Put,分别用于从 A 点叉取物料、将物料运送至货仓、将物料放入货仓。出入库就是要用 CASE 语句调用这三个功能块。首先要解决功能块 FB_Transport 的伺服运行距离问题,最直接的办法就是测量或者计算每个仓位的距离,但这样非常烦琐。7.2.6 节讲述码垛和拆垛的时候,就是寻找规律来简化计算。同理,立库也可以寻找规律简化计算。通过分析立库形式可以发现,电机的运行距离跟货仓的位置有关系,比如 15 号货仓,X 方向运行 4 个货仓,Y 方向运行 3 个货仓。再比如 26 号货仓,X 方向运行 3 个货仓,Y 方向运行 5 个货仓。有一点需要注意,这里的移动几个货仓,是为了方便描述关系,实际应用需要根据货叉的距离并考虑各种误差来确定最终的关系。

找到货仓号和运行距离的关系,就可以定义一个二维数组存放这些数据,第一维有 30 个元素表示货仓号;第二维有两个元素,表示 X 方向和 Y 方向的运行距离。货仓号与运行距离的关系如表 13-2 所示。

表 13-2　立库货仓号与运行距离的关系

货仓号	X 方向运行的货仓数量	Y 方向运行货仓数量
0	1	1
1	2	1
2	3	1
3	4	1
4	5	1
5	6	1
6	1	2
7	2	2
8	3	2
9	4	2
10	5	2
11	6	2
12	1	3
13	2	3
14	3	3
15	4	3
16	5	3
17	6	3
18	1	4
19	2	4
20	3	4
21	4	4
22	5	4
23	6	4
24	1	5
25	2	5
26	3	5
27	4	5
28	5	5
29	6	5

从表 13-2 可以看出,第一行货仓 X 方向的运行距离依次递增,Y 方向都是相同的;第二行货仓 X 方向的运行距离又是依次递增,Y 方向都是相同的,比第一行递增一个货仓。

所以 X 方向的运行距离就是货仓号除以 6 的余数再加 1，而 Y 方向则是货仓号除以 6 的商再加 1。以上是理想情况，没有考虑机械的间隙和传动误差，实际使用时伺服一般采用双闭环模式，来弥补机械误差。入库操作程序代码如下：

```
VAR
    rlLength            : REAL;              //A 点到货仓的距离
    nX                  : REAL;              //一个货仓的横向距离
    nY                  : REAL;              //一个货仓的纵向距离
    II                  : INT ;              //货仓仓位
    wStep               : WORD;
    xCheck              : BOOL;              //A 点货物检测
    xWarehouseDone      : BOOL;              //货仓满
    xStart              : BOOL;              //启动入库
    xStop               : BOOL;              //停止入库
    xRun                : BOOL;              //入库运行中
    WarehousePosition   : ARRAY[0..29 ,0..1] OF REAL;   //货仓距离
    PeSwitch            : ARRAY[0..29] OF BOOL;          //货仓光电开关
    FB_Get1             :FB_Get;
    FB_Put1             :FB_Put;
    FB_Transport1:FB_Transport;
END_VAR
(*位置计算,可以放在初始化任务中,上电后只执行一次即可*)
FOR II:= 0 TO 29 DO
    WarehousePosition[II,0] := (II MOD 6 + 1) * nX + rlLength;
    WarehousePosition[II,1] := (II / 6 + 1) * nY;
END_FOR
(*启动入库*)
IF (xStart OR xRun) AND xStop THEN
    xRun := TRUE;
ELSE
    xRun := FALSE;
END_IF
CASE wStep OF
    0: //运行后,检测 A 点是否有物料
    IF xRun AND xCheck THEN
        wStep := 5;
    END_IF
    5://叉取物料
    FB_Get1(xEnable:= xRun);
    IF FB_Get1.xDone THEN                     //物料叉取完成
        wStep := 10;
    END_IF
    10: //物料运送到货仓
    FB_Transport1(xEnable := xRun ,
                xPosition := WarehousePosition[II,0 ],
                yPosition := WarehousePosition[II,1 ]);
    IF FB_Transport1.xDone THEN               //运行至货仓
        wStep := 15;
    END_IF
```

```
15:
IF PeSwitch[II] = FALSE THEN
    wStep := 20;                                    //货仓无物料,将物料放入
ELSE
    II := II + 1;
    wStep := 10;                                    //货仓有物料,放入下一个货仓
END_IF
20: //放入货仓
FB_Put1 (xEnable := xRun);
IF FB_Put1.xDone THEN
    wStep := 25;
END_IF
25: //返回到 A 点
FB_Transport1(xEnable := xRun ,xPosition := 0,yPosition := 0);
IF FB_Transport1.xDone THEN
    wStep := 30;
END_IF
30: //判断是否放满
II := II + 1;
IF II > = 30 THEN
    II:= 0;                                         //货仓放满后,II 赋值为 0,防止数组越界
    xWarehouseDone:= TRUE;
    xRun := FALSE;
    wStep := 0;
END_IF;
END_CASE
```

　　本例程使用 CASE 语句,可以认为是面向对象和面向过程的结合,CASE 语句本身就是面向过程,把入库和出库的操作分解成几个步骤,而每个步骤都有特定的动作完成,这些特定的动作由相应的功能块完成,这些都可以看作是对象。FB_Get、FB_Transport、FB_Put 这三个功能块,也可以使用 CASE 语句实现。FB_Get 是从 A 点叉取物料,它的过程是叉臂伸出,夹爪夹紧,叉臂缩回。FB_Transport 是运送物料到货仓处,它的实现方法就是进行伺服定位,可以调用伺服功能块实现。把伺服的零点放在 A 点,只需要 X、Y 方向进行两次绝对定位即可,定位距离放在数组 WarehousePosition 中,返回 A 点只需要让伺服的定位位置为 0 即可,或者执行一次回零动作。FB_Put 是将物料放入货仓,它的过程是叉臂伸出,夹爪松开,叉臂缩回。

　　本例程中采用 13.3.5 节讲述的工艺暂停处理方法,在入库过程中,按下停止按钮,将暂停入库,再次按下启动按钮,将继续入库。所以 FB_Get、FB_Transport、FB_Put 这三个功能块也应该有工艺暂停功能,比如 FB_Get 功能块,当输入管脚 xEnable 为高电平时,开始取料;当输入管脚 xEnable 为低电平时,将停止取料;当再次为高电平时,继续取料,直到完成一次取料。输出管脚 xDone 为高电平,才完成一次取料动作,很显然这个过程的实现也是一个状态机,可以用 CASE 语句实现。以上三个功能块的实现,取决于叉臂和货仓的机械结构,不同的立库实现方法不一样,本例程只重点讲述立库的整体功能实现,不过多赘述具体细节。从程序代码可以看出,实现立库入库操作的过程,就是把每个货仓的运行距离用

数组表示。利用配方思想，写出入库的代码，只需要改变货仓号，反复调用即可，直到放满货仓。7.2.6节讲述的码垛和拆垛也可以用此方法实现，就是把每个物料的运行距离用二维数组表示（第一维表示物料序号，第二维三个元素，分别表示 X、Y、Z 三个方向的运行距离），然后反复调用，直到码放完成。

通过面向对象思想，把复杂的动作分解，让程序清晰、简洁。如果不使用面向对象思想，用 CASE 语句把从叉取到入库整个流程写出来，那步数将会非常多，无论是现场调试还是后期维护，都非常麻烦。当然，用面向对象的思想并没有简化程序，只是把程序分了层，每层实现不同的目的，这样整体看起来程序简洁明了。实现面向对象的方法很多，也不一定非要按本例程划分被控对象，读者也可根据自身理解和现场情况，使用其他方法。

出库的流程与入库相反，读者可自行分析过程并编写程序代码。实际使用中，一次性全部入库、出库的情况比较少见，最常用的还是零散物料的入库、出库。通常把每个库位的状态记录在 HMI 或者上位机上，来料后由操作人员指定一个空库位，完成入库，程序代码如下：

```
(*位置计算,可以放在初始化任务中,上电后只执行一次即可*)
FOR II:= 0 TO 29 DO
    WarehousePosition[II,0] := (II MOD 6 + 1) * nX + rlLength;
    WarehousePosition[II,1] := (II / 6 + 1) * nY;
END_FOR
(*启动入库*)
IF (xStart OR xRun) AND xStop THEN
    xRun := TRUE;
ELSE
    xRun := FALSE;
END_IF
CASE wStep OF
    0: //运行后,检测 A 点是否有物料,目标货仓是否有物料
    IF xRun AND xCheck AND (PeSwitch[II] = FALSE) THEN
        wStep := 5;
    END_IF
    5://叉取物料
    FB_Get1(xEnable:= xRun);
    IF FB_Get1.xDone THEN
        wStep := 10;
    END_IF
    10: //物料运送到货仓
    FB_Transport1(xEnable := xRun ,
    xPosition := WarehousePosition[II,0 ],
    yPosition := WarehousePosition[II,1 ]);
    IF FB_Transport1.xDone THEN
        wStep := 15;
    END_IF
    15: //放入货仓
    FB_Put1 (xEnable := xRun);
    IF FB_Put1.xDone THEN
        wStep := 20;
    END_IF
```

```
20: //返回到 A 点
FB_Transport1(xEnable := xRun ,xPosition := 0,yPosition := 0);
IF FB_Transport1.xDone THEN
    xRun    := FALSE;
    wStep   := 0;
END_IF
END_CASE
```

与一次性全部入库的代码类似,只需指定货仓号也就是变量 II 的值即可。启动后会自动把物料放到指定的货仓。出库的流程和入库相反,由操作人员选择货仓号,叉臂将货仓的物料取出放到 A 点,完成出库。读者可自行分析过程并编写程序代码。

如果实现无人化操作,那就需要自动判断入库和出库的仓位了,要综合考虑最短路径和最短时间,对于有保质期要求的食品、医药等还要考虑优先让保质期近的物料出库;对于重物还要考虑立库的稳定性,优先把重物放置在底层,读者可查阅资料了解相关的算法。对于简单的系统,库位的选择和路径计算可以由 PLC 完成;对于大型自动化仓储系统,通常由WCS(仓库控制系统)和 WMS (仓库管理系统)配合 PLC 完成。WCS 主要用于协调 AGV、机器人、堆垛机、立库等各种自动化设备,综合处理并分析现场层的各种信息。WMS 是仓储系统的中枢,主要实现管理功能,并可以与 ERP(企业资源计划)、MRP(物资需求计划)对接,WCS 是 WMS 和 PLC 之间沟通的桥梁。物料或者托盘或者物料包装上通常安装有射频标识卡,也就是 RFID(Radio Frequency Identification)标签。WMS 系统通过算法计算出货物的入库仓位后,通过 RFID 读写器写入 RFID 标签。物料达到 A 点后,RFID 读写器读取 RFID 标签信息,PLC 和 RFID 读写器进行通信交互,获取目标仓位,然后执行自动入库。出库时,WMS 会把信息传递给 PLC,PLC 去目标货仓叉取物料,然后放置到 A 点,之后用RFID 读写器读取 RFID 标签的信息,确认是否是目标物料。PLC 可以通过串口、网口同RFID 读写器通信,跟 PLC 和变频器通信的原理相同,一般使用 MODBUS、ProfiNet、EtherNet/IP 等协议。各品牌 PLC 使用的功能块和实现方法不尽相同,读者可查阅相关PLC 手册。RFID 标签内可以存储多种信息,使用 RFID 标签后,A 点的光电开关可以使用RFID 标签代替。

以上是 CASE 语句的几个应用实例,CASE 语句在 PLC 编程中应用广泛,它简单灵活、功能强大,对新手友好,堪称 ST 语言中的利器。

13.4 CASE 语句与定时器

使用 CASE 语句时,免不了要和其他语句配合,例如调用功能块、IF 语句以及循环语句。在调用定时器时,需要特别注意,以具体例子进行介绍,程序如下:

```
CASE Step  OF
    0:
    T1(IN := xStart,PT := T#5s,Q => xLabel1,ET => tET1);
    IF T1.Q THEN
        xStart := FALSE;
```

```
        Step := 5;
    END_IF;
    5:
     xLabel2 := TRUE;
END_CASE
```

PLC 运行后，CASE 语句执行标号 0 的分支程序，当变量 xStart 的值为 TRUE，定时器 T1 开始执行；当定时时间到，复位定时器 T1，并跳转到标号 5。

这段程序的仿真结果如图 13-11 所示。

在标号 0 的分支程序中，虽然定时器 T1 已经具备复位条件，但它并没有复位。它的输出引脚 Q 的值依然为 TRUE，输出引脚 ET 依然为当前定时时间 T#5s。这是为什么呢？输出引脚 Q 的值为 TRUE，语句"IF T1.Q THEN"满足执行条件，将变量 xStart 复位，才会跳转到标号 5，而变量 Step 的值已经为 5，说明 IF…END_IF 语句执行成功了，为什么定时器没有复位呢？显然，这段程序不符合预期，从 PLC 循环扫描的原理出发，不难分析出原因。

从图 13-11 可以清楚地看到，定时器 T1 的输入引脚 IN 的实参 xStart 已经变为 FALSE，但它的形参 IN 还是 TRUE。所以，有理由怀疑，定时器 T1 还未接收实参，程序就已经跳转到标号 5。PLC 循环扫描的过程是从上至下扫描，在标号 0 中，程序先执行定时器语句，再执行 IF…END_IF 语句。当执行完语句"IF T1.Q THEN"后，虽然变量 xStart 已经变为 FALSE，但 CASE 语句跳转到标号 5，不再执行标号 0 的程序。在下一个扫描周期，CASE 语句已经在执行标号 5。定时器 T1 还没有复位，CASE 语句就已经跳转到标号 5。为了验证上述结论，可以把 IF…END_IF 语句和定时器的顺序调整一下，仿真结果如图 13-12 所示。

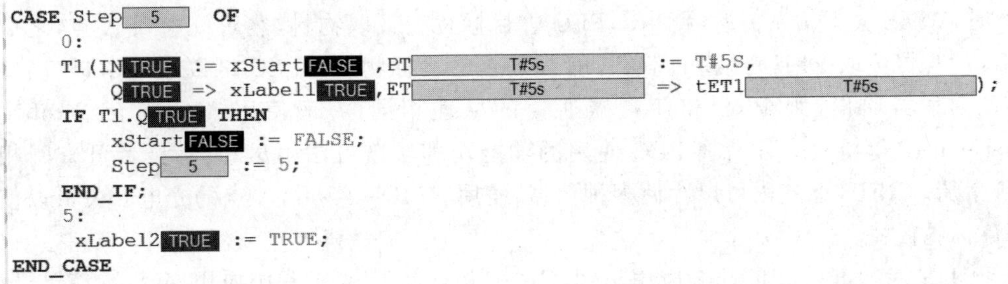

```
CASE Step  5   OF
    0:
    T1(IN TRUE := xStart FALSE ,PT   T#5s    := T#5S,
       Q TRUE => xLabel1 TRUE ,ET   T#5s    => tET1   T#5s    );
    IF T1.Q TRUE  THEN
        xStart FALSE := FALSE;
        Step  5   := 5;
    END_IF;
    5:
     xLabel2 TRUE  := TRUE;
END_CASE
```

图 13-11　CASE 语句仿真结果

```
CASE Step  5   OF
    0:
    IF T1.Q FALSE  THEN
        xStart FALSE := FALSE;
        Step  5   := 5;
    END_IF;
    T1(IN FALSE := xStart FALSE ,PT   T#5s    := T#5S,
       Q FALSE => xLabel1 FALSE ,ET   T#0ms   => tET1   T#0ms   );
    5:
     xLabel2 TRUE  := TRUE;
END_CASE
```

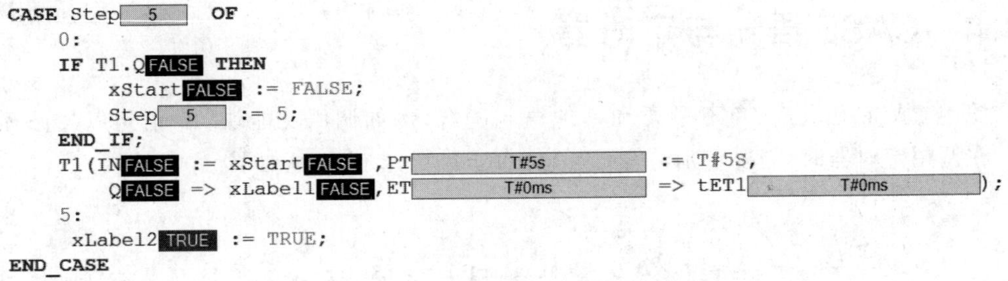

图 13-12　调整顺序后的 CASE 语句仿真结果

从图 13-12 可以看出,仅仅改变了 IF 语句和定时器的顺序,程序执行后定时器 T1 已经复位了。分析程序的执行过程:定时器定时时间到后,变量 xLabel1 的值变为 TRUE,但因为 PLC 是自上而下扫描,所以本扫描周期内,已经不再执行 IF…END_IF 语句;定时器定时时间到后,CASE 语句的标号不会跳转,仍然执行标号 0 的程序。在下一个扫描周期,语句"IF T1.Q THEN"满足执行条件,然后变量 xStart 变为 FALSE。此时定时器复位和标号跳转同时执行,这样就不会出现定时器还没有复位,CASE 语句就跳转到标号 5 的问题了。由此可以确认,正是循环扫描的影响,导致定时器无法复位,只需要调整一下语句的执行顺序即可解决此问题。

不过这种方法可能不符合正常的程序编写和阅读习惯。使用定时器时,一般先调用定时器,再引用它的输入/输出。既然已经确定是扫描周期的原因,还可以用其他方法解决这个问题:那就是改变标号的切换条件,确保定时器复位后,再跳转到下一标号。可以利用 T1.Q 的下降沿来切换 CASE 语句的标号,待定时器 T1 完全复位后,再执行语句"Step := 5;"。程序如下:

```
CASE Step  OF
    0:
    T1(IN := xStart,PT := T#5s,Q => xLabel1,ET => tET1);
    F1(CLK := T1.Q);                          //定时器 T1,输出引脚 Q 的下降沿
    IF T1.Q THEN                              //定时器复位
      xStart := false;
    END_IF
    IF F1.Q THEN                              //定时器复位完成
      Step := 5;
    END_IF;
    5:
     xLabel2 := TRUE;
END_CASE
```

这段程序的仿真结果如图 13-13 所示。

```
CASE Step  5    OF
    0:
    T1(IN FALSE := xStart FALSE ,PT       T#5s        := T#5S,
       Q FALSE => xLabel1 FALSE ,ET       T#0ms        => tET1       T#0ms       );
    F1(CLK FALSE := T1.Q FALSE );  //定时器T1, 输出引脚Q的下降沿
    IF T1.Q FALSE THEN   //定时器复位
      xStart FALSE := FALSE;
    END_IF
    IF F1.Q TRUE THEN        //定时器复位完成
      Step  5   := 5;
    END_IF;
    5:
      xLabel2 TRUE  := TRUE;
END_CASE
```

图 13-13 利用定时器输出引脚的下降沿实现 CASE 语句标号的切换

从图 13-13 可以看出，利用定时器 T1 的下降沿作为切换条件，实现了定时器的复位，又顺利实现了 CASE 语句标号的切换。因为定时器定时时间到后，只是把定时器复位，CASE 语句并没有跳转到标号 5。只有检测到定时器复位完成信号，即 T1.Q 的下降沿，CASE 语句再跳转到标号 5。除了利用定时器输出引脚 Q 的下降沿作为切换条件，还可以再增加定时器 T2。由于定时器 T1 的输出引脚 Q 的值为 TRUE 后，启动定时器 T2 会延时一段时间，此时间需要大于 PLC 的扫描周期，例如 30ms，再切换 CASE 语句的标号。

以上两种方法都增加了额外的功能块调用，得不偿失。最便捷的方法是把定时器放在 CASE 语句外面，在 CASE 语句中只控制定时器的触发条件，这样定时器就处在一直运行的状态下。即使 CASE 语句跳转到其他标号，每个扫描周期内，定时器都会被执行，只要检测到变量 xStart 变为 FALSE，就会复位定时器，与 CASE 语句执行哪个标号的程序无关。因为 CASE 语句只是改变定时器的执行条件。这与 10.1.2 节中强调的不要把功能块嵌套在各种条件语句内，实质是一样的。程序如下：

```
T1(IN := xStart,PT := T#5s,Q => xLabel1,ET => tET1);
CASE Step  OF
    0:
    IF T1.Q THEN
      xStart := FALSE;                              //复位定时器
      Step := 5;
    END_IF;
    5:
     xLabel2 := TRUE;
END_CASE
```

这段程序的仿真结果如图 13-14 所示。

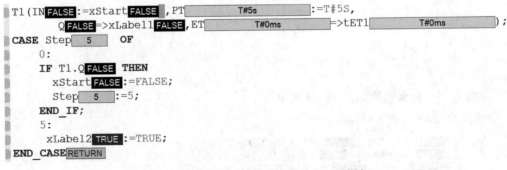

图 13-14　控制定时器触发条件的 CASE 语句

从图 13-14 中的运行结果可以看出，利用这种方式可以实现标号切换同时定时器复位的效果。在某个扫描周期，语句"IF T1.Q THEN"满足执行条件，变量 xStart 变为 FALSE，同时跳转到标号 5，在下一个扫描周期，定时器复位。需要明确的是，不仅定时器，所有的功能块调用在 CASE 语句中都存在此问题。总之，在使用 ST 语言编写程序时，一定要牢记 PLC 的循环扫描机制，这种工作机制与使用何种编程语言无关。由于定时器一直在执行，如果定时器数量过多，同样会浪费 PLC 资源。读者可仿真验证不同的方法对扫描周期的影响，并结合前面几章讲述的减少功能块调用的方法,选择合适的程序组织方式。现在的 PLC 性能已经非常强大,编程的目的是满足工艺需求,应当在满足控制需求的前提下,节约 PLC 的资源,切不可本末倒置。

至此,ST 语言的所有运算以及语句全部介绍完毕,希望读者多加练习,多在具体项目中实践,遇到错误不要慌张,根据 PLC 的提示信息查找问题,这样才能真正掌握 ST 语言。

参 考 文 献

[1] GB/T 15969.3—2017/IEC 61131-3：2013[S]. 北京：中华人民共和国国家质量监督检验检疫总局中国国家标准化管理委员会,2017.

[2] 彭瑜,何衍庆. IEC 61131-3 编程语言及应用基础[M]. 北京：机械工业出版社,2009.

[3] SIMATIC STEP 7 和 WinCC Engineering V15.1 系统手册[Z]. 西门子(中国)有限公司.

[4] 博途 V15 联机帮助系统[Z]. 西门子(中国)有限公司.

[5] SoMachine 编程指南[Z]. 施耐德电气(中国)有限公司.

[6] SoMachine V4.3 联机帮助系统[Z]. 施耐德电气(中国)有限公司.

[7] MELSEC iQ-F FX5 编程手册(指令/通用 FUN/FB 篇)[Z]. 三菱电机株式会社.

附录 A

PLC 程序设计方法

随着工业技术的进步,设备控制越来越复杂,程序代码量也越来越庞大。因此,必须对 PLC 的程序结构进行有效管理,在 PLC 中,块(BLOCK)就是为解决复杂程序的组织管理问题而诞生的。将复杂的程序分成不同的块,无论是程序编写还是后期维护,都更加方便。IEC 61131-3 标准中的 POU、FB 及 FC 都可以认为是块。块在西门子博途中体现得更加具体,任务、变量、数据等也按照块的概念,被划分成 OB 块和 DB 块。

PLC 程序的设计方法实质是把程序划分成不同的模块的方法。目前,主要有三种方法:分别是线性化编程、模块化编程、结构化编程。

1. 线性化编程

线性化编程是传统的 PLC 程序设计方法,也是伴随 PLC 的发明而诞生的设计方法。整个程序只有一个 POU,或简单划分成几个 POU。这种程序结构与继电器逻辑控制回路类似,程序结构没有分支,PLC 按顺序逐条执行程序指令。这种编程模式只适合简单的小型项目,一位编程人员即可完成全部程序编写,如果多位编程人员合作,则会非常麻烦。

这种编程方法的缺陷是明显的。由于只有一个 POU,每个扫描周期,所有的程序都要被执行。即使因为条件不具备,某些程序段不需要被执行,也会被扫描,这会造成 PLC 资源的浪费,延长扫描周期。如果设备中有相同的被控对象,但是控制参数不同,也需要重复编写程序。例如,项目中有 5 个电机,其控制逻辑相同,仅仅是速度不同,也需要编写 5 段程序,显然这是耗时耗力、得不偿失的重复劳动。调试过程中如果出现问题,查找错误也非常困难;如果后期需要维护,增加程序功能,也是非常麻烦的。因此,线性化编程最大的缺点是程序结构不清晰,存在大量的重复劳动。除了一些非常简单的小型项目,不建议采用这种编程模式。

2. 模块化编程

模块化编程就是把程序划分成不同的模块,例如手动模块、自动模块、工位 A 模块、工位 B 模块等。每个模块或完成特定的功能;或完成对设备中某个单元的控制;或完成对某个大型流水线中某个工位的控制。不同的模块由主程序统一管理,决定什么时候被调用。显然,模块化编程是对线性化编程的优化提升,程序结构不再是线性的,而是有了选择和分支。由于它是按照条件调用不同的模块,一些不需要被执行的模块,PLC 就不再扫描,因此可以大大节约 PLC 的资源,提高程序的执行效率。

　　模块化编程的缺点也是显而易见的,各个模块之间缺乏必要的信息交互,因为不同的模块是靠调用程序组织起来的,如果各个模块之间需要交互信息,那就需要在调用程序中编写相应的程序。如果交互的信息很多,并且交互频繁,也会导致主程序臃肿。如果控制工艺复杂,各模块之间还存在交叉控制,例如在工位 A 模块中,可能需要用到工位 B 中的某个触发条件。所以模块化编程模式适合设备中各个模块关联不大的场合,例如某工厂中某条流水线的工艺过程,如图 A-1 所示。

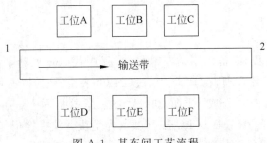

图 A-1　某车间工艺流程

　　如图 A-1 展示的是某车间中某设备的工艺流程：工件从位置 1 被放上输送带,经工位 A 加工完成后由工位 D 进行检测或者再次加工；然后被输送带输送至工位 B,经过其他工位的加工后最终被传送到位置 2,完成整个加工流程。

　　对于此设备,完全可以把程序按工位结构划分为控制工位 A 的 POU、控制工位 B 的 POU 以及控制输送带的 POU。这样,只需要在主程序中按照工艺顺序依次调用不同的 POU,就可以实现对设备的控制,比简单的线性化编程模式更简单。如果各工位的控制程序复杂,也可以由不同的编程人员分别编写不同工位的 POU,加快工程进度。

3. 结构化编程

　　结构化编程是综合分析整个工艺流程,将控制要求相同或类似的任务进行归类,并提供通用的解决方案,把这些解决方案定义为功能块(也可以定义为函数或 POU,可根据实际情况选择,也可以多种形式共存)。功能块采用统一的标准接口,各个功能块之间通过标准接口交互信息；各个功能块之间相互独立,无法相互访问内部变量,只能通过接口交互信息；功能块使用形参编写,针对不同的被控对象,采用实参替代形参；相同或类似的任务可以重复调用这些功能块,以减少重复劳动。由此可见,结构化编程是针对模块化编程的优化升级,不再是简单地划分功能模块,而是在深入分析机械设备及控制工艺的基础上,对系统功能进行了高效合理的划分。更重要的是,各个功能块之间是相互独立的,避免了功能块之间的交叉控制。

　　结构化编程的实质是把复杂的任务分割成多个简单任务,然后分别实现这些简单任务。它和模块化编程最大的不同在于：可实现程序的反复利用,并实现接口的标准化,不同的 POU 之间不再有交叉控制,而是利用标准接口交互信息。当程序中有相同的控制部分时,只需要调用同一段程序代码,分配不同的参数即可。结构化编程相对线性化编程和模块化编程,有着无可比拟的优势。

　　以常用的伺服电机为例,无论多么复杂的设备,对伺服电机的单轴控制主要是点动、定位、速度控制及电子凸轮;对伺服电机的多轴控制主要是插补和同步,而同步可以看作是特殊的插补。无论一个项目中有多少个伺服电机,都可以把伺服电机看作是相似的任务,把伺服电机抽象为对象,建立一个伺服电机的功能块——Servo_Control。该功能块包含了对伺服的使能、点动、回零、定位等操作,并且该功能块可以反馈伺服电机的状态,例如当前速度、当前位置、报警状态等,并包含各种工艺计算。总之,跟伺服电机有关的控制都可以集成在功能块中,如果觉得这样的功能块过于臃肿,还可以细分为控制功能块、状态功能块、计算功能块等,用多个功能块实现对伺服电机的控制,编程时根据工艺需求调用。在某项目中有16根轴,也就是16个伺服电机,把16根轴命名为AX1、AX2、AX3、……、AX16。在POU中调用Servo_Control功能块,当需要控制轴AX1时,Servo_Control功能块指定轴AX1的实参;当需要控制轴AX5时,Servo_Control功能块指定轴AX5的实参。16根轴共享功能块,通过分配不同的实参实现对各轴的控制。使用这种方法有一个缺点,那就是当两根轴需要同时运行时,无法实现,因为只调用了一次功能块,无法同时执行两套实参。该如何解决呢?很简单,每根轴都调用Servo_Control功能块,在一个POU里调用16个Servo_Control功能块,每个Servo_Control功能块控制一根轴,当需要运行某根轴时,只需要给对应轴的Servo_Control功能块分配实参即可。通过这种方法减少功能块的调用次数,节约PLC资源;同时,也实现了程序和数据的分离。程序是控制伺服实现设备的控制工艺,例如绝对定位、相对定位、点动等;数据是伺服运行时所需要的参数,例如定位速度、定位位置等。例如,在搬运设备过程中,工件的尺寸发生变化,只需要改变数据即可,也就是不同工件的伺服的定位位置不同,而搬运流程几乎不用改变。这就使程序的修改和升级更加简单。

　　程序调用部分也可以定义为功能块,如果流程相似也可以重复利用。可以利用CASE语句实现对流程的控制。不同功能块之间进行数据交互,这其实是面向接口编程的思想。使用这种编程方法的好处是,程序的调试变得非常简单,当程序运行出现问题时,可以从接口间的信息流动,轻易地判别是哪个环节出了问题。例如,伺服电机不动作,就先检查Servo_Control功能块是否接收到实参,如果接收到正确的数据但伺服电机不动作,那一定是Servo_Control功能块出了问题,就着重检查伺服控制功能块的各种诊断信息;如果Servo_Control功能块没有接收到数据,那一定是流程控制的功能块出了问题;如果功能块都没有问题,伺服仍然没有动作,或者没有预期的动作,那一定是接口出了问题,例如数据类型不对、地址重叠等。由此可见,结构化编程不仅给程序编写带来了方便,也给程序的调试以及后期维护带来了便利。笔者认为,结构化编程的核心思想就是各司其职,不同的功能块完成不同的需求,各个功能块之间通过交互数据完成整个控制流程。

　　使用结构化编程更有利于在大项目中实现团队合作。例如,专门编写伺服Servo_Control功能块的人员,只需要把PLC提供的伺服功能块整合起来,而不必关心伺服的动作流程;编写伺服控制流程功能块的人员,只需要根据设备工艺编写工艺流程程序,而不必关心伺服是如何实现的。使用标准接口交互信息,最终一个复杂项目的调试过程,就变成协调各个功能块之间的调用关系，显然比线性化编程简单快捷。并且 Servo_Control 功能块可以在应用中不断升级，根据调试过程中的宝贵经验完善 Servo_Control 功能块，在以后的项目中使用，这些是线性化编程和模块化编程所不能实现的。实现程序代码的重复利用是结构化编程的最大优势，例如编写完善的 Servo_Control 功能块，只要是跟伺服有关的项目都可以利用。假设 A 项目有 5 个伺服电机，B 项目有 12 个伺服电机，那么这两个项目都可以使用 Servo_Control 功能块。最重要的是，A 项目和 B 项目中对伺服的控制可以相互借鉴，完善 Servo_Control 功能块。如果采用线性化编程，那么这两个项目的程序代码虽然很相似，但几乎无法重复利用，无形中增加了工作量。

结构化编程与模块化编程有相似之处。关键在于如何划分程序结构，如何抽象对象。结构化编程的难点在于对控制工艺的分析，并合理地划分对象以及程序结构，需要不断地在实践中摸索。

结构化编程的实质是建立并不断完善程序结构，最终成为优秀的程序框架。好的程序结构，简洁明了、可读性强，配合合理必要的注释，甚至可以通过阅读程序理解设备的控制工艺。好的程序结构可以在项目实践中不断完善，最终形成模板，在做类似项目的时候就可以移植借用，节省大量的开发时间和精力。

不同的编程模式，都是为了更好地完成控制程序，不必拘泥于编程模式本身，应根据实际情况，综合利用不同的模式和编程方法。

浅谈非标设备的 PLC

程序设计

随着工业的进步,社会分工越来越细,劳动力成本越来越高,各行各业对自动化设备的需求越来越高。各行各业的工艺千差万别,对自动化设备的需求也不尽相同,非标设备很好地解决了以上问题。

非标设备泛指没有相应的行业标准,不可以成批量、成规模生产的设备,需要根据实际需求设计制造的设备,例如各种试验设备、产品检测设备、专用机床、特殊产品的装配设备、各行各业的定制流水线等。非标设备最大的特点是灵活方便,可根据甲方需求定制,添加修改各种功能。没有同类产品可以借鉴,甲方的各种苛刻需求都为 PLC 程序的编写提出了更高的挑战。非标设备指需求非标和工艺非标,并不是元件非标,无论多么复杂、多么"非标"的设备,仍然由标准的气缸、模组、伺服、变频器以及 PLC 等元件组成。所以,非标设备的PLC 程序设计,可以标准化,或者说有规律可循。

前面介绍了 PLC 程序的设计方法,下面介绍非标设备中的 PLC 程序的设计方法,仍然以图 A-1 中的流水线为例。如图 A-1 中的设备代表了部分非标设备的结构。输送带的形式可以是圆盘,这样各工位就可以并行工作。虽然各工位的结构千变万化,但这类非标设备的整体运行模式相同:输送带获得允许运行信号后开始运行,各工位接收到输送带完成信号后停止运行,循环往复;而整体的循环又由各工位以及输送部分的小循环组成。通过以上分析,设备的程序结构可以由以下几部分组成,这些部分既可以定义成功能块,也可以定义成 POU 或函数,也可以不拘泥特定的形式。在程序的编写过程中,可以充分利用 13.3.7节中介绍的状态机编程法。

1. 安全

安全第一,始终贯穿工业生产的始终,程序中必须有确保安全的部分。笔者理解的安全是任何情况下设备都能够受控停止,不解除停止信号,则设备不能启动。急停按钮必须用常闭信号,这是从硬件上保证安全。安全指操作人员的安全,而不是设备安全。安全部分主要处理急停开关、安全光栅、安全门、安全继电器等各种安全信号,一旦安全信号触发,就应当停止并锁定设备,防止操作人员还未到达安全环境的情况下,设备再次启动。

2. 被控对象

气缸、伺服、异步电机是工业控制中最常见的动力来源,几乎所有的设备都离不开它们。

把这些被控对象的控制程序全部定义为功能块就可以重复利用，可以不断地在项目实践中完善；也可以把这些被控对象进行细分，避免功能块臃肿，例如气缸有单作用气缸和双作用气缸，就可以分别定义功能块。在编写功能块程序时，也要有条理，贯穿结构化编程的思维。仍以气缸功能块为例，对气缸最基本的控制，是控制气缸的伸出与缩回，为了完善对气缸的控制，可以增加对气缸的监控功能，例如设置超时时间，超过设定的时间气缸还未完成动作就报警，这需要磁开参与。有些项目中，为了考虑成本或者工艺需求，可能不会安装磁开，那么气缸的监控功能也就失去了意义。在使用气缸功能块时，为了防止程序冲突就需要把监控部分屏蔽掉，如果监控部分和气缸控制部分联系过于紧密，就难以进行分离屏蔽了，这也是软件工程中的"高内聚、低耦合"思想在 PLC 编程中的体现。相关度高的程序模块应尽量集中，但模块内部之间的依赖应尽量减少，尤其是在非标设备中，因为不知道客户会提出怎样的苛刻需求。实现"高内聚、低耦合"的最好办法是少用全局变量，不用与硬件例如 PLC 输入/输出有关的变量。

3. 各工位自动

工位 A、工位 B、工位 C 及输送部分等都可以看成独立的单元。各工位可以封装成功能块，对外只提供触发、停止等输入信号以及完成、故障、停止等输出信号。设备正常运行时，一旦接收到触发信号，就按照设定的程序运行；运行完成后给出完成信号；同时该工位又回到初始状态，等待下一次触发信号。这其实就是把设备分割成了不同的子设备，不同工位按照实现的功能又可以继续划分成不同的子任务。

4. 各工位单步控制

单步控制是对各工位自动流程的控制。每给定一次触发信号，各工位就运行一步，便于观察调试。如果是控制伺服或者变频器，出于安全考虑，速度应尽可能小；如果是控制气缸，可以通过调整节流阀让气缸速度变慢。

5. 手动控制

除了必要的安全互锁外，各被控对象都可以自由运行，不受自动运行时各种条件的制约。手动程序主要用于调试阶段以及后期设备检修。

手动控制和单步控制主要用于调试自动流程的正确性，以及设备交付给用户后方便用户的检修。由于各设备之间没有太多的互锁，所以一定要做好提示信息，并让设备的速度尽可能小，防止不熟悉设备的操作人员因操作不当损坏元件。

显然，手动控制以及单步控制和自动控制部分是互锁的，二者不能同时触发。

6. 自动流程

自动流程可以看作主程序，它把各个流程组织起来，实现整个设备的控制流程。例如，何时调用工位 A？何时调用工位 C 等？很显然大多数情况下 CASE 语句是最好的选择。一般情况下，自动流程要有暂停功能，也就是在设备运行时按下停止按钮，设备能停止运行；当再次启动设备时，设备应当继续运行。

7. 回零（初始化）

由于各工位都处于循环运行中，所以第一次上电或者出现故障设备重启，必须让设备回到初始状态。回零程序应当和自动运行程序做好互锁,即自动运行时,触发回零是无效的操作,如果设备没有初始化,则无法运行。也可以在各工位的程序中实现回零程序,但一定要和自动流程部分低耦合。

8. 故障处理

故障处理主要指处理各种异常情况。故障一般可分为两种,即警告和报警。类似变频器的故障信息,警告不影响开机,设备运行时,警告仅显示提醒信息,而不会停止设备。报警会导致设备无法开机,设备运行时一旦报警,将停止运行并给出提示信息。例如,供料机构缺料、电机温度超出一定范围、气压产生微小波动等,这些故障一般可自行消除,或者不必停机便可处理,设备就发出警告信号,提醒操作人员注意。而另外一些故障,例如供料机构长时间缺料、电机温度持续上升到一定温度、气压严重过低、气缸长时间未到位、变频器或伺服驱动器报警、工艺参数错误等,都需要停机处理。

9. 辅助

辅助部分是对其他功能部分的补充,也是对设备的保护。例如,电机散热、温度监控、气压检测、是否屏蔽某些检测功能及检测参数设置等。当电机温度超出一定范围时就要触发报警,供料机构缺料一定时间就报警停机。当然,此部分也可以和报警部分放在一起。

10. 配方以及数据

配方部分主要指用户设置各种产品数据以及设备的运行参数等,例如工件的长、宽、高,以及输送带的运行速度等。还需要记录各种运行数据以及历史故障信息,例如班次产量、总产量、合格率等。此部分一般涉及大量的数据处理,使用 ST 语言并配合数组、指针及结构体可以轻松实现数据处理。如果数据量特别大,超出 PLC 的处理能力范围,也可以由上位机来处理。

11. I/O 监控

用于监控 PLC 的 I/O,主要配合手动以及单步控制部分,完成设备调试检修。例如检查线路是否正确、PLC 是否接收到开关按钮以及各传感器的信号、PLC 输出到执行机构的信号传递是否正常等。本部分也可以与辅助部分或者手动部分合并。

12. 上位机

设备接入工厂信息系统,需要和上位机交互数据。各种需要交互的参数以及数据分散在 PLC 的各个 POU 中,不利于与上位机进行数据交互。可以把需要交互的数据存储在连续的寄存器中,方便上位机读取,例如将交互数据存储在 PLC 的 %MD0～%MD99 的连续地址中,上位机就可以连续读取或写入,提高交互效率。同时,还要做好必要的安全措施,一旦操作人员发出拒绝上位机读取或写入数据的信号,PLC 即使接收到上位机的控制信号,也应该不动作,确保安全。

13. 通信

通信指 PLC 和各种外设的通信。外设指总线控制的伺服、变频器、阀岛、各种仪器仪表、扫码枪及其他 PLC 等。一般来说,可以把通信部分放到周期任务中,指定它的扫描周期,这样可以提高通信效率以及通信的稳定性。为了保证安全,停止、急停、限位等与安全有关的信号必须采用硬接线交互，以防止通信失败而无法停止设备，避免出现生产事故。

当然，以上各部分不是孤立的，它们通过接口即 I/O 参数交互信息，完成对整个设备的控制。例如，故障处理部分可以定义为功能块，其输出变量定义为 xWarn 和 xAlarm，分别代表警告和报警，那么与运行有关的功能块都可以使用这两个信号。如果甲方对警告信息和报警信息的划分提出了不同的意见，只需要更改故障处理部分即可，而其他引用了 xWarn 和 xAlarm 的功能块则不受影响。由此可见，结构化编程，就是把整个设备的控制程序分成相互独立又有内在联系的部分，这种编程模式不但适用于各种非标设备，传统设备也可借鉴使用。

附录 C

关于 PLC 编程框架和标准化

PLC 编程框架和标准化,是最近很流行的概念,这显然是借鉴了 IT 行业的做法。IT 行业中程序开发框架就是对常用功能的封装,比如用于上位机开发的 WPF(Windows Presentation Foundation)就是微软推出的基于 Windows 的用户界面框架。在使用 WPF 的过程中,无数的开发者又开发了属于自己的框架,框架内封装了大量的类库,在进行上位机开发的时候,可以直接使用这些类库,大大提高了开发效率。如果把 WPF 比作 PLC,那么 PLC 框架其实就是各行各业的工程师开发的各种 PLC 解决方案,PLC 框架内封装了大量功能块,可以直接使用。越是针对特定行业和特定设备,框架可以做得越详细,可以把框架理解成机械行业的各种标准件,有了这些标准件,机械工程师就可以方便地开发各种机械结构。之所以叫标准件,就是它们都遵循相同的标准规范,比如螺纹的规格 M5、M8、M10 等。很显然,如果是非标准的 M5.5 的螺纹,是无法直接使用的。

说完了框架再来说标准化,首先要明白什么是标准。标准这个词非常常见,比如本书经常提及的 IEC 61131 标准,就是国际电工委员会制定的关于 PLC 的标准。GB/T 35076—2018 就是我国制定的机械安全生产设备安全通则标准。标准就是衡量事务的准则,由大家协商做出统一规定,然后大家去执行。所以笔者认为 PLC 编程框架和标准化就是指定一个范围,大家在标准范围内自由发挥。可以把框架理解成一个搭建好的舞台,而编写 PLC 程序,就是按照标准在舞台上表演,不严格遵守标准,步子迈得太大,容易摔倒;过于迷信标准,迈不开步子,那表演效果就大打折扣了。其实从本书第 2 章开始,就潜移默化地倡导程序的标准化,那就是变量命名规则。合理的命名变量,是 PLC 编程框架和标准化的基础,也是适合工控行业的通用标准,它不但可以让变量名简洁,也方便其他技术人员接手程序,更方便维护人员维护升级程序。

PLC 编程框架和标准化,可以从以下几个方面展开。

1. 电气图纸

电气图纸是非常容易被忽略的,作为自动化设备的一部分,电气图纸必不可少。电气图纸应当包含系统图、原理图、输入/输出列表、元件清单、端子图、电缆图等。最基础、最必要的当然是 PLC 的输入/输出接线图,在 PLC 分配输入/输出阶段,就要有标准化意识。

比如项目中有多个变频器,需要判断变频器的状态,考虑 4.5.8 节讲述的多轴状态判断方法,应该把变频器的状态输出分配连续的 PLC 输入点,这样便于按字访问。如果要想使用循环语句控制变频器的状态,就需要给变频器的启动信号使用连续的 PLC 输出点。再比如结构化编程,设备的某个功能单元,有气缸、伺服、接近开关等各种输入/输出元器件,这些元器件就应该分配连续的输入/输出点并有预留。比如功能单元 A 共有 13 个输入点,就可以预留 3 个输入点,占用 16 个输入点,这样刚好一个字。而大部分 PLC 的输入/输出模块,一般都是 8 点、16 点、32 点,这样分配不但可以灵活使用寻址方式,还可以优化布线。

2. 变量、FB、FC、POU 命名

这一点毋庸置疑,合理规范的命名可以让程序更易读,特别是大项目多人合作时,如果没有统一的标准,各种命名非常随意,十分不利于项目的进行。命名的标准化非常重要,读者可根据情况建立自己的标准。标准应该灵活、因地制宜,而不是生搬硬套。本书中 BOOL 型变量使用 x 作为前缀,比如 xStart、xStop 等。读者制定标准的时候,不一定非要用 x,使用 b 也可以,或者其他有意义的字母,但不应该混乱,也就是在同一个 PLC 程序中或同一个项目中,既用 x 又用 b,这显然是非常混乱的。灵活和混乱,是两个截然不同的概念,不能混为一谈。

如果不跟第三方系统交互信息,除了 PLC 的输入/输出外,变量原则上不要分配地址,使用符号化编程。如果要与第三方系统通信且第三方系统不支持符号访问,就需要给参与通信的变量分配地址。分配地址时要预先制定规划,分配连续地址,如果不制定计划任意分配,很容易出现地址重叠。比如上位机读取三菱 FX5U 内的数据,可以在 PLC 内分配连续寄存器空间,比如 D0～D99 共 100 个 16 位寄存器,这样上位机就可以连续读取,提高效率。只需要在 PLC 内建立一个子程序,把需要与上位机交互的数据赋值给 D0～D99 即可。设备如果分为三个单元,分别是单元 A、单元 B、单元 C,那就可以单元 A 使用 D100～D199;单元 B 使用 D200～D299;单元 C 使用 D300～D399。D100～D199 中,又可以前 20 个使用按位寻址,后 80 个作为数据寄存器。这样,经过合理分配,程序编写起来就有条不紊。可以想象,自己的生活用品合理地放在各种收纳空间,这样使用起来就非常方便。

3. 注释

注释包含变量注释、程序注释、功能块注释等。注释要简洁、明了。对于变量注释,应说明变量的意义和作用,比如一号电机启动、二号电机停止等。程序和功能块的注释主要是描述功能,特别是一些关键的语句和算法。

4. 功能块

功能块是 PLC 编程框架和标准化的重点,在自动化项目的实施过程中,会有大量的重复工作,而有些重复工作无法避免,这是工控行业的痛点。使用功能块的目的,就是解决这些痛点。功能块的意义之一就是不重复造轮子,通过各种功能块的积累和迭代,不断完善设备的程序,使得经验可以积累,提高设备的可靠性。

比如 MODBUS 通信在 PLC 中应用广泛,虽然各品牌 PLC 的 MODBUS 通信功能块不通用,但是同一个 PLC 平台的 MODBUS 通信可以封装成功能块。在 SoMachine 平台和博途平台实现 MODBUS 通信,都需要调用多个功能块才能实现。可以增加轮询功能,对外提

供从站地址、读写寄存器地址和数量、通信状态等接口,封装成 FB_MODBUS 功能块。该功能块虽然不能在不同的平台移植,但可以在同一个平台发挥巨大的作用。比如西门子博途中封装好功能块,只要使用博途,无论是跟 A 变频器、B 变频器还是跟其他 PLC 做 MODBUS 通信,都可以使用该功能块,只需要填写地址和寄存器即可,这样就避免了重复造轮子,大大节约项目时间成本。

在自动化实践中,有大量类似的工艺,都可以封装成功能块,并不断完善。需要注意的是,封装的功能块不要使用和 PLC 有关的物理地址,以避免移植时出现麻烦。要用标准接口对外交互数据,标准接口在 PLC 编程中可以理解成用规范的命名来表达统一的信息。比如用 xEnable 表示该功能块需要高电平触发;用 xExecute 表示该功能块需要上升沿触发;用 xDone 表示该功能块执行完成,无错误,且持续输出高电平,直到接收到下一次触发信号才变为 FALSE。这样,只要看到功能块管脚的名字,就可以知道它需要的数据类型和传递的信息。

5. 异常处理

PLC 程序中有很大部分是解决异常的,在讨论这个问题之前,首先要明确一下,什么是异常。很多初学者热衷于研究 PLC 的异常处理,但对 PLC 异常的定义却比较模糊。其实异常可以用 NOT 逻辑来定义,凡是不正常的都是异常。比如单作用气缸,触发后正常情况应该是气缸伸出,气缸磁开有信号(气缸上没有安装磁开忽略此状态),凡是不符合这种情况的状态都是异常。比如气缸没有完全伸出、气缸卡死、气压过低导致气缸震荡、气缸伸出但磁开没有信号、磁开信号断断续续等。正常的情况只有一种,但异常的情况却非常多。很显然,即使是神仙也很难预知所有的异常情况,那干脆反其道而行之,凡是不符合预期的都是异常。PLC 中的异常包括两部分,一是操作人员违规操作,二是设备动作异常。操作人员的违规操作,一般可以通过程序来解决,比如设备运行时,可以屏蔽手动切换按钮,即使操作人员误操作也无效。设备动作异常,大部分情况都可以用时间来判断,比如触发气缸的同时触发计时,超过设定的时间还未检测到磁开信号就报异常。另外还有一种不可抗力造成的异常,比如线缆断开、接触松动、老鼠撕咬甚至人为蓄意破坏等,也需要考虑。通常的做法是安全类信号使用常闭点,使用安全模块。

6. 人机交互

人机交互的意义重大,主要用于设备调试、设备操作、故障诊断等。人机交互越完善,越有利于设备调试、操作人员操作设备及维护人员排除故障。一台优秀的自动化设备,应该实现傻瓜化操作,比如一键启停功能,操作人员只需要简单的设置,按下启动按钮,设备就能启动。所以人机界面要提供足够丰富的诊断信息,比如设备无法启动,应该显示哪些条件未满足启动条件,便于操作人员处理;设备故障停机,应该显示详细的故障信息,方便维护人员快速定位故障原因,并排除故障;比如急停、限位等安全信号触发,应该显示某某处限位或急停故障,同时在输入/输出画面高亮显示相应的 PLC 输入点,方便维护人员快速定位故障原因。这就体现电气图纸标准化的重要性,图纸上的元件名和设备上的元件名一致,HMI 或上位机输入/输出画面的输入/输出标识跟图纸标识一致,同时电气图纸详尽地标注安装位置,才能方便维护人员根据人机界面的提示并结合图纸,快速定位出错的元件在设备上的位置。

7. 功能文档

前面讲到的电气图纸是功能文档的一部分，功能文档应该是机械设备的一部分，是操作人员、维护人员使用和维护设备的主要资料来源。功能文档应该包括以下几部分：

1）设备的说明

设备的技术指标、机械结构、各功能单元的作用和名称等。

2）电气图纸

各电气元件的接线图、PLC的输入/输出接线图、端子图、控制系统的整体架构、通信拓扑图等。电气图纸上的元器件名称、线号等应该与现场的名称保持一致。

3）物料清单

物料清单通常称为BOM（Bill of Material）表，主要包含设备所用电气元件的名称、型号、品牌、数量、主要性能指标等。

4）软元件分配表

PLC输入/输出，内部寄存器列表，以及对应的变量名、变量注释等。

5）动作流程图

设备的动作流程，包括整机的动作流程，各个单元的动作流程。以上3）、4）、5）也可以附加在电气图纸中。

6）参数表

伺服驱动器、变频器、步进驱动器、仪表等元件的参数以及说明。

7）操作和保养说明

设备的操作说明、故障处理、HMI或者上位机的画面介绍以及日常保养说明。说明文档的内容应该按照实际有所增减，但务必要详尽、正确。

以上就是PLC编程框架和标准化需要考虑的问题，PLC应用的行业非常广泛，各行各业差距非常大。如果从事的是某个行业的某种设备，那就可以针对该设备或者相近设备，把PLC编程框架和标准细化，做成设备模板。比如西门子的SiVArc（SIMATIC Visualization Architect），用于包装行业的PackML（Packing Machine Language）就是类似的模板，或者说是一种解决方案，读者可参考相关资料详细了解。也可以根据SiVArc、PackML或者其他行业模板，根据自身情况，制作属于自己的模板。

如果是想做出适合任何行业、任何设备的模板，那是不可能的事情，只能是做出基本的框架，框架牵涉的行业越广就越宽泛。基本的PLC编程框架结构如图C-1所示。

PLC程序分为三层，分别是驱动、工艺数据、主程序。下面从最外层开始，分别阐述实现的功能。

1）驱动

驱动部分用于PLC和外部元件建立联系，用来采集外部的信号，控制各种元件。对于工业控制常用的三种驱动元件，伺服、三相异步电机、气缸可以分别做成功能块FB_Servo、FB_Motor、FB_Cylinder，这三个功能块的输入信号，接收来自工艺数据层的触发信号，输出信号直接驱动现场的相关元件。比如西门子博途中，西门子官方为PN型伺服提供了

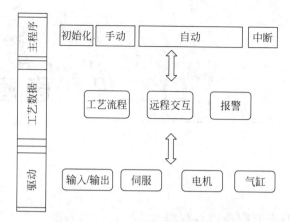

图 C-1 基本的 PLC 编程框架结构

FB284 功能块,对于脉冲型伺服,读者可以自行整理封装功能块。封装好脉冲型功能块后,不但可以控制任何品牌的脉冲型伺服,还可以控制脉冲型步进以及各种脉冲驱动的元件。并可以不断地迭代完善。即使更换脉冲型伺服的品牌,只要是使用博途平台,对该功能块没有任何影响,这样就避免了重复造轮子。对于伺服的控制,其原理都是相通的,也就是PLCopen 运动控制规范中的状态机,对于其他平台都可以借鉴。其他像 PLC 的输入/输出映射、模拟量的滤波处理,都是驱动层处理。

2)工艺数据

工艺数据层主要接受主程序层的调用,然后调用驱动层的功能块。调用的时候使用标准接口交互数据。比如某设备,当检测到外部的信号后需要触发伺服的定位,触发信号由输入/输出驱动层处理,工艺数据层接收到触发信号后,触发驱动层的伺服动作。工艺数据层只管接收输入/输出层的信号,然后把伺服的触发信号和定位距离发送给驱动层,并接受驱动层的反馈信号。至于驱动层如何完成的,工艺数据层不必关心。这样就实现了程序和数据的分离。也方便检查错误,只需要根据信号流向,就可以判定是哪一层出了问题。

工艺数据层是 PLC 程序的核心,不同行业,不同设备的工艺数据层差别很大。

3)主程序

主程序是 PLC 程序的入口,它把工艺数据层的各个功能块组织起来,完成设备控制。初始化部分用于上电后初始化一些设备参数;中断部分根据条件触发。正常情况下,设备运行为自动模式,而手动主要用于检修和调试,手动和自动一般用旋钮切换。主程序层的这几个模式原则上是互斥的,比如设备既是手动状态也是自动状态,这显然是不可能的。

以上 3 篇附录都是针对 PLC 的编程方法,只是论述的出发点不同,因此会有部分重复的地方,也仅代表一家之言。由于 PLC 面向各行各业,工艺要求差别也非常大,实际中大可不必拘泥于特定的规则,最重要的是灵活运用。规则是方便编程,方便项目实施的,万不可成为束缚项目的紧箍咒,为了规则而规则,为了方法而方法,这样做只会得不偿失,违背初心,反而把简单问题复杂化。万能框架、万能模板是不存在的,要想写出高效、可靠的 PLC 程序,只能靠不断的积累。

附录 D

PLC 程序移植

PLC 程序的移植,指的是把 PLC 程序通过技术处理,移植到另一种 PLC 上运行。一般发生在不同品牌 PLC 之间,比如从三菱 PLC 移植到西门子 PLC。当然也可以发生在同一品牌的 PLC 的不同系列之间,比如从西门子 S7-200SMART 移植到西门子 S7-1200,因为这两个 PLC 虽然是同一品牌,但采用不同的编程软件。所以 PLC 程序移植发生在使用不同PLC 编程软件的 PLC 之间,并不是以 PLC 品牌为界限。移植主要发生在大规模更换 PLC的时候,特别是机械设备制造商,由于各种原因,需要更换 PLC 品牌或同一 PLC 品牌的其他系列,原先使用的 PLC 程序中,包含了大量的经验和教训、特殊的工艺算法等宝贵财富,都需要继承,否则更换 PLC 就要从头开始,那必定得不偿失。

ST 语言编写的程序,在移植方面有着先天优势,可以通过简单的复制、粘贴实现移植。当然完全移植是不现实的,还需要做一定的修改。同计算机语言不同,ST 语言变量定义和程序编写是分开的,PLC 程序的移植分变量部分和程序部分。

大部分 PLC 的变量定义部分,都采用表形式,可以导出 CSV、XML、XLSX 等格式,同样支持导入。只需要简单更改一下,便可以在不同 PLC 之间移植变量定义部分。西门子博途的 DB 块,还可以直接复制成文本文档,其导出格式与 CODESYS 的变量定义格式相同,这样就方便复制、粘贴。讲完了变量部分,再来看程序部分的移植,要想实现不同 PLC 程序移植,需要注意以下几点:

1. 使用标准函数和功能块

IEC 61131-3 标准中制定了一些标准函数和功能块,只要符合 IEC 61131-3 标准的PLC,都支持这些功能块和函数,这样就可以方便移植。比如分别用于上升沿和下降沿的 R_TRIG 和 F_TRIG 功能块,就可以在不同的 PLC 之间移植。在三菱 PLC 中,可以使用 PLS和 PLF 指令实现上升沿和下降沿,这就无法实现移植了,因为这两个指令是三菱 PLC 特有的,除了一些仿三菱 PLC 风格的 PLC 外,大部分 PLC 都不支持这两个指令,这就无法移植。

标准函数和功能块毕竟有限,如果考虑到以后有可能会移植程序,那就要多使用算法,少使用特殊指令。比如单按钮启停功能,三菱 PLC 中可以使用 ALT 指令来实现,当使用三菱 PLC 做单按钮启停功能时,可以直接使用 ALT 指令实现。如果要移植到不支持 ALT

指令的 PLC 中,就需要自己写程序实现单按钮启停功能,然后封装成 ALT 指令即可,替换原先的 ALT 指令,这样也可以移植到其他 PLC 中。

2. 不同 PLC 的语法差异

这一点在本书讲述 ST 语言的章节,都有专门提到,需要特别注意。最重要的是关键字后面的分号,有些 PLC 必须要加,有些 PLC 可加可不加。在移植的时候如果不注意,就会出现大量的错误。还有数据类型使用上的差异,有些 PLC 数学运算只能使用 INT 型和 DINT 型,有些 PLC 允许 WORD 型和 DWORD 型参与数学运算。还有衍生的数据类型,比如 SINT 型,有些 PLC 不支持。这些情况都需要注意。

3. 特殊功能块

特殊功能块一般都无法移植,这是由 PLC 的商品属性决定的。比如实现 MODBUS 通信,不同的 PLC 实现方法不同,使用的功能块更不同,完全无法移植。再比如运动控制,即使 PLC 支持 PLCopen 运动控制规范,也无法实现移植。PLC 程序移植也看出结构化编程的意义。就比如运动控制的移植,如果在编写程序的时候,把工艺部分和伺服驱动部分分开,也就是附录 A 提到的程序和数据分离,附录 C 提到的 PLC 程序分层,那么工艺部分就可以轻松实现移植,只需要重写伺服驱动部分即可。如果两者合在一起,那么移植的时候工作量就大了,几乎等同于重写程序。

当然由于 PLC 的特殊性,在一些中小设备上程序量并不大,移植的意义可能就不大,反而重写程序会更便些,只需要继承一些有用的功能块即可。所以 PLC 程序移植要综合评估是否有必要,主要是评估时间成本。就笔者个人实践经验来看,整机移植 PLC 程序的情况比较少见,大多数情况下都是功能块的移植,比如位整合成字、字拆分为位、单按钮启停等功能块。这些工具类的功能块使用场合非常多,各行各业都有应用,而有些 PLC 不提供类似的系统功能块,那就需要移植了。这也是附录 C 谈到的 PLC 编程框架的意义之一。如果类似的功能没有封装成功能块,那就谈不上移植,至少移植起来比较麻烦,那就不可避免地重复造轮子了。所以把各种功能封装成功能块是个好习惯,面向对象的思想就是封装,封装好了就是各种便利了。

还有一种移植,是从高级语言移植到 PLC,特别是一些算法,比如滤波算法,有大量成熟的滤波算法,适合不同的工艺场景,完全可以为我所用。从高级语言移植算法到 PLC,有一点需要特别注意,那就是程序的运行机制。大部分高级语言都是以 main 函数作为程序入口,执行完毕返回,因此程序只执行一次,还有各种事件驱动,这非常类似 PLC 的中断;而 PLC 是循环扫描机制,程序会一直运行。如果移植不注意这一点,很容易出现问题,比如 ST 语言中的循环语句,有些读者从高级语言移植一些有循环语句的算法,有时候会发现运行结果不对,这其实就是运行机制导致的。由于 PLC 是循环扫描运行机制,所以程序会不停地执行,所以 PLC 使用循环语句要增加初始化,或者使用边沿触发,让循环语句只执行一次。还有就是注意 PLC 的性能,是无法跟计算机相比的,所以循环次数不能太多,否则会触发 PLC 看门狗报警。

其次要注意高级语言的数据类型与 PLC 的差异。比如在 PLC 中,INT 型是 16 位有符号数占 2 字节。但在计算机系统中，其大小取决于编译器，不过大多数是占用 4 字节的 32 位有符号数。比如在 C# 语言中，UINT 型和 INT 型分别表示 32 位无符号数和 32 位有符号数；而在 PLC 中，INT 型表示 16 位有符号数，有些 PLC 支持 UINT 型，表示 16 位无符号整型，有些 PLC 则不支持 UINT 型。在从高级语言移植到 PLC 的时候，一定要注意数据类型的差异。千万不要看到名字相同就认为是相同的数据类型。

浅谈 ST 语言的学习方法

学习方法是个老生常谈的问题,关于如何学习早有定论。《论语》中便有"学而不思则罔,思而不学则殆""学而时习之,不亦说乎""温故而知新,可以为师矣"的名句。岳飞也留下"运用之妙,存乎一心"的格言。要想学会 ST 语言编程,并能熟练应用,不外乎多学、多练、多思考。就笔者个人经验来看,初学者容易在以下几点误入歧途。

1. 对 ST 语言有畏惧和误解

部分读者由于各种原因,对 ST 语言编程有些误解,总觉得梯形图的表达方式才是最好的。确实,梯形图的表达方式比较直观,但这种所谓的直观仅针对简单的逻辑,对于复杂逻辑,使用梯形图仍然十分烦琐,毫无直观可言。让程序直观易懂的,从来不是梯形图,而是靠科学的方法、合理的算法、规范的格式等。ST 语言是高级语言,它的表达方式更符合人类的思维习惯。ST 语言编程不是写英语作文,而是把控制需求转换为 PLC 能看懂的语言。同理,梯形图也不是画画,同样是把控制需求转换为 PLC 能看懂的语言。所以不能被语言的表象所迷惑,任何编程语言都不是写作文和画画,都是按照编程语言的语法规则把控制需求用编程语言实现。ST 语言的通用性也降低了学习负担,因为 ST 语言遵循同一个标准 IEC 61131-3,它适合市面上大部分 PLC。所以不要对 ST 语言有误解,更不要有畏惧,只要对 PLC 有基本的理解,知道 PLC 入门的启保停梯形图就可以学习 ST 语言,完全可以在学习 ST 语言的过程中,同步学习 PLC。

2. 一遇到困难就泄气

万事开头难,特别是对于自学 ST 语言的读者,一开始肯定会遇到各种困难,尤其是信心满满地写了一段程序,一编译却全是错误,瞬间信心全无。更有些读者,害怕出错,畏首畏尾,导致不敢动手写程序。PLC 是应用技术,不动手实践不亲自演练,根本不可能学会。初学者不应该怕出错,反而在学习阶段出错是很好的事情,这样可以发现自己的不足,才能针对性弥补学习,正所谓失败是成功之母。总之,在学习 ST 语言的过程中,要相信自己,遇到苦难不能泄气,要想尽办法解决。听一万遍看一万遍不如自己动手做一遍,吾尝终日而思矣,不如须臾之所学也。学习是思考、联系、纠错、巩固的过程,不是 Ctrl+C 加 Ctrl+V,只有多学多练,多总结经验教训,才能不断进步。如果在学习过程中不思考,出了问题依赖别人来处理,虽然问题最终得到解决,却无法在解决问题的过程中成长进步。在学习 ST 语的过程中，犯错没有关系，在错误中发现自己的知识盲区并解决，那犯的这个错就非常有意义。

3. 忽视 PLC 的诊断信息

PLC 的诊断信息非常重要，特别是编译的报错信息，认真阅读诊断信息，有助于发现程序中的错误。但很多初学者往往忽略 PLC 的诊断信息，不去认真理解。比如如图 E-1 所示的 PLC 诊断信息。

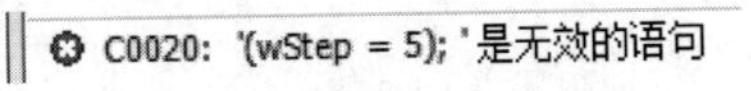

> ⚙ C0020: '(wStep = 5);' 是无效的语句

图 E-1　PLC 诊断信息

从图 E-1 中看出，PLC 编译报错"(wStep = 5);是无效语句"，那么接下来就要分析语句哪里出问题了。很显然，如果这是个判断语句，取的是它的运算结果，不可能在语句的末尾加分号。作为赋值语句，显然是把赋值运算符搞错，如果改为"wStep:= 5;"则编译通过。笔者在实践中，见过很多初学者，一旦编译出错就到处寻求帮助，却静不下心仔细分析诊断信息，这是非常不好的习惯。除了极个别 PLC，现在的 PLC 诊断信息都是中文，如果编译报错，应该仔细分析诊断信息。有时候往往是一个很小的疏忽，特别是语法方面的错误，就会引发一大片错误，比如漏掉语句末尾的分号。

再来看一个例子，比如西门子博途中编写启保停功能，编译报错，如图 E-2 所示。

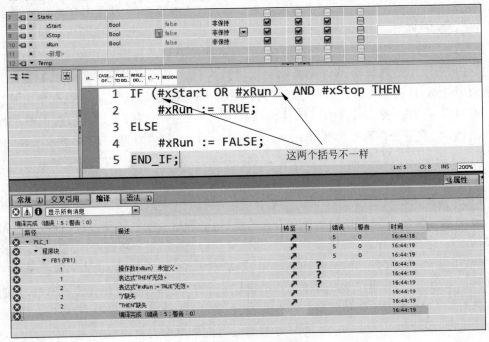

图 E-2　西门子博途编译报错

看图 E-2 中的编译信息，5 行程序就有 5 个错误，仔细分析一下报错信息，可以看出，这是一系列连续的错误，有可能就是某个错误导致后续的一连串错误。来看第一个错误信息

"操作数♯xRun)未定义",这就奇怪了,明明定义了变量 xRun,怎么还会报错?再仔细看错误信息,是操作数"xRun)"未定义(♯是博途自动加的标识符,可以参考 4.6 节或西门子博途手册)而非"xRun"未定义,很显然编译器把"xRun)"当作了变量,再仔细观察程序就会发现,第一行语句的两个括号不一样,很明显这是输入法搞错了,在中文状态下输入了括号。切换成英文输入法,重新输入则编译通过,如图 E-3 所示。

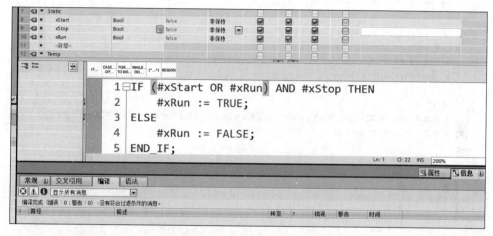

图 E-3　西门子博途编译通过

从图 E-3 可以看出,程序编译通过。由此可见,一个简单的错误,有可能导致一连串错误,这是因为编译器会严格执行语法标准。所以 PLC 的编译信息非常重要,大多数错误都可以从分析编译信息找出原因。博途中还提供了编译信息的帮助,选择图 E-2 错误信息后面的 ？ ,可以打开帮助信息,如图 E-4 所示。

PLC 的编译信息非常重要,如果编译出错,需要认真阅读并揣摩编译信息以便定位错误。当然不排除一些品牌的 PLC 由于翻译或其他原因,编译信息晦涩难懂。但大部分 PLC 的编译信息都是非常友好的。

4. 过于纠结 PLC 品牌和指令

过于纠结 PLC 品牌是学习 PLC 的大忌,这也是很多初学者甚至是从业人员最容易进入的误区。PLC 是工具更是商品,这种属性就决定它的品牌和种类非常多。各品牌、各系列 PLC 的操作和使用不尽相同,但 PLC 的原理是相同的。就拿 BOOL 型变量来说,无论什么品牌的 PLC,BOOL 型变量的取值只能是 TRUE 和 FALSE,不可能某品牌的 PLC BOOL 型变量会有第三种值,如果真是这样,那顶多是一种新的数据类型,而不是 BOOL型。再比如 WORD 型和 INT 型,一个是 16 位无符号数,第一个是 16 位有符号数,这在任何 PLC 中都是一样的。无非是不同的 PLC 名字不一样,比如三菱 GX Works3 中,分别称作"字[无符号]/位串[16 位]"和"字[有符号]",这对使用来说没有丝毫影响,都按 16 位无符号数和 16 位有符号数处理。就比如李白、青莲居士、李太白、诗仙,指的都是同一个人,不可能因为名字的不同,就改变了诗人的地位和成就。笔者经常见到有些初学者,今日学习西门子 PLC 的数据类型,明天又学习三菱 PLC 的数据类型,工作中用到欧姆龙 PLC,又要学

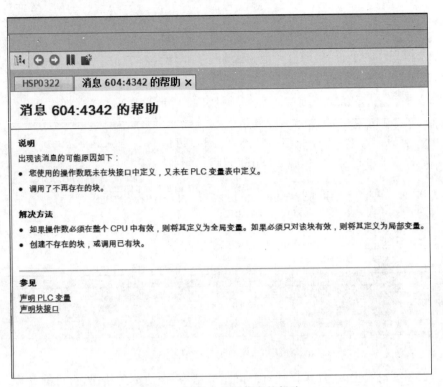

图 E-4　博途中编译信息的帮助

习欧姆龙 PLC 的数据类型,浪费了时间和精力,却总是学不到精髓从而导致疲于奔命。不同 PLC 支持的数据类型不同,就好比手机电脑的低配、高配、顶配,只是支持的种类有所不同,并无实质不同。要说 PLC 有区别,最大的区别就是指令了。比如 ALT 指令有些 PLC 就没有,但完全可以自己编写程序去实现。说到指令,部分初学者,总喜欢研究指令,笔者就曾遇到不少初学者询问某某指令用 ST 语言怎么用。这种问题实在是哭笑不得,无论什么指令用 ST 语言,调用方法都是一样的,这种问题多半是不知道指令怎么用,而不是 ST 语言的使用问题。无论是梯形图还是 ST 语言,都需要调用指令,要想正确使用指令,就要理解该指令的意义和用法,这种情况就要看 PLC 手册然后动手实践了。对于 PLC 指令的学习,应该在程序中学习指令,在需要的时候去学习要用的指令。而不是学梯形图的时候,研究指令,学 ST 语言编程了,还是研究指令。部分初学者和从业人员,总喜欢放大 PLC 品牌之间的差异,更喜欢研究各种指令,这种思想观念是不利于学习的,更是不对的学习方法。

5. 不注重 PLC 基础知识的学习

不要忽略 PLC 基础知识,正所谓基础不牢,地动山摇。第 4 条讲的 PLC 指令的问题,其实就是 PLC 基础知识。很多初学者在学习 ST 语言的过程中,忽略了 PLC 基础知识的学习和巩固,始终无法用 ST 语言做项目,有时候还真不是 ST 语言没学好的原因。比如模拟量滤波需要采集模拟量并放入数组,这就要用到 PLC 的中断功能(IEC 61131-3 标准的 PLC 称为定时任务)以及数组的使用,读者如果对 PLC 中断功能和数组功能不熟悉,则无法实现模拟量的采集。再比如伺服部分，读者如果对运动控制不熟悉，对PLC控制伺服不熟悉，即使对ST语言很熟悉，也无法写出程序，调试好一台运动控制设备。这就好比驾驶技术非常好，但不认识从A到B的路，也无法到达B点，这时候不应该怀疑自己的驾驶技术。无论是ST语言还是梯形图，都只是工具，如果对PLC基础知识不熟悉，那最终还是无法熟练使用工具。所以，要使用自己熟悉的PLC来学习ST语言，加强对PLC基础知识的学习。

　　学习技术的过程不是一蹴而就的，没有捷径，只有不断地思考、练习、纠错、总结才行，"无他，但手熟尔"。